Technische Mathematik für Bauberufe

Walter Bläsi

9., überarbeitete und erweiterte Auflage

Best.-Nr. 5600
Holland + Josenhans Verlag Stuttgart

Das Werk folgt der reformierten deutschen Rechtschreibung.

Diesem Werk wurden die bei Manuskriptabschluss vorliegenden neuesten Ausgaben der DIN-Normen zugrunde gelegt. Die auszugsweise Wiedergabe erfolgt nach DIN Deutsches Institut für Normung e. V. Maßgebend für das Anwenden der Norm ist deren Fassung mit dem neuesten Ausgabedatum, die bei der Beuth Verlag GmbH, Burggrafenstraße 6, 10787 Berlin, erhältlich ist.

9., überarbeitete und erweiterte Auflage 2012

Dieses Buch ist auf Papier gedruckt, das aus 100% chlorfrei gebleichten Faserstoffen hergestellt wurde.

© Holland + Josenhans GmbH & Co. KG, Postfach 10 23 52, 70019 Stuttgart, Tel.: 07 11/6 14 39 15, Fax.: 07 11/6 14 39 22
E-Mail: verlag@holland-josenhans.de, Internet: www.holland-josenhans.de
Zeichnungen: H. H. Kropf, 89428 Syrgenstein; COI GmbH, 80809 München
Technische Umsetzung: CMS – Cross Media Solutions GmbH, 97080 Würzburg
Druck und Bindung: Stürtz GmbH, 97080 Würzburg

ISBN 978-3-7782-5600-8

Vorwort

Diese „Technische Mathematik für Bauberufe" enthält alle Gebiete, die für das technische Wissen in den Bauberufen unerlässlich sind. Kapitel, die in den allgemein bildenden Schulen schon Lehrstoff waren, sind bewusst kurz gehalten. Schwerpunkte bilden vielmehr die eigentlichen, in der Berufsschule zu erarbeitenden Aufgabenbereiche. Daher nehmen die Kapitel, denen der Berufsschüler in der Berufsschule zum ersten Mal begegnet, breiten Raum ein.

Mit diesem Buch können sich Schüler der verschiedenen Bauberufe die einzelnen Kapitel weitgehend selbst erarbeiten. Außerdem besteht die Möglichkeit, auf den jeweiligen Beruf bezogene Aufgaben verschiedener Schwierigkeitsgrade auszuwählen. Das Buch ist nicht nur für den Gebrauch an gewerblichen Berufsschulen gedacht, sondern eignet sich auch für die Vorbereitung auf die Meister- und Technikerprüfung.

In den allgemeinen Kapiteln wie „Lehrsatz des Pythagoras", „Flächenberechnung" und „Körperberechnung", aber auch „Steigung – Neigung – Gefälle", deren Lerninhalte Berufsschüler vielfach kennen, gehen einzelne Aufgabenteile über den Lehrstoff des behandelten Kapitels hinaus. Diese mit Punkt (●) gekennzeichneten Aufgaben bzw. Aufgabenteile können zur Wiederholung bereits bekannter Stoffinhalte herangezogen werden.

Den Wünschen der Praxis in Schule und Betrieb, der Weiterentwicklung der Normen und den Forderungen verschiedener Gesetze und Verordnungen folgend, wurde auch diese Auflage überarbeitet, erweitert und so den Bedürfnissen angepasst. Eingearbeitet wurden ebenfalls alle normativen Neuerungen sowie die Energieeinspar-Verordnung (EnEV2009).

Der Verfasser

Inhaltsverzeichnis

1 Dreisatzrechnung

Bei der Dreisatzrechnung wird in drei Schritten aus drei gegebenen Größen die vierte berechnet. Man unterscheidet

Dreisatz

mit geradem Verhältnis　　　　　　　**mit umgekehrtem Verhältnis**

Lösungsgang

1. Aufstellen der Behauptung
Sie ist durch zwei schlüssige
Zahlenangaben gegeben.

2. Schluss auf die Einheit

Merkmal
Der Wert des Ausdruckes
wird dadurch kleiner.

Merkmal
Der Wert des Ausdruckes
wird dadurch größer.

3. Schluss auf die neue Vielheit

Merkmal
Der Wert des Ausdruckes
wird wieder größer.

Merkmal
Der Wert des Ausdruckes
wird wieder kleiner.

Beispiel
$3\,m^2$ Platten kosten 108,– €
Wie viel € kosten $17\,m^2$?

1. $3\,m^2$ kosten 108,– €
2. $1\,m^2$ kostet $\dfrac{108}{3}$ €
3. $17\,m^2$ kosten $\dfrac{108\cdot 17}{3}$ € = 612,– €

Beispiel
4 Arbeiter benötigen zu einer
Arbeit 9 Tage. Wie viel Tage
benötigen 6 Arbeiter?

1. 4 Arbeiter benötigen 9 Tage
2. 1 Arbeiter benötigt $9 \cdot 4$ Tage
3. 6 Arbeiter benötigen $\dfrac{9\cdot 4}{6} = 6$ Tage

Zusammengesetzter Dreisatz

Er kommt sowohl mit geradem als auch mit umgekehrtem Verhältnis vor. Der Behauptungssatz besteht aus drei schlüssigen Zahlenangaben. Beim zweiten Satz muss zweimal auf die Einheit geschlossen werden; ebenso erfolgt beim dritten Satz der Schluss auf die neue Vielheit in zwei Schritten.

Beispiel
2 Maschinen kosten in 3 Stunden 160,– €
Wie viel € kosten 4 Maschinen in 9 Stunden?

2 Maschinen kosten in 3 Stunden 160,– €

1 Maschine kostet in 1 Stunde $\dfrac{160}{2\cdot 3}$ €

4 Maschinen kosten in 9 Stunden $\dfrac{160\cdot 4\cdot 9}{2\cdot 3}$ €

$\qquad\qquad\qquad = 960,– €$

■ Aufgaben

1. Für 5 Stahlbetonsäulen werden 5,75 m³ verdichteter Beton benötigt. Wie viel m³ Beton werden für 9 Säulen benötigt?

2. Eine Arbeit wird mit 2 Raupen in 18 Tagen verrichtet. Wie lange benötigen 3 Raupen für die Arbeit?

3. Der Aushub eines Grabens von 12,50 m Länge wird in 7 Fuhren weggefahren. Wie viel Fuhren ergibt der Aushub eines 33 m langen Grabens?

4. 7 Arbeiter benötigen für eine Arbeit zusammen 224 Stunden. Wie lange muss jeder arbeiten, wenn für die gleiche Arbeit nur 5 Arbeiter eingesetzt werden?

5. Zur Füllung eines Beckens von 50 m³ Inhalt werden 2 Pumpen mit einer Leistung von je 80 l/min eingesetzt. Wie lange braucht eine Pumpe mit einer Leistung von 120 l/min?

6. Für ein Dach, das mit Biberschwänzen eingedeckt werden soll, werden pro m² 35 Ziegel benötigt. Wie viel Ziegel werden für eine Dachfläche von 245 m² benötigt?

7. Ein Bau soll von 9 Arbeitern in 43 Tagen errichtet werden. Wie viel Arbeiter sind noch einzustellen, wenn das Projekt bereits in 33 Tagen fertig gestellt sein soll?

8. Das Verlegen von 750 m² Estrich kostet einschließlich Material 41 250.– €. Wie viel € kostet das Verlegen von 830 m² Estrich?

9. Für das Verlegen von 1,5 km Entwässerungsleitung benötigt eine Baukolonne 23 Arbeitstage. Wie lange benötigt sie zum Verlegen von 2,20 km Leitung?

10. Beim Ausheben eines Tiefbrunnens sind bis in eine Tiefe von 5,25 m 24,74 m³ Fördermasse ausgeschachtet worden. Wie viel Erde ist bei einer weiteren Vertiefung um 1,40 m noch zu fördern?

11. Mit 3 Betonmaschinen können in 4 Tagen 15 m³ Beton hergestellt werden. Wie viel m³ Beton können mit 2 Betonmaschinen in 5 Tagen hergestellt werden?

12. Zum Aushub einer Baugrube mit einem Volumen von 12 750 m³ benötigen 3 Lastwagen 10 Tage. Wie viele Tage werden zum Aushub einer Baugrube mit einem Inhalt von 15 300 m³ beim Einsatz von 4 Lastwagen benötigt?

13. 6 Fliesenleger haben zum Fliesen einer Fläche von 558 m² 12 Tage benötigt. Wie viel Mann werden zusätzlich benötigt, wenn eine Arbeit von 620 m² Fläche bereits in 10 Tagen fertig sein soll?

14. 6 Maurer benötigen zur Erstellung eines Hauses bei einer täglichen Arbeitszeit von 8 Stunden 95 Tage. Wie viel Überstunden muss jeder von ihnen pro Tag arbeiten, wenn ein gleiches Bauvorhaben bereits in 76 Tagen fertig sein soll?

15. Ein Bauablaufplan, der mittels eines Netzplanes erstellt wurde, sieht für die Ausführung einer Arbeit 34 Arbeitstage vor. Die ausführende Firma arbeitete mit einer 7 Mann-Kolonne bereits 19 Tage je 8 Stunden pro Tag. Durch Krankheit fallen für den Rest der Projektausführung 2 Arbeitskräfte aus. Wie viel Überstunden müssen von den restlichen Arbeitern täglich gearbeitet werden, wenn die Frist nur um 1 Tag verlängert werden kann.

2 Prozentrechnung

Um die Aussage von Zahlenangaben besser vergleichen zu können, bezieht man sie auf einen gemeinsamen Nenner. Ist der gemeinsame Nenner Hundert, so lautet die Zahlenangabe in „pro Hundert" oder **Prozent** (lat. pro centum). Ist der gemeinsame Nenner Tausend, so lautet die Zahlenangabe in „pro Tausend" oder **Promille** (lat. pro mille). Bei der Prozentrechnung unterscheidet man 3 Größen:

Grundwert	**Prozentsatz**	**Prozentwert**
Er ist die Bezugsgröße.	In ihm kommt die Anzahl pro Hundert zum Ausdruck.	Er ist der Wert des Prozentsatzes, auf die Bezugsgröße bezogen.

Beispiel
120,– €

$$3\% = \frac{3}{100}$$

$$\frac{120 \cdot 3}{100} \text{€} = 3,60 \text{€}$$

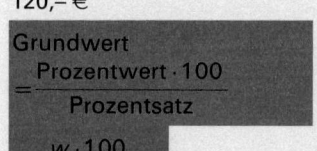

$$\text{Grundwert} = \frac{\text{Prozentwert} \cdot 100}{\text{Prozentsatz}}$$

$$g = \frac{w \cdot 100}{p}$$

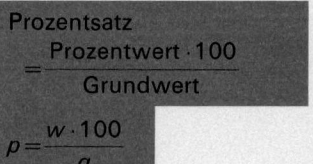

$$\text{Prozentsatz} = \frac{\text{Prozentwert} \cdot 100}{\text{Grundwert}}$$

$$p = \frac{w \cdot 100}{g}$$

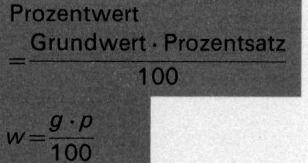

$$\text{Prozentwert} = \frac{\text{Grundwert} \cdot \text{Prozentsatz}}{100}$$

$$w = \frac{g \cdot p}{100}$$

Beispiel

Ein Arbeiter erhält nach einer Lohnerhöhung von 2,5 % 0,30 € pro Stunde mehr. Wie groß war sein Stundenlohn?

$$\text{Grundwert} = \frac{0,30 \text{€} \cdot 100\%}{2,5\%}$$

Grundwert = 12,– €

Beispiel

Eine Bedienung erhielt bei einem Umsatz von 1250,– € 137,50 € Bedienungsgeld. Mit wie viel Prozent ist sie am Umsatz beteiligt?

$$\text{Prozentsatz} = \frac{137,50 \text{€} \cdot 100\%}{1250 \text{€}}$$

Prozentsatz = 11 %

Beispiel

Um eine Wand mit einer Fläche von 140 m^2 zu fliesen, werden 3,5 % Verschnitt berechnet. Wie groß ist der Mehrbedarf?

$$\text{Prozentwert} = \frac{140 \text{ m}^2 \cdot 3,5\%}{100\%}$$

Prozentwert = 4,90 m^2

Die Prozentrechnung kann durchgeführt werden als Rechnung

auf Hundert	**vom Hundert**	**im Hundert**
Gegeben: Vermehrter Grundwert	Gegeben: Grundwert	Gegeben: Verminderter Grundwert
Gesucht: Grundwert	Gesucht: 1. Vermehrter Grundwert 2. Verminderter Grundwert	Gesucht: Grundwert

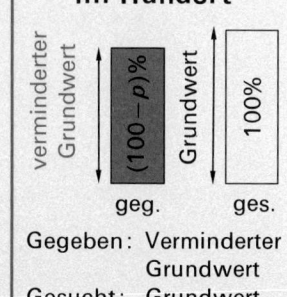

Beispiel

Nach einer Lohnerhöhung von 3,5 % verdient ein Arbeiter 16,20 € pro Stunde. Wie viel verdiente er vorher?

$$103,5\,\% \,\widehat{=}\, 16,20\ \text{€/h}$$

$$100\,\% \,\widehat{=}\, \frac{16,20\ \text{€/h} \cdot 100\,\%}{103,5\,\%}$$

$$= 15,65\ \text{€/h}$$

Beispiel

Ein Arbeiter hat einen Stundenlohn von 15,85 €. Wie viel verdient er nach einer Lohnerhöhung von 2,2 %?

$$100\,\% \,\widehat{=}\, 15,85\ \text{€/h}$$

$$102,2\,\% \,\widehat{=}\, \frac{15,85\ \text{€/h} \cdot 102,2\,\%}{100\,\%}$$

$$= 16,20\ \text{€/h}$$

Beispiel

Bei einer Rechnung sind unter Abzug von 2,5 % Skonto 17 630,– € überwiesen worden. Wie hoch war der Rechnungsbetrag?

$$97,5\,\% \,\widehat{=}\, 17\,630,-\ \text{€}$$

$$100\,\% \,\widehat{=}\, \frac{17\,630\ \text{€} \cdot 100\,\%}{97,5\,\%}$$

$$= 18\,082,05\ \text{€}$$

■ Aufgaben

1. Eine Rechnung für Baumaterialien beträgt 1785,– €. Bei Zahlung innerhalb 8 Tagen können 2 % Skonto abgezogen werden. Wie viel € sind zu überweisen?

2. Eine Betonmaschine kostet nach Abzug von 28 % Großhändlerrabatt noch 1430,– €. Wie hoch ist der Listenpreis?

3. Ein Arbeiter verdient nach einer Lohnerhöhung von 3,5 % 14,40 € pro Stunde. Wie viel verdiente er vorher?

4. Ein Grundstück mit den Abmessungen 87,50 m × 33,70 m kann bis zu 38 % überbaut werden. Welche Grundfläche darf das Gebäude maximal erhalten?

5. Ein Auto, dessen Anschaffungspreis 42 350,– € betrug, wird nach einem Jahr zu einem Preis von 33 500,– € verkauft. Wie viel % beträgt die Wertminderung?

6. Das Angebot von zwei Baufirmen beträgt 127 500,– € und 132 800,– €. Wie viel % liegt die zweite Firma mit ihrem Angebot über dem der ersten?

7. Ein Arbeiter mit einem Bruttolohn von monatlich 3120,– € hat folgende Abzüge: Lohnsteuer 786,40 €, Solidaritätszuschlag 43,25 €, Kirchensteuer 62,91 €, Krankenversicherung 195,00 €, Rentenversicherung 316,68 €, Arbeitslosenversicherung 101,40 €, Pflegeversicherung 26,52 €.
   a) Wie viel % beträgt der Lohnsteuerabzug?
   b) Wie viel % werden für Sozialversicherungen abgezogen?
   c) Wie viel % betragen die Gesamtabzüge?

8. Bei einer Rechnung sind unter Abzug von 2,5 % Skonto 1245,– € überwiesen worden. Wie hoch ist der Rechnungsbetrag?

9. Beim Erwerb eines Baugrundstückes mit den Abmessungen 64,0 m x 27,0 m fallen neben dem Kaufpreis von 233 280,– € Erschließungskosten in Höhe von 8,70 € je m² Grundstücksfläche an.
   a) Wie viel % des Kaufpreises betragen die Erschließungskosten?
   b) Wie hoch sind die Gesamtkosten?
   c) Wie viel € kostet der m² Grundstück einschließlich Erschließungskosten?

10. Ein Sack Zement kostet 7,70 €. Bei Abnahme von 400 Sack erhält man 12 % Mengenrabatt. Wie hoch ist der Rechnungsbetrag?

3 Zinsrechnung

Wer jemandem Kapital zur Verfügung stellt, glaubt bzw. vertraut darauf, dieses Geld wieder zurückzubekommen. Man nennt den Kreditgeber deshalb auch Gläubiger. Der Kreditnehmer ist der Schuldner. Das Entgelt für die Zurverfügungstellung des Kapitals ist der Zins. Der Prozentsatz, der sich in der Regel auf ein Jahr bezieht, heißt Zinssatz.

> Bei der Zinsrechnung wird das Jahr mit 360 Tagen und jeder Monat mit 30 Tagen gerechnet. Zinsen werden nur von ganzen €-Beträgen gerechnet.

Jahreszins

$$\text{Zins} = \frac{\text{Kapital} \cdot \text{Zinssatz}}{100}$$

$$Z = \frac{K \cdot p}{100}$$

$$K = \frac{Z \cdot 100}{p}$$

$$p = \frac{Z \cdot 100}{K}$$

Bei der Ermittlung der Tage wird der Einzahltag mitgerechnet, nicht jedoch der Auszahltag.

Tageszins

$$\text{Zins} = \frac{\text{Kapital} \cdot \text{Zinssatz} \cdot \text{Tage}}{100 \cdot 360}$$

$$Z = \frac{K \cdot p \cdot t}{100 \cdot 360}$$

$$K = \frac{Z \cdot 100 \cdot 360}{p \cdot t}$$

$$p = \frac{Z \cdot 100 \cdot 360}{K \cdot t}$$

$$t = \frac{Z \cdot 100 \cdot 360}{K \cdot p}$$

Berechnung der Zeit z. B. für den Zeitraum vom 22. 8. bis 14. 10.

August	9 Tage
September	30 Tage
Oktober	13 Tage
	52 Tage

Beispiel
Wie viel Zinsen trägt ein Kapital von 7200,– € vom 26. 1. bis zum 31. 10. des gleichen Jahres? Zinssatz $3\tfrac{1}{4}$ %.

$$Z = \frac{7200 \text{ €} \cdot 3{,}25\% \cdot 274 \text{ d}}{100\% \cdot 360 \text{ d}}$$

$$Z = 178{,}10 \text{ €}$$

■ Aufgaben

1. Ein Bauherr nimmt einen Kredit von 85 000,– € zu 9,5 % auf. Wie viel Zinsen sind jährlich zu zahlen?

2. Ein Kapital von 36000,– € trug in einem Jahr 2250,– € Zinsen. Wie hoch war der Zinssatz?

3. Ein Kapital, das zu $3\frac{3}{4}$ % angelegt war, wuchs in einem Jahr auf 67769,50 € an. Wie viel Kapital wurde angelegt?

4. Am 1.2. wurde ein Kapital von 127500,– € bis zum 31.10. zu einem Zinssatz von $3\frac{1}{4}$ % angelegt. Wie groß ist der Zinsertrag?

5. Vom 7.2. bis zum 16.1. des folgenden Jahres trug ein Kapital, das zu 3,5 % angelegt war, 468,– € Zinsen. Wie viel € beträgt die Kapitalanlage?

6. Ein Kapital von 67500,– € trug in 4 Monaten 956,25 € Zinsen. Zu wie viel % war das Geld angelegt?

7. Für einen Kredit in Höhe von 75000,– € betrug die Zinslast 3850,– €. Der Sollzinssatz belief sich auf $8\frac{1}{4}$ %. Wie lange war die Laufzeit?

8. Zur Geldanlage baute ein Bauherr ein Haus für 550000,– € und vermietete es zu einer Monatsmiete von 1650,– €. Wie hoch ist seine Kapitalverzinsung?

9. Jemand löst sein Sparguthaben in Höhe von 75000,– € auf. Es war zu 6,5 % langfristig angelegt. Er kauft sich dafür Aktien zum Kurswert von 300 (Nennwert 100). Am Ende des Geschäftsjahres erhält er eine Dividende von 14 %.
   a) Wie groß war der bisherige Zinsertrag?
   b) Wie viel € Dividende erhält er?
   c) Welche der beiden Anlageformen trägt real die meisten Zinsen?
   d) Wie viel % beträgt die Realverzinsung bei den Aktien?

10. Ein Bauherr nahm am 12.1. eines Jahres einen Kredit in Höhe von 43500,– € auf. Durch eine Erhöhung des Diskontsatzes erhöhte sich der Sollzinssatz am 1.5. von $6\frac{1}{4}$ % auf 7 %. Wie groß ist die Zinsbelastung bis zum Jahresende?

11. Ein Gesellschaftsunternehmen besteht aus den Gesellschaftern A, B und C. A hat eine Geschäftseinlage von 180000,– €, B von 140000,– € und C von 60000,– €. Der erzielte Reingewinn in Höhe von 25000,– € wird auf die Gesellschafter so verteilt, dass jeder zunächst 4 % seiner Kapitaleinlage erhält, während der Rest des Gewinnes nach Köpfen verteilt wird. Wie hoch ist die Verzinsung der Kapitaleinlage jedes Gesellschafters.

12. Ein Bauherr kaufte am 17.4. eines Jahres einen Bauplatz für 67500,– €. Durch eine berufliche Versetzung ist es ihm nicht möglich zu bauen, so dass er den Bauplatz am 1.12. des folgenden Jahres zu einem Preis von 69200,– € wieder verkauft. An Notariatsgebühren sind ihm 450,– € entstanden. Die Grunderwerbsteuer beträgt 2 %. Wie hoch ist die Kapitalverzinsung?

13. Ein Pensionär löst sein Sparguthaben, das zu $7\frac{1}{4}$ % langfristig angelegt war auf und kauft sich dafür 300 Aktien zu einem Nennwert von 100,– € je Stück. Beim Kauf hatten die Aktien einen Kurswert von 260 je 100 € Aktie. Am Ende des Geschäftsjahres wird eine Dividende von 15 % ausgeschüttet. Errechnen Sie die Verzinsung beider Anlageformen.

4 Algebra

4.1 Grundbegriffe

Einteilung der Zahlen

```
                          Zahlen
            ┌───────────────┴────────────────┐
      bestimmte Zahlen                allgemeine Zahlen
     ┌──────┴──────┐                 ┌───────┴───────┐
 unbenannt       benannt         unbenannt        benannt

    2             5 N                a              a N
    8             9 m³               b              b m³
   17            22 m                x              x m
                                     y
```

Einteilung der Zahlen nach der Zahlentheorie

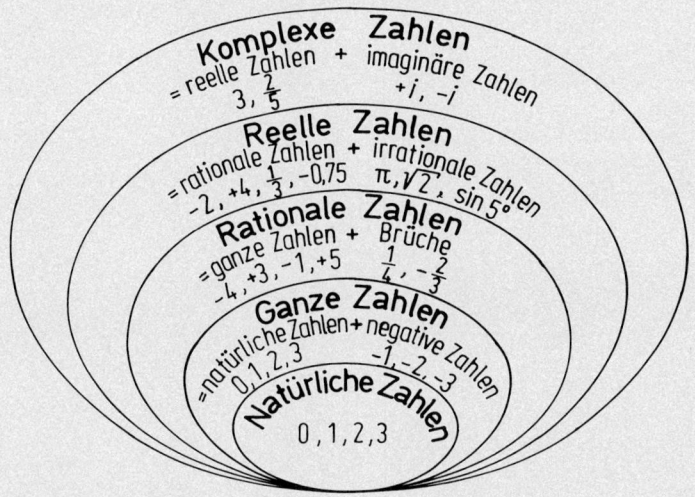

Mit Hilfe der allgemeinen Zahlen lassen sich technische Berechnungen vereinfachen und anschaulicher darstellen. Den allgemeinen Zahlen a, b, c, ... x, y, z kann jeder beliebige Zahlenwert zugeordnet werden. Sie sind Platzhalter für bestimmte Zahlen. Da in einer Berechnung jeder allgemeinen Zahl nur eine einzige bestimmte Zahl zugeordnet ist, sollten gleiche Größen nur mit gleichen Buchstaben bezeichnet werden. Soll eine allgemeine Zahl mehr als einmal genommen werden, so ist dies durch eine Vorzahl auszudrücken.

Bezeichnungen
$5\,a$
5 Vorzahl, Beizahl, Koeffizient
a allgemeine Zahl, Platzhalter für bestimmte Zahl
$5\,a = 5 \cdot a$

Zahlengerade

Die Zahlengerade dient zur Veranschaulichung positiver und negativer Zahlen. Da diese sich immer auf null beziehen, nennt man sie relative Zahlen. Das Addieren und Subtrahieren von Zahlen kann auf diese Weise bildlich dargestellt werden.

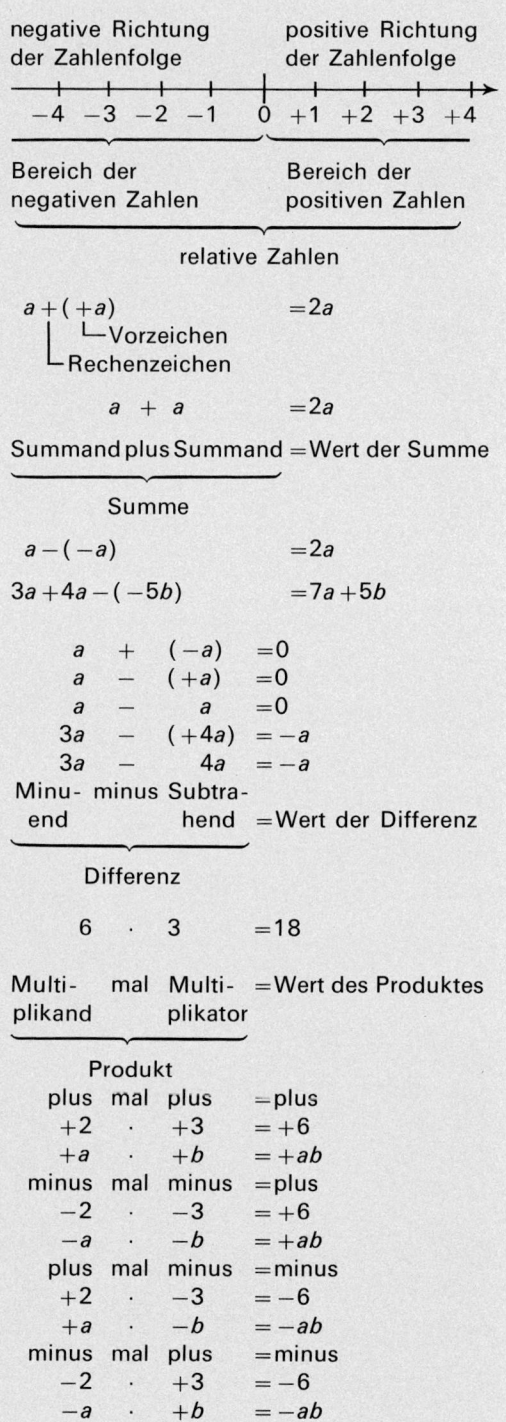

negative Richtung der Zahlenfolge | positive Richtung der Zahlenfolge

$$-4 \quad -3 \quad -2 \quad -1 \quad 0 \quad +1 \quad +2 \quad +3 \quad +4$$

Bereich der negativen Zahlen | Bereich der positiven Zahlen

relative Zahlen

Addition

Die Zahlen werden addiert, wenn Rechenzeichen und Vorzeichen gleich sind. Das Pluszeichen als Vorzeichen wird nicht geschrieben; das Minuszeichen muss geschrieben werden. Bei Zahlenpaaren aus bestimmten und allgemeinen Zahlen werden die Vorzahlen der gleichartigen allgemeinen Zahlen addiert.

$$a + (+a) \qquad = 2a$$

Vorzeichen
Rechenzeichen

$$a + a \qquad = 2a$$

Summand plus Summand = Wert der Summe

Summe

$$a - (-a) \qquad = 2a$$
$$3a + 4a - (-5b) \qquad = 7a + 5b$$

Subtraktion

Zahlen werden subtrahiert, wenn Rechenzeichen und Vorzeichen verschieden sind. Zahlenpaare aus bestimmten und allgemeinen Zahlen werden ohne Multiplikationszeichen geschrieben.

$$a \quad + \quad (-a) \quad = 0$$
$$a \quad - \quad (+a) \quad = 0$$
$$a \quad - \quad a \quad = 0$$
$$3a \quad - \quad (+4a) \quad = -a$$
$$3a \quad - \quad 4a \quad = -a$$

Minu- minus Subtra-
end hend = Wert der Differenz

Differenz

Multiplikation

Die Multiplikation von zwei Zahlen mit gleichen Vorzeichen ergibt ein positives Produkt; die Multiplikation von zwei Zahlen mit verschiedenen Vorzeichen ergibt ein negatives Produkt.
Ist ein Faktor null, so ist das Produkt null.

$$6 \quad \cdot \quad 3 \qquad = 18$$

Multi- mal Multi- = Wert des Produktes
plikand plikator

Produkt

plus	mal	plus	= plus
$+2$	$\cdot$	$+3$	$= +6$
$+a$	$\cdot$	$+b$	$= +ab$
minus	mal	minus	= plus
-2	$\cdot$	-3	$= +6$
$-a$	$\cdot$	$-b$	$= +ab$
plus	mal	minus	= minus
$+2$	$\cdot$	-3	$= -6$
$+a$	$\cdot$	$-b$	$= -ab$
minus	mal	plus	= minus
-2	$\cdot$	$+3$	$= -6$
$-a$	$\cdot$	$+b$	$= -ab$

Division

Die Division von zwei Zahlen mit gleichen Vorzeichen ergibt einen positiven Wert des Quotienten. Die Division von zwei Zahlen mit verschiedenen Vorzeichen ergibt einen negativen Wert des Quotienten. Ein Quotient kann auch als Bruch geschrieben werden.

$$12 \quad : \quad 4 \quad = 3$$

Divi-dend	geteilt durch	Divi-sor	= Wert des Quotienten
plus	geteilt durch	plus	= plus
$+4$	:	$+2$	$= +2$
$+a$	:	$+b$	$= +\dfrac{a}{b}$
minus	geteilt durch	minus	= plus
-4	:	-2	$= +2$
$-a$	:	$-b$	$= +\dfrac{a}{b}$
plus	geteilt durch	minus	= minus
$+4$	:	-2	$= -2$
$+a$	:	$-b$	$= -\dfrac{a}{b}$
minus	geteilt durch	plus	= minus
-4	:	$+2$	$= -2$
$-a$	:	$+b$	$= -\dfrac{a}{b}$

Klammerregeln

Steht vor einer Klammer ein Pluszeichen, so kann die Klammer weggelassen werden.

$$(8+6)+(3+7) = 8+6+3+7$$
$$(a+b)+(c+d) = a+b+c+d$$

Steht vor einer Klammer ein Minuszeichen, so sind beim Weglassen der Klammer alle Vorzeichen innerhalb der Klammer in die entgegengesetzten zu verwandeln.

$$(8+6)- \quad (3+7) = 8+6-3-7$$
$$(8+6)- \quad (3-7) = 8+6-3+7$$
$$(8+6)-(-3+7) = 8+6+3-7$$
$$(a+b)- \quad (c+d) = a+b-c-d$$

Steht eine Zahl vor einer Klammer, so ist jede Zahl in der Klammer mit der vor der Klammer unter Berücksichtigung des Vorzeichens zu multiplizieren. Sind neben den runden Klammern eckige vorhanden, so sind zuerst die inneren Klammern aufzulösen und dann die äußeren.

$$3(6+5)+4(2-3) = 18+15+8-12$$
$$3(6-5)-4(2+3) = 18-15-8-12$$
$$a(b+c)+x(y-z) = ab+ac+xy-xz$$

$$3[12a-(3a+5)] = 3[12a-3a-5]$$
$$= 3[9a-5]$$
$$= 27a-15$$

Division von Summen bzw. Differenzen

Summen bzw. Differenzen werden dividiert, indem jedes Glied innerhalb der Klammer durch die Zahl hinter der Klammer geteilt wird.

$$(49a+35b) : 7 = 7a+5b$$
$$(24c-16d) : 8 = 3c-2d$$
$$(12ab+6b-3bc) : 3b = 4a+2-c$$

Eine Summe bzw. Differenz wird durch eine Summe oder Differenz dividiert, indem alle Glieder des Dividenden durch die Summe bzw. Differenz des Divisors geteilt werden.

$$(36c+24d) : (6c+4d) = 6$$
$$(24an+8bn-30a-10b) : (6a+2b) = 4n-5$$
$$\underline{24an+8bn}$$
$$- \quad -$$
$$-30a-10b$$
$$\underline{-30a-10b}$$
$$- \quad -$$

Zerlegen in Faktoren

Enthält eine Summe oder Differenz ein gemeinsames Vielfaches, so ist dieser gemeinsame Faktor vor die Klammer zu setzen.

$$5a + 5b = 5(a+b)$$
$$16ab - 4ac = 4a(4b - c)$$
$$28xz + 7yz = 7z(4x + y)$$

■ Aufgaben

1. Addition und Subtraktion von Zahlen

a) $4a + 7a + 3a + 8a$

b) $3d + d - 5d + 8d$

c) $5 - 5a + 7ac - 2ab + 3a - 2 + 2ab$

d) $5,5a - 4,2a + 6,4b - 1,2b$

2. Addition und Subtraktion von Zahlen mit unterschiedlichen Rechenzeichen und Vorzeichen

a) $8c + (+3c) - (+4c)$

b) $-26d - (+8d) - (-3d)$

c) $3g - (+4h) - (-g) - (+2h) - (+g)$

d) $24f + (+3f) - (-6) - (+2b) + (-b)$

3. Multiplikation von Zahlen

a) $3a \cdot 6$

b) $4a \cdot 3b$

c) $12c \cdot (-7)$

d) $(-18d) \cdot 4$

e) $(-16n) \cdot (-4m)$

f) $2k \cdot 6ab$

g) $(-3a) \cdot (-4b) \cdot (-7c)$

h) $(-4x) \cdot (+3y) \cdot (-5z)$

4. Division von Zahlen

a) $42a : 7$

b) $24acx : 6ac$

c) $(-39ab) : -(3b)$

d) $15az : 3z + 96du : 6d$

e) $125kn : 12,5k - 81km : (-9k)$

f) $26qz : (-13q) - (-228bz) : 3z$

g) $-185abx : 25ax$

h) $98prs : (-14pst)$

5. Addition bzw. Subtraktion von Summen und Differenzen

a) $(3a + 4b) + (5b + 6a)$

b) $(8q - 4r) - (3q - 4r)$

c) $18r - (15 - 4r) - (-12 - 8r)$

d) $(23s - 5) + (5 - 17s) - (6t - 8s)$

6. Multiplikation von Summen und Differenzen

a) $5(3c + 4d) + 2(4c - 3d)$

b) $24 - 3(6 - a) + 4(-3 + a)$

c) $-18b - 15a(6 - 4) + 3(4a - 6)$

d) $5,5a(4b - 3) - 4,6(-3b - ab - 3)$

e) $3[6n - (3 + 8n)] - 4(5n - 2)$

f) $6[3(a - 4 + 5z)] - [3(6 - 4a - 4z)]$

7. Division von Summen und Differenzen

a) $(84a + 56b) : 14$

b) $(108n + 96np - 72n) : 12n$

c) $(234az + 78bz - 156cz) : (-6z)$

d) $(36a + 24b) : (6a + 4b)$

e) $(72n - 96np + 288p) : (6n - 8np + 24p)$

f) $(10bz - 35z - 16b + 56) : (5z - 8)$

8. Zerlegen in Faktoren

a) $7 \cdot 4 - 8 \cdot 7 + 7 \cdot 15 - 11 \cdot 7$

b) $84 - 112 + 28 - 63$

c) $5c - 30c + 25c$

d) $228bde - 96abc - 132bde$

e) $72acx + 162adx - 126abx$

f) $5(a + b) - 7(a + b) + 3(a + b)$

16

4.2 Bruchrechnen

Mit einem Bruch bringt man den Anteil von einem Ganzen zum Ausdruck.
Der Nenner drückt die Größe des Teils aus; der Zähler gibt an, wie viele Teile vorhanden sind.

$$\frac{3}{4} = \frac{\text{Zähler}}{\text{Nenner}} = \frac{Z}{N}$$

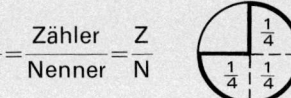

Arten der Brüche

echter Bruch $\quad \dfrac{3}{5} \quad$ Wert < 1

unechter Bruch $\quad \dfrac{5}{3} \quad$ Wert > 1

Scheinbruch $\quad \dfrac{4}{4} \quad$ Wert $= 1$

Kürzen

Zähler und Nenner eines Bruches werden durch dieselbe Zahl geteilt. Der Wert des Bruches bleibt dadurch unverändert. Summen oder Differenzen werden gekürzt, indem jedes Glied im Zähler und Nenner durch dieselbe Zahl geteilt wird.

$$\frac{24}{9} = \frac{8}{3} \qquad (:3)$$

$$\frac{9\,ab}{6\,ac} = \frac{3\,b}{2\,c} \qquad (:3\,a)$$

$$\frac{18+6}{3} = \frac{6+2}{1} = 8 \qquad (:3)$$

Erweitern

Zähler und Nenner eines Bruches werden mit derselben Zahl vervielfacht. Der Wert des Bruches bleibt unverändert.
Summen oder Differenzen werden erweitert, indem jedes Glied im Zähler und Nenner mit derselben Zahl vervielfacht wird.

$$\frac{2}{4} = \frac{2 \cdot 3}{4 \cdot 3} = \frac{6}{12} \qquad (\cdot 3)$$

$$\frac{4+5}{3} = \frac{(4+5)}{3} \cdot \frac{6}{6} = \frac{24+30}{18} = \frac{54}{18} = 3 \qquad (\cdot 6)$$

$$\frac{16\,a}{3\,b-4\,c} = \frac{16\,a \cdot 2\,d}{(3\,b-4\,c) \cdot 2\,d} = \frac{32\,ad}{6\,bd-8\,cd}$$

Hauptnenner

Der Hauptnenner (HN) ist das kleinste gemeinsame Vielfache der Nenner. Man findet ihn durch Zerlegung in Primfaktoren. (Primfaktoren sind Zahlen, die nicht mehr weiter zerlegbar sind.)

$$\frac{3}{4} + \frac{4}{6} + \frac{9}{8}$$

1. Nenner 4 $\qquad = 2 \cdot 2$
2. Nenner 6 $\qquad = 2 \cdot 3$
3. Nenner 8 $\qquad = 2 \cdot 2 \cdot 2$

Hauptnenner $2 \cdot 3 \cdot 2 \cdot 2 = 24$

Addition und Subtraktion

Gleichnamige Brüche werden addiert bzw. subtrahiert, indem die Zähler addiert bzw. subtrahiert werden und der Nenner beibehalten wird.
Ungleichnamige Brüche müssen vor ihrer Addition bzw. Subtraktion zunächst gleichnamig gemacht werden.

$$\frac{3}{6} + \frac{2}{6} + \frac{4}{6} = \frac{9}{6} = 1\frac{3}{6} = 1\frac{1}{2}$$

$$\frac{25}{4} - \frac{3}{4} - \frac{8}{4} = \frac{14}{4} = 3\frac{2}{4} = 3\frac{1}{2}$$

$$\frac{3}{4} + \frac{4}{6} + \frac{9}{8}$$

Primfaktoren	Hauptnenner
$2 \cdot 2$	$2 \cdot 3 \cdot 4 = 24$
$2 \cdot 3$	
$2 \cdot 4$	

$$\frac{3 \cdot 6}{4 \cdot 6} + \frac{4 \cdot 4}{6 \cdot 4} + \frac{9 \cdot 3}{8 \cdot 3}$$

$$\frac{18}{24} + \frac{16}{24} + \frac{27}{24} = \frac{61}{24}$$

Multiplikation
Brüche werden miteinander multipliziert, indem man Zähler mit Zähler und Nenner mit Nenner multipliziert.
Ein Bruch wird mit einer ganzen Zahl multipliziert, indem man den Zähler multipliziert und den Nenner beibehält.

$$\frac{3}{4} \cdot \frac{4}{6} = \frac{12}{24} = \frac{1}{2} \qquad \frac{3}{5} \cdot 8 = \frac{24}{5}$$

$$\frac{5}{2} \cdot \frac{3}{6} = \frac{15}{12} = 1\frac{3}{12} = 1\frac{1}{4} \qquad 4 \cdot \frac{a-1}{3} = \frac{4a-4}{3}$$

Division
Durch einen Bruch wird dividiert, indem man mit seinem Kehrwert multipliziert.
Ein Bruch wird durch eine Zahl dividiert, indem man entweder seinen Zähler dividiert und den Nenner beibehält — oder den Nenner mit der Zahl multipliziert und den Zähler beibehält.

$$\frac{2}{3} : \frac{3}{4} = \frac{2}{3} \cdot \frac{4}{3} = \frac{8}{9} \qquad \frac{7}{3} : 4 = \frac{7}{3 \cdot 4} = \frac{7}{12}$$

$$\frac{9}{8} : 3 = \frac{3}{8} \qquad \frac{9ab}{4c} : 5d = \frac{9ab}{20cd}$$

$$\frac{6ab}{4c} : 2a = \frac{3b}{4c}$$

■ **Aufgaben**

9. Kürzen von Brüchen

a) $\dfrac{28}{120}$

b) $\dfrac{24ab}{30b}$

c) $\dfrac{116by \cdot 18ay}{32cy \cdot 33ab}$

d) $\dfrac{16+128}{4}$

10. Erweitern von Brüchen

a) $\dfrac{4}{7} = \dfrac{}{35}$

b) $\dfrac{3a}{5} = \dfrac{}{25}$

c) $\dfrac{9}{4a} = \dfrac{}{36ab}$

d) $\dfrac{3c+5e}{6} = \dfrac{}{78}$

e) $\dfrac{24a}{3b-7c} = \dfrac{}{12bd-28cd}$

f) $\dfrac{12n-16p}{28r+14u} = \dfrac{}{308rs+154us}$

g) $\dfrac{34axz-102bxz-153abx}{24by-36ey}$

$= \dfrac{}{324cey-216bcy}$

11. Addition und Subtraktion von Brüchen

a) $\dfrac{2}{3} - \dfrac{4}{3} + \dfrac{9}{3}$

b) $\dfrac{24ab}{14c} - \dfrac{17ab}{14c} + \dfrac{23ab}{14c}$

c) $\dfrac{3}{4} - \dfrac{4}{6} + \dfrac{12}{8}$

d) $\dfrac{2}{3} + \dfrac{5}{12} - \dfrac{4}{9}$

e) $\dfrac{12a}{20} + \dfrac{17a}{30} - \dfrac{23a}{25}$

f) $\dfrac{13b}{18x} - \dfrac{5b}{3a} + \dfrac{b}{6x}$

g) $\dfrac{a+b}{3} - \dfrac{a-b}{4} + \dfrac{a+b}{5}$

h) $\dfrac{8ab+14ac}{8z} - \dfrac{7ac+8ab}{4z} - \dfrac{3ac-7ab}{7z}$

12. Multiplikation von Brüchen

a) $\dfrac{3}{8} \cdot 7$ c) $-\dfrac{2}{5} \cdot \dfrac{3}{7}$ e) $\left(\dfrac{-4a}{7}\right) \cdot \left(\dfrac{-2}{3a}\right) \cdot \left(\dfrac{-6b}{8}\right)$ g) $\dfrac{4c-3}{5a} \cdot 8b$

b) $\dfrac{4}{7} \cdot \dfrac{3}{9}$ d) $\dfrac{+2a}{3b} \cdot -\dfrac{4c}{9}$ f) $\dfrac{5-3}{3} \cdot \dfrac{8-6}{4}$ h) $\dfrac{4b-3}{5a} \cdot \dfrac{6a+3}{3b}$

13. Division von Brüchen

a) $4 : \dfrac{5}{6}$ e) $a : \dfrac{c}{d}$ i) $\dfrac{1}{a+b} : \dfrac{1}{2(a+b)}$

b) $\dfrac{6}{7} : 4$ f) $\dfrac{a}{b} : \dfrac{c}{b}$ k) $\dfrac{16a-3b}{4c} : \dfrac{9a-3d}{12c}$

c) $\dfrac{3}{8} : \dfrac{2}{7}$ g) $-\dfrac{nx}{m} : \dfrac{+1}{m}$ l) $\dfrac{2a}{4c-d} : \dfrac{4b}{4c+b}$

d) $\dfrac{5}{9} : -\dfrac{4}{9}$ h) $\dfrac{204az}{18b} : \dfrac{51z}{54bc}$ m) $\dfrac{2b-4bz}{5c-7cd} : \dfrac{9bx+3by}{12cd+6cy}$

4.3 Potenzen

Um ein Produkt aus mehreren Faktoren verkürzt schreiben zu können, benützt man die Potenzschreibweise. Die Hochzahl gibt an, wievielmal die Grundzahl mit sich selbst multipliziert werden muss.

$3 \cdot 3 \cdot 3 \cdot 3 = 3^4$ gelesen: drei hoch vier
$3^4 = 81$
3^4: Potenz
3: Grundzahl, Basis
4: Hochzahl, Exponent
81: Potenzwert

Addition
Es können nur gleiche Potenzen addiert werden. Potenzen sind dann gleich, wenn sie sowohl in der Grundzahl als auch in der Hochzahl übereinstimmen.

$2 \cdot 5^3 + 4 \cdot 5^3 = 6 \cdot 5^3$
$3 \cdot 4^3 + 2 \cdot 4^4 + 2 \cdot 4^3 = 5 \cdot 4^3 + 2 \cdot 4^4$
$2 \cdot 3^3 + 3 \cdot 4^3 + 5 \cdot 4^3 = 8 \cdot 4^3 + 2 \cdot 3^3$
$2a^2 + 3b^2 + 5a^2 = 7a^2 + 3b^2$

Subtraktion
Es können nur gleiche Potenzen subtrahiert werden.

$8 \cdot 4^3 - 5 \cdot 4^3 = 3 \cdot 4^3$
$6 \cdot 3^2 - 3 \cdot 3^3 - 2 \cdot 3^2 = 4 \cdot 3^2 - 3 \cdot 3^3$
$9a^2 - 4b^2 - 3a^2 - a^3 = 6a^2 - 4b^2 - a^3$

Multiplikation
bei gleicher Grundzahl
Potenzen mit gleicher Grundzahl werden multipliziert, indem man die gemeinsame Grundzahl mit der Summe der Hochzahlen potenziert.

$3^2 \cdot 3^3 = 3 \cdot 3 \cdot 3 \cdot 3 \cdot 3 = 3^5$
$3^2 \cdot 3^3 = 3^{2+3} = 3^5$
$4^2 \cdot 4^4 \cdot 4^3 = 4^{2+4+3} = 4^9$
$a^m \cdot a^n = a^{m+n}$

bei gleicher Hochzahl
Potenzen mit gleicher Hochzahl werden multipliziert, indem man das Produkt der Grundzahlen mit der gemeinsamen Hochzahl potenziert.

$2^3 \cdot 3^3 = 2 \cdot 2 \cdot 2 \cdot 3 \cdot 3 \cdot 3$
$= 2 \cdot 3 \cdot 2 \cdot 3 \cdot 2 \cdot 3 = (2 \cdot 3)^3 = 6^3$
$2^3 \cdot 5^3 \cdot 4^3 \cdot 3^3 = (2 \cdot 5 \cdot 4 \cdot 3)^3 = 120^3$
$a^2 \cdot 4b^2 \cdot 3c^2 = 1 \cdot 4 \cdot 3(abc)^2 = 12(abc)^2$
$a^n \cdot b^n = (a \cdot b)^n$

Division

bei gleicher Grundzahl:
Potenzen mit gleicher Grundzahl werden dividiert, indem man die gemeinsame Grundzahl mit der Differenz der Hochzahlen potenziert.

$$\frac{3^5}{3^3} = \frac{3 \cdot 3 \cdot 3 \cdot 3 \cdot 3}{3 \cdot 3 \cdot 3} = 3^2$$

$$\frac{3^5}{3^3} = 3^{5-3} = 3^2$$

$$\frac{6\,b^7}{3\,b^3} = 2\,b^{7-3} = 2\,b^4$$

bei gleicher Hochzahl:
Potenzen mit gleicher Hochzahl werden dividiert, indem man die Grundzahlen dividiert und den Quotienten mit der gemeinsamen Hochzahl potenziert.

$$\frac{6^3}{3^3} = \frac{6 \cdot 6 \cdot 6}{3 \cdot 3 \cdot 3} = 2 \cdot 2 \cdot 2 = 2^3$$

Potenzieren von Potenzen

Eine Potenz wird potenziert, indem man die Basis mit dem Produkt der Hochzahlen potenziert.

$$(3^2)^3 = 3^2 \cdot 3^2 \cdot 3^2 = 3 \cdot 3 \cdot 3 \cdot 3 \cdot 3 \cdot 3 = 3^6$$
$$(3^2)^3 = 3^{2 \cdot 3} = 3^6$$
$$(a^4)^2 = a^{4 \cdot 2} = a^8$$
$$(a^m)^n = a^{m \cdot n}$$

Vorzeichen von Grundzahl und Hochzahl:

positive Grundzahl:
Der Wert einer Potenz mit positiver Grundzahl ist immer positiv. Das Pluszeichen wird nicht geschrieben.

$$+2^3 = (+2) \cdot (+2) \cdot (+2) = +8$$
$$2^3 = 2 \cdot 2 \cdot 2 = 8$$

negative Grundzahl:
Der Wert einer Potenz mit negativer Grundzahl ist positiv, wenn ihre Hochzahl eine gerade Zahl ist; der Wert ist negativ, wenn ihre Hochzahl eine ungerade Zahl ist.

$$(-3)^2 = (-3) \cdot (-3) = 3^2 = 9$$
$$(-2)^4 = (-2) \cdot (-2) \cdot (-2) \cdot (-2) = 2^4 = 16$$
$$(-3)^3 = (-3) \cdot (-3) \cdot (-3) = (-3)^3 = -27$$
$$(-2)^5 = (-2) \cdot (-2) \cdot (-2) \cdot (-2) \cdot (-2)$$
$$= (-2)^5 = -32$$

Hochzahl 1
Der Wert einer Potenz mit der Hochzahl Eins ist gleich der Grundzahl.

$$\frac{3^4}{3^3} = \frac{3 \cdot 3 \cdot 3 \cdot 3}{3 \cdot 3 \cdot 3} = 3^{4-3} = 3^1 = 3$$

$$\frac{a^3}{a^2} = a^{3-2} = a^1 = a$$

Hochzahl 0
Jede Potenz mit der Hochzahl Null hat den Wert 1

$$\frac{3^4}{3^4} = \frac{3 \cdot 3 \cdot 3 \cdot 3}{3 \cdot 3 \cdot 3 \cdot 3} = 1$$

$$\frac{3^4}{3^4} = 3^{4-4} = 3^0 = 1$$

$$\frac{a^n}{a^n} = a^{n-n} = a^0 = 1$$

$$1000^0 = 1$$

negative Hochzahl:
Eine Potenz mit negativer Hochzahl ist gleich ihrem Kehrwert mit positiver Hochzahl

$$\frac{3^3}{3^5} = \frac{3 \cdot 3 \cdot 3}{3 \cdot 3 \cdot 3 \cdot 3 \cdot 3} = \frac{1}{3^2}$$

$$\frac{3^3}{3^5} = 3^{3-5} = 3^{-2} = \frac{1}{3^2}$$

$$\frac{a^n}{a^m} = a^{n-m}$$

■ **Aufgaben**

14. Schreiben Sie in Form einer Potenz
- a) $4 \cdot 4 \cdot 4 \cdot 4$
- b) $2 \cdot 2 \cdot 6 \cdot 6 \cdot 6 \cdot 8 \cdot 8 \cdot 8 \cdot 8$
- c) $d \cdot d \cdot d$
- d) $2a \cdot 4b \cdot 6b \cdot 3a$
- e) $2x \cdot 8x \cdot 4x$
- f) $6az \cdot 4az \cdot 6az \cdot 3az \cdot 8az \cdot 6az$

15. Schreiben Sie folgende Potenzwerte in Potenzform (Grundzahl 10)
- a) 100
- b) 10 000
- c) 0,1
- d) 1 000 000
- e) 1
- f) 0,0001
- g) 10 000 000
- h) 0,01
- i) 1000
- k) 1 000 000 000
- l) 0,000 001
- m) 0,000 000 1

16. Ermitteln Sie folgende Potenzwerte
- a) 8^2
- b) 9^3
- c) 12^4
- d) $0,05^2$
- e) 2^5
- f) 1^7
- g) 17^2
- h) $1,7^2$
- i) 100^4
- k) $\left(\frac{1}{3}\right)^3$
- l) $\left(\frac{4}{5}\right)^2$
- m) $\left(\frac{2}{7}\right)^3$
- n) $\left(-\frac{1}{9}\right)^2$
- o) $\left(-\frac{2}{3}\right)^3$
- p) $\left(-\frac{2}{5}\right)^4$

17. Addition und Subtraktion von Potenzen
- a) $3 \cdot 7^3 + 4 \cdot 7^3 - 5 \cdot 7^3$
- b) $12a^5 - 16a^5 + 8a^5$
- c) $4c^2 - 3c^2 + 6c^2 - 8c^2$
- d) $3z^2 - 4b^2 - z^2 + 8b^2 + 2b^2$
- e) $6a^2b^4 - 2a^2b^4 + 9a^2b^4$
- f) $15ax^2 - a(4x^2 + 2x^2 - 6x^2)$
- g) $2b^3y^2 - by(3b^2y - 6b^2y + 5b^2y)$
- h) $2ad(ad^3 - 4ad^3 + 6ad^3)$

18. Multiplikation von Potenzen
- a) $3^4 \cdot 4^4$
- b) $5^4 \cdot 5^3 \cdot 5^5$
- c) $a^3 \cdot a^5 \cdot a^2$
- d) $3ab^3 \cdot 2a^2b \cdot 4a^3 \cdot b^4$
- e) $a^x \cdot a^{3x} \cdot a^{2x}$
- f) $a^4 \cdot a^3 \cdot a^{-2}$
- g) $(4b^3 - 6b) \cdot 12b^{-2}$
- h) $(-2a)^5 \cdot (2b)^3 \cdot 3a^3$
- i) $2a^2b^{-3} \cdot (-2a^{-3}b^3)$
- k) $14n^4x^2 \cdot (-2an)^4 \cdot (-x)^{-2} \cdot (-4x)^{-2}$

19. Division von Potenzen
- a) $5^7 : 5^5$
- b) $6 \cdot 4^3 : 4 \cdot 4^2$
- c) $a^7 : a^4$
- d) $76n^5 : 19n^2$
- e) $6cx : 12(cx)^2$
- f) $2^4a^4b^5 : 4^2a^3b^5a^2$
- g) $16s^0u^{-3}t^2 : 64u^2t^{-3}$
- h) $-96a^5c^9z^4 : 6(az)^0c^7$
- i) $-182a^{-1}x^3z^6 : -13ax^{-2}z^5$
- k) $(3acx)^{-4} : 3a^3c^{-2}x^{-1}$
- l) $\frac{81a^6}{64c} : \frac{27a^4}{16c^2}$
- m) $\frac{135d^4}{112g} : \frac{15d^3x^0}{16g}$

20. Potenzieren von Potenzen
- a) $(4^2)^3$
- b) $(2^{-3})^2$
- c) $(2^2)^{-2}$
- d) $(-4^2)^{-3}$
- e) $(7^{-2})^{-4}$
- f) $(a^2b^3)^4$
- g) $(2b^8v^9x^4)^0$
- h) $6(a^3d^0n^{-1})^4$
- i) $14(c^4n^2x)^{-2}$
- k) $8(v^2x^4z^{-2})^{-1}$
- l) $256(4a^{-2}c^{-1}e^4)^{-5}$
- m) $(5x^3)^4 - (4x)^2 + 2(x^4)^3$

4.4 Wurzelrechnen

Das Wurzelrechnen ist die Umkehrung des Potenzrechnens. Während beim Potenzrechnen aus gegebener Grund- und Hochzahl der Potenzwert errechnet wird, wird beim Wurzelrechnen aus gegebenem Potenzwert und gegebener Hochzahl die Grundzahl gesucht. In der praktischen Bautechnik beschränkt sich das Wurzelrechnen bei einfachen Fällen auf Quadratwurzeln $\sqrt{}$ und dritte Wurzeln $\sqrt[3]{}$.
Bei der Quadratwurzel wird die 2 beim Wurzelexponent nie geschrieben. $\sqrt[2]{} \rightarrow \sqrt{}$

Potenzrechnung
$3^4 = 81$
3: Grundzahl
4: Hochzahl
81: Potenzwert

Umkehrung: Wurzelrechnung
$\sqrt[4]{81} = 3$
gesprochen: vierte Wurzel aus 81
4: Wurzelhochzahl, Wurzelexponent
81: Radikand
3: Wurzelwert
$3^4 = 81$ Umkehrung: $\sqrt[4]{81} = 3$

Addition
Wurzeln können nur dann addiert werden, wenn sowohl der Radikand als auch der Wurzelexponent gleich sind. Es werden dabei die Vorzahlen addiert und mit der gemeinsamen Wurzel multipliziert.

$$3\sqrt{16} + 4\sqrt{16} = 7\sqrt{16}$$
$$2\sqrt[3]{a} + 5\sqrt[3]{a} = 7\sqrt[3]{a}$$
$$3\sqrt[4]{ab} + 6\sqrt[4]{ab} = 9\sqrt[4]{ab}$$

Subtraktion
Wurzeln können nur dann subtrahiert werden, wenn sowohl der Radikand als auch der Wurzelexponent gleich sind. Die Vorzahlen werden dabei subtrahiert und mit der gemeinsamen Wurzel multipliziert.

$$8\sqrt{5} - 3\sqrt{5} = 5\sqrt{5}$$
$$6\sqrt[3]{a} - 4\sqrt[3]{a} = 2\sqrt[3]{a}$$
$$9\sqrt{\frac{ab}{c}} - 5\sqrt{\frac{ab}{c}} = 4\sqrt{\frac{ab}{c}}$$

Wurzelziehen aus einer Summe
Die Wurzel ist nur aus der Summe zu ziehen und niemals aus den Einzelgrößen.

richtig: $\sqrt{16+9} = \sqrt{25} = 5$
falsch: $\sqrt{16+9}$
$\sqrt{16} + \sqrt{9}$
$4 + 3 = 7$

Wurzelziehen aus einer Differenz
Die Wurzel ist nur aus der Differenz zu ziehen und niemals aus den Einzelgrößen.

richtig: $\sqrt{25-16} = \sqrt{9} = 3$
falsch: $\sqrt{25-16}$
$\sqrt{25} - \sqrt{16}$
$5 - 4 = 1$

Multiplikation
Die Radikanden der Wurzeln mit dem gleichen Exponenten werden multipliziert und der Exponent beibehalten.

$$\sqrt{4} \cdot \sqrt{9} = \sqrt{4 \cdot 9} = \sqrt{36}$$
$$\sqrt[3]{4} \cdot \sqrt[3]{2} = \sqrt[3]{4 \cdot 2} = \sqrt[3]{8}$$

22

© Holland+Josenhans

Wurzelziehen aus einem Produkt

Beim Ziehen der Wurzel aus einem Produkt kann die Wurzel sowohl aus jedem Faktor einzeln gezogen werden als auch aus dem Wert des Produktes. Der Wurzelexponent muss dabei gleich sein.

$$\sqrt{4} \cdot \sqrt{9} = 2 \cdot 3 = 6 \quad \text{oder}$$
$$\sqrt{4} \cdot \sqrt{9} = \sqrt{4 \cdot 9} = \sqrt{36} = 6$$
$$\sqrt[3]{8} \cdot \sqrt[3]{27} = 2 \cdot 3 = 6 \quad \text{oder}$$
$$\sqrt[3]{8} \cdot \sqrt[3]{27} = \sqrt[3]{8 \cdot 27} = \sqrt[3]{216} = 6$$

Division von Wurzeln

Die Radikanden der Wurzeln mit dem gleichen Exponenten werden dividiert und der Exponent beibehalten.

$$\frac{\sqrt{36}}{\sqrt{4}} = \sqrt{\frac{36}{4}} = \sqrt{9}$$
$$\frac{\sqrt[3]{27}}{\sqrt[3]{8}} = \sqrt[3]{\frac{27}{8}} = 1{,}5$$

Wurzelziehen aus einem Quotienten

Beim Ziehen der Wurzel aus einem Quotienten kann die Wurzel aus Zähler und Nenner getrennt gezogen werden oder aus dem Wert des Quotienten. Der Wurzelexponent muss gleich sein.

$$\frac{\sqrt{36}}{\sqrt{4}} = \frac{6}{2} = 3 \quad \text{oder}$$
$$\frac{\sqrt{36}}{\sqrt{4}} = \sqrt{\frac{36}{4}} = \sqrt{9} = 3$$

Potenzieren von Wurzeln

Die Potenz des Radikanden wird mit der Potenz der Wurzel multipliziert.

$$(\sqrt{2^2})^3 = \sqrt{2^{2 \cdot 3}} = \sqrt{2^6} = \sqrt{64} = 8$$
$$(\sqrt{3^2})^4 = \sqrt{3^{2 \cdot 4}} = \sqrt{3^8} = \sqrt{6561} = 81$$

Wurzelziehen aus einer Potenz

Aus einer Potenz wird die Wurzel gezogen, indem der Potenzwert ermittelt und daraus die Wurzel gezogen wird. Sind Wurzelexponent und Potenzwert gleich, so ist der Wurzelwert gleich dem Radikanden.

$$(\sqrt[3]{2^3})^4 = \sqrt[3]{2^{3 \cdot 4}} = \sqrt[3]{2^{12}} = \sqrt[3]{4096} = 16$$
$$(\sqrt{4})^3 = \sqrt{4^{1 \cdot 3}} = \sqrt{64} = 8$$
$$\sqrt{4^2} = 4$$
$$\sqrt[3]{8^3} = 8$$
$$\sqrt[n]{a^n} = a$$

■ **Aufgaben**

21. Addition und Subtraktion von Wurzeln

a) $3\sqrt{22} + 5\sqrt{22} - 2\sqrt{22}$

b) $4\sqrt{17} - \sqrt{17} + 8\sqrt{17}$

c) $2\sqrt[3]{25} - 4\sqrt{25} + 3\sqrt[3]{25} + 6\sqrt{25}$

d) $6\sqrt[4]{33} - 4\sqrt{33} + \sqrt[3]{33} + 4\sqrt{33} - 3\sqrt[4]{33}$

e) $3\sqrt[3]{a} - 4\sqrt{b} - 2\sqrt[3]{a} - \sqrt{b}$

f) $2\sqrt{ab} - 4\sqrt{ab} + 9\sqrt{ab}$

g) $-3\sqrt[3]{az} - 4\sqrt{az} + 6\sqrt{az}$

h) $\sqrt{\dfrac{aw}{z}} - \sqrt[4]{\dfrac{aw}{z}} - 3\sqrt{\dfrac{ax}{z}} + 4\sqrt[4]{\dfrac{aw}{z}}$

i) $3a\sqrt[3]{bz} - 3c\sqrt[3]{bz} - a\sqrt[3]{bz} - c\sqrt[3]{bz}$

22. Wurzelziehen aus Summen und Differenzen

a) $\sqrt{9 + 16}$

b) $\sqrt{64 + 4}$

c) $\sqrt{144 + 25}$

d) $\sqrt{25 - 16}$

e) $\sqrt{400 - 256}$

f) $\sqrt{289 - 225}$

g) $\sqrt{144 + 256}$

h) $\sqrt{625 - 225}$

23. Wurzelziehen aus Produkten

a) $\sqrt{3} \cdot \sqrt{12}$

b) $\sqrt{2} \cdot \sqrt{8}$

c) $\sqrt{16} \cdot \sqrt{4}$

d) $\sqrt{3} \cdot \sqrt{3}$

e) $\sqrt{2} \cdot \sqrt{3} \cdot \sqrt{6}$

f) $\sqrt{8} \cdot \sqrt{2} \cdot \sqrt{4}$

g) $\sqrt{2} \cdot \sqrt{2} \cdot \sqrt{2} \cdot \sqrt{2}$

h) $\sqrt{4 \cdot 16}$

i) $\sqrt{9 \cdot 4 \cdot 16}$

k) $\sqrt{25 \cdot 16 \cdot 9}$

l) $\sqrt{64 \cdot 36}$

m) $\sqrt{a^2} \cdot \sqrt{b^2}$

n) $\sqrt{d^2 \cdot x^4}$

o) $\sqrt{4a^2 \, 16 z^{16}}$

p) $\sqrt{4 d^2 n^4 \, 9 x^8}$

q) $\sqrt[3]{27 \cdot 8}$

r) $\sqrt[3]{64 \cdot 216}$

s) $\sqrt[3]{8 \cdot 125}$

t) $\sqrt{9 \cdot 16} \cdot \sqrt[3]{64 \cdot 8}$

u) $\sqrt{25} \cdot \sqrt[3]{125} \cdot \sqrt{81}$

v) $4\sqrt{16} \cdot 2 \cdot \sqrt[3]{8} \cdot 6 \cdot \sqrt[3]{343}$

w) $4(6 \cdot \sqrt{36 \cdot 16}$
$\quad - 3 \cdot \sqrt[3]{64 \cdot 8} + \sqrt{4 \cdot 9})$

24. Wurzelziehen aus Quotienten

a) $\sqrt{\dfrac{64}{4}}$

b) $\sqrt{\dfrac{144}{9}}$

c) $\sqrt{\dfrac{625}{16}}$

d) $\sqrt{\dfrac{784}{49}}$

e) $\sqrt{\dfrac{1156}{289}}$

f) $\sqrt{\dfrac{256}{576}}$

g) $\sqrt[3]{\dfrac{64}{8}}$

h) $\sqrt[3]{\dfrac{216}{1728}}$

i) $\sqrt[3]{\dfrac{729}{27}}$

k) $\sqrt[3]{\dfrac{512}{1728}}$

l) $\sqrt[3]{\dfrac{64}{27}}$

m) $\sqrt{\dfrac{x^4}{z^2}}$

n) $\sqrt[3]{\dfrac{a^3}{z^9}}$

o) $\sqrt{\dfrac{a^2 d^4}{n^6 q^8}}$

p) $\sqrt{\dfrac{16 a^4 b^8 d^6}{4 m^2 9 p^6 25 z^{10}}}$

25. Wurzelziehen aus einer Potenz

a) $(\sqrt{3^3})^2$

b) $(\sqrt{2^4})^2$

c) $(\sqrt{4^2})^3$

d) $(\sqrt{5^3})^2$

e) $(\sqrt[3]{4^3})^2$

f) $(\sqrt[3]{6^2})^3$

g) $(\sqrt[3]{8^3})^2$

h) $(\sqrt{13^2})^0$

i) $(\sqrt[3]{61^3})^1$

k) $(\sqrt{(\tfrac{1}{3})^2})^3$

l) $(\sqrt[8]{4^2})^4$

m) $(\sqrt[3]{16^4})^0$

n) $(\sqrt[3]{(\tfrac{2}{3})^0})^4$

o) $(\sqrt[4]{6^2})^2$

p) $(\sqrt{4a^2 9b^4})^3$

q) $(\sqrt[n]{a^n b^n})^n$

r) $(\sqrt[x]{a^{2x} d^x z^{4x}})^1$

s) $(\sqrt[z]{d^z g^{4z} n^{3z}})^2$

5 Gleichungen

Jeder Satz, der eine wahre Aussage enthält, führt zu einer Gleichung, wie z.B.

$7+3+4+5=19$

Eine Gleichung hat also zwei Seiten, nämlich eine linke und eine rechte Seite. Man kann eine Gleichung mit einer Balkenwaage vergleichen, bei der in der linken Schale die gleiche Masse vorhanden sein muss wie in der rechten Schale, soll die Waage im Gleichgewicht sein.

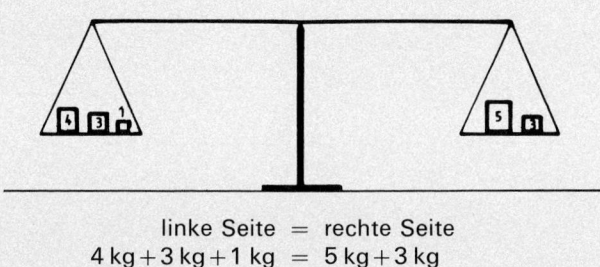

linke Seite = rechte Seite
$4\,kg + 3\,kg + 1\,kg = 5\,kg + 3\,kg$

Man kann, ohne dass die Waage aus dem Gleichgewicht kommt,

1. in jede Waagschale 2 kg hinzulegen	$8\,kg + 2\,kg = 8\,kg + 2\,kg$
2. aus jeder Waagschale 2 kg herausnehmen	$8\,kg - 2\,kg = 8\,kg - 2\,kg$
3. den Inhalt jeder Waagschale verdoppeln	$8\,kg \cdot 2 = 8\,kg \cdot 2$
4. den Inhalt jeder Waagschale dritteln	$\dfrac{8\,kg}{3} = \dfrac{8\,kg}{3}$

Durch diese vier Veränderungen auf beiden Seiten der Gleichung ist zwar der Inhalt der beiden Schalen jedes Mal ein anderer, die Waage befindet sich jedoch nach jeder Veränderung weiterhin im Gleichgewicht.

> Eine Gleichung bleibt dann erhalten, wenn man auf beiden Seiten
> 1. dieselbe Zahl addiert
> 2. dieselbe Zahl subtrahiert
> 3. mit derselben Zahl multipliziert
> 4. durch dieselbe Zahl dividiert.

Grundbegriffe

Beispiel

1. Addieren: Zusammenzählen (Substantiv: Addition)	$8 + 4$
2. Subtrahieren: Abziehen (Substantiv: Subtraktion)	$8 - 4$
3. Multiplizieren: Vervielfachen (Substantiv: Multiplikation)	$8 \cdot 4$
4. Dividieren: Teilen (Substantiv: Division)	$8 : 4$ oder $\dfrac{8}{4}$

5. Summe: Unausgerechnetes Ergebnis einer Addition $\qquad$ $8+4$

6. Differenz: Unausgerechnetes Ergebnis einer Subtraktion $\qquad$ $8-4$

7. Produkt: Unausgerechnetes Ergebnis einer Multiplikation $\qquad$ $8 \cdot 4$

8. Quotient: Unausgerechnetes Ergebnis einer Division $\qquad$ $\dfrac{8}{4}$

Bestimmungsgleichungen

Enthält eine Gleichung eine unbekannte Größe, so setzt man hierfür Buchstaben wie a, b, ..., x, y, z. Solche Gleichungen nennt man Bestimmungsgleichungen, denn die Unbekannte muss durch Lösen der Gleichung erst noch bestimmt werden.

Beispiel 1

$$x-18 = 22$$
$$x-18+18 = 22+18$$
$$x = \underline{40}$$

Um die Unbekannte x auf der linken Seite der Gleichung alleine stehen zu haben, müssen zu den $-18 + 18$ addiert werden. Dies ist jedoch auf beiden Seiten der Gleichung vorzunehmen, um die Gleichung zu erhalten.

Beispiel 2

$$x+40 = 300$$
$$x+40-40 = 300-40$$
$$x = \underline{260}$$

Beispiel 3

$$\frac{x}{7} = 5$$
$$\frac{x}{7} \cdot 7 = 5 \cdot 7$$
$$x = 35$$

Um die Zahl 7 im Nenner der Unbekannten kürzen zu können, muss die Gleichung auf beiden Seiten mit 7 multipliziert werden.

Beispiel 4

$$2x = 8$$
$$\frac{2x}{2} = \frac{8}{2}$$
$$x = 4$$

Die Unbekannte x steht allein auf einer Seite, wenn man die Gleichung auf beiden Seiten durch die Beizahl der Unbekannten dividiert.

Klammerregeln

Beispiel

1. Steht vor einer Klammer ein Pluszeichen, so kann die Klammer weggelassen werden.

$$(8+6)+(3+7)$$
$$8+6 \ + \ 3+7$$

2. Steht vor einer Klammer ein Minuszeichen, so sind beim Weglassen der Klammer alle Vorzeichen innerhalb der Klammer umzukehren.

$$(8+6)-(3+7)$$
$$8+6 \ - \ 3-7$$

3. Steht eine Zahl vor einer Klammer, so ist jede Zahl in der Klammer mit der Zahl vor der Klammer unter Berücksichtigung des Vorzeichens zu multiplizieren.

$$3(6+ \ 5)+4(2- \ 3)$$
$$18+15 \ + \ 8 \ -12$$

26

■ **Aufgaben**

Stellen Sie folgende Formeln nach der gesuchten Größe um:

1. $A = \dfrac{b \cdot r}{2}$ nach r

2. $U = 2(l + b)$ nach l

3. $V = l \cdot b \cdot \dfrac{h}{3}$ nach h

4. $V = \dfrac{d^2 \cdot \pi}{4} \cdot \dfrac{h}{3}$ nach d

5. $F_1 \cdot l_1 = F_2 \cdot l_2$ nach l_1

6. $b = \dfrac{r \cdot \pi \cdot \alpha}{180}$ nach r

7. $V \approx \left(\dfrac{d_1 + d_2}{2}\right)^2 \cdot \dfrac{\pi}{4} \cdot h$ nach h und d_1

■ **Aufgaben — Gleichungen**

8. $x - 16 = 20$

9. $x + 12 = 16$

10. $z + 8{,}2 = 12{,}7$

11. $2x = 10$

12. $24 = 3x$

13. $56 = 4y$

14. $\dfrac{x}{3} = 5$

15. $\dfrac{1}{2}y = 7$

16. $\dfrac{8a}{7} + 7 = 15$

17. $3{,}2 + \dfrac{4b}{5} = 2$

18. $x + 7 = 4(3 + 7)$

19. $\dfrac{3x}{7} = 3(2 + 4) - 4(16 - 12)$

20. $4x + \dfrac{3x}{4} = \dfrac{2(7 - 2)}{3} + (3 - 5)$

21. $\dfrac{x}{3}(2 + 7) - \dfrac{x}{5}(3 - 9) = 4x - 3(22 - x)$

22. $\dfrac{3a}{4} - 4\left(\dfrac{a}{7} - 9\right) = 127 - 4(2a - 9)$

23. $7(6x + 5) - 2(8x - 11) = 50x + 3(4x + 1)$

24. $12(8b + 7) - 5(16b - 3) - 18(4b + 3) - 31 = 0$

25. $9(8n + 2{,}2) - 3(17n + 7{,}4) = 25n - 8(5n - 1{,}5)$

26. Vermehrt man eine Zahl um 22, so erhält man 37. Wie heißt die Zahl?

27. Vervielfacht man eine Zahl mit 3,5, so erhält man 24,5. Wie heißt die Zahl?

28. Vermindert man eine Zahl um 17, so erhält man 30. Wie heißt die Zahl?

29. Vermehrt man die Hälfte einer Zahl um 18, so erhält man 34. Wie heißt die Zahl?

30. Dividiert man eine Zahl durch 4, so erhält man 28. Wie heißt die Zahl?

31. Subtrahiert man von einer Zahl 26, so erhält man ihren 3. Teil. Welche Zahl ist gemeint?

32. Das Dreifache einer um 4 verminderten Zahl ist halb so groß wie das Fünffache der um 6 verminderten Zahl. Welche Zahl ist gemeint?

33. Vermehrt man eine Zahl um 17 und vervierfacht die Summe, so erhält man die ursprüngliche Zahl mit negativem Vorzeichen. Um welche Zahl handelt es sich?

34. Die Zahl 90 ist so in 2 Summanden zu zerlegen, dass das Dreifache des ersten gleich einem Drittel des zweiten ist.

35. Zerlegen Sie die Zahl 140 so in drei Summanden, dass der zweite um 40 größer als der erste und der dritte um 28 kleiner als der zweite ist.

36. Zerlegen Sie die Zahl 84 so in vier Summanden, dass ein Drittel des ersten genauso groß wie der zweite, der dritte 4,5-mal so groß wie der zweite und der vierte 4-mal so groß wie der erste ist.

37. Ein rechteckförmiges Grundstück hat eine Zaunlänge von 142 m. Die längere Seite ist viermal so lang wie die kürzere. Welche Fläche hat das Grundstück?

38. In einem rechtwinkligen Dreieck ist der Winkel β $^4/_5$-mal so groß wie α. Wie groß sind die Dreieckswinkel?

39. In einem Dreieck ist der Winkel β dreimal so groß wie α, der Winkel γ halb so groß wie α und β zusammen. Wie groß sind die Winkel?

40. In einem gleichschenkligen Dreieck ist ein Schenkel 3,5-mal so groß wie die Grundseite. Wie groß sind die Dreiecksseiten, wenn der Umfang 74 cm misst?

41. Bei einem Damm ist die Dammsohle 1,2-mal so groß wie die Dammkrone. Die Querschnittsfläche des Dammes beträgt 21,80 m².
    a) Wie groß sind Dammsohle und Dammkrone?
    b) Wie viel m³ Boden werden für 100 m Dammlänge benötigt?

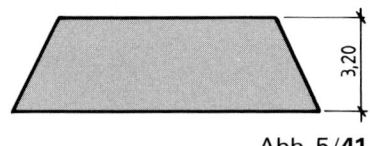

Abb. 5/41

42. Sparrendach
    Der Sparren S_1 ist um 1,20 m länger als der Sparren S_2. Die zwei Sparren und der Deckenbalken haben eine Länge von 36,70 m. Welche Länge haben die Sparren S_1 und S_2?

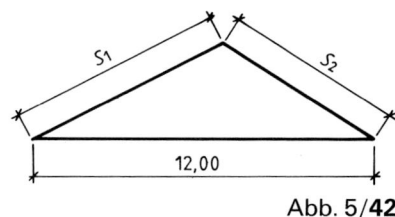

Abb. 5/42

43. Beim Binder eines Kragdaches sind die Untergurtstäbe 2,8-mal größer als der Vertikalstab V_1, der Diagonalstab 1,72-mal so groß wie der Vertikalstab V_2 und die Obergurtstäbe 2,98-mal so groß wie der Vertikalstab V_1. Wie lang müssen die einzelnen Stäbe sein, wenn man für einen Binder 11 m Holz benötigt?

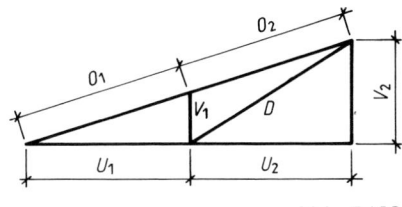

Abb. 5/**43**

44. Das Restaurant eines Fernsehturmes liegt 4-mal so hoch wie die Wetterstation vom Boden entfernt liegt, während die Entfernung von der Turmspitze zum Restaurant nur $1/8$ der Entfernung Wetterstation – Restaurant beträgt. Wie weit vom Boden entfernt liegen die Wetterstation und das Restaurant, wenn der Turm eine Gesamthöhe von 264 m hat?

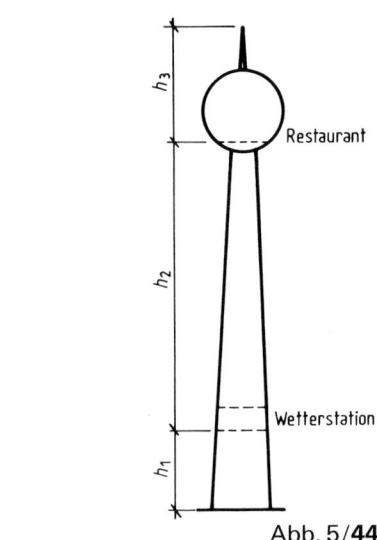

Abb. 5/**44**

45. Ein Wassergraben, bei dem die obere Breite um 2,20 m größer ist als die Sohlbreite, soll abgesperrt werden. Wie groß ist die Sohlbreite des Grabens, wenn der Graben bei ganzer Füllung 6,5 m³ pro m Grabenlänge fassen kann?

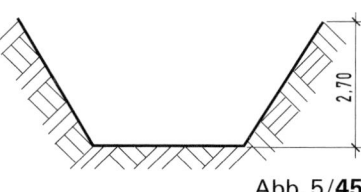

Abb. 5/**45**

46. Aus einem Baumstamm mit einem Umfang von 1,08 m soll ein Balken geschnitten werden, dessen Kantenlänge 20 cm geringer ist als der Durchmesser des Baumes. Welche Kantenlänge erhält der Balken?

47. Aus einem Baumstamm mit einem Durchmesser von 42 cm am Zopfende soll ein rechteckförmiger Balken herausgeschnitten werden, dessen längere Seite doppelt so groß ist wie die kürzere. Welche Abmessungen hat der Balken?

48. Für zwei 4,70 m hohe Rundsäulen, deren Durchmesser sich um 40 cm unterscheiden, sind 18,33 m² Schalung benötigt worden.
a) Welchen Durchmesser haben die Säulen?
b) Wie viel m³ verdichteter Beton werden für die zwei Säulen benötigt?

49. Ein Turmdach mit quadratischem Grundriss und der Grundseitenlänge von 4,20 m soll einen Dachraum von mindestens 41,75 m³ erhalten. Welche Dachhöhe ist dazu erforderlich?

50. Ein Betonfahrzeug beliefert wechselweise zwei Baustellen, von denen die eine 12 km näher beim Betonwerk liegt als die andere. Nachdem es jede Baustelle 8-mal angefahren hat, zeigt der Tachometerstand eine Zunahme von 208 km. Wie weit sind die beiden Baustellen vom Betonwerk entfernt?

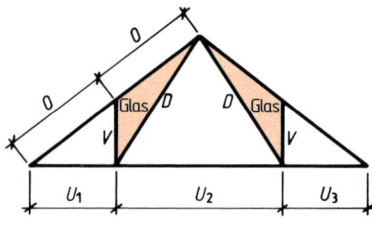

Abb. 5/**51**

51. Bei einem Fachwerkbinder sind die Untergurtstäbe U_1 und U_3 halb so groß wie der Untergurtstab U_2, die Vertikalstäbe 0,79-mal so groß wie der Stab U_1, die Obergurtstäbe 0,64-mal so groß wie der Untergurtstab U_2 und die Diagonalstäbe 1,88-mal so groß wie der Stab U_3.
a) Wie lang sind die einzelnen Stäbe, wenn für einen Binder 28,18 lfd M. Holz benötigt werden?
b) Wie groß ist die zu verglasende Fläche?

52. Bei einem 12,50 m hohen Brückenpfeiler mit elliptischem Grundriss ist der große Durchmesser 5,40 m größer als der kleine. Zur Schalung eines Pfeilers sind 259 m^2 Schalholz benötigt worden. Wie viel m^3 Beton werden für einen Pfeiler benötigt?

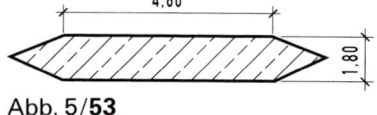

Abb. 5/**53**

53. Für den Brückenpfeiler sind 112 m^3 Beton benötigt worden. Wie groß ist der Schalholzbedarf für einen Pfeiler?
Höhe des Pfeilers 10,20 m.

54. Der Durchmesser einer Rundsäule ist um 5 cm größer als die Seitenlänge einer quadratischen Säule. Beide Säulen haben die gleiche Höhe von 3,75 m. Festbetonbedarf je Säule 0,60 m^3. Berechnen Sie den Schalholzbedarf der quadratischen Säule sowie der Rundsäule.

55. Ein elliptischer Brückenpfeiler soll die gleiche Querschnittsfläche haben wie ein rechteckförmiger mit den Abmessungen 14,0 m × 3,75 m. Wie groß sind die beiden Durchmesser des elliptischen Pfeilers, wenn der große Durchmesser dreimal so groß ist wie der kleine?

6 Lineare Funktionen — Vielecke nach Koordinaten — Schaubilder

Hinführung

Jede Zahl kann grafisch mithilfe des Zahlenstrahls festgelegt werden.

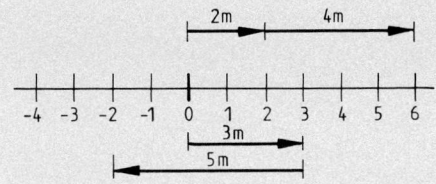

Beispiel

Addieren Sie auf dem Zahlenstrahl

$2\,m + 4\,m = 6\,m$

Subtrahieren Sie auf dem Zahlenstrahl

$3\,m - 5\,m = -2\,m$

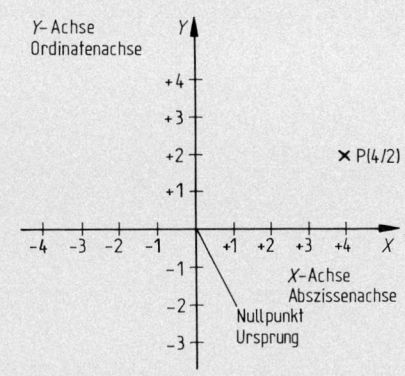

Für die Darstellung von Funktionen oder auch Diagrammen ist ein zweiter Zahlenstrahl erforderlich. Man legt diesen zweiten Zahlenstrahl senkrecht zum ersten, und zwar durch den Nullpunkt gehend. Zur eindeutigen Festlegung eines Punktes P in dieser von zwei Achsen aufgespannten Fläche sind zwei Werte erforderlich, der Abszissenwert (x-Wert) und der Ordinatenwert (y-Wert). Die Lage eines Punktes ist definiert durch P (x/y). Diese zwei Werte nennt man Koordinaten, das Achsensystem Koordinaten-System P(4/2) bedeutet z. B., dass der Punkt P fixiert ist, indem man vom Ursprung aus 4 Einheiten in der positiven Richtung der x-Achse und von dort 2 Einheiten in positiver Richtung der y-Achse geht.

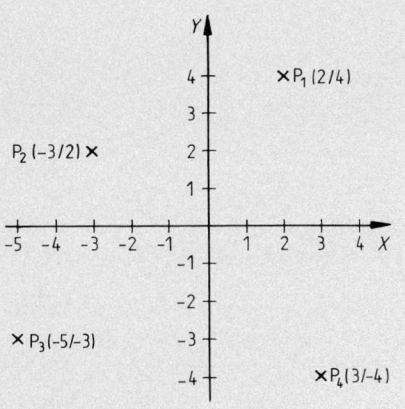

Beispiel

Die Punkte P_1 bis P_4 mit den Koordinaten

P_1 (2/4)
P_2 (−3/2)
P_3 (−5/−3)
P_4 (3/−4)

sind in einem Koordinaten-System festzulegen.

6.1 Lineare Funktionen

Lassen sich zwei und mehr Punkte zu einer Geraden verbinden, so nennt man dies eine lineare Funktion. Eine lineare Funktion ist dadurch gekennzeichnet, dass das Verhältnis von $\dfrac{\Delta y}{\Delta x}$ überall gleich ist und der Graf eine Gerade darstellt. Das Verhältnis von $\dfrac{\Delta y}{\Delta x}$ nennt man die Steigung oder den Anstieg der Geraden. Eine lineare Funktion wird durch folgende Gleichung ausgedrückt:

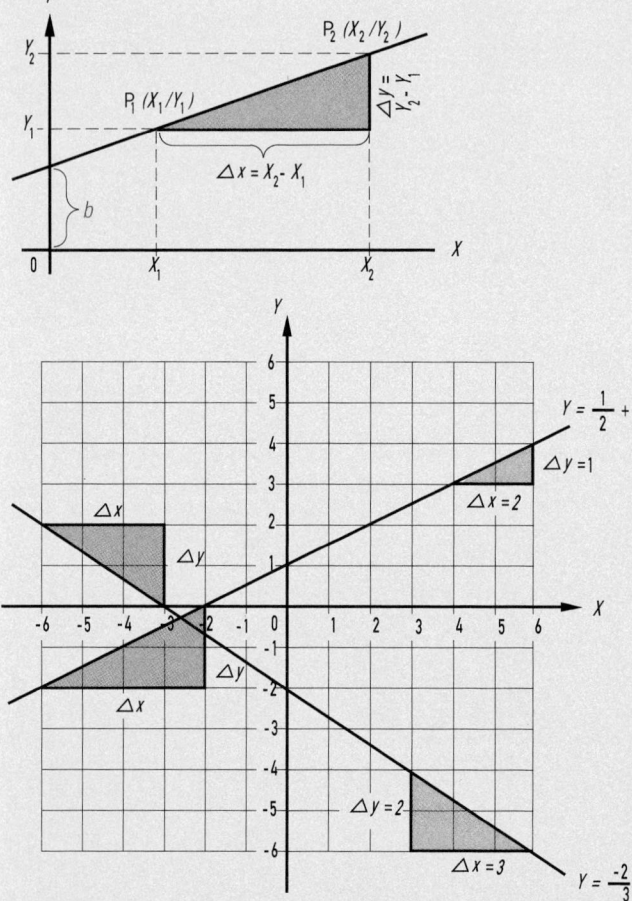

$$y = \dfrac{\Delta y}{\Delta x} \cdot x + b$$

$\dfrac{\Delta y}{\Delta x}$: Anstieg des Grafen

für $\dfrac{\Delta y}{\Delta x}$ kann auch der Buchstabe m gesetzt werden

positiver Anstieg:
Graf verläuft von links unten nach rechts oben

negativer Anstieg:
Graf verläuft von links oben nach rechts unten.

x unabhängige, frei wählbare Variable

y von x abhängige Variable

b Ordinatenabschnitt; der y-Wert, den die Gleichung bei $x = 0$ hat.

Ist der Ordinatenabschnitt $b = 0$, so geht der Graf der Gleichung durch den Nullpunkt.

6.2 Vielecke nach Koordinaten

Will man in einem Koordinatensystem eine Fläche festlegen, so sind dazu mindestens 3 Punkte notwendig.

Formeln zur Längen- und Flächenermittlung
1. Abstandsformel: Abstand von 2 Punkten
Nach Pythagoras gilt:
$$d^2 = (x_2 - x_1)^2 + (y_2 - y_1)^2$$

$$d = \sqrt{(x_2 - x_1)^2 + (y_2 - y_1)^2}$$

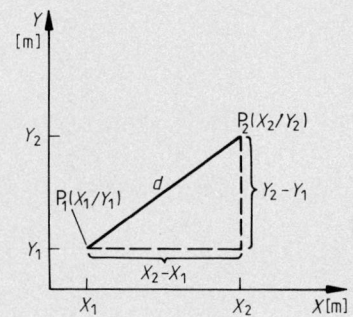

Beispiel

Es ist der Abstand der Punkte zwischen $P_1(1/3)$, $P_2(9/5)$ zu berechnen.

$$d=\sqrt{(x_2-x_1)^2+(y_2-y_1)^2} \qquad =\sqrt{64+4}$$
$$=\sqrt{(9-1)^2+(5-3)^2} \qquad =\sqrt{68}$$
$$=\sqrt{8^2+2^2} \qquad\qquad d=8{,}25 \text{ m}$$

2. Flächenformel

Eine zu berechnende Fläche muss in dreieckförmige Teilflächen aufgeteilt werden. Die Fläche, die durch die drei Punkte $P_1(x_1/y_1)$, $P_2(x_2/y_2)$ und $P_3(x_3/y_3)$ festgelegt ist, wird berechnet:

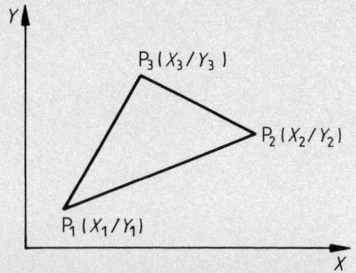

$$A=\frac{1}{2}\left[x_1(y_2-y_3)+x_2(y_3-y_1)+x_3(y_1-y_2)\right]$$

Soll das Ergebnis positiv werden, so sind die Punkte $P_1\ P_2\ P_3$ im entgegengesetzten Uhrzeigersinn anzuordnen. Werden sie im Uhrzeigersinn angeordnet, so wird das Ergebnis negativ.

Beispiel

Fläche eines Dreiecks mit den Punkten

$A(1/0)\quad B(9/3)\quad C(5/6)$
$A(x_1/y_1)$
$B(x_2/y_2)$
$C(x_3/y_3)$

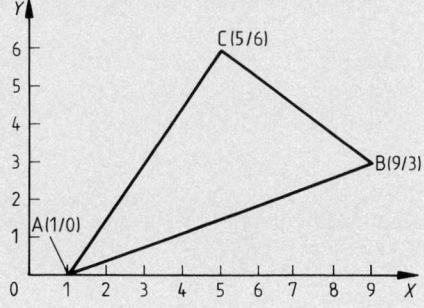

$$A=\frac{1}{2}\left[x_1(y_2-y_3)+x_2(y_3-y_1)\right.$$
$$\left.+x_3(y_1-y_2)\right]$$
$$=\frac{1}{2}(1\cdot-3+9\cdot6+5\cdot-3)$$
$$=\frac{1}{2}(-3+54-15)$$
$$=\frac{1}{2}\cdot36$$
$$A=18 \text{ m}^2$$

Variante:

$$A=\frac{4\cdot6}{2}+\frac{6+3}{2}\cdot4-\frac{8\cdot3}{2}$$
$$=12+18-12$$
$$A=18\,\text{m}^2$$

6.3 Schaubilder

Schaubilder und Diagramme dienen der Veranschaulichung und dadurch besseren Einprägsamkeit von Tatbeständen und Zusammenhängen. Von Diagrammen spricht man, wenn zwei Zusammenhänge grafisch dargestellt werden.

Man unterscheidet

a) Balkendiagramme

b) Säulendiagramme

c) Kreisdiagramme

d) Kurvendiagramme

■ **Aufgaben**

Lineare Funktionen

1. Zeichnen Sie den Grafen folgender Gleichungen in ein Koordinaten-System:
   a) $y = 2x + 4$
   b) $y = 3x - 1$
   c) $y = -x + 3$
   d) $y = -2/3\,x - 2$
   e) $y = 2,5x$
   f) $3y = 4x - 1$

2. Eine Straße steigt auf 50,0 m waagrechter Länge von 0,00 m auf 4,00 m.
   a) Welche Steigung hat die Gleichung?
   b) Zeichnen Sie den Grafen der Gleichung.
   c) Wie lautet die Gleichung?

3. Eine Straße fällt auf einer waagrechten Länge von 70,0 m von 236,500 m ü. NHN auf 233,000 m ü. NHN.
   a) Wie groß ist der Anstieg?
   b) Zeichnen Sie den Grafen der Gleichung.
   c) Wie lautet die Gleichung, wenn der Nullpunkt der Strecke bei einer Höhe von 198,70 m liegt?

34

Holland + Josenhans

4. Ein Gelände hat ein Steigungsverhältnis von 1 : 4.
   a) Zeichnen Sie den Grafen des Geländeverlaufes in ein Koordinaten-System ein; der tiefste Punkt liegt auf 256,500 m ü. NHN.
   b) Wie lautet die Gleichung?
   c) Auf welcher Höhe liegt das Gelände nach 50,0 m in waagrechter Richtung?

5. Die Bevölkerungszahl einer Stadt stieg linear. In den letzten 5 Jahren ist die Einwohnerzahl von 26 000 auf 26 250 gestiegen.
   a) Wie groß war die Einwohnerzahl der Stadt bei der Gründung vor 500 Jahren?
   b) Zeichnen Sie den Grafen der Bevölkerungsentwicklung.

6. Für die Anlegung eines Radweges soll ein Einschnitt an einem Berghang vorgenommen werden.
   Ein Festpunkt in der Nähe liegt auf 325,76 m ü. NHN.
   Berechnen Sie
   a) die Höhe der Grabensohle über NHN
   b) die Höhen über NHN am Beginn und Ende des Einschnitts
   c) die gesamte Böschungsbreite b
   d) die beiden Böschungslängen des Einschnittes

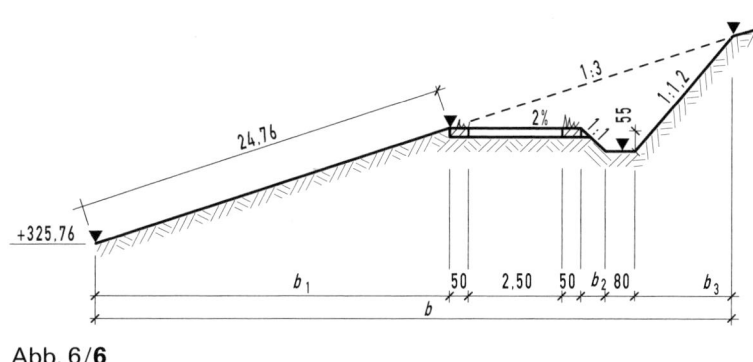

Abb. 6/**6**

Vielecke nach Koordinaten

7. Berechnen Sie den Abstand in m der beiden Punkte.
   a) $P_1 (1/4)$ b) $P_1 (8/3)$ c) $P_1 (-2/7)$ d) $P_1 (-4/-3)$
   $P_2 (2/6)$ $P_2 (10/7)$ $P_2 (3/-5)$ $P_2 (-6/-9)$

8. Berechnen Sie die Fläche, die durch die drei Punkte P_1, P_2, P_3 fixiert wird.
   a) $P_1 (1/2)$ b) $P_1 (-4/-2)$ c) $P_1 (-8/9)$
   $P_2 (7/4)$ $P_2 (8/-5)$ $P_2 (0/-4)$
   $P_3 (4/8)$ $P_3 (0/0)$ $P_3 (3/7)$

9. Die Eckpunkte eines Parallelogramms haben die Koordinaten
   $A (2/1)$; $B (9/2)$; $C (10/5)$.
   a) Welche Koordinaten hat der Eckpunkt D?
   b) Wie groß ist der Umfang des Parallelogramms?
   c) Welche Fläche hat das Parallelogramm?

10. Eine geradlinig begrenzte Fläche ist durch folgende Punkte festgelegt:
P_1 (1/1); P_2 (5/2); P_3 (8/1); P_4 (8/4); P_5 (6/5); P_6 (4/4); P_7 (2/6)
a) Welchen Umfang hat das Vieleck?
b) Welche Fläche hat das Vieleck?

11. Ein Grundstück, das durch folgende Punkte mit ihren jeweiligen Koordinaten geradlinig begrenzt wird, soll eingezäunt und danach verkauft werden. P_1 (60/10); P_2 (100/30); P_3 (80/70); P_4 (80/120); P_5 (30/100); P_6 (0/50)
Ermitteln Sie
a) die benötigte Zaunlänge
b) den Preis des Grundstücks bei einem Preis von 423,50 € pro m²

12. Wie groß sind Umfang und Fläche des Grundstücks in Abbildung 6/12?

13. Berechnen Sie die schraffierte Fläche.

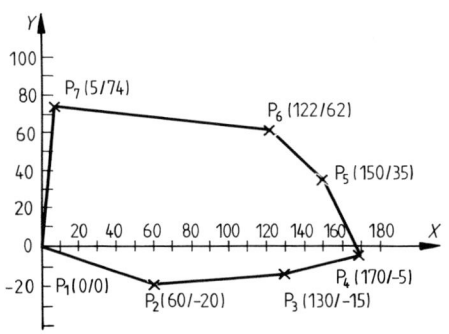

Abb. 6/**12**

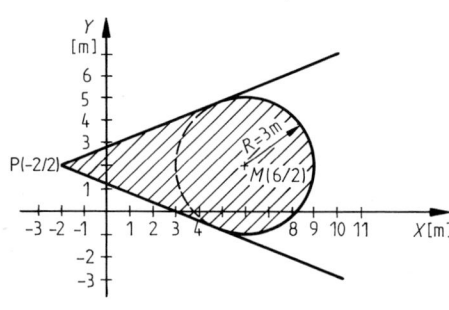

Abb. 6/**13**

Schaubilder
Balkendiagramme

14. Die Bevölkerungsdichte Deutschlands beträgt 230 Einwohner/km², die Finnlands 15, Frankreichs 108, der GUS 12, Belgiens 334.
Stellen Sie dies in einem Säulendiagramm dar.

15. Der Aushub einer Baugrube dauert 3 Tage, die Betonarbeiten 27 Tage, die Maurerarbeiten 18 Tage, die Zimmerarbeiten 5 Tage, der Ausbau 52 Tage.
Stellen Sie den Ablaufplan für die Baustelle in Form eines Balkendiagramms dar.

Säulendiagramme

16. Die nachfolgenden europäischen Länder haben Einwohnerzahlen (in Millionen) von:

Deutschland	82	Niederlande	16
Frankreich	59	Belgien	10
Spanien	39	Dänemark	5

Vergleichen Sie diese Bevölkerungszahlen mit einem Säulendiagramm.

36

17. Luft kann pro m³ bei 0 °C maximal 4,8 g Wasser speichern, bei 10 °C 9,7 g/m³, bei 20 °C 17,3 g/m³ und bei 30 °C 32 g/m³.
Stellen Sie diesen Zusammenhang mittels eines Säulendiagramms dar.

18. 1 m³ Beton setzt sich zusammen aus:
340　kg Zement
190　kg Wasser
1760 kg trockene Gesteinskörnung
Stellen Sie diese Betonmischung dar als
a) Balkendiagramm
b) Säulendiagramm
c) Kreisdiagramm und vergleichen Sie die Aussagekraft der drei Abbildungen.

Kreisdiagramme

19. Das Bruttoinlandsprodukt (BIP) setzt sich prozentual zusammen aus den Beiträgen aus:

Industrie und Handwerk	44,4 %	Staat	11,2 %
Dienstleistungen	26,3 %	private Haushalte	2,0 %
Handel und Verkehr	14,4 %	Land- und Forstwirtschaft	1,7 %

Stellen Sie diese statistischen Werte mit Hilfe eines Kreisdiagramms dar.

20. Eine Erbschaft von 2,8653 Millionen € wird unter die Erben folgendermaßen verteilt:
A = 1 385 000 €
B =　527 000 €
C =　736 000 €
D = der Rest
Zeichnen Sie von dieser Erbschaftsverteilung ein Kreisdiagramm.

21. Von einer Wohnung mit 225 m² Gesamtfläche entfallen auf die einzelnen Räume

Wohnzimmer	65 m²	Bad	25 m²
Schlafzimmer	38 m²	Flur	18 m²
Kinderzimmer	30 m²	sonstige Räume	der Rest
Küche	28 m²		

Veranschaulichen Sie diese Raumgrößen mit Hilfe eines Kreisdiagrammes.

Kurvendiagramme

22. Beton erreicht nach 3 Tagen ca. 35 %, nach 7 Tagen ca. 57 % und nach 28 Tagen 100 % seiner garantierten Druckfestigkeit.
Stellen Sie diesen Zusammenhang in einem Kurvendiagramm dar.

23. Beton erreicht in Abhängigkeit vom Wasserzementwert folgende Druckfestigkeiten:

x-Achse	w/z-Wert	0,80	0,70	0,60	0,50	0,40
y-Achse	Betondruckfestigkeit in N/mm²	44	55	70	87	100

Stellen Sie diese Abhängigkeit in einem Kurvendiagramm dar.

24. Ein Siebversuch ergab folgende Siebdurchgänge:

x-Achse	Lochweite in mm	0	0,125	0,25	0,5	1,0	2,0	4,0	8,0	16,0	31,5
y-Achse	Durchgänge in Massen-%	0	2	5	12	20	28	36	47	71	100

Erstellen Sie ein Kurvendiagramm.

7 Verhältnisrechnen – Maßstäbe

Das Verhältnis

Beispiel

Max hat eine Größe von 1,08 m und Franz eine von 0,90 m.
Um beide Körpergrößen zu vergleichen, kann man fragen:
1. *Um wie viel* ist Max größer als Franz?
2. *Wievielmal* ist Max größer als Franz?
Zu 1.: Diese Frage wird durch eine Subtraktion beantwortet.
   Antwort: Max ist um 18 cm größer als Franz.
Zu 2.: Hier findet man die Lösung durch eine Division.

$$1,08 : 0,90 \quad = \quad 1,2$$

Antwort:
Max ist 1,2-mal so groß wie Franz

allgemein: $\qquad\qquad\qquad a \ : \ b \quad = \quad p$

gelesen: das Verhältnis von a zu b ist gleich p

$\left.\begin{matrix} a \\ b \end{matrix}\right\}$ Glieder des Verhältnisses

p Proportionalitätsfaktor

Erweitern und Kürzen des Verhältnisses

Körpergrößen von Max und Franz

| Max | Franz | Max | Franz | Max | Franz |

bei der Geburt
halb so groß wie heute
(geteilt durch 2)

heute

als Erwachsene
doppelt so groß
wie heute (mal 2)

Verhältnisse:
0,54 : 0,45 = 1,2   1,08 : 0,90 = 1,2   2,16 : 1,80 = 1,2

> Der Wert eines Verhältnisses ändert sich nicht, wenn man seine Glieder mit derselben Zahl multipliziert oder durch dieselbe Zahl dividiert (Erweitern und Kürzen).

Bilden Sie die Proportionalitätsfaktoren
1. 24 m und 6 m
2. 45 kg und 12 kg
3. 4 h 25 min und 2 h 18 min

7.1 Verhältnisgleichungen (Proportionen)

Da das Verhältnis der Körpergrößen von Max und Franz sowohl bei der Geburt als auch heute das gleiche ist, können beide Verhältnisse in Form einer Gleichung geschrieben werden. Diese Gleichung nennt man Verhältnisgleichung oder Proportion.

$$0{,}54 : 0{,}45 \;=\; 1{,}08 : 0{,}90$$

allgemein: $a : b \;=\; c : d$

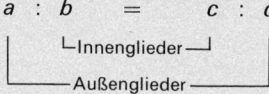

Eine Verhältnisgleichung liegt dann vor, wenn der Proportionalitätsfaktor beider Seitenverhältnisse gleich ist.

Von der Verhältnisgleichung zur Produktgleichung

$a : b = c : d$ (1)

$\dfrac{a}{b} = \dfrac{c}{d}$ $/ \cdot$ Hauptnenner $b \cdot d$

$\dfrac{a}{b} \cdot b \cdot d = \dfrac{c}{d} \cdot b \cdot d$

$a \cdot d = c \cdot b$ (2)

Aus der Verhältnisgleichung (1) ist eine Produktgleichung (2) geworden, wobei $a \cdot d$ das Produkt der Außenglieder und $c \cdot b$ das Produkt der Innenglieder ist.

> In jeder Verhältnisgleichung ist das Produkt der Außenglieder gleich dem Produkt der Innenglieder.

Beispiel

Verhältnisgleichung	Produktgleichung	
	Produkt der Außenglieder	Produkt der Innenglieder
$a : \; b = \; c : d$	$a \cdot d$	$= b \cdot c$
$3 : \; 6 = \; 2 : 4$	$3 \cdot 4$	$= 6 \cdot 2$
$18 : \; 3 = \; 6 : 1$	$18 \cdot 1$	$= 3 \cdot 6$
$3 : 1{,}5 = 12 : 6$	$3 \cdot 6$	$= 1{,}5 \cdot 12$

Von der Produktgleichung zur Verhältnisgleichung

Aus jeder Produktgleichung von je zwei Faktoren kann man eine Proportion bilden, indem man die Faktoren des einen Produkts zu äußeren und die des anderen Produkts zu inneren Gliedern der Verhältnisgleichung macht.

äußere Glieder = innere Glieder

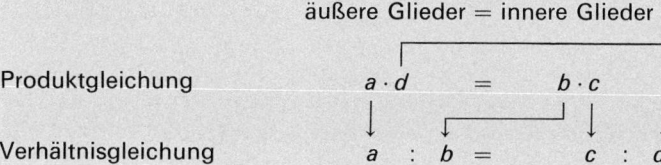

Produktgleichung $a \cdot d \;=\; b \cdot c$

Verhältnisgleichung $a : b \;=\; c : d$

Beispiel

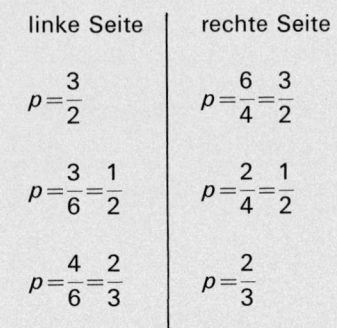

				Proportionalitätsfaktor	
				linke Seite	rechte Seite
	$3 \cdot 4$	$=$	$2 \cdot 6$		
Grundproportion	$3 : 2$	$=$	$6 : 4$	$p = \dfrac{3}{2}$	$p = \dfrac{6}{4} = \dfrac{3}{2}$
Vertauschen der Innenglieder	$3 : 6$	$=$	$2 : 4$	$p = \dfrac{3}{6} = \dfrac{1}{2}$	$p = \dfrac{2}{4} = \dfrac{1}{2}$
Vertauschen der Außenglieder	$4 : 6$	$=$	$2 : 3$	$p = \dfrac{4}{6} = \dfrac{2}{3}$	$p = \dfrac{2}{3}$
Vertauschen der Innenglieder mit den Außengliedern	$2 : 3$	$=$	$4 : 6$	$p = \dfrac{2}{3}$	$p = \dfrac{4}{6} = \dfrac{2}{3}$

Durch das Vertauschen der Innenglieder und Außenglieder ist der Proportionalitätsfaktor auf jeder Seite der Gleichung gleich geblieben.

> In einer Verhältnisgleichung darf man die Innenglieder (Außenglieder) miteinander vertauschen. Außerdem können die inneren mit den äußeren Gliedern vertauscht werden.

Das Rechnen mit Proportionen

Beispiel

Ein Auto verbraucht auf 100 km 11,2 l Benzin. Wie groß ist der Benzinverbrauch auf 270 km?

$100 \text{ km} : 11,2 \text{ l} = 270 \text{ km} : x$

Wenn von den vier Gliedern einer Proportion ein Glied nicht bekannt ist, so setzt man für das unbekannte Glied x und löst die Gleichung über eine Produktgleichung nach x auf.

Produkt der Außenglieder = Produkt der Innenglieder

$100 \text{ km} \cdot x = 11,2 \text{ l} \cdot 270 \text{ km}$

$x = \dfrac{11,2 \text{ l} \cdot 270 \text{ km}}{100 \text{ km}}$

$x = 30,24 \text{ l}$

> In einer Proportion ist jedes Glied durch die drei anderen Glieder eindeutig bestimmt.

7.2 Maßstäbe

Durch Maßstäbe werden ebenfalls Verhältnisse zum Ausdruck gebracht. Große Objekte müssen in einem Verkleinerungsmaßstab, sehr kleine Objekte in einem Vergrößerungsmaßstab zeichnerisch dargestellt werden.

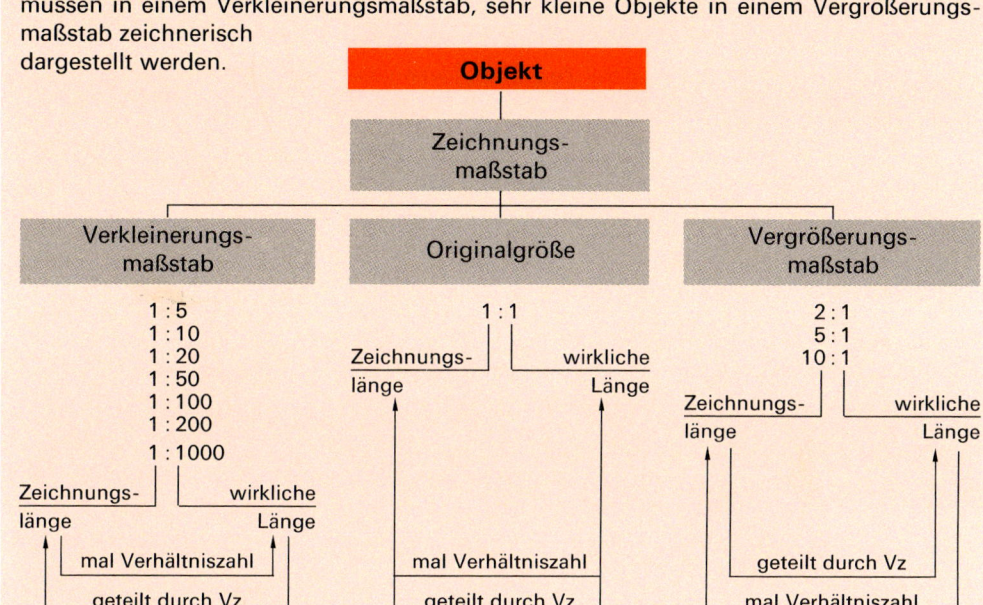

Aufgaben

1. Die Entfernungen Erde – Mond und Erde – Sonne verhalten sich wie 19 : 7450. Der Mond ist etwa 384 000 km von der Erde entfernt. Welche Entfernung hat die Sonne von der Erde?

2. Ein Privatschwimmbecken mit den Abmessungen 8,50 × 4,50 m wird in 6 Stunden auf eine Wassertiefe von 1,40 m gefüllt. Wie lange würde der Füllvorgang dauern, wenn nur eine Wassertiefe von 1,10 m erreicht werden soll?

3. Eine Straße hat eine Steigung von 1 : 70. Welchen Höhenunterschied hat ein Radfahrer überwunden, wenn er eine Wegstrecke von 4,2 km zurückgelegt hat?

4. Ein Straßenabschnitt von 60 km soll im Verhältnis 3 : 7 geteilt werden. Wie lang sind die Teilstrecken?

5. Ein Rundstahl von 4,50 m Länge dehnt sich bei einer Zugbelastung um 9 mm.
   a) In welchem Verhältnis steht die Dehnung zur ursprünglichen Länge?
   b) Wie viel % beträgt die Dehnung?

6. Ein Flachdach mit einer Spannweite von 10,0 m erfährt durch Sonneneinstrahlung eine Dehnung von 1,50 cm.
   a) In welchem Verhältnis steht die Dehnung zur ursprünglichen Länge?
   b) Wie viel % beträgt die Dehnung?

7. Eine Leiter mit 36 Sprossen reicht an die Unterkante einer Traufe, die 9 m vom Boden entfernt ist. Welche Höhe erreicht eine Leiter mit 25 Sprossen bei gleichem Sprossenabstand und bei gleicher Neigung?

8. In einen Grundriss soll ein Zimmer von 5,50 m Länge und 3,75 m Breite eingezeichnet werden.
   a) Wie viel misst die Länge in der Zeichnung, wenn die Breite 18,75 cm beträgt?
   b) Welchen Maßstab hat die Zeichnung?

9. Von einem rechteckigen Grundstück, das 96,0 m lang und 80,0 m breit ist, soll ein Plan im Maßstab 1 : 800 gezeichnet werden. Wie lang werden die Seiten in der Zeichnung?

10. In einem Werkplan 1 : 50 ist eine Wand 9,75 cm lang und 4,8 mm dick gezeichnet. Welche Abmessungen hat die Wand?

11. Ein kleines Werkstück, das im Maßstab 1 : 50 gezeichnet ist und im Plan 4,4 cm lang und 3,5 cm breit gezeichnet ist, soll in anderen Maßstäben gezeichnet werden.
    Wie groß ist das Werkstück zu zeichnen
    a) im Maßstab 1 : 20,
    b) im Maßstab 1 : 100?

12. Die Längen zweier flächengleicher Dreiecke sind 5 cm bzw. 9 cm lang. In welchem Verhältnis stehen die zugehörigen Breiten?

13. Die waagrechten Seiten zweier flächengleicher Rechtecke verhalten sich wie 3 : 10. Wie groß ist die senkrechte Seite des ersten, wenn die des zweiten 4,5 cm misst?

14. Der Flächeninhalt eines Rhomboides verhält sich zu dem eines Rechteckes mit gleicher Länge wie 3 : 5. Wie groß ist die Breite des Rhomboides (Parallelogramms), wenn die des Rechteckes 1,50 m misst?

15. Zwei benachbarte Winkel eines Rhomboides verhalten sich wie 11 : 4. Wie groß sind sie?

16. In einem gleichschenkligen Dreieck verhält sich der Winkel an der Spitze zu einem Basiswinkel wie 5 : 2. Wie groß sind die Dreieckswinkel?

17. Die spitzen Winkel eines rechtwinkligen Dreiecks verhalten sich wie 7 : 8. Wie groß sind sie?

18. In einem Dreieck misst ein Winkel 110°. Wie groß sind die beiden anderen Winkel, wenn sie sich wie 3 : 11 verhalten?

19. Die anliegenden Seiten eines Rhomboides verhalten sich wie 5 : 9. Wie lang sind sie, wenn der Umfang des Parallelogramms 77 m beträgt?

20. Wie lang sind die Abschnitte einer 25,6 km langen Strecke, die im Verhältnis 1 : 7 geteilt ist?

21. Eine Strecke ist im Verhältnis 4 : 5 geteilt. Wie lang sind die Abschnitte, wenn sie sich um 2,8 km unterscheiden?

22. Die Seiten eines Dreieckes mit dem Umfang von 11,6 m verhalten sich wie 7 : 9 : 13. Wie lang sind sie?

© Holland + Josenhans

23. Ein Kraftwagen verbraucht auf 100 km 9,5 l Benzin. Wie viel benötigt man für 85 km?

24. Die Geschwindigkeiten einer Raupe und eines Baggers verhalten sich wie 9:4. Welche Strecke hat die Raupe zurückgelegt, wenn der Bagger 53 km gefahren ist?

25. Das Fassungsvermögen zweier Öltanks verhält sich wie 6 : 9. Wie viel l fasst der zweite Tank, wenn der erste einen Inhalt von 1250 l hat?

26. Die Radien zweier Kreise, deren Mittelpunkte 3,50 m voneinander entfernt liegen, verhalten sich wie 4:10. Wie lang sind die Radien, wenn die Kreise sich
a) von außen
b) von innen berühren?

27. In einem Trapez mit der Breite b = 4 m und dem Flächeninhalt A = 30 m^2 ist das Verhältnis der beiden Längen 3 : 2. Wie groß sind diese Seiten?

28. Kalkstein verliert beim Brennen 42% seiner Masse. Wie viel kg Kalkstein braucht man, um 160 kg gebrannten Kalk herzustellen?

29. Eine Straße hat ein Gefälle von 1 : 125. Wie groß ist der Höhenunterschied auf eine Grundlänge von 800 m?

30. Die Böschung eines Dammes hat ein Neigungsverhältnis von 1,4 : 1. Wie groß ist die Böschungsgrundlänge bei einer Dammhöhe von 2,95 m?

31. Eine Entwässerungsleitung wird mit einem Gefälle von 1 : 50 verlegt. Wie groß ist der Höhenunterschied bei einer Grundlänge der Leitung von 350 m?

32. Zu einer Mauer von 4 m Länge, 2,50 m Höhe und 24 cm Dicke sind 130 Mauerziegel 7,5 NF nötig. Wie viel braucht man bei gleicher Wanddicke, wenn die Mauer 6 m lang und 3 m hoch werden soll?

33. Zu einem Mauerwerk von 26,4 m^3 sind 10 824 Steine verwendet worden. Wie viel Steine sind für eine Mauer von 20 m^3 erforderlich?

34. Wie viel kg Zement, Kiessand und Wasser sind für 1 m^3 Beton erforderlich, wenn das Mischungsverhältnis nach Masseteilen 1:9,58:0,4 betragen soll und für 1 m^3 Beton 2304 kg Baustoffe und Wasser benötigt werden?

35. Berechnen Sie die Höhe eines Hauses, dessen Schatten eine Länge von 55 m hat, wenn bei gleichem Sonnenstand der Schatten eines 1,80 m großen Mannes eine Länge von 4,50 m hat.

Abb. 7/**36**

36. Wie viel Volumen-% beträgt die Verunreinigung in Abb. 7/36?

37. Eine Uferböschung hat die in Abb. 7/37 angegebenen Maße. Wie groß ist die Höhe der Dammaufschüttung?

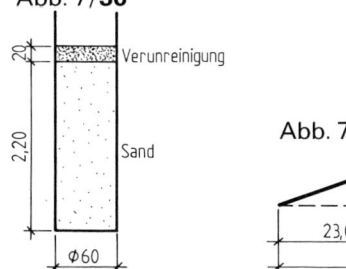

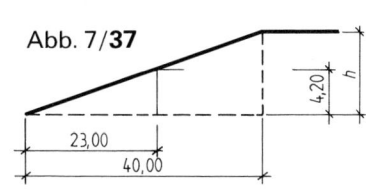

Abb. 7/**37**

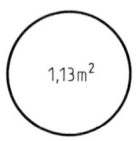

Abb. 7/**38**

335°

Abb. 7/**39**
1,43 m²
220°

Abb. 7/**40**
s
85
60
7,50
h

Abb. 7/**41**

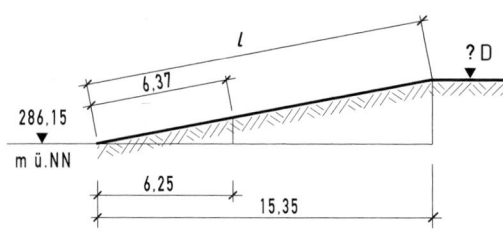

l
6,37
? D
286,15
m ü.NN
6,25
15,35

Schnitt

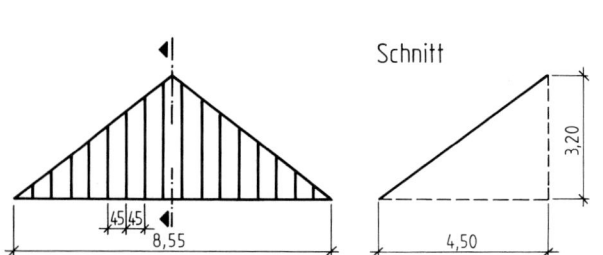 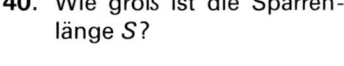

45 45
8,55
3,20
4,50

Abb. 7/**42**

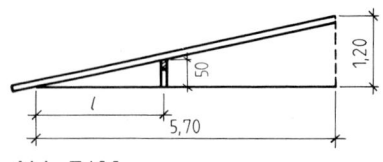

1,20
50
l
5,70

Abb. 7/**44**

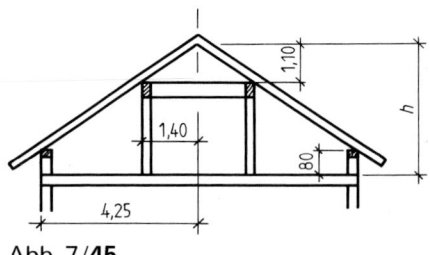

1,10
1,40
h
80
4,25

Abb. 7/**45**

38. Aus einer Bodenplatte mit 1,13 m² wird ein Sektor herausgeschnitten (s. Abb.). Welche Fläche hat die beschnittene Bodenplatte?

39. Ein Kunde lässt sich aus einer Stabsperrholzplatte einen Boden mit den angegebenen Abmessungen herausschneiden. Wie viel muss er bezahlen, wenn er den nicht benötigten Kreissektor auch bezahlen muss. Preis pro m² 12,50 €.

40. Wie groß ist die Sparrenlänge S?

41. a) Auf welcher Höhe über NHN liegt die Dammkrone D?
b) Wie groß ist die Böschungslänge l?

42. Berechnen Sie für das Walmdach die Länge der Schiftersparren.

43. Aus einem Stamm mit kreisförmigem Querschnitt und einem Durchmesser von $d = 60$ cm soll ein möglichst großer Balken mit rechteckigem Querschnitt und dem Seitenverhältnis 3:4 geschnitten werden. Berechnen Sie die Abmessungen des Balkens.

44. Bei einem Pultdach soll nachträglich zur besseren Abstützung der Sparren eine Mittelpfette eingezogen werden. In welchem Abstand von der Traufe muss sie angebracht werden?

45. Welche lichte Höhe hat der Dachraum?

46. Welche Höhenkote hat die Oberkante der Firstlinie (Aufklauung der Sparren bleibt unberücksichtigt)?

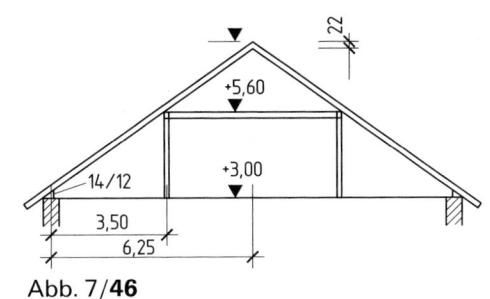

Abb. 7/**46**

47. a) Wie groß ist die Sparrenlänge S_1?
b) Welche Höhenkote hat die Oberkante des Querriegels sowie die Firstlinie (Aufklauung der Sparren bleibt unberücksichtigt)?
c) Berechnen Sie die Sparrenlänge S_2.

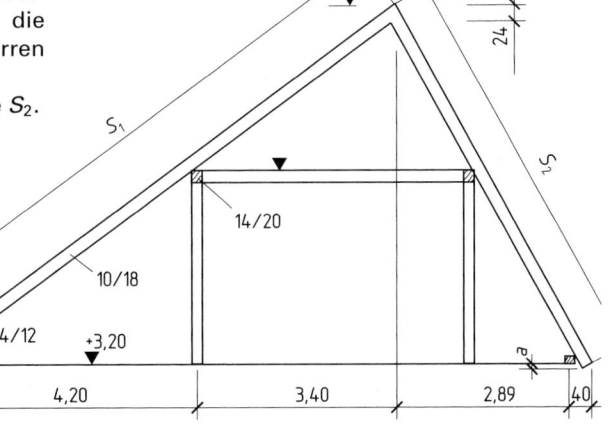

Abb. 7/**47**

48. Dach eines Kirchturmes. Ermitteln Sie
a) die Länge der Gratsparren
b) die Dachfläche
c) das Dachvolumen.

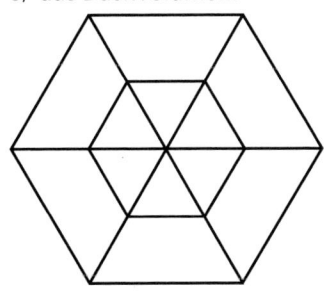

Abb. 7/**48**

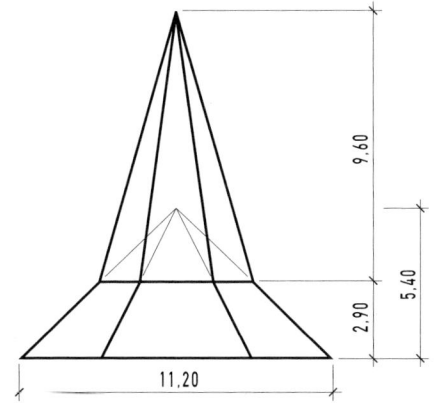

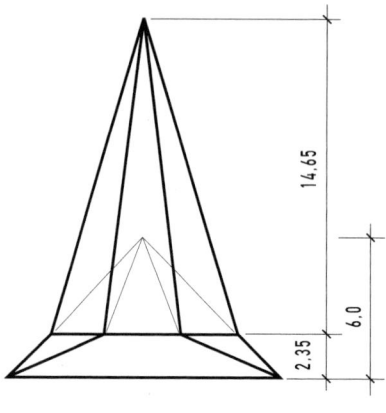

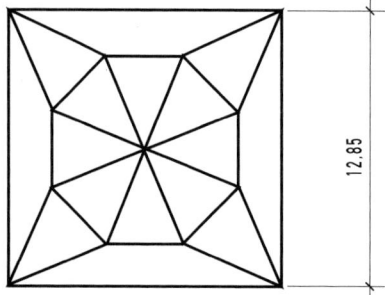

Abb. 7/**49**

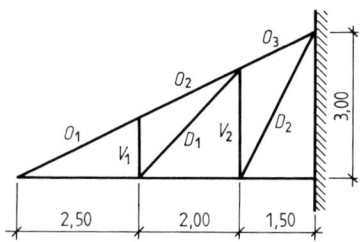

Abb. 7/**50**

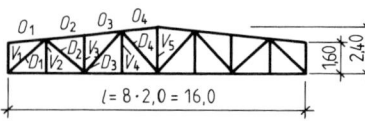

Abb. 7/**51**

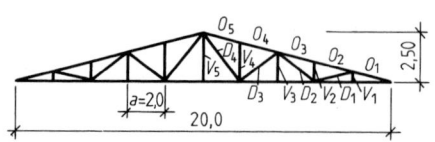

Abb. 7/**52**

49. Dach eines Kirchturmes.
Ermitteln Sie
a) die Länge der Gratsparren
b) die Dachfläche
c) das Dachvolumen.

50. Ein freitragender Binder eines Bahnsteig-
daches soll an seiner Unterseite sowie an
den Stirnseiten verschalt werden. Länge
des Daches 75 m. Berechnen Sie
a) die Länge der Vertikalstäbe V_1, V_2
b) die Länge der Obergurtstäbe O_1, O_2,
O_3
c) die Länge der Diagonalstäbe D_1, D_2
d) die zu verschalende Fläche
e) die einzudeckende Dachfläche.

51. Binder einer Reithalle (Hallenlänge 80 m)
Es sind zu berechnen
a) die Länge der Vertikalstäbe
b) die Länge der Diagonalstäbe
c) die Länge der Obergurtstäbe
d) die einzudeckende Dachfläche.

52. Binder einer Lagerhalle
Berechnen Sie
a) die Länge der Vertikalstäbe
b) die Länge der Diagonalstäbe
c) die Länge der Obergurtstäbe
d) die einzudeckende Dachfläche
bei einer Hallenlänge von 75 m.

53. Binder einer Markthalle
(Hallenlänge 78 m)
Ermitteln Sie
a) die Länge der Vertikalstäbe
b) die Länge der Untergurtstäbe
c) die Länge der Diagonalstäbe
d) die zu verglasende Fläche an
beiden Giebeln
e) die Dachfläche
f) die Fläche der Hallendecke.

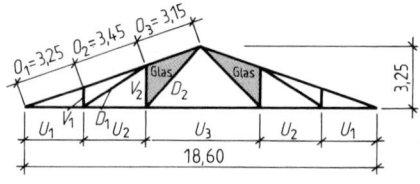

Abb. 7/**53**

8 Steigung — Neigung — Gefälle

Verwendung der drei Begriffe:

Steigung: Bei Straßen, Treppen

Neigung: Bei Dächern, Böschungen

Gefälle: Bei Entwässerungsleitungen, Straßen

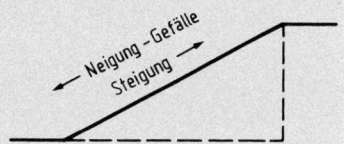

Werden die drei Begriffe sprachlich auch unterschiedlich verwendet, so besteht rechnerisch kein Unterschied; hier gilt:

Steigung ≙ Neigung ≙ Gefälle

Die Steigung einer Strecke wird durch das Steigungsverhältnis oder durch die Steigung in Prozent ausgedrückt.

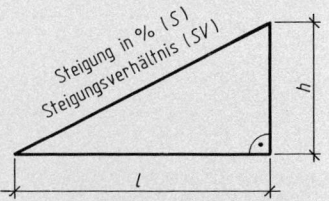

Steigungsverhältnis

In einem Steigungsverhältnis setzt man die Höhe ins Verhältnis zur Grundlänge (= waagerechte Länge).

Beispiel 1

Auf 27,0 m waagrechte Länge steigt die Strecke um 3,0 m. Wie groß ist das Steigungsverhältnis?

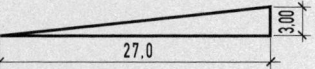

Formel

$$\text{Steigungsverhältnis} = \frac{\text{Höhe}}{\text{Länge}}$$

$$SV = \frac{h}{l}$$

Nach Beispiel 1

$$SV = \frac{3{,}0\,\text{m}}{27{,}0\,\text{m}} \quad \begin{array}{l} /:3 \\ /:3 \end{array}$$

$$SV = 1 : 9$$

Umstellung der Formel

$$SV \cdot l = \frac{h \cdot \cancel{l}}{\cancel{l}}$$

$$h = SV \cdot l$$

$$\frac{h}{SV} = \frac{\cancel{SV} \cdot l}{\cancel{SV}}$$

$$l = \frac{h}{SV}$$

$$h = \frac{1}{9} \cdot 27{,}0\,\text{m}$$

$$h = 3{,}0\,\text{m}$$

$$l = \frac{3{,}0\,\text{m}}{\frac{1}{9}} = 3{,}0\,\text{m} \cdot \frac{9}{1}$$

$$l = 27{,}0\,\text{m}$$

Steigung in Prozent

Prozent heißt pro Hundert. Beträgt daher eine Steigung 8%, so bedeutet dies, dass auf 100 m waagrechte Länge die Strecke um 8,0 m steigt.

Beispiel 2
Eine Strecke von 5,0 m Grundlänge steigt um 1,0 m. Drückt man dieses Steigungsverhältnis von 1:5 in Prozent aus, so ergibt sich:

auf 5,0 m steigt die Strecke um $\quad$ 1,0 m

auf 1,0 m steigt die Strecke um $\quad \dfrac{1,0}{5,0}$

auf 100 m steigt die Strecke um $\quad \boxed{\dfrac{1,0}{5,0} \cdot 100}$

Formel

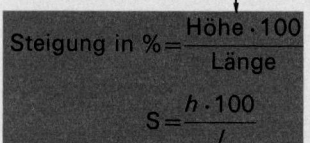

Steigung in % $= \dfrac{\text{Höhe} \cdot 100}{\text{Länge}}$

$$S = \dfrac{h \cdot 100}{l}$$

Nach Beispiel 2

$$S = \dfrac{1,0 \cdot 100}{5,0}$$

$$S = 20\%$$

Umstellung der Formel

$$\dfrac{S \cdot l}{100} = \dfrac{h \cdot \cancel{100} \cdot \cancel{l}}{\cancel{l} \cdot \cancel{100}}$$

$$\dfrac{S \cdot l}{100} = h$$

$$\dfrac{S \cdot l}{\cancel{S} \cdot \cancel{100}} \stackrel{\cancel{100}}{=} \dfrac{h \cdot 100}{S} = \boxed{l = \dfrac{h \cdot 100}{S}}$$

als Verhältnisgleichung

	Steigungs- verhältnis	Steigung in %
bei $h < l$	$\boxed{1 : X = h : l}$	$\boxed{S : 100 = h : l}$
bei $h > l$	$\boxed{X : 1 = h : l}$	

$$h = \dfrac{100\,\text{m} \cdot 20\%}{100\%}$$

$$h = 20,0\,\text{m}$$

$$l = \dfrac{20,0\,\text{m} \cdot 100\%}{20\%}$$

$$l = 100\,\text{m}$$

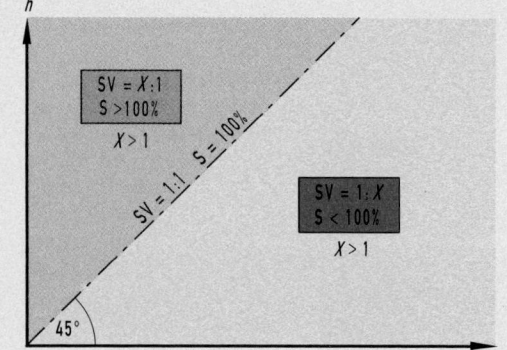

■ Aufgaben

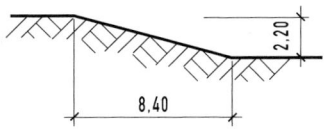

Abb. 8/**1**

1. Zufahrt zu einer Kellergarage. Berechnen Sie
   a) das Steigungsverhältnis
   b) die Steigung in %

2. Eine Autobahn hat auf eine waagrecht gemessene Strecke von 1200 m ein gleich bleibendes Gefälle von 8,5 %.

Ermitteln Sie
   a) den Höhenunterschied
   b) das Steigungsverhältnis

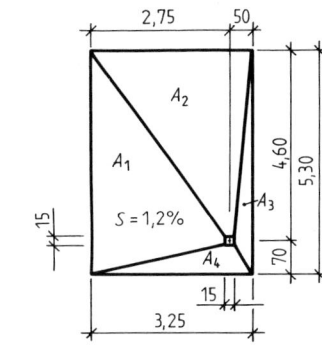

Abb. 8/**3**

3. Der Boden einer Waschküche soll mit Klinkerplatten belegt werden.
   a) Wie viel cm liegt der Bodeneinlauf tiefer als die Platten an den Wänden?
   b) Wie groß sind die Neigungen der Flächen A_2, A_3 und A_4 in %?
   ● c) Wie viel m² Bodenfliesen sind unter Berücksichtigung von 3 % Verschnitt erforderlich? (Neigung der Bodenflächen unberücksichtigt.)

4. Rohrgraben
   Berechnen Sie
   a) die Breite b des Grabens
   ● b) wie viel m³ Boden pro 100 m Grabenlänge ausgehoben werden müssen?
   ● c) wie viel m³ Boden nach Verlegung der Rohre und vollständiger Verdichtung des verfüllten Bodens abzufahren sind; Auflockerung 20 %

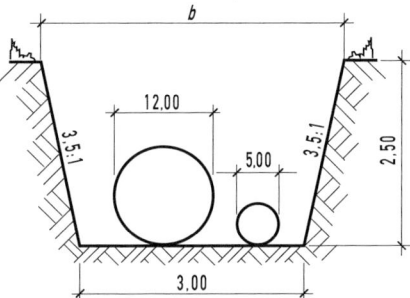

Abb. 8/**4**

5. Auffahrt zu einer Autobahnbrücke
   a) Wie viel m vor der Brücke beginnt die Auffahrt?
   b) Wie groß ist das Steigungsverhältnis?

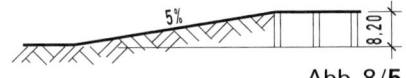

Abb. 8/**5**

6. Hochwasserdamm
   Berechnen Sie für den Hochwasserdamm
   a) das Steigungsverhältnis der Böschung
   b) die Steigung in % beider Böschungen
   c) die Fahrbahnbreite b
   ● d) die Böschungslängen
   ● e) den für die Dammaufschüttung erforderlichen Boden pro 100 m Dammlänge

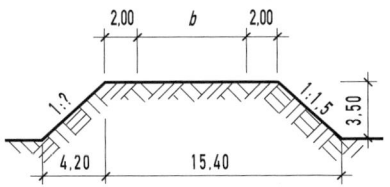

Abb. 8/**6**

7. Berechnen Sie für das Garagendach die Höhendifferenz a.

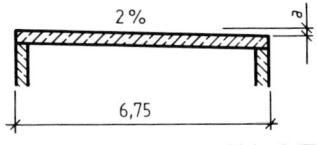

Abb. 8/**7**

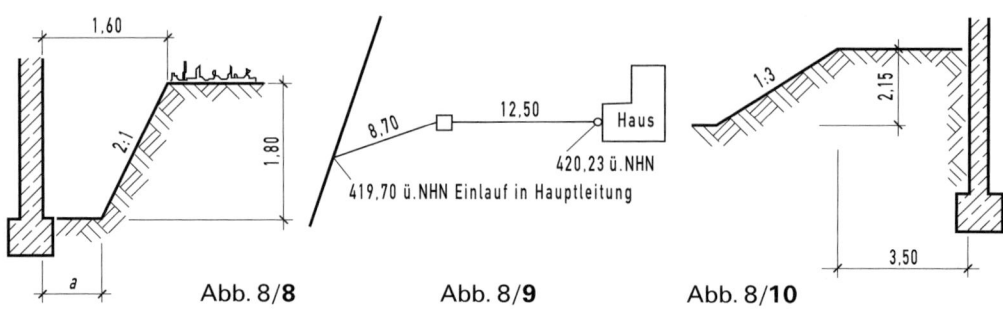

Abb. 8/**8**   Abb. 8/**9**   Abb. 8/**10**

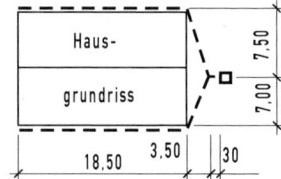

Abb. 8/**11**

Abb. 8/**12**

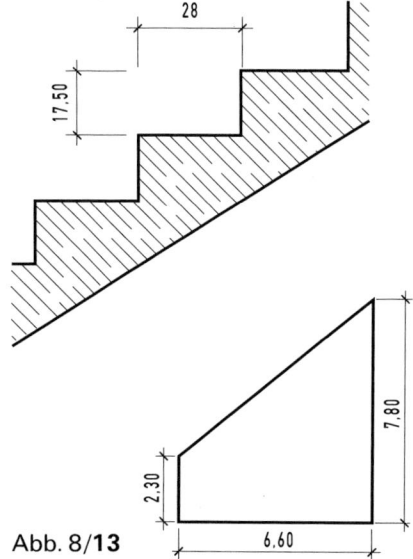

Abb. 8/**13**

Abb. 8/**15**

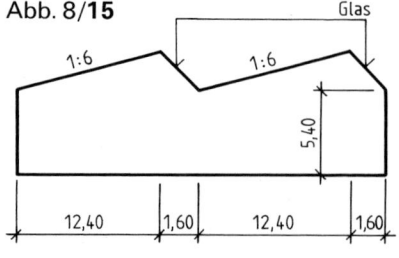

8. Berechnen Sie die Breite *a* des Arbeitsraumes.

9. Entwässerungsleitung
Ermitteln Sie das Gefälle der Leitung in % und prüfen Sie nach, ob das Gefälle für die Schmutzwasserleitung ausreicht.

10. Auffahrrampe
   a) Wie viel m vor dem Haus beginnt die Auffahrrampe?
   b) Wie viel % beträgt die Steigung?

11. Entwässerungsleitung
Die Regenwasserleitung soll mit einem Gefälle von 1,5% verlegt werden. Wie groß ist der Höhenunterschied der beiden Leitungen bis zum Schacht?

12. Berechnen Sie
   a) das Steigungsverhältnis der Treppe
   b) die Steigung in % der Treppe
   c) den Steigungswinkel

13. Wie groß ist die Neigung des Pultdaches
   a) als Neigungsverhältnis
   b) in %?

14. In einem ebenen Gelände soll ein Haus von 15,0 m Länge und 12,50 m Breite errichtet werden. Das Böschungsverhältnis der Baugrube beträgt 1,6:1, der Arbeitsraum 0,70 m. Fertigen Sie eine Skizze an und berechnen Sie die Abmessungen der 1,90 m tiefen Baugrube.

15. Berechnen Sie von einer Lagerhalle mit einer Länge von 43,50 m
   a) das Neigungsverhältnis sowie die Neigung in % der zu verglasenden Fläche
   b) die Neigung des Daches in %
   ● c) die zu verglasende Fläche
   ● d) die einzudeckende Dachfläche
   ● e) die zu verputzenden Giebelflächen

50

16. Die beiden Fahrbahnen einer Autobahn sind je $a = 7,50$ m breit, die Standspur auf jeder Seite $b = 2,0$ m, der Mittelstreifen $c = 1,80$ m. Die Autobahn verläuft auf einem Damm von 2,20 m Höhe. Die Böschung hat ein beiderseitiges Neigungsverhältnis von 2:1,5.

a) Fertigen Sie eine Skizze an.

b) Wie breit wird die Sohle des Dammes?

● c) Wie groß ist die Böschungslänge?

● d) Welchen Neigungswinkel hat die Böschung?

● e) Wie viele Fuhren zu je 5 m³ aufgelockertern Bodens (15 %) sind für 1 km Dammlänge erforderlich?

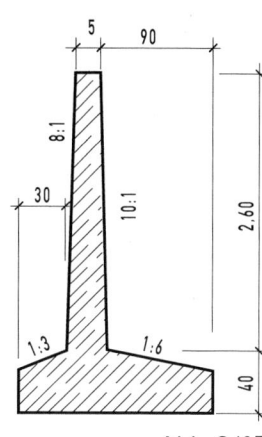

Abb. 8/**17**

● **17.** Stützmauer
Berechnen Sie für die 40 m lange Stützmauer

a) den Betonbedarf

b) die zu schalende Fläche (ohne Fuß)

18. In ein Satteldach mit der Neigung 1:1,5 soll eine Dachgaube mit flachgeneigtem Dach (Schleppgaube) eingebaut werden. Berechnen Sie

a) die Maße a und h

b) die Neigung des Gaubendaches als Verhältnis, Prozentzahl und als Winkelgradzahl

● c) die Fläche der Gaubenseiten (Gaubenbacken)

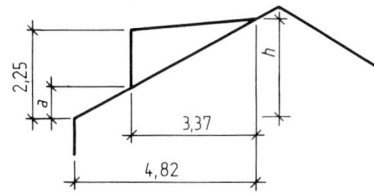

Abb. 8/**18**

19. Die Schmutzwasserleitung einer Hausentwässerung wird scheitelgleich in die Hauptleitung geführt. Wie viel m über NHN liegt die Leitungssohle am Haus?

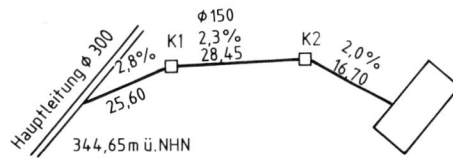

Abb. 8/**19**

20. Die Einmündung der Entwässerungsleitung in die Hauptleitung erfolgt scheitelgleich, während die anderen Leitungsanschlüsse sohlengleich erfolgen.

a) Mit wie viel % Gefälle sind die einzelnen Leitungsstränge zu verlegen, wenn das Gefälle der drei Leitungsstränge zur Hauptleitung hin jeweils um einen halben Prozentpunkt zunehmen soll?

b) Auf welchem Niveau über NHN liegen beide Kontrollschächte?

● c) Wie viel lfd. M. Rohre sind erforderlich?

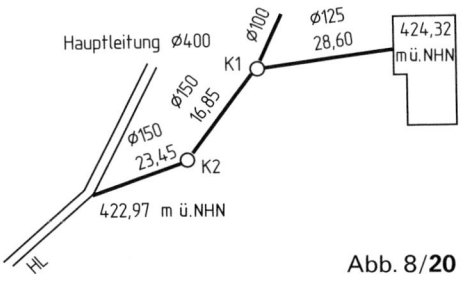

Abb. 8/**20**

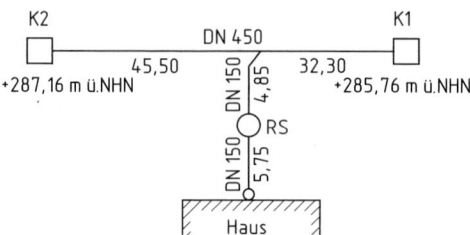

Abb. 8/**21**

21. Die Hausentwässerungsleitung schließt an der Anschlussstelle scheitelgleich an die Hauptleitung an.

a) Berechnen Sie das Leitungsgefälle zwischen den Kontrollschächten K1 und K2 der Hauptleitung als Verhältnis und in %.

b) Ermitteln Sie das Gefälle der Grundleitungen (DN 150) als Verhältnis.

c) Auf welcher Höhe über NHN muss der Bodenablauf im Haus erfolgen, wenn die Konstruktionshöhe des Bodenablaufs 35 cm beträgt und das Gefälle vom Haus bis zum Reinigungsschacht 1,9 % und vom Reinigungsschacht zur Hauptleitung 2,5 % betragen soll?

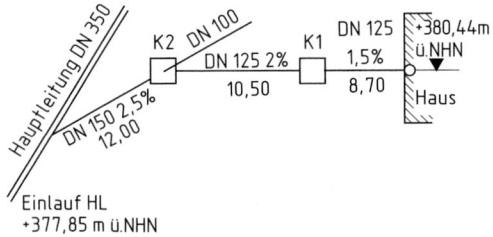

Abb. 8/**22**

22. Die Anschlüsse am Kontrollschacht K2 erfolgen sohlengleich, der Anschluss an die Hauptleitung erfolgt scheitelgleich.

Der Kontrollschacht K2 ist gleichzeitig als Absturzschacht auszuführen, um die sehr große Höhendifferenz aufzufangen.

Wie groß ist die Absturzhöhe im Kontrollschacht K2?

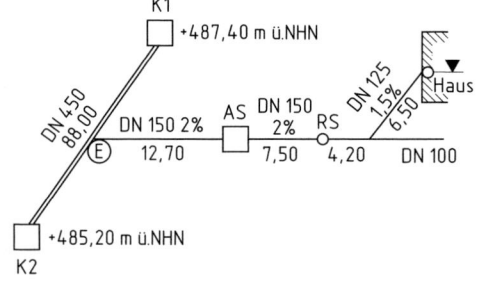

Abb. 8/**23**

23. Die beiden Streckenabschnitte vom Kontrollschacht K1 bis zur Einmündestelle E der Hausanschlussleitung und von E bis zum Kontrollschacht K2 verhalten sich wie 3,5 : 2.

Die Absturzhöhe beim Absturzschacht AS beträgt 1,80 m.

Die Grundleitungen der Hausentwässerung werden sohlengleich angeschlossen, der Anschluss an die Hauptleitung erfolgt aus Gründen des Rückstauschutzes scheitelgleich.

a) Auf welcher Höhe über NHN liegt der Ablauf am Haus?

b) Wie groß wäre das Gefälle in % und als Verhältnis, wenn kein Absturzschacht vorgesehen würde und alle Leitungsabschnitte gleiches Gefälle hätten?

Beurteilen Sie dieses Gefälle.

24. Die Grundleitung mit dem Durchmesser 150 mm wird scheitelgleich an die Hauptleitung angeschlossen.

Auf welcher Höhe liegt die Einlaufsohle am Haus?

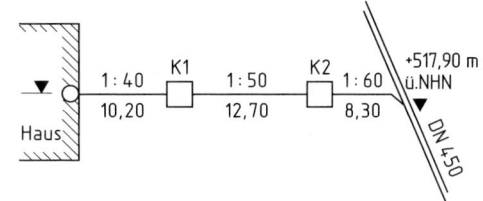

Abb. 8/**24**

25. Um das Abwasser abführen zu können, ist eine Hebeanlage einzubauen.

Mit welcher Hubhöhe ist die Anlage zu planen, wenn die Grundleitung mit einem Gefälle von 2,2 % verlegt werden soll?

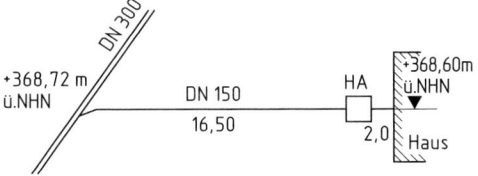

Abb. 8/**25**

26. Die Grundleitung hat am Haus eine Sohlenhöhe von +376,06 m ü. NHN. In diesem Straßenabschnitt hat die Hauptleitung eine Sohlenhöhe von +375,86 m ü. NHN, so dass kein Gefälle möglich wäre, wenn man berücksichtigt, dass die Grundleitung der Hausentwässerungsleitung aus Rückstausicherheitsgründen scheitelgleich an die Hauptleitung angeschlossen werden soll.

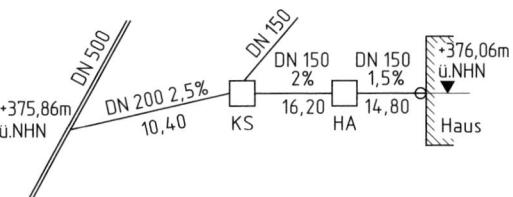

Abb. 8/**26**

Um die Leitung mit einem Gefälle verlegen zu können, ist eine Hebeanlage (HA) vorzusehen.

Die Leitung am Kontrollschacht KS ist sohlengleich anzuschließen.

a) Welche Sohlenhöhe hat der Kontrollschacht KS?

b) In welchem Gefälle (1 : x) liegen die Grundleitungen?

c) Für welche Höhendifferenz ist die Hebeanlage auszulegen?

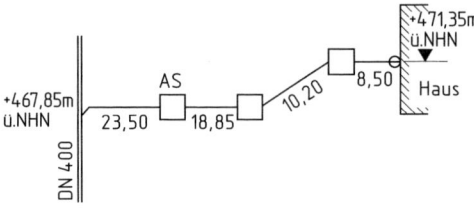

Abb. 8/**27**

27. Bei den Grundleitungen mit dem Nenn-durchmesser 150 mm nimmt auf je-dem Streckenabschnitt das Gefälle zur Hauptleitung um 0,3 Prozentpunkte zu.

Um das Gefälle nicht zu groß werden zu lassen, ist ein Absturzschacht mit ei-ner Fallhöhe von 1,65 m vorgesehen.

a) Berechnen Sie das Leitungsgefälle der einzelnen Abschnitte.

b) Wie groß wäre das Gefälle ohne Ab-sturzschacht?

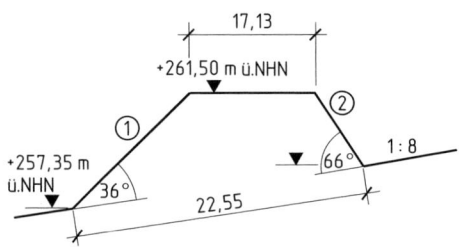

Abb. 8/**28**

28. In einem Hanggelände soll ein Damm aufgeschüttet werden.

Berechnen Sie

a) die Höhenkote am Dammfuß ②

b) an den Böschungen ① und ②
    – das Neigungsverhältnis
    – die Neigung in %
    – die Länge der Böschung

c) das Volumen, das pro 50 m Damm-länge aufgeschüttet werden muss

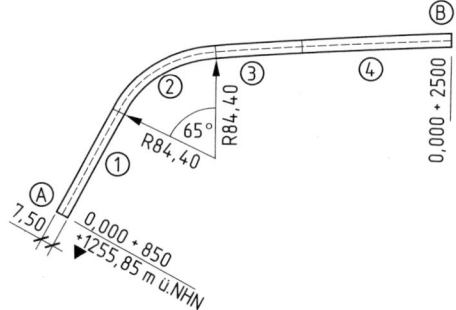

Abb. 8/**29**

29. Eine Straße hat, in der Achse gemes-sen, auf dem Streckenabschnitt ① mit 850 m Länge ein Gefälle von i. M. 7,5%, auf dem Abschnitt ② verläuft sie hori-zontal, auf dem 3. Abschnitt hat sie eine Steigung im Verhältnis 1:6 und auf dem 4. Abschnitt mit 450 m Länge ein leichtes Gefälle von 8,50 m.

Wie groß ist der Höhenunterschied zwi-schen A und B?

30. Ermitteln Sie

a) die Höhenkoten der Grabenein-
schnitte

b) die obere Grabenbreite b_1 (als Verbindung der beiden Einschnitts-
punkte) und die untere Grabenbreite b_2

c) die Böschungslängen

d) die Neigungen der Böschungen in
% und in Winkelgrad

e) den Aushub pro km Grabenlänge

f) die Wasser führende Querschnittsfläche, wenn der Graben bis zum
Rand gefüllt ist

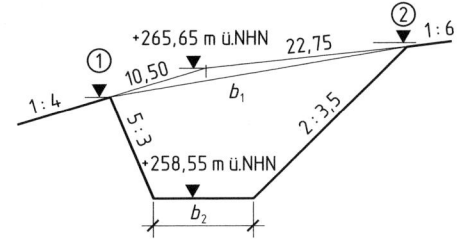

Abb. 8/30

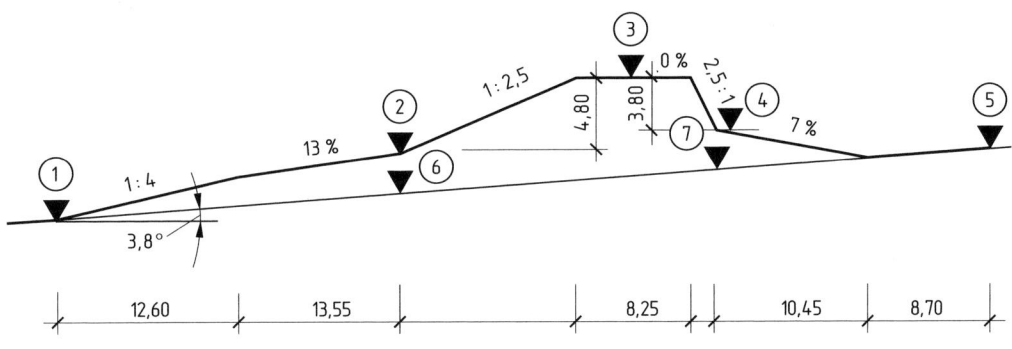

Abb. 8/31

31. a) Welche Höhen über NHN haben die Höhenkoten ② bis ⑦, wenn ① auf 486,78 m über
NHN liegt?

b) Wie viel m² Dammoberfläche sind je km Dammlänge landschaftsgärtnerisch anzu-
legen?

c) Wie viel m³ Boden sind bei der Auflockerung von 12,5 % pro km Dammlänge für die
Dammschüttung anzufahren?

32. Für die Anlegung eines Radweges soll ein Einschnitt an einem Berghang vorgenommen werden.

Ein in der Nähe liegender Festpunkt liegt auf 325,76 m ü. NHN.

Berechnen Sie

a) die Höhe der Grabensohle über NHN

b) die Höhe über NHN am Beginn und Ende des Einschnitts

c) die gesamte Böschungsbreite b

● d) die beiden Böschungslängen des Einschnittgrabens

● e) die abzufahrende Bodenmenge bei 15% Auflockerung

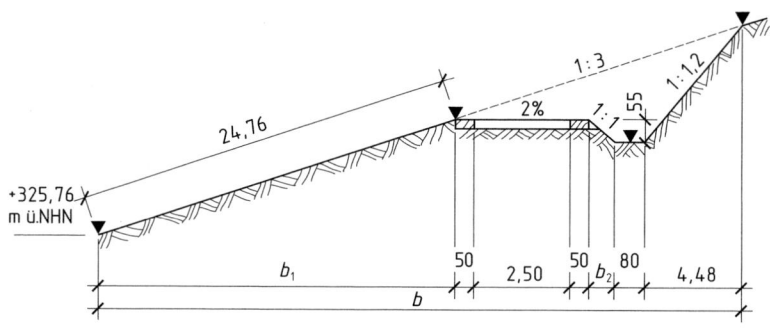

Abb. 8/**32**

33. An einem Berghang soll eine 8,0 m breite Straße angelegt werden. Dazu ist ein Einschnitt ins Gelände erforderlich.

Ermitteln Sie

a) die Höhen über NHN der beiden Böschungseinschnitte ① und ②

b) die Höhe der Dammkrone über NHN

c) die Neigungsverhältnisse sowie die Böschungslängen des Einschnittgrabens

● d) das Volumen an Boden, das für 100 m Länge des Einschnittes abgetragen werden muss

● e) das Volumen an Boden, das für 100 m Dammlänge aufgeschüttet werden muss

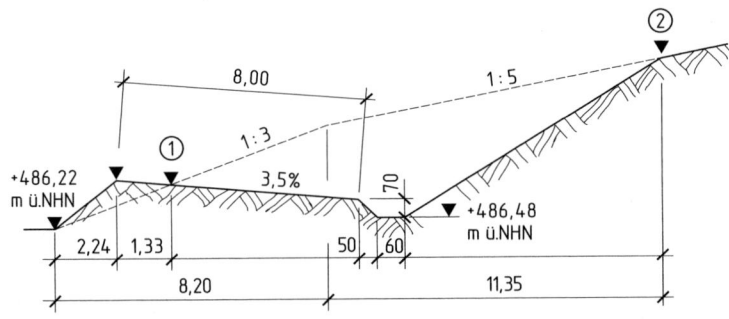

Abb. 8/**33**

56

9 Längen – schräge Längen

· 10   · 10   · 10

1 m = 10 dm = 100 cm = 1000 mm
1 dm = 10 cm = 100 mm
1 cm =   10 mm

1 km = 1000 m

9.1 Schräge Längen (Lehrsatz des Pythagoras)

Pythagoras: griechischer Philosoph (etwa 582 bis 496 v. Chr.)

Im rechtwinkligen Dreieck nennt man die dem rechten Winkel anliegenden Seiten (die zwei kürzeren Seiten) **Katheten** und die dem rechten Winkel gegenüberliegende Seite (längere Seite) **Hypotenuse**.

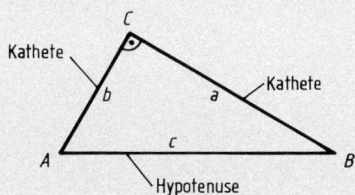

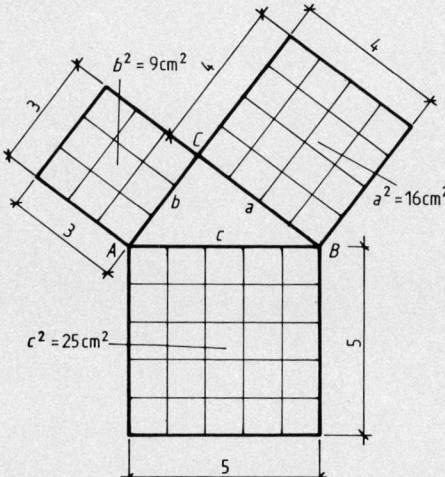

Errichtet man über dem Dreieck *ABC* mit den Katheten *a* und *b* sowie der Hypotenuse *c* Quadrate und ermittelt den Flächeninhalt der drei Quadrate, so stellt man fest, dass der Flächeninhalt des großen Quadrates genauso groß ist wie die Summe der Flächen der beiden kleineren Quadrate.

Lehrsatz des Pythagoras

In jedem rechtwinkligen Dreieck ist die Summe der Quadrate über den beiden Katheten gleich dem Quadrat über der Hypotenuse.

$$a^2 + b^2 = c^2$$

■ Aufgaben

1. Ermitteln Sie in dm; cm; mm:
   a) 2,85 m
   b) 1,68 m
   c) 0,65 m

2. Rechnen Sie in m; cm; mm um:
   a) 23,625 dm
   b) 5,2572 dm
   c) 0,4201 dm

3. Bestimmen Sie in m; dm; mm:
   a) 265,88 cm
   b) 38,57 cm
   c) 0,753 cm

4. Ermitteln Sie in m; dm; cm
   a) 36524,73 mm
   b) 169,33 mm
   c) 62,49 mm

5. Addieren Sie in m; dm; cm; mm
   a) 3 dm + 45 cm + 23 m
   b) 60 mm + 4 dm + 1,60 m
   c) 18 cm + 7 mm + 0,68 m

6. Subtrahieren Sie in m; dm; cm; mm
   a) 18,57 m − 3,2 dm − 4,7 cm − 3 mm
   b) 36,86 dm − 0,26 m − 38,6 cm − 40 mm
   c) 196,5 mm − 0,045 m − 1,48 dm − 3,5 mm

7. Wie groß ist der Höhenunterschied h?

8. Ermitteln Sie die Sparrenlänge.

9. Wie groß ist die Länge der Sparren S_1 und S_2?

10. Wie viel Meter vor dem Haus muss die Auffahrt beginnen?

● **11.** Wie groß ist die Sichtbetonfläche der 170 m langen Stützmauer?

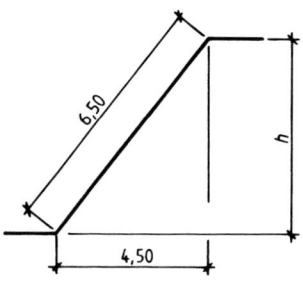

Abb. 9/**7**

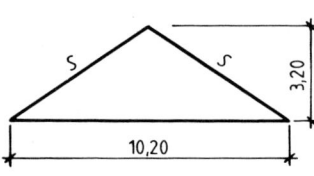

Abb. 9/**8**

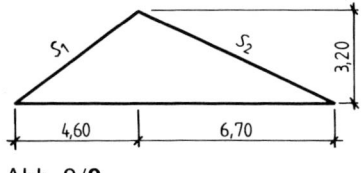

Abb. 9/**9**

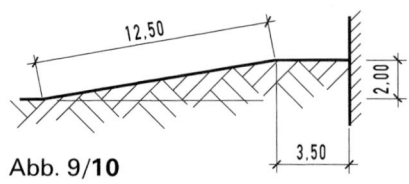

Abb. 9/**10**

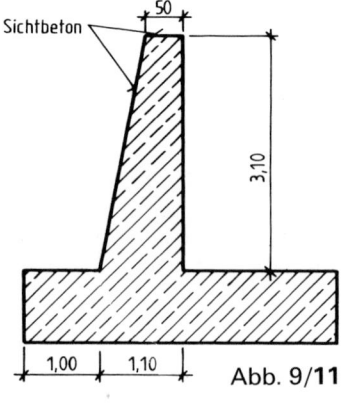

Abb. 9/**11**

58

12. Wie groß wird die Sparrenlänge?

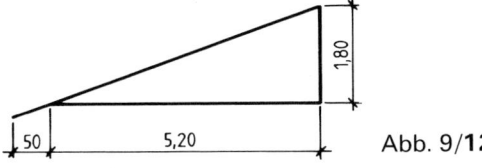

Abb. 9/**12**

13. Ermitteln Sie
   a) die obere Dammbreite (Dammkrone)
   ● b) den Bedarf an verdichtetem Boden pro 120 m Dammlänge

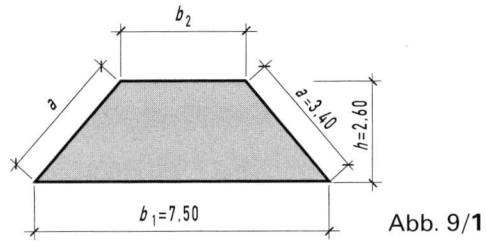

Abb. 9/**13**

14. Welche Höhe hat der Dachstuhl?

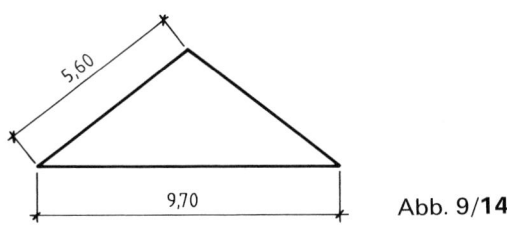

Abb. 9/**14**

15. Wie groß ist die Schnittlänge des Bewehrungsstabes?

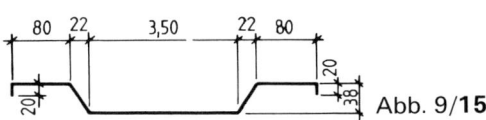

Abb. 9/**15**

● **16.** Fundament
Wie viel m² Schalholz werden für 20 Fundamente benötigt? Die Holzdicke beträgt 30 mm. Die Schalung wird stumpf genagelt.

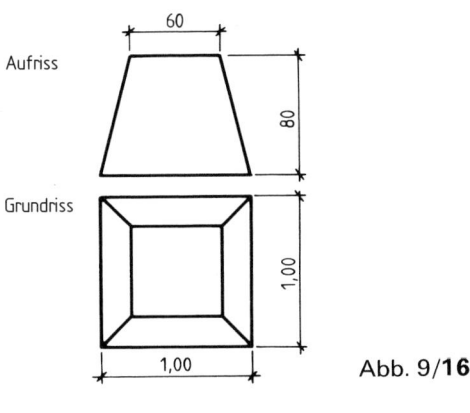

Abb. 9/**16**

17. Ein Wassergraben kann oben eine maximale Breite von 5,0 m erhalten, während die Sohlbreite 3,50 m beträgt. Wie tief muss der Wassergraben ausgehoben werden?

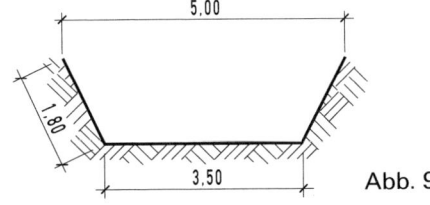

Abb. 9/**17**

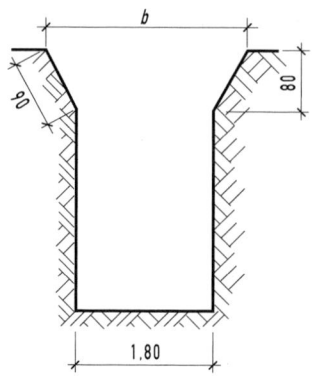

Abb. 9/**18**

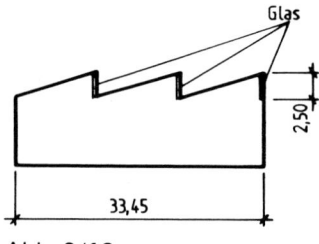

Abb. 9/**19**

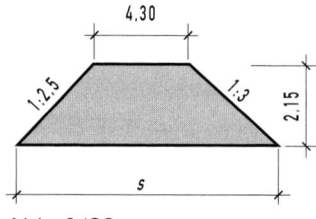

Abb. 9/**20**

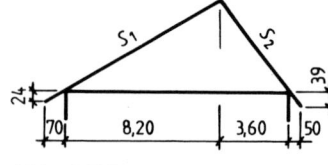

Abb. 9/**21**

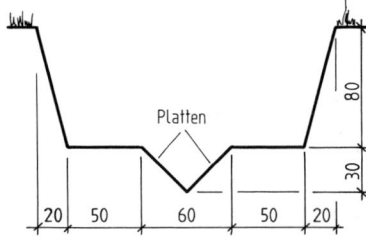

Abb. 9/**22**

18. Wie groß ist die Grabenbreite *b*?

19. Fabrikhalle
Länge 46,90 m. Ermitteln Sie
a) die Sparrenlänge des Sheddaches
b) die Anzahl der benötigten Sparren, bei einem Sparrenabstand von 70 cm (Achsmaß)
● c) die zu verglasende Fläche

20. Damm
a) Wie breit ist die Sohle *s* des Dammes?
b) Wie groß sind die Böschungslängen?
● c) Wie viel m³ Material werden zur Aufschüttung von 1000 m Damm benötigt?

21. Wie groß ist die Länge der Sparren S_1 und S_2?

● **22.** Die Rinne eines Grabens soll mit Platten ausgelegt werden. Wie viel m² Platten sind für die 40 m lange Rinne erforderlich?

● **23.** Wie viel m² Platten werden pro lfd. M. Rinnenlänge benötigt?

24. Ermitteln Sie die Schnittlänge des Bewehrungsstabes.

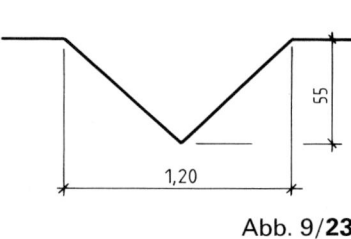

Abb. 9/**23**

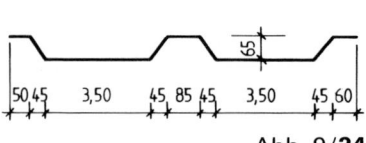

Abb. 9/**24**

60

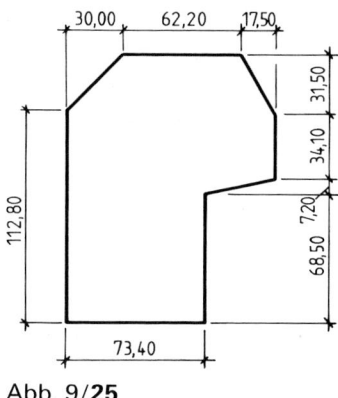

Abb. 9/**25**

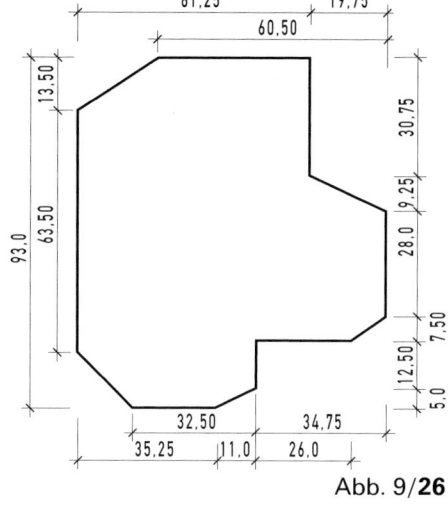

Abb. 9/**26**

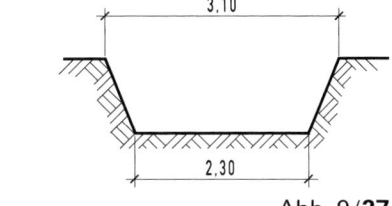

Abb. 9/**27**

25. Wie groß ist
a) die Länge der Einzäunung?
● b) die Grundstücksfläche?

26. Grundriss eines Gebäudes
Ermitteln Sie
a) den Umfang
● b) die Grundrissfläche

27. Um die anfallende Wassermenge zu fassen, muss ein Vorfluter eine Querschnittsfläche von 4,0 m² erhalten.
a) Wie groß sind die Böschungslängen?
● b) Wie tief muss der Graben sein?

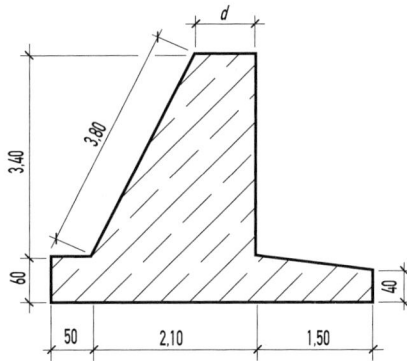

Abb. 9/**28**

28. a) Welche Dicke *d* hat die Stützmauer oben?
● b) Wie viel m³ verdichteter Beton werden pro lfd. M. Stützmauerlänge benötigt?

29. a) Welche Sparrenlänge ist für das Pultdach erforderlich?
● b) Wie groß ist die zu verputzende Fläche?

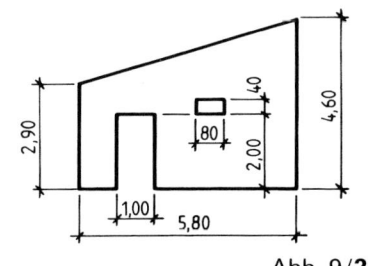

Abb. 9/**29**

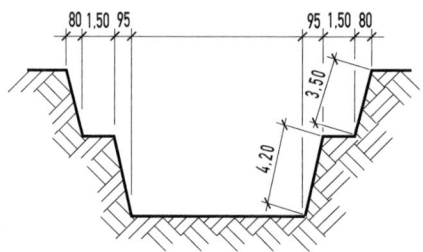

Abb. 9/**30**

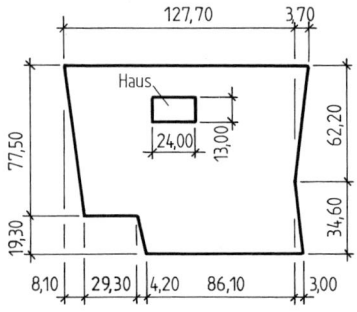

Abb. 9/**31**

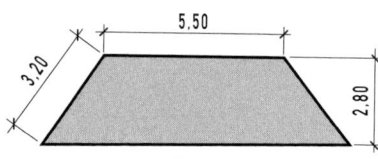

Abb. 9/**32**

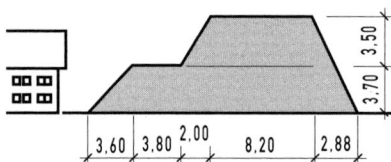

Abb. 9/**33**

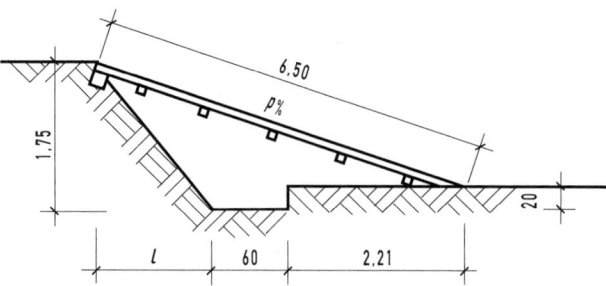

Abb. 9/**34**

30. Wie tief ist die Baugrube?

31. a) Wie viel lfd. M. Zaun werden zur Einzäunung benötigt?

b) Wie groß ist die Grundstücksfläche?

c) Wie viel % der Grundstücksfläche sind überbaut?

● **32.** Bei einem Damm wurden gemessen
obere Dammbreite   5,50 m
Dammhöhe   2,80 m
Böschungslänge   3,20 m
Ermitteln Sie

a) den Bedarf an verdichtetem Boden für 80 m Dammlänge

b) die Anzahl der Fuhren, die zur Dammschüttung erforderlich sind, wenn der anzufahrende Boden um 20 % aufgelockert ist und pro Fuhre 5,5 m³ befördert werden können?

● **33.** Als Lärmschutz soll ein Wall aus Boden errichtet werden.

a) Wie viel m³ verdichteter Boden werden pro 100 lfd. M. Dammlänge benötigt?

b) Wie groß ist die zu bepflanzende Dammoberfläche pro 100 lfd. M.?

34. Auffahrrampe einer Baugrube. Berechnen Sie

a) das Böschungsgrundmaß

● b) die Neigung der Rampe in %

c) das Neigungsverhältnis der Böschung

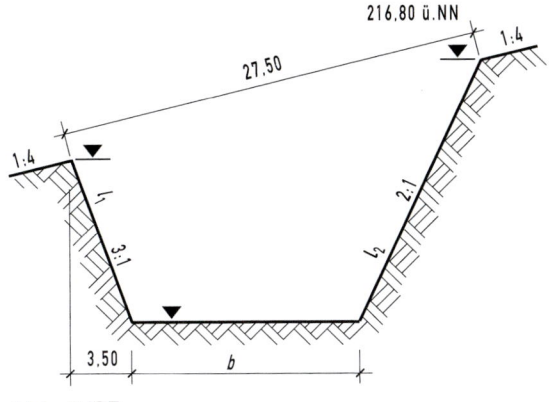

Abb. 9/**35**

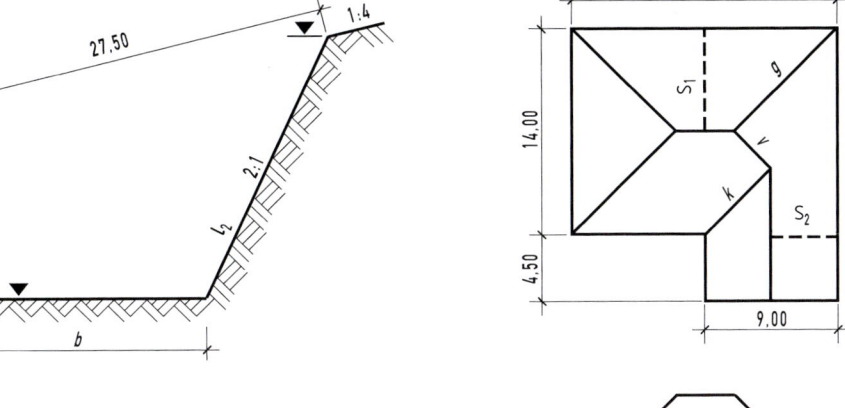

Abb. 9/**37**

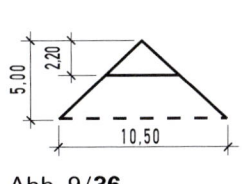

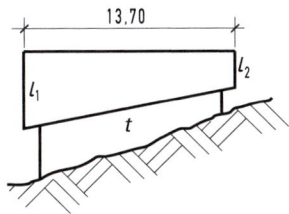

Abb. 9/**36**

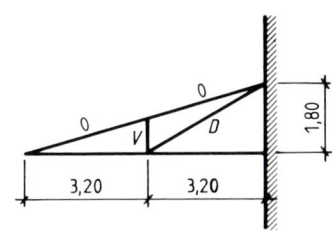

Abb. 9/**38**

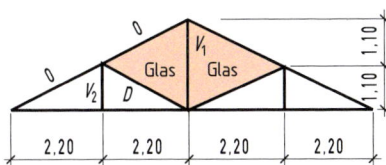

Abb. 9/**39**

35. Graben mit schrägem Einschnitt
- a) Auf welcher Höhe liegt die Grabensohle sowie der untere Grabeneinschnitt?
- b) Berechnen Sie die Böschungslängen l_1 und l_2 sowie die Grabenbreite b.
- ● c) Wie viel m³ Boden sind pro 100 m Grabenlänge auszuheben?

36. Bei einem Haus am Hang ist der Verlauf der Traufe dem Geländeverlauf angepasst. Ermitteln Sie
- a) die Ortganglängen l_1 und l_2
- b) die Länge t der Traufe

37. Beim Walmdach mit Anbau sind die Dachneigungen überall gleich. Berechnen Sie
- a) die Normalsparrenlängen S_1 und S_2
- b) die Gratsparrenlänge g
- c) die Kehlsparrenlänge k
- d) die Länge des Verfallgrates v
- ● e) die Dachfläche

38. Kragdach einer Laderampe Ermitteln Sie die Länge
- a) der Obergurtstäbe
- b) des Diagonalstabes
- c) des Vertikalstabes

39. Dübelbinder einer Lagerhalle Ermitteln Sie die
- a) Länge der Obergurtstäbe
- b) Länge der Diagonalstäbe
- c) Länge der Vertikalstäbe
- ● d) zu verglasende Fläche

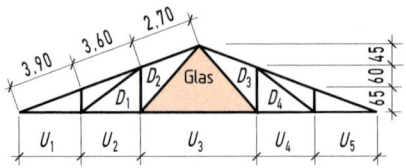

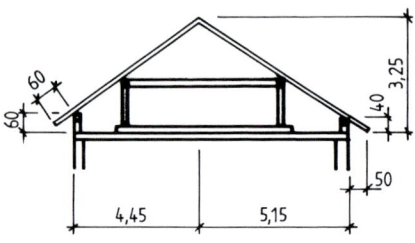

Abb. 9/**41**

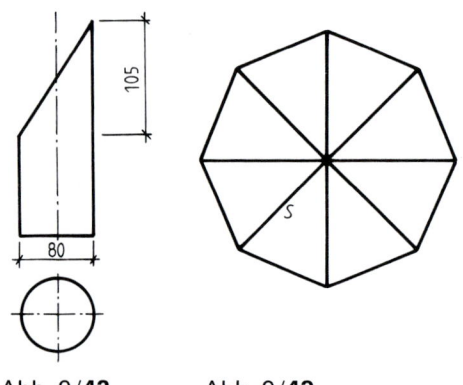

Abb. 9/**42**   Abb. 9/**43**

40. Nagelbinder einer Fabrikhalle
Berechnen Sie
a) die Länge der Untergurtstäbe
U_1 bis U_5
b) die Länge der Diagonalstäbe
D_1 bis D_4
● c) die zu verglasende Fläche

41. Wie groß sind die Sparrenlängen?
(Verlängerung durch Gehrung unberücksichtigt)

● **42.** Ein Rohr mit einem Durchmesser von
80 mm wird schräg abgeschnitten.
Wie groß ist die schräge Fläche?

43. Das Flachdach eines Pavillons mit
dem Grundriss eines regelmäßigen
Achteckes hat eine Dachfläche von
$A = 204{,}10\,\text{m}^2$ und eine Trauflänge
von $l = 52\,\text{m}$.
Wie groß ist die Sparrenlänge?

● **44.** Für eine Stahlbetonsäule mit dem
Querschnitt eines regelmäßigen Zehneckes und einem Durchmesser von
80 cm sind 11,61 m² zu schalen gewesen. Wie viel m³ verdichteter Beton
werden für die 4,70 m hohe Säule benötigt?

● **45.** Ermitteln Sie
a) die Größe der Dachfläche
b) das Volumen des Dachraumes

● **46.** Ermitteln Sie für das Turmdach mit
quadratischem Grundriss
a) die einzudeckende Dachfläche
b) das Volumen des Dachraumes

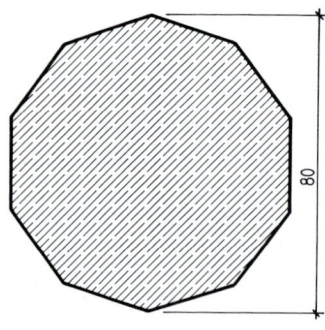

Abb. 9/**44**

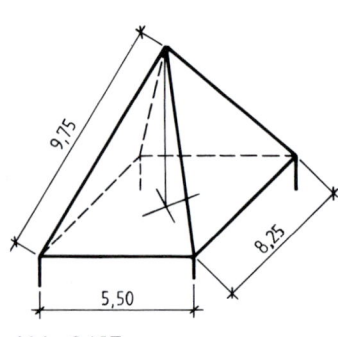

Abb. 9/**45**

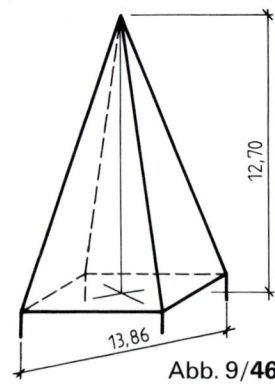

Abb. 9/**46**

47. Ein pyramidenförmiges Turmdach hat bei einem quadratischen Grundriss von 5,25 m × 5,25 m eine Dachfläche von 49,35 m². Wie groß ist das Volumen?

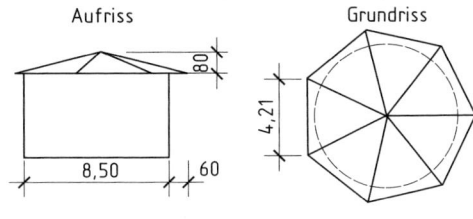

Aufriss   Grundriss

Abb. 9/48

48. Das Dach eines Pavillons mit kreisförmigem Grundriss hat die Form eines regelmäßigen Siebenecks.
a) Wie groß ist die Sparrenlänge?
b) Wie viel lfd. M. Traufrinne sind anzubringen?
● c) Wie groß ist die einzudeckende Dachfläche?

49. Binder einer Tennishalle. Die Hallenlänge beträgt 75 m. Berechnen Sie die
a) Länge der Vertikalstäbe
b) Länge der Obergurtstäbe
c) Länge der Diagonalstäbe
● d) zu verschalenden Giebelflächen
● e) einzudeckende Dachfläche

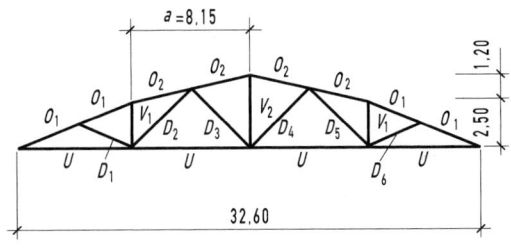

Abb. 9/49

50. Für den Fachwerkbinder einer Festhalle sind zu berechnen
a) die Länge der Obergurtstäbe O
b) die Länge der Untergurtstäbe U_1, U_2
c) die Länge der Vertikalstäbe V_1, V_2, V_3
d) die Länge der Diagonalstäbe D_1 bis D_4

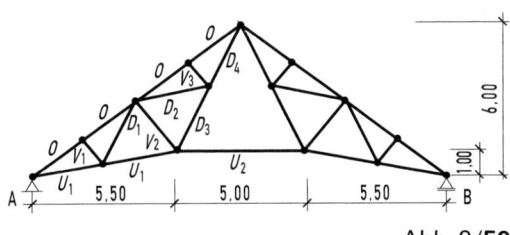

Abb. 9/50

51. Berechnen Sie für den Fachwerkbinder über einer Laderampe
a) die Länge der Obergurtstäbe O_1, O_2, O_3
b) die Länge der Vertikalstäbe V_1 bis V_6
c) die Länge der Untergurtstäbe U_1 bis U_4

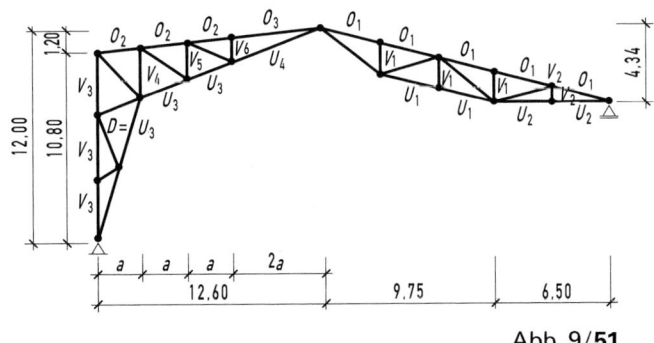

Abb. 9/51

10 Winkelfunktionen

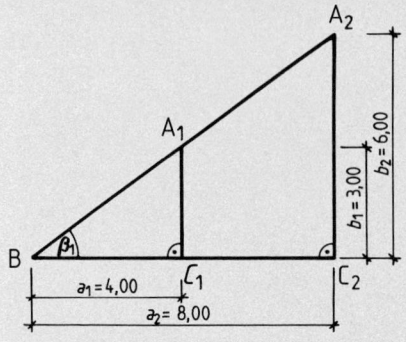

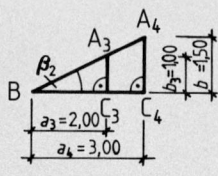

Nach dem Strahlensatz verhalten sich die Seiten

$b_1 : a_1 = b_2 : a_2$

$3,0 : 4,0 = 6,0 : 8,0$

$p = 3/4 \qquad p = 6/8 = 3/4$

$b_3 : a_3 = b_4 : a_4$

$1,0 : 2,0 = 1,5 : 3,0$

$p = 1/2 \qquad p = 1,5/3,0 = 1/2$

Der Wert beider Verhältnisse ist gleich, unabhängig von der Größe des Dreieckes.

Auch hier ist der Wert beider Verhältnisse gleich, unabhängig von der Größe des Dreieckes.

Wert der Verhältnisse

$$p_1 = \frac{3}{4}$$

Wert der Verhältnisse

$$p_2 = \frac{1}{2}$$

$$p_1 > p_2 \xrightarrow{\text{daraus folgt}} \beta_1 > \beta_2$$

Der Wert des Verhältnisses ist somit allein von der Größe des Winkels abhängig. Ändert sich der Winkel, so ändert sich auch der Wert des Verhältnisses. Diese Abhängigkeit von einer variablen Größe bezeichnet man als Funktion.

> Da der Wert der Seitenverhältnisse eine Funktion der Winkel ist, heißen diese Verhältnisse Winkelfunktion.

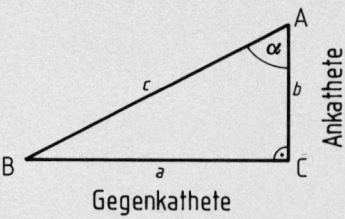

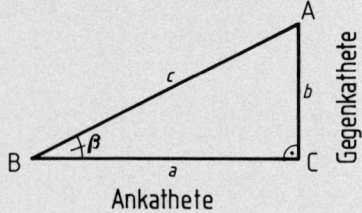

Bezüglich des Winkels α heißt
Seite b **An**kathete (liegt dem Winkel α **an**)
Seite a **Gegen**kathete (liegt dem Winkel **gegen**über)

Bezüglich des Winkels β heißt
Seite a Ankathete
Seite b Gegenkathete

Für die Winkelfunktionen sind folgende vier Seitenverhältnisse erforderlich.

Seitenverhält-nisse:	$\dfrac{\text{Gegenkathete}}{\text{Hypotenuse}}$	$\dfrac{\text{Ankathete}}{\text{Hypotenuse}}$	$\dfrac{\text{Gegenkathete}}{\text{Ankathete}}$	$\dfrac{\text{Ankathete}}{\text{Gegenkathete}}$
Benennung der Seitenverhältnisse	Sinus	Kosinus	Tangens	Kotangens
Abkürzung	sin	cos	tan	cot
	$\sin\alpha=\dfrac{a}{c}$	$\cos\alpha=\dfrac{b}{c}$	$\tan\alpha=\dfrac{a}{b}$	$\cot\alpha=\dfrac{b}{a}$
	$\sin\beta=\dfrac{b}{c}$	$\cos\beta=\dfrac{a}{c}$	$\tan\beta=\dfrac{b}{a}$	$\cot\beta=\dfrac{a}{b}$

Beispiel 1

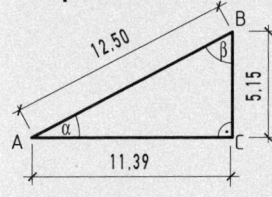

Der Kosinus ist eine Ko-Funktion zum Sinus, denn sie ergänzen sich zu 90°.

z.B. $\sin 30° = \cos 60°$
$\sin 70° = \cos 20°$

Bei der Ko-Tangens-Funktion werden in Bezug auf die Tangens-Funktion nur die Seitenverhältnisse vertauscht. Siehe Beispiel.
cot = 1/tan ⇒ $\tan\alpha = 0{,}4522$ ⇒ $\cot\alpha = 1/0{,}4522 = 2{,}2114$

$\sin\alpha=\dfrac{a}{c}$ 　　　 $\cos\alpha=\dfrac{b}{c}$ 　　　 $\tan\alpha=\dfrac{a}{b}$ 　　　 $\cot\alpha=\dfrac{b}{a}$

$\sin\alpha=\dfrac{5{,}15}{12{,}50}$ 　 $\cos\alpha=\dfrac{11{,}39}{12{,}50}$ 　 $\tan\alpha=\dfrac{5{,}15}{11{,}39}$ 　 $\cot\alpha=\dfrac{11{,}39}{5{,}15}$

$=0{,}4120$ 　　　 $=0{,}9112$ 　　　 $=0{,}4522$ 　　　 $=2{,}2116$

$\alpha=24°\,20'$ 　　 $\alpha=24°\,20'$ 　　 $\alpha=24°\,20'$ 　　 $\alpha=24°\,20'$

$\sin\beta=\dfrac{b}{c}$ 　　　 $\cos\beta=\dfrac{a}{c}$ 　　　 $\tan\beta=\dfrac{b}{a}$ 　　　 $\cot\beta=\dfrac{a}{b}$

$\sin\beta=\dfrac{11{,}39}{12{,}5}$ 　 $\cos\beta=\dfrac{5{,}15}{12{,}50}$ 　 $\tan\beta=\dfrac{11{,}39}{5{,}15}$ 　 $\cot\beta=\dfrac{5{,}15}{11{,}39}$

$=0{,}9112$ 　　　 $=0{,}4120$ 　　　 $=2{,}2116$ 　　　 $=0{,}4522$

$\beta=65°\,40'$ 　　 $\beta=65°\,40'$ 　　 $\beta=65°\,40'$ 　　 $\beta=65°\,40'$

Schaubild der Sinusfunktion

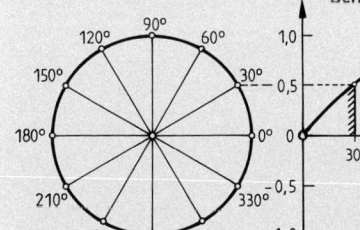
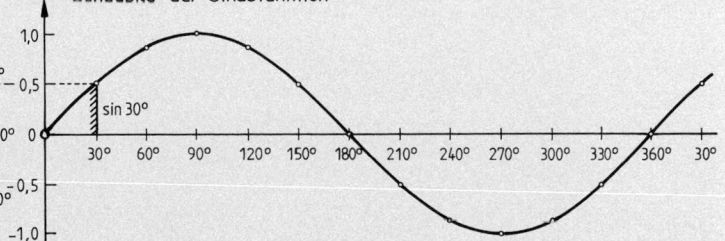

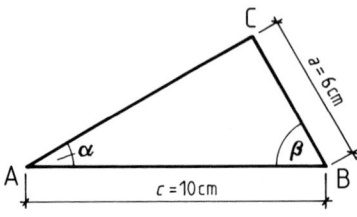

Abb. 10/**3**

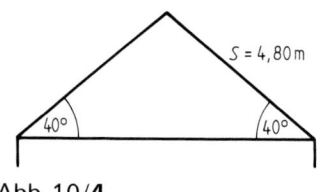

Abb. 10/**4**

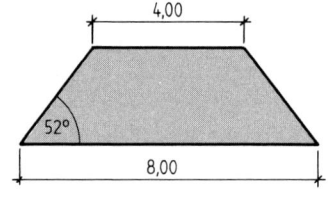

Abb. 10/**5**

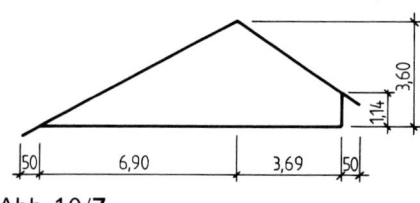

Abb. 10/**6**

Abb. 10/**7**

■ **Aufgaben**

1. Welche Werte haben
   a) sin 44°25′   e) sin 61,8°
   b) tan 9,5°   f) cos 72°
   c) cos 20°54′   g) tan 60°
   d) cot 28,4°

2. Welchen Winkeln entsprechen die Funktionswerte
   a) $\cos \alpha = 0{,}9511$ d) $\cos \gamma = 0{,}0698$
   b) $\sin \beta = 0{,}9511$ e) $\cot \gamma = 1{,}5647$
   c) $\tan \alpha = 9{,}514$ f) $\tan \beta = 0{,}9856$

3. Von einem rechtwinkligen Dreieck mit der Hypotenuse $c = 10$ cm und der Kathete $a = 6$ cm sind die Winkel und die dritte Seite zu berechnen.

4. Berechnen Sie
   a) die Dachhöhe
   b) die Breite des Hauses

5. Berechnen Sie
   a) die Sparrenlänge
   b) die Dachneigung
   c) die Dachfläche
   Die Länge des Daches beträgt 15,70 m.

6. Wie viel m³ verdichteter Boden werden für eine Dammlänge von 600 m benötigt?

7. a) Wie groß ist die Sparrenlänge beider Dachflächen, wenn der Dachvorsprung 0,50 m beträgt?
   b) Wie viel Grad betragen die Dachneigungen?
   c) Wie groß ist der Holzbedarf für die Verschalung des Giebels unter Berücksichtigung von 3,5% Verschnitt?

8. Zwei konzentrischen Kreisen mit den Radien $r_1 = 10$ m und $r_2 = 7$ m werden jeweils regelmäßige Fünfzehnecke einbeschrieben. Ermitteln Sie
   a) die Ringfläche, die von beiden Fünfzehnecken eingeschlossen wird
   b) die Differenz der Umfänge der beiden Fünfzehnecken

68

9. Verkehrsinsel
   a) Wie viel m² Platten sind erforderlich, wenn für Bruch und Verschnitt 7,5 % in Rechnung zu stellen sind?
   b) Wie groß ist die Rasenfläche?
   c) Wie viel lfd. M. Randsteine und Stellplatten sind erforderlich?

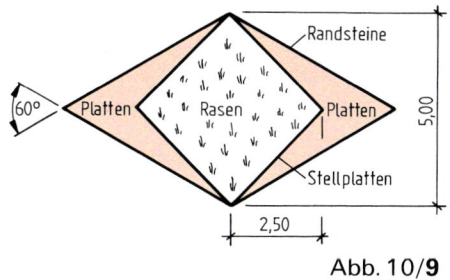

Abb. 10/**9**

10. Wie viele Ziegel werden für zwei Walmflächen benötigt, wenn pro m² 15 Ziegel erforderlich sind und mit einem Verschnitt von 12 % zu rechnen ist?

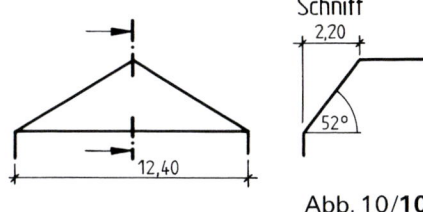

Abb. 10/**10**

11. Ein Fundament hat die Form eines Pyramidenstumpfes. Die Grundfläche hat die Abmessungen 60 × 60 cm, die Deckfläche 30 × 30 cm. Die Seitenflächen sind mit einem Winkel von α = 60° gegen die Grundfläche geneigt. Die Schalung wird stumpf genagelt; Die Holzdicke beträgt 20 mm. Berechnen Sie
   a) den Bedarf an verdichtetem Beton für 15 Fundamente
   b) den Bedarf an Schalholz für ein Fundament bei 10 % Verschnitt (ohne Bodenfläche)

Abb. 10/**12**

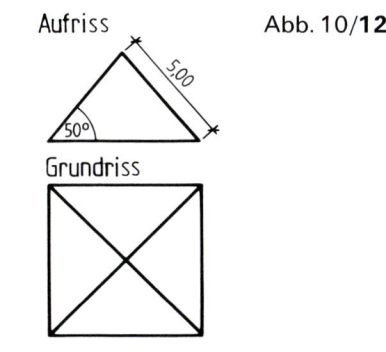

12. Turmdach mit quadratischem Grundriss
   Berechnen Sie
   a) die Länge der Traufe
   b) die Dachfläche
   c) die Dachhöhe
   d) die Länge des Gratsparrens
   e) den Neigungswinkel der Gratsparren

13. Die 3,20 m breite Zufahrt zu einer Kellergarage soll mit Platten belegt werden. Wie viel m² Platten werden benötigt?

Abb. 10/**13**

14. Ein Pultdach hat eine Höhe von 3,0 m und ist 35,15° geneigt. Wie groß ist die Sparrenlänge unter Berücksichtigung eines Dachvorsprungs von 0,50 m?

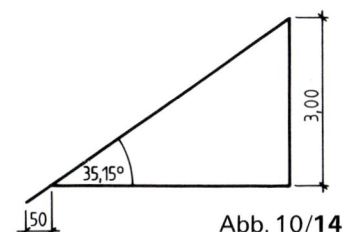

Abb. 10/**14**

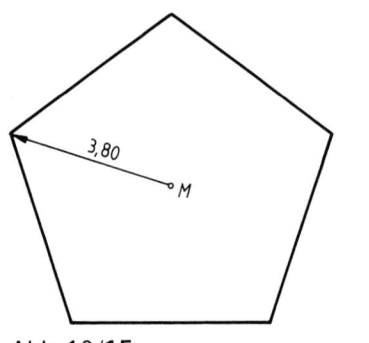

Abb. 10/**15**

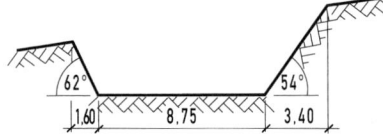

Abb. 10/**16**

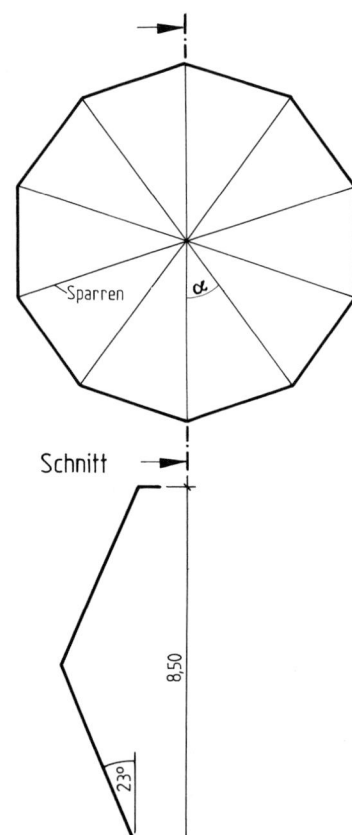

Schnitt

Abb. 10/**18**

15. Das Flachdach eines Pavillons hat die Form eines regelmäßigen Fünfeckes.
   a) Wie viel m Regenrinne werden benötigt?
   b) Wie viel Rollen Dachpappe werden benötigt, wenn auf einer Rolle 12,5 m² Pappe sind und das Dach dreifach gedeckt wird?

16. Für den 150 m langen Graben sind zu ermitteln
   a) die Böschungslängen
   b) der Aushub

17. Ein Schornstein von 28 m Höhe wird durch Drahtseile verspannt, die an der oberen Befestigungsstelle mit dem Schornstein einen Winkel von $\alpha = 39{,}5°$ bilden.
   a) Wie weit sind die Abspannstellen im Erdboden vom Schornstein entfernt?
   b) Wie lang sind die Seile?

18. Das Dach eines Messepavillons hat die Form eines regelmäßigen Zehneckes.
   a) Wie groß ist die Sparrenlänge?
   b) Wie viel m² Dachfläche sind einzudecken?
   c) Wie viel Meter Regenrinne werden benötigt?
   d) Wie groß ist der Winkel α zwischen den Sparren?

19. Bei einem rhombusförmigen Grundstück messen die Diagonalen 90,0 m und 60,0 m. Ermitteln Sie
   a) die Winkel α und β, die das Grundstück mit den Straßen einschließt
   b) die erforderliche Zaunlänge
   c) den Grundstückspreis bei einem Preis von 285,– € pro m².

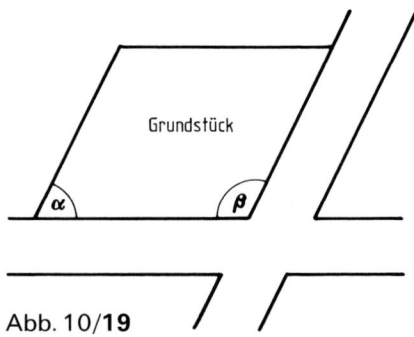

Abb. 10/**19**

20. Stahlbetonsäule, 4,30 m hoch.
Ermitteln Sie
a) den Bedarf an Schalholz für eine
   Säule
b) den Bedarf an verdichtetem Beton

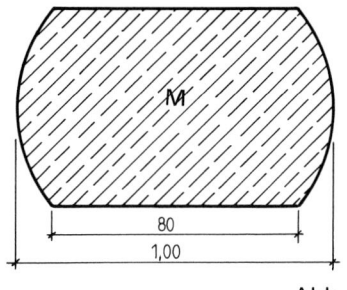

Abb. 10/**20**

21. Autobahn
a) Wie breit wird die Sohle *s* des Dammes?
b) Wie groß ist die Böschungslänge *l*?
c) Wie viele Fuhren Boden zu je 5,0 m³
   sind für 100 lfd. M. Damm erforderlich?

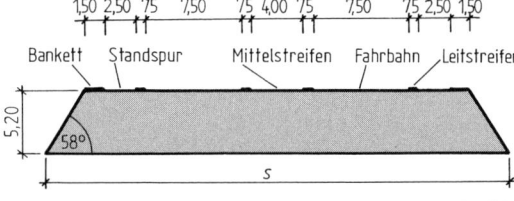

Abb. 10/**21**

22. Winkeldach, allseitige Dachneigung 40°
Berechnen Sie
a) die Sparrenlänge der Normalsparren
b) die Gratsparrenlänge und Kehlsparrenlänge des Hauptdaches
c) die Gratsparrenlänge des Krüppel-
   walmdaches
d) die Anzahl der Dachziegel, wenn für
   1 m² 15 Ziegel benötigt werden und
   4 % für Verhau und Bruch zu berücksichtigen sind
e) die Anzahl der First- und Gratziegel,
   wenn pro lfd. M. 3 Ziegel benötigt
   werden
f) die Anzahl der Ortgangziegel bei einem Bedarf von 3 Ziegeln pro lfd. M.

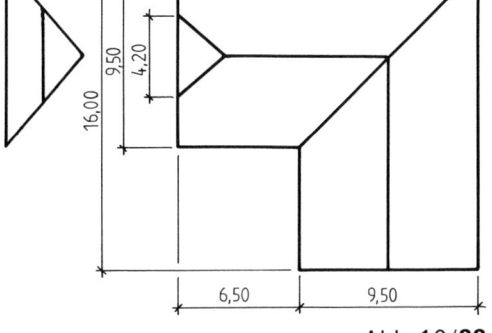

Abb. 10/**22**

23. Vom allseitig um 45° geneigten Dach
sind zu berechnen:
a) Größe der einzelnen Dachflächen
b) Gesamtbedarf der Ziegel, wenn für
   1 m² 15 Ziegel benötigt werden
c) Gesamtbedarf der Ziegel für First
   und Grate, wenn für 1 lfd. M. 2,5
   Ziegel gebraucht werden
d) Gesamtbedarf der Ortgangziegel,
   wenn für 1 lfd. M. 3 Ziegel gebraucht
   werden

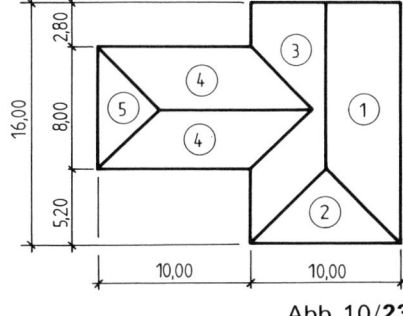

Abb. 10/**23**

24. Ermitteln Sie die Schnittlänge.

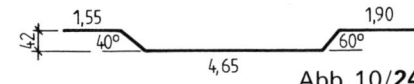

Abb. 10/**24**

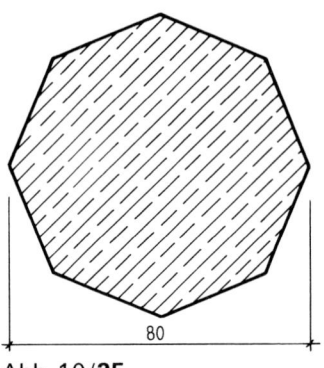

Abb. 10/**25**

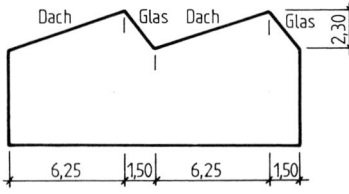

Abb. 10/**26**

25. Stahlbetonsäule, die Höhe beträgt $h = 4,40$ m.
    Ermitteln Sie
    a) den Bedarf an verdichtetem Beton für 8 Säulen
    b) den Bedarf an Schalholz bei einem Zuschlag von 10% für Verschnitt und Fugenüberdeckung

26. Sheddach
    Wie viel Grad Neigung hat das Dach?

27. Um einen Aussichtsturm wird ein Gehweg von 2,50 m Breite in der Form eines regelmäßigen Fünfzehneckes angelegt.
    a) Wie viel m² Platten sind zum Belegen des Gehweges erforderlich?
    b) Wie viel lfd. M. Randsteine sind zur beiderseitigen Einfassung des Gehweges erforderlich?

28. Die Grundstücksfläche beträgt 125 a. Wie groß ist der Winkel α?

29. Bei einer Straßenkreuzung sind die angegebenen Strecken eingemessen. Ermitteln Sie die Winkel α, β, γ, δ.

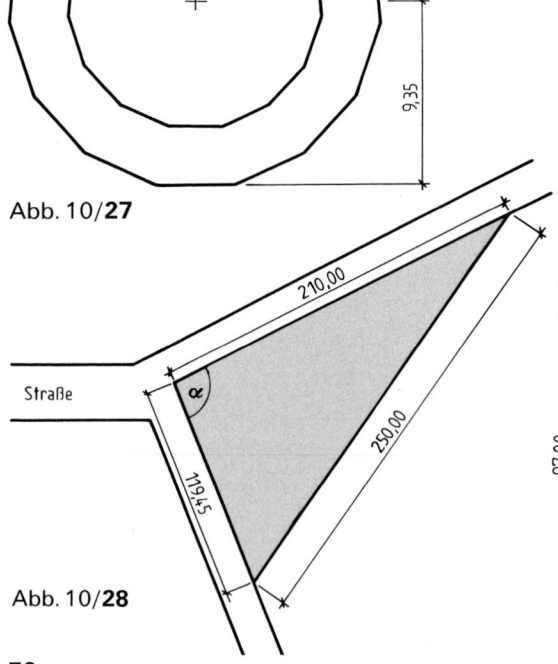

Abb. 10/**27**

Abb. 10/**28**

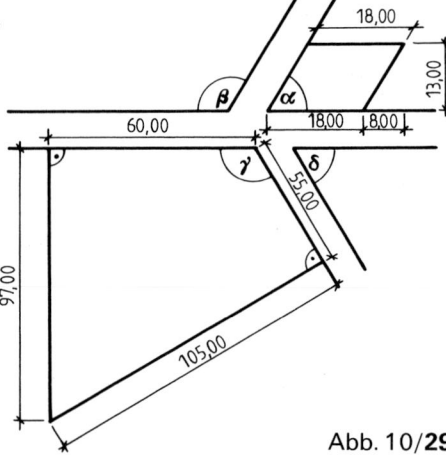

Abb. 10/**29**

72

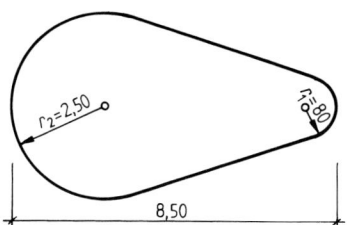

Abb. 10/**30**

30. Eine Verkehrsinsel soll mit Platten belegt und mit Randsteinen eingefasst werden. Ermitteln Sie
    a) den Plattenbedarf
    b) den Bedarf an Randsteinen.

31. Dachneigung 30°
Ermitteln Sie
    a) die Dachhöhe
    b) den Bedarf an Dachziegeln, wenn pro m² 17 Ziegel benötigt werden
    c) den Bedarf an First- und Gratziegeln, wenn pro lfd. M. 3 Ziegel erforderlich sind
    d) das Volumen des Dachraumes.

32. Ermitteln Sie
    a) den Winkel, unter dem die Straße abbiegt
    b) die Grundstücksfläche
    c) die Länge der Einzäunung.

33. Ein Vermessungstechniker, der 64 m von einem Turm entfernt steht, erblickt die Turmspitze unter einem Höhenwinkel von $\alpha = 28°$. Seine Augenhöhe beträgt 1,77 m. Wie hoch ist der Turm?

34. Dach eines runden Turmes, die Länge der Traufe beträgt 15,70 m.
Ermitteln Sie
    a) den Inhalt des Dachraumes
    b) die Dachneigung
    c) die erforderliche Menge an Kupferblech zur Eindeckung bei 8% Zuschlag für Falze und Verschnitt.

35. Ermitteln Sie für die 4,75 m hohe Stahlbetonstütze
    a) den Betonbedarf
    b) den Schalholzbedarf, unter Berücksichtigung der Tatsache, dass die Wand zum Zeitpunkt der Stützenschalung noch nicht vorhanden war.

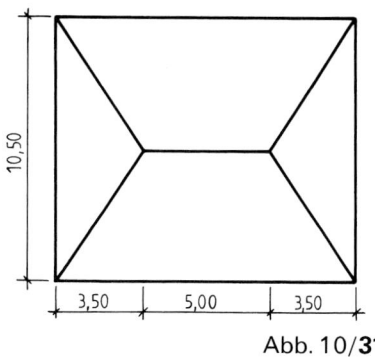

Abb. 10/**31**

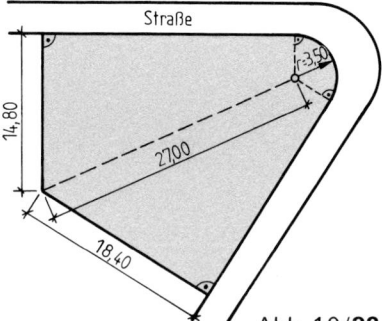

Abb. 10/**32**

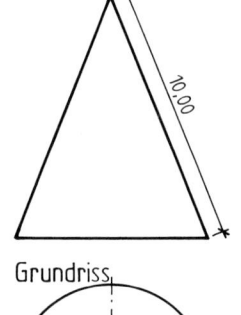

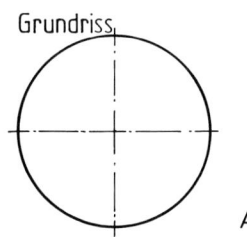

Grundriss

Abb. 10/**34**

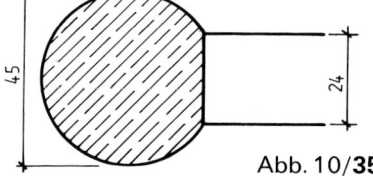

Abb. 10/**35**

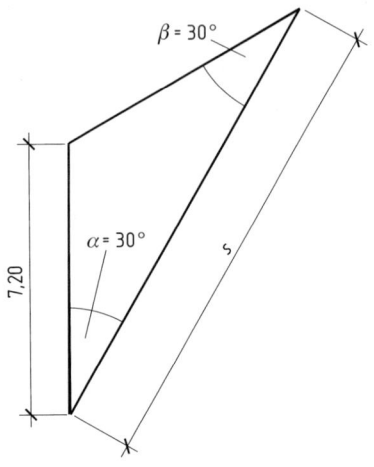

$\beta = 30°$

$\alpha = 30°$

s

7,20

Abb. 10/**36**

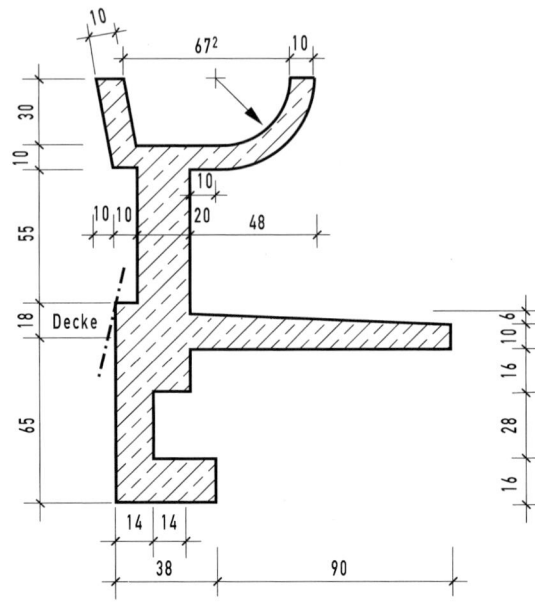

Decke

Abb. 10/**37**

36. Um wie viel m² ändert sich die Fläche des Dreieckes, und um wie viel m ändert sich die Seite *s*, wenn die beiden Winkel α und β je 42° betragen?

● **37.** Ermitteln Sie den Betonbedarf für das Fassadenelement mit Markisennische und Blumentrog, ohne Berücksichtigung der Decke. Die Länge des Elements beträgt 6,50 m.

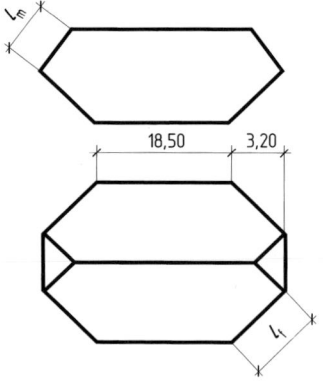

18,50   3,20

Abb. 10/**38**

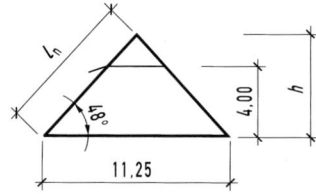

48°

4,00 h

11,25

38. Berechnen Sie am **gleichgeneigten** Krüppelwalmdach mit Flugsparren:
a) die Dachhöhe h
b) die Normalsparrenlänge l_n
c) den Mittelschifter l_m im Krüppelwalm
d) die Flugsparrenlänge l_f
● e) die Dachfläche

Der Sinus-Satz

Zeichnet man im Dreieck ABC die Höhe h_c ein, so entstehen zwei rechtwinklige Dreiecke, für welche gilt:

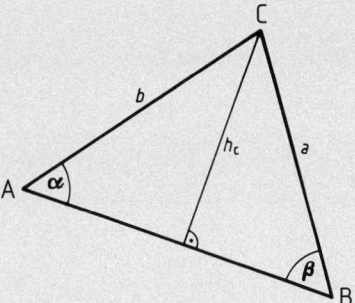

$$\sin \beta = \frac{h_c}{a} \qquad \sin \alpha = \frac{h_c}{b}$$

$$h_c = a \cdot \sin \beta \qquad h_c = b \cdot \sin \alpha$$

$$\underset{\text{äußere Glieder}}{a \cdot \sin \beta} \qquad = \underset{\text{innere Glieder}}{b \cdot \sin \alpha}$$

Da beide Gleichungen den Wert von h_c ausdrücken, können sie gleichgesetzt werden

Verwandlung der Produktgleichung in eine Verhältnisgleichung

$$a : b = \sin \alpha : \sin \beta$$

Zeichnet man die Höhe h_b ein, so gilt analog

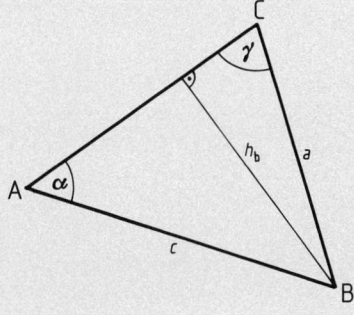

$$\sin \gamma = \frac{h_b}{a} \qquad \sin \alpha = \frac{h_b}{c}$$

$$h_b = a \cdot \sin \gamma \qquad h_b = c \cdot \sin \alpha$$

$$a \cdot \sin \gamma \qquad = c \cdot \sin \alpha$$

$$a : c \;=\; \sin \alpha : \sin \gamma$$

Produktgleichung

Verhältnisgleichung

Weiter gilt: $\quad b : c = \sin \beta : \sin \gamma$

Daraus ergibt sich der Sinus-Satz:

Die Dreieckseiten verhalten sich wie die Sinuswerte der entsprechenden Winkel.

$$a : b : c = \sin \alpha : \sin \beta : \sin \gamma$$

Damit der Sinus-Satz angewendet werden kann, muss mindestens der Gegenwinkel *einer* Seite gegeben sein.

■ Aufgaben

39. Berechnen Sie die Seiten eines Dreieckes mit

   a) $c = 18,50$ m   b) $a = 7,20$ m   c) $a = 12,10$ m
      $\beta = 38°$ $\alpha = 70°$ $b = 15,60$ m
      $b = 13,80$ m $c = 3,80$ m $\beta = 72°20'$

40. Berechnen Sie die fehlenden Seiten und Winkel der Dreiecke

   a) $a = 5,0$ m   b) $c = 13,0$ m   c) $b = 12,50$ m
      $\beta = 60°$ $\alpha = 67°54'$ $\alpha = 67°15'$
      $\gamma = 45°$ $\beta = 52°36'$ $\gamma = 33°35'$

41. Die Dachneigungen betragen $\alpha = 30°$, $\beta = 36°$.
Berechnen Sie
   a) die Sparrenlängen S_1 und S_2
   b) die zu verschalenden Giebelflächen

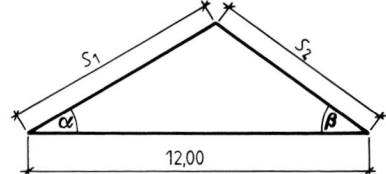

Abb. 10/**41**

42. Grundstück
Ermitteln Sie
   a) die erforderliche Zaunlänge
   b) den Grundstückspreis bei einem Preis von
      260,– €/m²

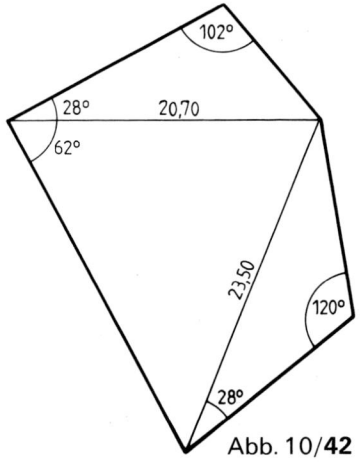

Abb. 10/**42**

43. Ermitteln Sie
   a) die Länge der Sparren
   b) die Höhe h des Daches
   c) die Fensterhöhe
   d) die Giebelfläche

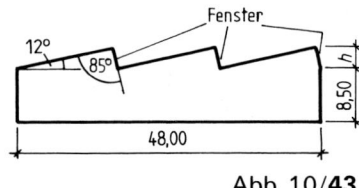

Abb. 10/**43**

11 Flächenberechnung

Flächeneinheiten (Umrechnungsfaktor 100)

$$\cdot 100 \quad \cdot 100 \quad \cdot 100 \quad \cdot 100 \quad \cdot 100$$

$$
\begin{aligned}
1\ \text{ha} = 100\ \text{a} &= 10\,000\ \text{m}^2 \\
1\ \text{a} = \quad 100\ \text{m}^2 &= 10\,000\ \text{dm}^2 = 1\,000\,000\ \text{cm}^2 \\
1\ \text{m}^2 = \quad 100\ \text{dm}^2 &= \quad 10\,000\ \text{cm}^2 = 1\,000\,000\ \text{mm}^2 \\
1\ \text{dm}^2 &= \quad 100\ \text{cm}^2 = \quad 10\,000\ \text{mm}^2 \\
1\ \text{cm}^2 &= \quad 100\ \text{mm}^2
\end{aligned}
$$

Tabelle 1: Berechnungen an regelmäßigen Vielecken

Vieleck	Fläche A			Seite s		Umkreisradius r_1		Inkreisradius r_2	
	aus s	aus r_1	aus r_2	aus r_1	aus r_2	aus s	aus r_2	aus r_1	aus s
Dreieck	0,433	1,299	5,196	1,732	3,464	0,577	2,000	0,500	0,289
Viereck	1,00	2,000	4,000	1,414	2,000	0,707	1,414	0,707	0,500
Fünfeck	1,720	2,378	3,633	1,176	1,453	0,851	1,236	0,809	0,688
Sechseck	2,598	2,598	3,464	1,000	1,155	1,000	1,155	0,866	0,866
Siebeneck	3,634	2,736	3,371	0,868	0,963	1,152	1,110	0,901	1,038
Achteck	4,828	2,828	3,314	0,765	0,828	1,307	1,082	0,924	1,207
Neuneck	6,182	2,893	3,276	0,684	0,728	1,462	1,064	0,940	1,374
Zehneck	7,694	2,939	3,249	0,618	0,650	1,618	1,051	0,951	1,539
Elfeck	9,366	2,974	3,230	0,563	0,587	1,775	1,042	0,959	1,703
Zwölfeck	11,196	3,000	3,215	0,518	0,536	1,932	1,035	0,966	1,866
13-Eck	13,186	3,021	3,204	0,479	0,493	2,089	1,030	0,971	2,029
14-Eck	15,335	3,037	3,195	0,445	0,456	2,247	1,026	0,975	2,191
15-Eck	17,642	3,051	3,188	0,416	0,425	2,405	1,022	0,978	2,352
16-Eck	20,109	3,061	3,183	0,390	0,398	2,563	1,020	0,981	2,514
17-Eck	22,735	3,071	3,178	0,367	0,374	2,721	1,017	0,983	2,675
18-Eck	25,521	3,078	3,174	0,347	0,353	2,879	1,015	0,985	2,836
19-Eck	28,465	3,085	3,171	0,329	0,334	3,038	1,014	0,986	2,996
20-Eck	31,569	3,09	3,168	0,313	0,317	3,196	1,012	0,988	3,157
	mal s^2	mal r_1^2	mal r_2^2	mal r_1	mal r_2	mal s	mal r_2	mal r_1	mal s

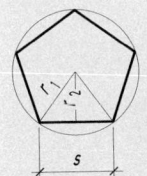

Fünfeck

$A = 1{,}720 \cdot s^2$
$A = 2{,}377 \cdot r_1^2$
$A = 3{,}633 \cdot r_2^2$

$s = 1{,}175 \cdot r_1$

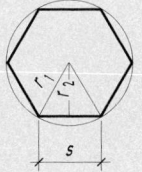

Sechseck

$A = 2{,}598 \cdot s^2$
$A = 2{,}598 \cdot r_1^2$
$A = 3{,}464 \cdot r_2^2$

$r_1 = 1{,}155 \cdot r_2$

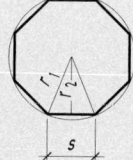

Achteck

$A = 4{,}828 \cdot s^2$
$A = 2{,}828 \cdot r_1^2$
$A = 3{,}314 \cdot r_2^2$

$r_2 = 1{,}207 \cdot s$

Vierecke

regelmäßige

Parallelogramme

Definition: Jeweils gegenüberliegende Seiten laufen parallel und sind gleich groß.

rechtwinklig		nicht rechtwinklig	
Quadrat	**Rechteck**	**Rhombus** Raute	**Rhomboid**

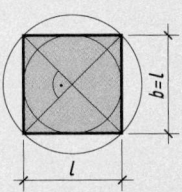

Fläche

$A = l^2$	$A = l \cdot b$	$A = l \cdot b$	$A = l \cdot b$

Umfang

$U = 4 \cdot l$	$U = 2\,(l + b)$	$U = 4 \cdot l$	$U = 2\,(l + l_1)$

Definition:

- jeweils zwei Seiten laufen parallel
- vier gleich große Seiten

Definition:

- jeweils zwei Seiten laufen parallel
- gegenüberliegende Seiten sind jeweils gleich groß

Definition:

- jeweils zwei Seiten laufen parallel
- vier gleich große Seiten
- gegenüberliegende Winkel sind jeweils gleich groß

Definition:

- jeweils zwei Seiten laufen parallel
- gegenüberliegende Seiten sind jeweils gleich groß
- gegenüberliegende Winkel sind jeweils gleich groß

Weitere Kennzeichen

Winkel:

- Winkelsumme 360°
- vier rechte Winkel

Winkel:

- Winkelsumme 360°
- vier rechte Winkel

Winkel:

- Winkelsumme 360°
- jeweils zwei spitze und zwei stumpfe Winkel

Winkel:

- Winkelsumme 360°
- jeweils zwei spitze und zwei stumpfe Winkel

Diagonalen:

- sind gleich lang
- halbieren sich
- schneiden sich rechtwinklig
- sind Winkelhalbierende
- Schnittpunkt ist Mittelpunkt des In- und Umkreises
- sind Symmetrieachsen

Diagonalen:

- sind gleich lang
- halbieren sich
- schneiden sich nicht rechtwinklig
- sind keine Winkelhalbierende
- Schnittpunkt ist Mittelpunkt des Um-, jedoch nicht des Inkreises
- sind keine Symmetrieachsen
- erzeugen jeweils zwei gleich große gegenüberliegende Winkel → Scheitelwinkel

Diagonalen:

- sind verschieden lang
- halbieren sich
- schneiden sich rechtwinklig
- sind Winkelhalbierende
- Schnittpunkt ist Mittelpunkt des In-, jedoch nicht des Umkreises
- sind Symmetrieachsen

Diagonalen:

- sind verschieden lang
- halbieren sich
- schneiden sich nicht rechtwinklig
- sind keine Winkelhalbierenden
- Schnittpunkt ist weder Mittelpunkt des In- noch des Umkreises
- sind keine Symmetrieachsen
- erzeugen jeweils zwei gleich große gegenüberliegende Winkel → Scheitelwinkel

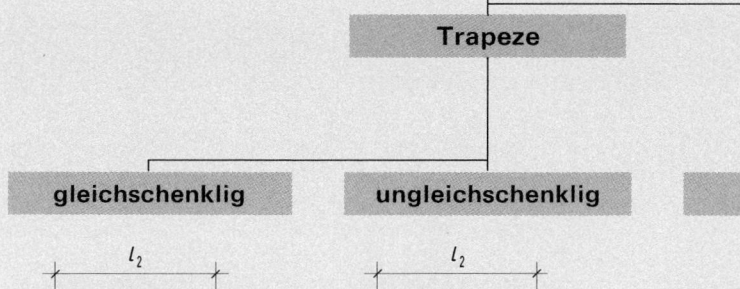

Vierecke

unregelmäßige

Trapeze

| gleichschenklig | ungleichschenklig | beliebig |

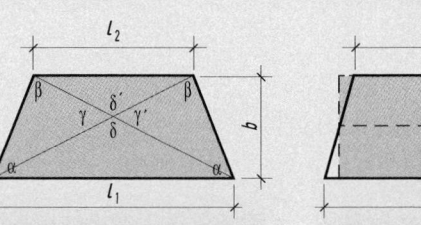

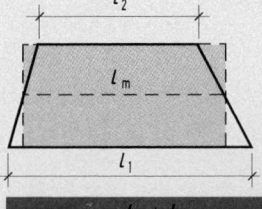

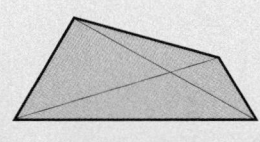

$$A = \frac{l_1 + l_2}{2} \cdot b$$

$$A = l_m \cdot b$$

$U =$ Summe der vier Seitenlängen

$$A = \frac{l_1 + l_2}{2} \cdot b$$

$$A = l_m \cdot b$$

$U =$ Summe der vier Seitenlängen

$A =$ Summe von Teilflächen

$U =$ Summe der vier Seitenlängen

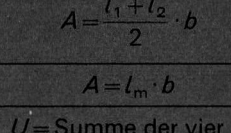

• nur zwei Seiten laufen parallel • zwei gleich lange Schenkel	• nur zwei Seiten laufen parallel • zwei verschieden lange Schenkel	• keine parallelen Seiten • vier verschieden lange Seiten
Winkel: • Basiswinkel und obere Winkel sind jeweils gleich groß • Winkelsumme 360° • jeweils zwei spitze und zwei stumpfe Winkel	**Winkel:** • vier verschieden große Winkel • Winkelsumme 360° • jeweils zwei spitze und zwei stumpfe Winkel	**Winkel:** • vier verschieden große Winkel • Winkelsumme 360°
Diagonalen: • sind gleich lang • halbieren sich nicht • schneiden sich nicht rechtwinklig • sind keine Winkelhalbierenden • Schnittpunkt ist weder Mittelpunkt des In- noch des Umkreises • sind keine Symmetrieachsen • erzeugen jeweils zwei gleich große Winkel → Scheitelwinkel	**Diagonalen:** • sind verschieden lang • halbieren sich nicht • schneiden sich nicht rechtwinklig • sind keine Winkelhalbierenden • Schnittpunkt ist weder Mittelpunkt des In- noch des Umkreises • sind keine Symmetrieachsen • erzeugen vier verschieden große Winkel	**Diagonalen:** • sind verschieden lang • halbieren sich nicht • schneiden sich nicht rechtwinklig • sind keine Winkelhalbierenden • Schnittpunkt ist weder Mittelpunkt des In- noch des Umkreises • sind keine Symmetrieachsen • erzeugen vier verschieden große Winkel

Dreiecke

bezüglich der Seiten

bezüglich der Winkel

| gleich-seitig | gleich-schenklig | ungleich-seitig | recht-winklig | spitz-winklig | stumpf-winklig |

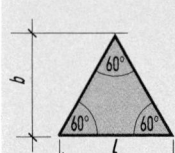 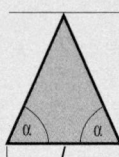 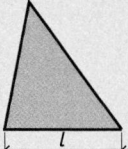  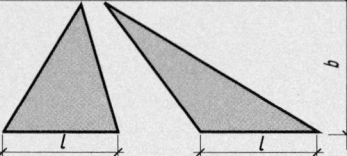

$$A = \frac{l \cdot b}{2}$$

$$l = \frac{2A}{b}$$

$$b = \frac{2A}{l}$$

Satz des Heron: Bei gegebenen Seiten a, b, c

$$A = \sqrt{s(s-a)(s-b)(s-c)}$$

$$s = \frac{a+b+c}{2}$$

	Fläche	**Umfang**
Kreis 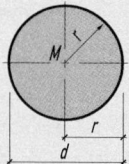	$A = \dfrac{d^2 \cdot \pi}{4}$ $A = r^2 \cdot \pi$	$U = d \cdot \pi$
Kreisring 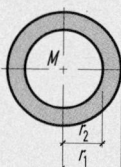	$A = \pi(r_1^2 - r_2^2)$ $A = \dfrac{\pi(d_1^2 - d_2^2)}{4}$	$U_1 = d_1 \cdot \pi$ $U_2 = d_2 \cdot \pi$
Kreissektor (Kreisausschnitt) 	$A = \dfrac{r^2 \cdot \pi \cdot \alpha}{360°}$ $A = \dfrac{b \cdot r}{2}$	*Bogenlänge b* $b = \dfrac{d \cdot \pi \cdot \alpha}{360°}$
Kreissegment (Kreisabschnitt) 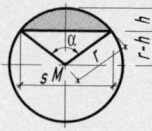	$A = \dfrac{r^2 \cdot \pi \cdot \alpha}{360°} - \dfrac{s(r-h)}{2}$ $A \approx \frac{2}{3} \cdot s \cdot h$	$r = \dfrac{\left(\frac{s}{2}\right)^2 + h^2}{2h}$ $r = \dfrac{h}{2} + \dfrac{s^2}{8h}$ s = Spannweite (Sehnenlänge) h = Stichhöhe
Ellipse 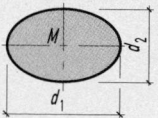	$A = \dfrac{d_1 \cdot d_2 \cdot \pi}{4}$	$U \approx \dfrac{d_1 + d_2}{2} \cdot \pi$

80

Aufgaben

Flächen: Umrechnen von Einheiten

1. Rechnen Sie in dm² um
   a) 1,445 m²
   b) 0,63 cm²
   c) 1357 mm²
   d) 0,042 m²

2. Rechnen Sie in cm² um
   a) 0,4452 m²
   b) 24 336 mm²
   c) 16,64 dm²
   d) 28,04 m²

3. Rechnen Sie in m² um
   a) 35,27 dm²
   b) 1467 cm²
   c) 23 400 mm²
   d) 0,68 dm²

4. Rechnen Sie in mm² um
   a) 1,496 m²
   b) 0,045 dm²
   c) 730,95 cm²
   d) 0,00483 m²

5. Addieren Sie in m²; dm²; cm²; mm²
   a) 1,73 m² + 0,548 dm² + 120 cm²
   b) 0,56 m² + 28,4 dm² + 60 cm²
   c) 16,35 dm² + 12,84 m² + 265 mm²
   d) 156 cm² + 0,63 m² + 1440 mm²

6. Subtrahieren Sie in m²; dm²; cm²; mm²
   a) 16,40 m² − 0,52 dm² − 68,0 cm²
   b) 174,9 dm² − 0,043 m² − 66 000 mm²
   c) 62,92 m² − 192,36 cm² − 764 mm²
   d) 0,95 m² − 0,58 cm² − 4200 mm²

Quadrate

7. Ein Quadrat hat eine Seitenlänge von 2,80 m.
   Berechnen Sie
   a) die Fläche
   b) den Umfang

8. Ein Quadrat hat eine Fläche von $A = 2,56$ m².
   Berechnen Sie die Seitenlänge.

9. Eine quadratische Stahlbetonstütze hat eine Seitenlänge von 22 cm und eine Höhe von 3,80 m.
   Berechnen Sie
   a) die Querschnittsfläche
   b) den Schalholzbedarf (Holzstärke 20 mm)

10. Bei dem im Grundriss dargestellten Raum soll eine Holzdecke angebracht sowie ein Estrich verlegt werden.
    a) Wie viel m² Estrich sind zu betonieren?
    b) Wie viel lfd. M. Randstreifen sind beim Estrich erforderlich?
    c) Wie viele Profilbretter von 4,50 m Länge werden benötigt?

11. Quadratische Kanthölzer haben eine Querschnittsfläche von
    a) 64 cm²
    b) 144 cm²
    c) 158 cm²
    d) 77 cm²
    Wie groß ist die Seitenlänge der Kanthölzer?

12. Eine Wand ist mit Fliesen 10 × 10 cm zu fliesen. Fugenbreite 2 mm.
    a) Wie viel m² sind zu fliesen?
    b) Wie viele Fliesen werden benötigt?

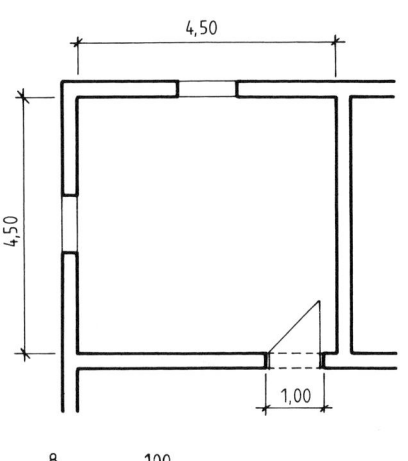

Abb. 11/10

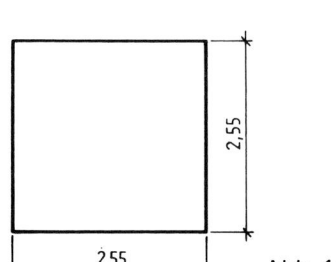

Abb. 11/12

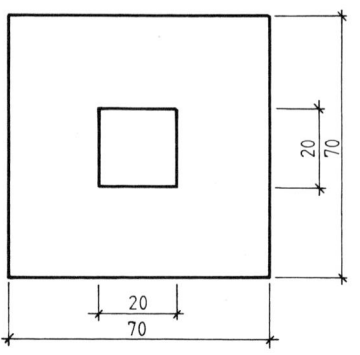

Abb. 11/**13**

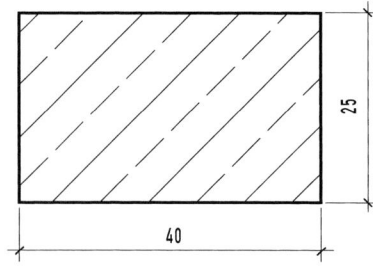

Abb. 11/**15**

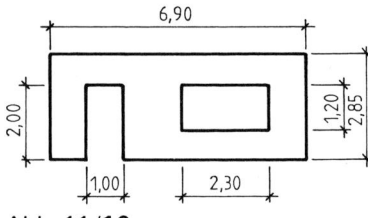

Abb. 11/**16**

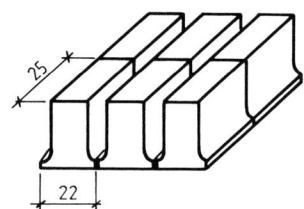

Abb. 11/**17**

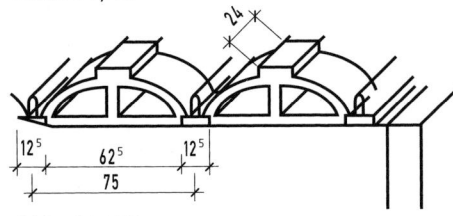

Abb. 11/**18**

13. Die Abdeckplatte für einen Kaminkopf hat das Maß 70 cm × 70 cm. Der Schornsteinquerschnitt beträgt 20 cm × 20 cm.
   a) Welche Querschnittsfläche hat der Schornstein?
   ● b) Wie viel Beton wird für die 5 cm dicke Abdeckplatte benötigt?

14. Ein Vierkantstahlrohr mit einer Wanddicke von 3 mm hat die Abmessung 35 m × 35 mm. Welchen Stahlquerschnitt hat das Rohr?

Rechtecke

15. Eine Stahlbetonsäule mit rechteckförmigem Grundriss und 3,70 m Höhe soll geschalt werden.
   a) Welche Querschnittsfläche hat die Säule?
   b) Wie viel m² Schalholz werden für eine Säule benötigt, wenn die Holzdicke 25 mm beträgt und die Schalung stumpf gestoßen wird?
   ● c) Wie viel m³ Beton werden benötigt?

16. Wie groß ist die zu verputzende Fläche?

17. Die Steine einer Stahlsteindecke haben eine Abmessung von 22 cm × 25 cm.
   a) Wie viel Steine werden für eine Decke von 10,50 m Länge und 7,40 m Breite benötigt?
   b) Wie viel Steine müssen mehr bestellt werden, wenn durch den Transport und den Einbau 5 % zu Bruch gehen?

18. Für eine Stahlbetondecke aus vorgefertigten Rippen werden 12 Träger benötigt. Trägerlänge 5,76 m. Zur Querversteifung der Decke werden 2 Querrippen angeordnet. Breite des Querrippensteines 12 cm.
Ermitteln Sie
   a) die Anzahl der benötigten Querrippensteine
   b) die Anzahl der Deckensteine

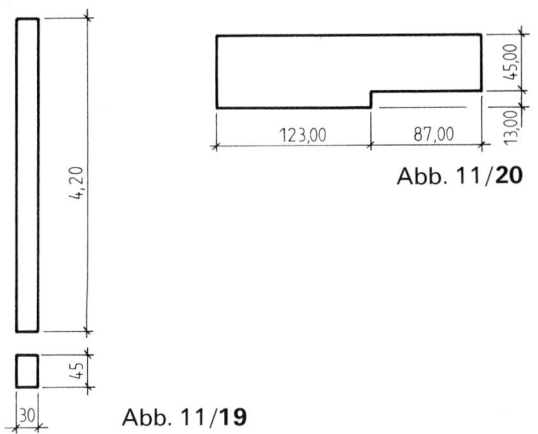

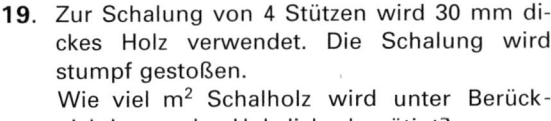

Abb. 11/20

Abb. 11/19

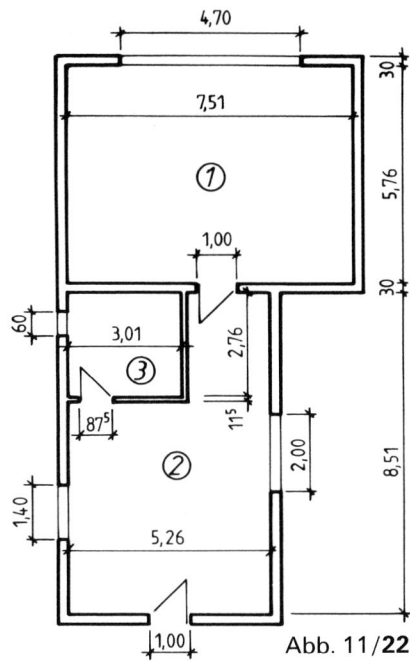

Abb. 11/22

19. Zur Schalung von 4 Stützen wird 30 mm dickes Holz verwendet. Die Schalung wird stumpf gestoßen.
Wie viel m² Schalholz wird unter Berücksichtigung der Holzdicke benötigt?

20. a) Wie groß ist die Fläche des Grundstückes?
b) Wie groß ist die Länge der Einzäunung?

21. Ein Bauherr erhält durch Tausch eines Grundstückes mit den Abmessungen 53,25 × 27,85 m ein neues Grundstück, das in seiner ganzen Breite von 24,20 m an die Straße angrenzt.
Wie lang muss das Grundstück werden, wenn die Fläche beider Grundstücke gleich bleiben soll?

22. a) Wie groß ist die Fläche der einzelnen Räume?
b) Wie viel lfd. M. Sockelleisten werden für jeden Raum benötigt?

23. a) Wie viel m² des Grundstückes sind bebaut und wie viel unbebaut?
b) Drücken Sie die bebaute Fläche als Prozentsatz aus.

24. Das 1,40 m tiefe, im Grundriss abgebildete Privatschwimmbecken soll gefliest werden.
a) Wie viel m² sind zu fliesen?
b) Wie viele Fliesen im Format 20×10 cm einschließlich Fugen werden benötigt, wenn für Verschnitt und Bruch 5 % zu berücksichtigen sind?

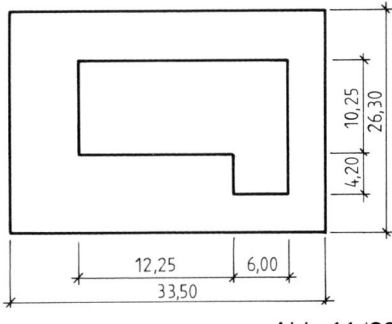

Abb. 11/23

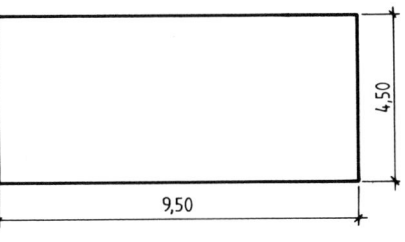

Abb. 11/24

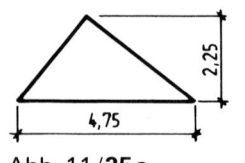

Abb. 11/**25a**

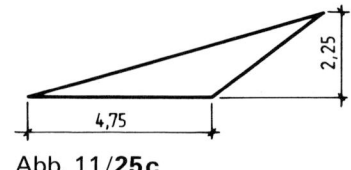

Abb. 11/**25b**   Abb. 11/**25c**

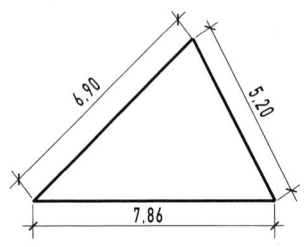

Abb. 11/**26**

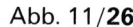

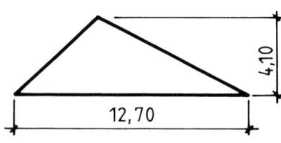

Abb. 11/**28**

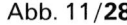

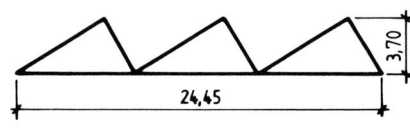

Abb. 11/**29**

Ansicht

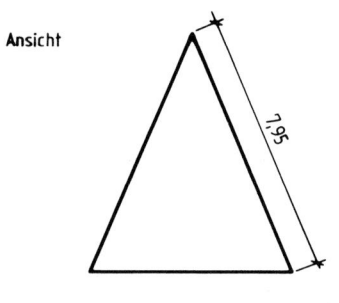

Draufsicht

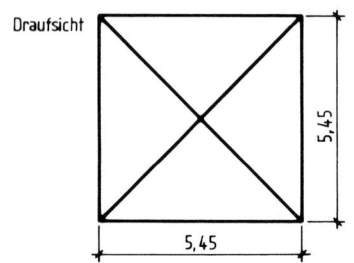

Abb. 11/**30**

Dreiecke

25. Ermitteln Sie die Fläche der Dreiecke.

26. Wie groß ist die Dreiecksfläche?

27. Der Umkreis eines regelmäßigen Sechseckes hat einen Durchmesser von 9,60 m.
Wie groß ist sein Flächeninhalt?

28. Der Giebel eines Hauses ist auszumauern. Pro m² Mauerwerk werden 44 Mauerziegel und 43 l Mörtel benötigt. Wie viel Mauerziegel und l Mörtel sind zur Ausmauerung bereitzustellen?

29. Das Sheddach einer Fabrikhalle soll an seinen 6 Giebelflächen ausgemauert und danach mit Faserzementplatten verschalt werden. Je m² Mauerwerk werden 33 Mauerziegel und 40 l Mörtel benötigt.
Berechnen Sie den Bedarf an
a) Mauerziegeln, wenn für Verhau 5% mehr benötigt werden
b) Mörtel
c) Faserzementplatten, wenn für Verschnitt 7% zu berücksichtigen sind.

30. Ein Turmdach soll zunächst mit Holz verschalt und dann mit Schiefer eingedeckt werden.
a) Ermitteln Sie den Bedarf an Holzschalung.
b) Wie viel m² Schiefer werden benötigt, wenn für Überdeckung, Bruch und Verschnitt 18,5% zu berücksichtigen sind?

84

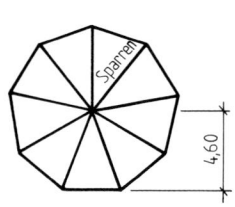

Abb. 11/**31**

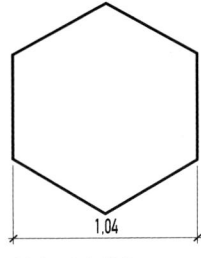

Abb. 11/**32**

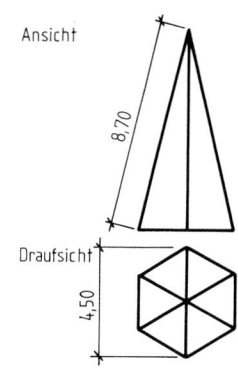

Abb. 11/**33**

31. Das Flachdach eines Pavillons hat die Form eines regelmäßigen Neuneckes. Die Trauflänge beträgt 28,80 m.
Wie viel m^2 Dachpappe werden zur Eindeckung benötigt, wenn sie dreilagig verlegt wird?

32. Zu einer 4,25 m hohen Stütze mit sechseckförmigem Grundriss sind 15,30 m^2 Schalung benötigt worden (Holzstärke unberücksichtigt).
Wie groß ist die Querschnittsfläche der Säule?

33. Ein Turmdach mit sechseckigem Grundriss ist mit Schiefer einzudecken. Wie viel m^2 Schiefer sind zu bestellen, wenn für Überdeckung, Verschnitt und Bruch 19 % zu berücksichtigen sind?

Trapeze

34. Ein Walmdach mit allseitig gleicher Dachneigung soll mit Biberschwänzen gedeckt werden. Pro m^2 Dachfläche werden 35 Ziegel benötigt.
Wie viel Biberschwänze sind zu bestellen, wenn für Verhau 7,5 % zu berücksichtigen sind?

35. Berechnen Sie die Fläche des Walmes sowie des Krüppelwalmes.

36. Wie viel Ziegel werden zur Deckung des Daches benötigt, wenn für Verhau 3,5 % in Rechnung zu stellen sind?
Sparrenlänge $S1 = 4,63$ m
Sparrenlänge $S2 = 6,07$ m
Ziegelbedarf pro m^2 15 Stück

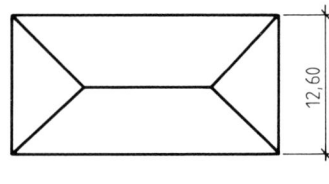

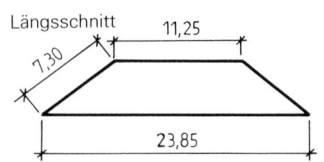

Abb. 11/**34**

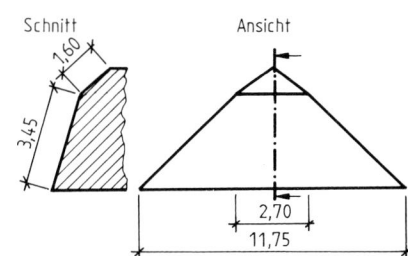

Abb. 11/**35**

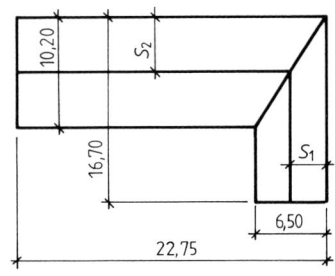

Abb. 11/**36**

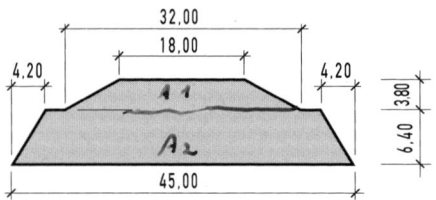

Abb. 11/**37**

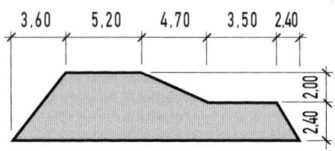

Abb. 11/**38**

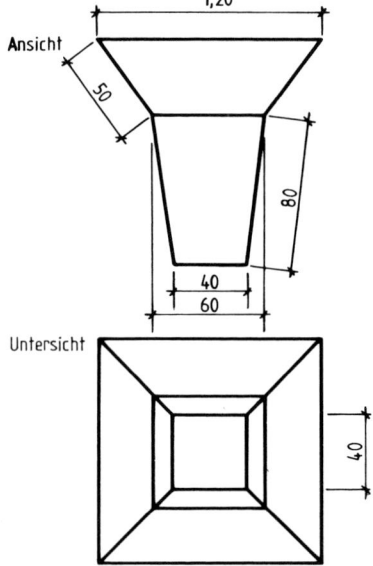

Abb. 11/**39**

37. Hochwasserdamm mit zwei Bermen
Wie groß ist die Querschnittsfläche des Dammes?

38. Lärmschutzwall
Wie groß ist die Querschnittsfläche des Walles?

39. Quadratischer Säulenkopf einer Pilzdecke
Wie groß ist die Schalfläche des Säulenkopfes (Dicke des Schalmaterials unberücksichtigt)?

40. Der normale Durchschnittswasserstand eines Vorfluters beträgt 1,20 m. Bei diesem Normalstand ($^2/_3$-Füllung) beträgt die Wasser führende Querschnittsfläche 4,20 m². Wie breit muss der Graben in der Höhe des Wasserspiegels sein?

41. Wie groß ist die Querschnittsfläche des Arbeitsraumes?

42. An der Giebelseite eines Hauses wird die Spitze mit Holz verschalt, während der Rest verputzt wird.
a) Wie viel m² sind zu verschalen?
b) Wie groß ist die zu verputzende Fläche?

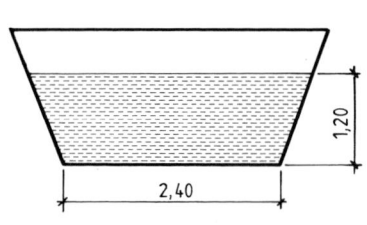

Abb. 11/**40**

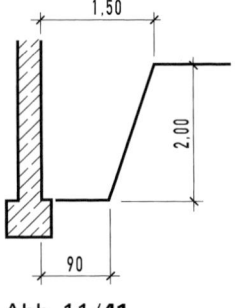

Abb. 11/**41**

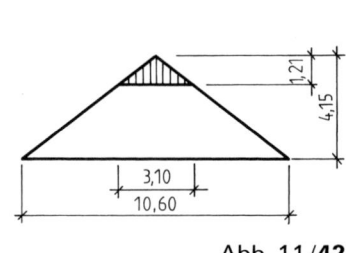

Abb. 11/**42**

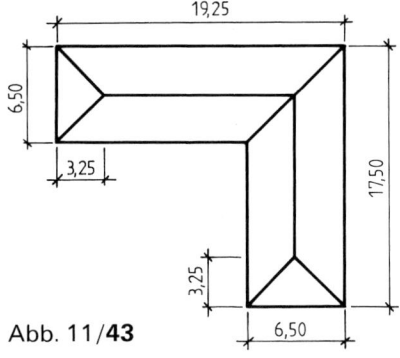

Abb. 11/**43**

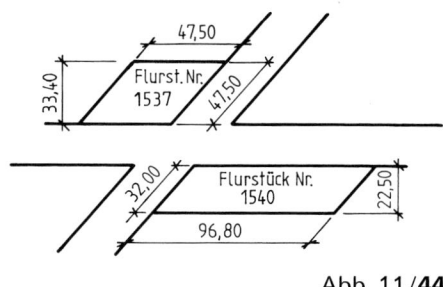

Abb. 11/**44**

Rhombus/Rhomboid

43. Das Dach eines Winkelhauses hat eine allseitig gleiche Dachneigung. Der Normalsparren hat eine Länge von 4,45 m (ohne Dachvorsprung).
Berechnen Sie
a) die Größe der Walmflächen
b) die Größe der übrigen Dachfläche
c) die Firstlänge

44. Ermitteln Sie von den Grundstücken mit den Flurstück-Nummern 1537 und 1540
a) die Länge der Einzäunung
b) den Grundstückspreis bei einem Preis je m² von 285, — €

45. Die Dachflächen 4 sind neu einzudecken. Allseitige Dachneigung 45°.
Wie viel m² sind einzudecken?

46. Die Zufahrt zu einem Grundstück soll mit Pflastersteinen belegt werden. Wie viel m² sind zu belegen?

47. Aus architektonischen Gründen soll die Eingangsseite einer Festhalle teilweise mit Holz verkleidet werden, während die Restfläche verputzt werden soll.
a) Wie viel Liter Mörtel müssen angemacht werden, wenn pro m² zu verputzende Fläche 22 l benötigt werden?
b) Wie viel m² Holzschalung sind anzubringen?

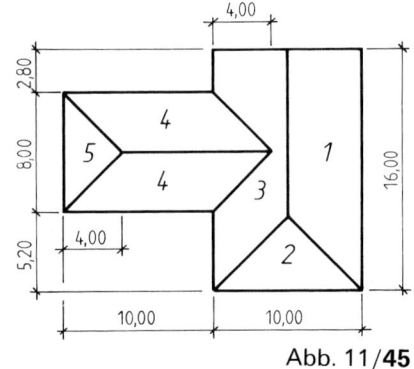

Abb. 11/**45**

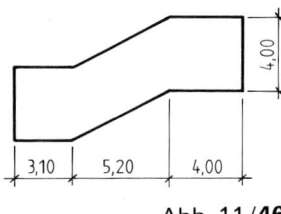

Abb. 11/**46**

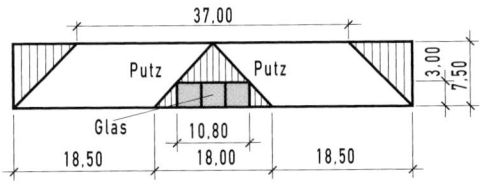

Abb. 11/**47**

48. Ermitteln Sie die Flächen eines Kreisringes mit den Radien
   a) $r_1 = 1,80$ m   b) $r_1 = 3,40$ m
      $r_2 = 1,20$ m $r_2 = 2,20$ m

49. Um das Wievielfache wird der Querschnitt eines Rohres größer, wenn
   a) der Durchmesser von 1,20 m auf 2,40 m vergrößert wird?
   b) der Durchmesser d verdreifacht wird?

50. Welchen Durchmesser muss das Rohr nach den zwei Abzweigen haben?

51. Zum Bau von drei je 4,20 m hohen Rundsäulen aus Stahlbeton sind 3,80 m³ Festbeton benötigt worden.
   a) Welche Querschnittsfläche hat eine Säule?
   b) Wie viel Schalholz wird benötigt, wenn für Laschen 7 % der Schalfläche zuzuschlagen sind?

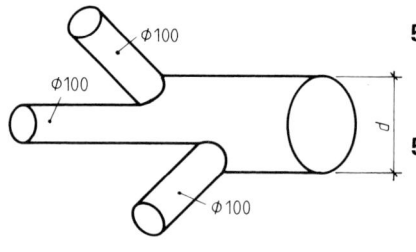

Abb. 11/**50**

52. Um eine 3,50 m hohe Rundsäule aus Stahlbeton zu schalen, sind 4,50 m² Schalung erforderlich. Wie groß ist die Querschnittsfläche der Säule?

53. Um einen Aussichtsturm mit einem Durchmesser von 5,50 m soll ein Plattenbelag von 2 m Breite angelegt werden.
   a) Wie viel m² Platten sind hierzu erforderlich?
   b) Wie viel lfd. M. Randsteine werden benötigt?

54. Ein kreisrundes Gartenschwimmbecken ist mit 17,50 m³ Wasser gefüllt. Vom Wasserspiegel bis zur Oberkante des Beckens sind noch 25 cm frei. Das Becken hat ein Fassungsvermögen von 20,42 m³.
   a) Wie groß ist die Grundfläche des Beckens?
   b) Wie groß ist der Durchmesser des Beckens?

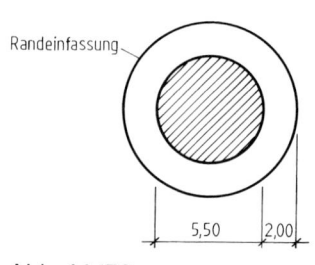

Abb. 11/**53**

55. Ein kreisrunder Schornstein hat am oberen Ende einen Außendurchmesser von 2,0 m bei 36,5 cm Wanddicke. Welchen lichten Querschnitt hat der Schornstein?

56. In einer Wand befinden sich zwei kreisförmige Fenster. Die Laibung der Fenster ist 15 cm breit. Wand und Laibungen sollen verputzt werden.
   Wie viel Liter Mörtel sind herzustellen, wenn pro m² 22 l benötigt werden?

57. Stahlsprieße haben einen äußeren Durchmesser von 6,5 cm. Ihre Wanddicke beträgt 4 mm. Welchen Stahlquerschnitt haben die Sprieße?

58. Ein Kranseil hat 6 Litzen zu je 37 Drähten mit einem Durchmesser von 1,4 mm. Welchen Stahlquerschnitt hat das Seil?

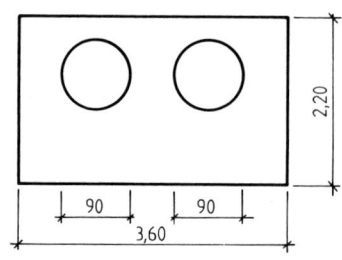

Abb. 11/**56**

59. Wandanschluss an eine Stahlbetonrundsäule
  a) Wie viel m² Schalung werden zur Schalung der Säule benötigt (die Wand war zum Zeitpunkt der Schalung noch nicht vorhanden)?
  ● b) Wie viel Festbeton ist für die 4,60 m hohe Säule erforderlich?

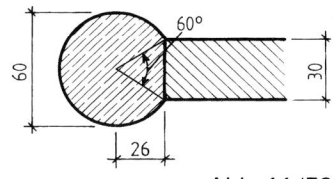

Abb. 11/**59**

60. Durch eine Wand führt ein Durchgang mit halbkreisförmigem Bogen. Wand und Laibung des Durchganges sollen verputzt werden. Laibungstiefe 15 cm.
Wie viel m² sind zu verputzen?

61. Eine Zwischenwand in einem Bad soll beidseitig sowie in der Laibungsfläche des Durchgangs gefliest werden.
Laibungstiefe 20,5 cm, zugehöriger Radius zum Stichbogen $r = 55$ cm, zugehöriger Zentriwinkel $\alpha = 93°20'$. Wie viel m² sind zu fliesen?

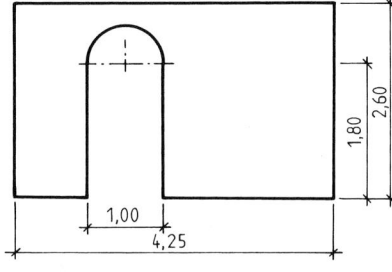

Abb. 11/**60**

62. Bei einer Verkehrsinsel ist der Rand zur Straße hin mit Randsteinen und der innere Rand mit Stellplatten aus Beton einzufassen. Um den Rasen herum ist ein gleich breiter Streifen von 60 cm mit Verbundpflaster zu belegen.
  a) Wie viel lfd. M. Randsteine sind erforderlich?
  b) Wie viel lfd. M. Stellplatten werden benötigt?
  c) Wie viel m² Verbundpflaster sind zu verlegen?

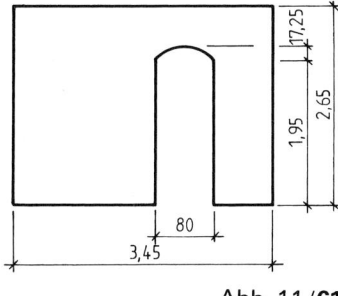

Abb. 11/**61**

63. Wie groß ist die Querschnittsfläche des Kanalrohres?

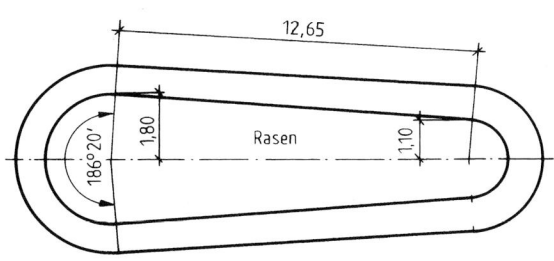

Abb. 11/**62**

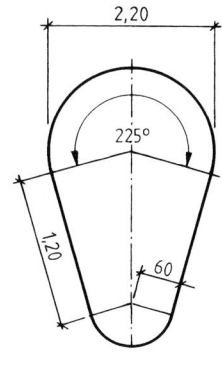

Abb. 11/**63**

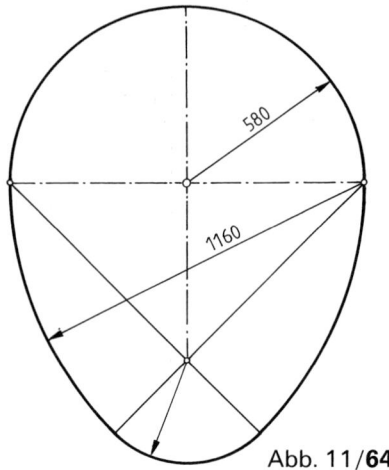

Abb. 11/**64**

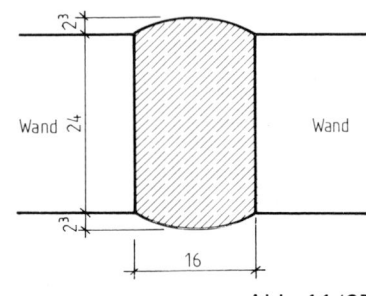

Abb. 11/**65**

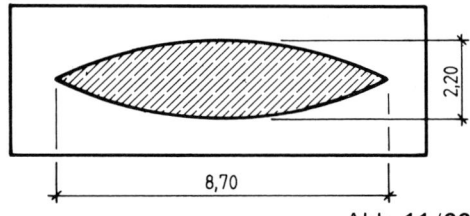

Abb. 11/**66**

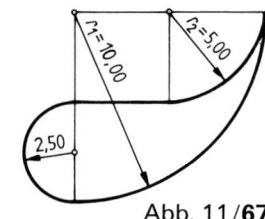

Abb. 11/**67**

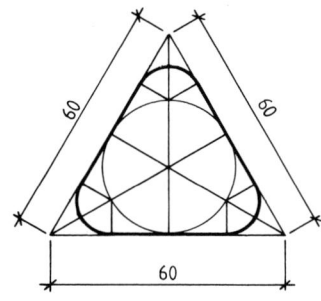

Abb. 11/**68**

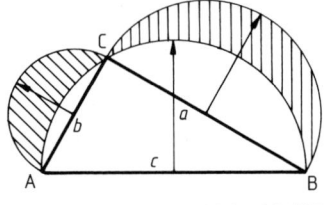

Abb. 11/**69**

64. Welche Querschnittsfläche hat das Kanalrohr?

65. Ermitteln Sie für die 4,30 m hohe Stahlbetonsäule
a) den Betonbedarf
b) den Schalholzbedarf
Die Wand war beim Schalen noch nicht vorhanden. Zugehöriger Radius zum Stichbogen 15 cm.

66. Wie groß ist die Querschnittsfläche des Brückenpfeilers?

67. Verkehrsinsel an einer Straßeneinmündung
a) Wie viel m² Verbundpflaster sind erforderlich?
b) Wie viel lfd. M. Randsteine werden benötigt?

68. Aus architektonischen Gründen sollen in einer Halle dreieckförmige, an ihren Ecken abgerundete Stahlbetonstützen errichtet werden.
a) Wie groß ist die Querschnittsfläche der Säule?
b) Ermitteln Sie den Schalholzbedarf für die 4,0 m hohe Säule.

69. Behauptung:
Die schraffierte Fläche ist gleich der des Dreiecks A B C.
Beweisen Sie diese Behauptung.

Ellipse

70. Ein Beet in elliptischer Form ist innen mit Rasen bepflanzt. Es wird von einem 40 cm breiten Streifen mit Blumen eingefasst.
a) Wie groß ist die Rasenfläche?
b) Wie groß ist die mit Blumen bepflanzte Fläche?
c) Wie lang ist die Randeinfassung des Blumenbeetes?

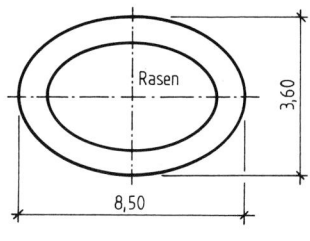

Abb. 11/**70**

71. Wie groß ist die von beiden Ellipsen eingeschlossene Fläche?

72. Die Wand sowie die Tor- und Fensterlaibungen sollen verputzt werden. Laibungstiefe des Tores 18 cm. Laibungstiefe des Fensters 12,5 cm. Das Tor wird mit Brettern verschalt.
a) Wie groß ist die zu verputzende Fläche? Wie viel m² Bretter sind für das Tor notwendig?

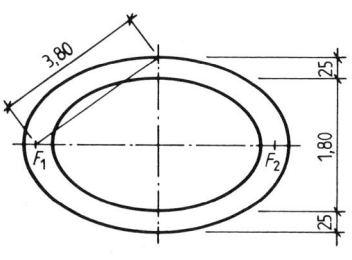

Abb. 11/**71**

73. Der Boden und die Wände eines kreisrunden Schwimmbeckens sollen gefliest werden. Wie viel m² Fliesen sind erforderlich?

74. Wie groß ist die Gehrungsfläche?

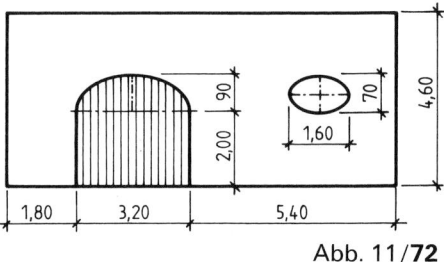

Abb. 11/**72**

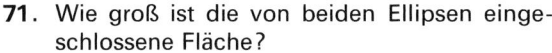

Ansicht

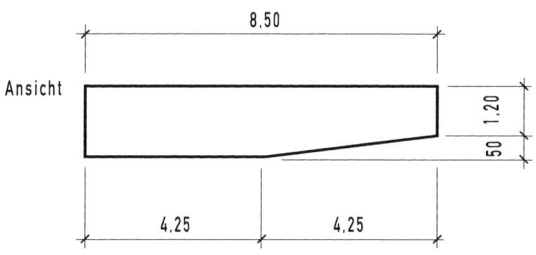

Grundriss

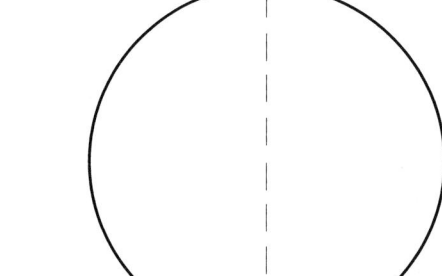

Abb. 11/**73**

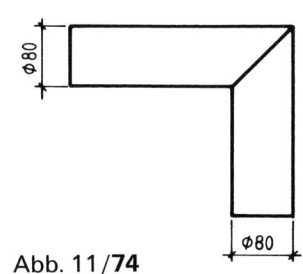

Abb. 11/**74**

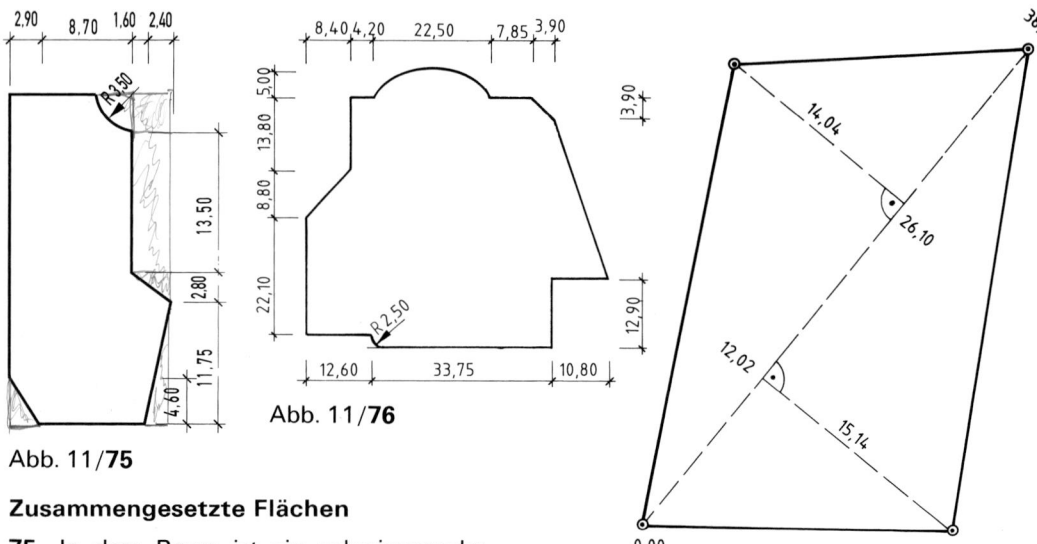

Abb. 11/**75**

Abb. 11/**76**

Abb. 11/**77**

Zusammengesetzte Flächen

75. In dem Raum ist ein schwimmender Estrich zu verlegen. Berechnen Sie
  a) den zu verlegenden Estrich in m²
  b) die lfd. M. Randstreifen der Dämmschicht

76. Ein Konzertsaal ist mit Marmorplatten zu belegen. Ermitteln Sie
  a) die zu verlegende Fläche
  b) die lfd. M. Sockelplatten

77. Berechnen Sie
  a) die Grundstücksfläche
  b) die Länge der Einfriedung

78. Auf dem Grundstück soll ein Gebäude mit den Außenmaßen 50,75 × 26,5 m errichtet werden.
Ermitteln Sie
  a) wie viel % der Grundstücksfläche überbaut sind
  b) die Zaunlänge, die für die Einfriedung des Grundstücks erforderlich ist

79. Ein Grundstück, das vermessen wurde, soll eingezäunt werden.
  a) Wie groß ist die Grundstücksfläche?
  b) Welche Grundfläche darf ein Gebäude maximal haben, wenn 25% des Grundstücks überbaut werden dürfen?
  c) Wie viel lfd. M. Zaun sind erforderlich?

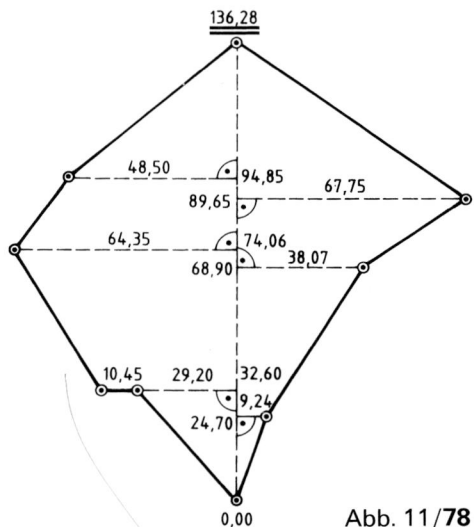

Abb. 11/**78**

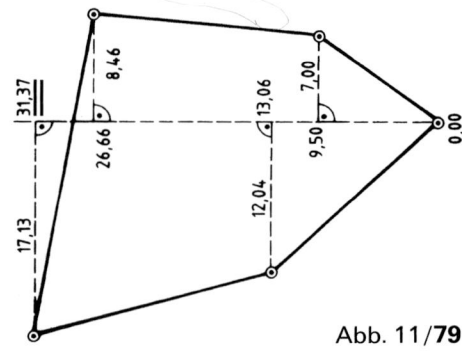

Abb. 11/**79**

12 Körperberechnung

Volumeneinheiten (Umrechnungsfaktor 1000)

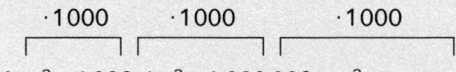

$$1\,m^3 = 1\,000\,dm^3 = 1\,000\,000\,cm^3 \qquad\qquad 1\,m^3 \triangleq 1\,000\,l$$
$$1\,dm^3 = \quad 1\,000\,cm^3 = 1\,000\,000\,mm^3 \qquad\quad 1\,dm^3 \triangleq 1\,l$$
$$1\,cm^3 = \qquad\quad 1\,000\,mm^3$$

Formeln zur Körperberechnung

		Volumen	**Oberfläche**

Würfel

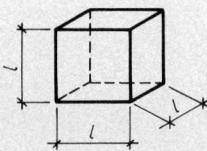

$$V = A \cdot h$$
$$V = l \cdot l \cdot l$$
$$V = l^3$$

$$A_o = 6 \cdot l^2$$

Prisma

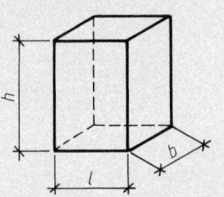

$$V = A \cdot h$$
$$V = l \cdot b \cdot h$$

$$A_o = 2 \cdot l \cdot b + \underbrace{2\,(l+b)\,h}_{\text{Mantelfläche}}$$

Pyramide

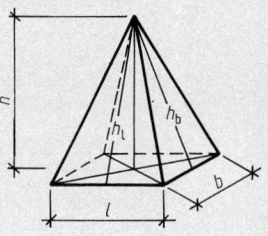

$$V = \frac{A \cdot h}{3}$$

$$V = l \cdot b \cdot \frac{h}{3}$$

$$A_o = l \cdot b + \underbrace{l \cdot h_l + b \cdot h_b}_{\text{Mantelfläche}}$$

Pyramiden-stumpf

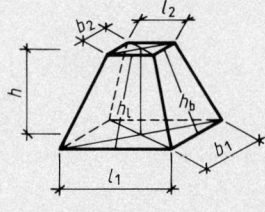

$$V = \frac{h}{3}\left(A_1 + A_2 + \sqrt{A_1 \cdot A_2}\right)$$

$$V \approx \frac{h}{6}\left(A_1 + A_2 + 4A_m\right)$$

$$V \approx A_m \cdot h$$

$$A_o = A_1 + A_2 + \underset{\substack{\text{Grund-} \quad \text{Deck-}\\ \text{fläche} \quad \text{fläche}}}{}$$
$$\left\{ \begin{array}{l} h_l \cdot (l_1 + l_2) + \\ h_b \cdot (b_1 + b_2) \end{array} \right.$$
Mantelfläche

Keil (Walmdach)

$$V = \frac{b \cdot h}{6}\,(2l_1 + l_2)$$

$$A_D = 2l_1 \cdot h_L$$

$$A = \underset{\text{fläche}}{l_1 \cdot b} + h_l(l_1 + l_2) + h_b \cdot b$$
Grund- + Mantelfläche

$$A = \frac{l_1 \cdot b}{\cos \alpha}$$
bei gleichem Dach-neigungswinkel α

Keilstumpf (Obelisk)

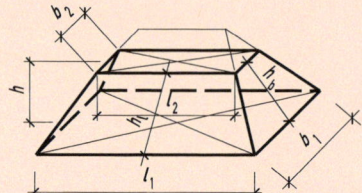

$$A = l_1 \cdot b_1 + l_2 \cdot b_2 + h_l(l_1 + l_2) + h_b(b_1 + b_2)$$

Grund- + Deck- + Mantelfläche
fläche fläche

$$V = \frac{h}{6}(2l_1 \cdot b_1 + l_1 \cdot b_2 + b_1 \cdot l_2 + 2l_2 \cdot b_2)$$

$$V = \frac{h}{3}\left(A_1 + A_2 + \sqrt{A_1 \cdot A_2}\right)$$

$$V \approx \frac{l_1 + l_2}{2} \cdot \frac{b_1 + b_2}{2} \cdot h$$

Zylinder

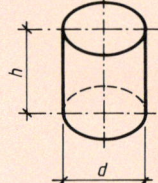

Volumen

$$V = A \cdot h$$

$$V = \frac{d^2 \cdot \pi \cdot h}{4}$$

Oberfläche

$$A_o = \frac{2 \cdot d^2 \cdot \pi}{4} + d \cdot \pi \cdot h$$

Grund- und Mantel-
Deckfläche fläche

Kegel

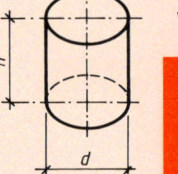

$$V = \frac{A \cdot h}{3}$$

$$V = \frac{d^2 \cdot \pi}{4} \cdot \frac{h}{3}$$

$$A_o = \frac{d^2 \cdot \pi}{4} + \frac{d \cdot \pi \cdot h_s}{2}$$

Grund- Mantel-
fläche fläche

Kegel-stumpf

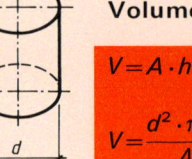

$$V = \frac{\pi \cdot h}{12}(d_1^2 + d_2^2 + d_1 \cdot d_2)$$

$$V = \frac{h}{3}\left(A_1 + A_2 + \sqrt{A_1 \cdot A_2}\right)$$

$$V \approx \frac{A_1 + A_2}{2} \cdot h$$

$$V \approx \left(\frac{d_1 + d_2}{2}\right)^2 \cdot \frac{\pi}{4} \cdot h$$

$$A_o = A_1 + A_2 + \frac{(d_1 + d_2)}{2} \cdot \pi \cdot h_s$$

Grund- Deck- Mantelfläche
fläche fläche

$$V \approx \frac{h}{6}(A_1 + A_2 + 4 \cdot A_m)$$

Kugel

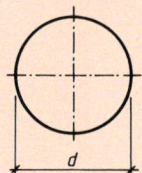

$$V = \frac{d^3 \cdot \pi}{6}$$

$$V = \frac{4}{3} \cdot r^3 \cdot \pi$$

$$A_o = d^2 \cdot \pi$$

Rampe

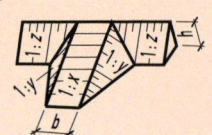

$$V = \frac{h^2}{6}(x - z)\left(3 \cdot b + 2 \cdot y \cdot h \cdot \frac{x - z}{x}\right)$$

bei $z = 0$

$$V = \frac{h^2 \cdot x}{6}(3 \cdot b + 2 \cdot y \cdot h)$$

■ Aufgaben

1. Rechnen Sie in dm³ um
- a) 2,946 m³
- c) 4465 mm³
- b) 384,0 cm³
- d) 0,0425 m³

2. Rechnen Sie in cm³ um
- a) 0,00462 m³
- c) 143,7 mm³
- b) 18,72 dm³
- d) 1,46 m³

3. Rechnen Sie in mm³ um
- a) 0,00042 m³
- c) 94,52 cm³
- b) 1,527 dm³
- d) 4,25 m³

4. Rechnen Sie in m³ um
- a) 265,24 dm³
- d) 0,84 dm³
- b) 1857,33 dm³
- e) 230 l
- c) 1487354 mm³
- f) 63 l

Würfel

5. Zur Herstellung eines würfelförmigen Betonkörpers sind 1,33 m³ Beton benötigt worden. Welche Abmessungen hat der Würfel?

6. Die Oberfläche eines Würfels beträgt 18 m². Wie groß ist die Kantenlänge des Würfels?

7. Ein Probewürfel aus Beton für einen Druckversuch hat die Abmessungen 20 × 20 × 20 cm. Wie viel verdichteter Beton ist zur Herstellung von 3 Probewürfeln erforderlich?

8. Es sind 30 Körper aus Beton C 25/30 herzustellen.
- a) Wie viel m³ verdichteter Beton werden benötigt?
- b) Wie viel m² Schalholz sind für 5 Schalkästen erforderlich? Holzdicke 25 mm.

Aufriss

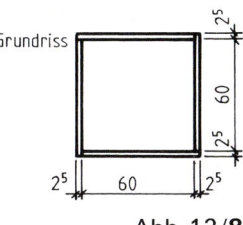
Grundriss

Abb. 12/**8**

Prismen

9. Ein quadratisches Prisma hat eine Höhe von 2,50 m und ein Volumen von 0,96 m³. Wie groß ist seine Oberfläche?

10. Die Schalfläche einer 3,90 m hohen quadratischen Säule beträgt 6,90 m². Wie groß ist der Bedarf an verdichtetem Beton?

11. Bei einer 4,50 m hohen Rechtecksäule ist die längere Seite doppelt so groß wie die kürzere. Welche Abmessungen hat die Säule, wenn 0,95 m³ verdichteter Beton benötigt wurden?

12. Wie viel m³ Beton sind für 8 Stürze erforderlich?

13. Ein Plattenbalken ist zu schalen und zu betonieren.
- a) Wie viel m² Schalholz werden benötigt, wenn für Verschnitt und Laschen 12 % in Rechnung zu stellen sind?
- b) Wie viel m³ verdichteter Beton werden zur Herstellung benötigt?

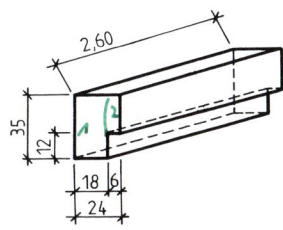
Abb. 12/**12**

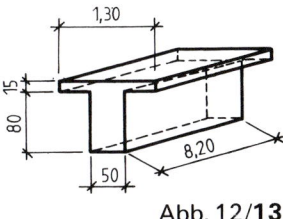
Abb. 12/**13**

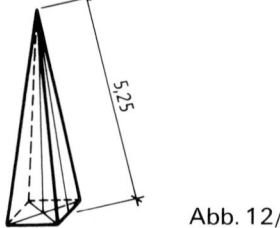

Abb. 12/**17**

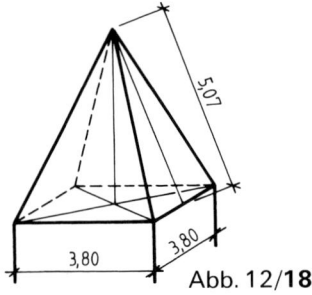

Abb. 12/**18**

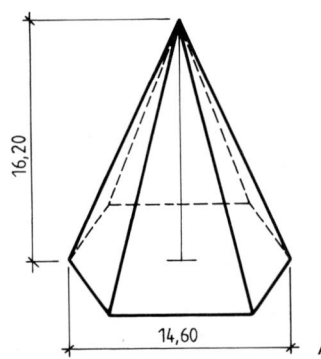

Abb. 12/**19**

Abb. 12/**20**

14. Ein 1,20 m breiter und 2,20 m tiefer Graben ist auszuheben. Wie viel m³ Boden sind je 100 m Grabenlänge abzufahren, wenn sich der Boden beim Ausbaggern um 17 % auflockert?

15. Eine Baugrube von 22,40 m Länge und 15,80 m Breite ist 1,80 m tief auszuheben.
   a) Wie viel m³ Boden sind auszuheben?
   b) Wie viel m³ Boden sind zu lagern, wenn sich der Boden beim Ausheben um 12 % auflockert?

Pyramide

16. Eine senkrecht quadratische Pyramide hat bei einer Höhe von 4,85 m ein Volumen von 54,75 m³. Berechnen Sie die Kantenlänge.

17. Die Mantelfläche einer quadratischen Pyramide beträgt 14,55 m². Ermitteln Sie das Volumen.

18. Berechnen Sie für das Turmdach
   a) das Volumen des Dachraumes
   ● b) die einzudeckende Dachfläche

19. Berechnen Sie für die Turmspitze
   a) das Volumen
   ● b) die Größe der Trauflänge
   ● c) die einzudeckende Dachfläche

20. Es sind 50 Pfähle aus Beton herzustellen und zu streichen. Ermitteln Sie
   a) den Betonbedarf
   ● b) den Bedarf an Streichmittel, wenn pro m² ¹/₄ l benötigt werden

21. Ermitteln Sie für die Turmspitze
   a) die Größe des Dachraumes
   ● b) die Anzahl der Ziegel, wenn für 1 m² 37 Biberschwänze benötigt werden. Verhau 15 %
   ● c) die Gratsparrenlänge

22. Quadratische Abdeckplatte für Pfeiler.
   Wie viel m³ Beton sind zur Herstellung von 150 Abdeckplatten erforderlich?

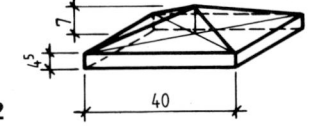

Abb. 12/**21**

Abb. 12/**22**

96

Pyramidenstumpf

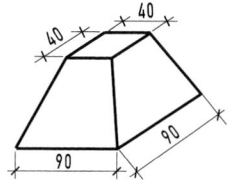

Abb. 12/**23**

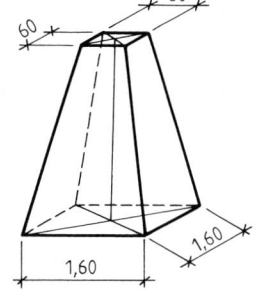

Abb. 12/**25**

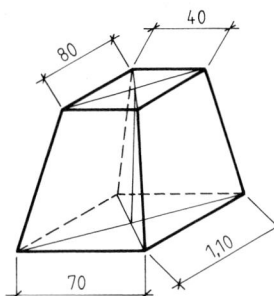

Abb. 12/**26**

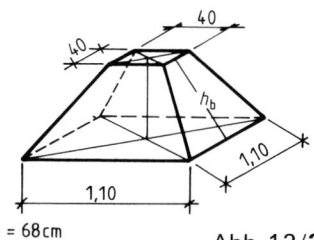

$h_b = 68\,cm$

Abb. 12/**24**

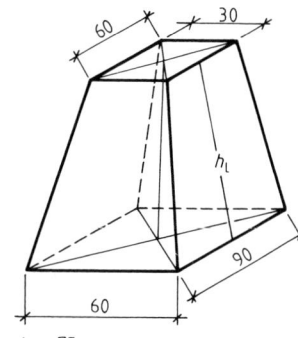

$h_l = 75\,cm$

Abb. 12/**27**

23. Ermitteln Sie
   a) das Volumen $\quad h = 60\,cm$
   b) die Oberfläche

24. Ermitteln Sie
   a) das Volumen
   ● b) die Oberfläche

25. Welche Höhe muss der Pyramidenstumpf haben, wenn sein Volumen 3,14 m³ betragen soll?

26. Die Oberfläche des Pyramidenstumpfes beträgt 3,20 m². Wie groß ist sein Volumen?

27. Ermitteln Sie für das Postament
   a) den Betonbedarf
   ● b) den Schalholzbedarf (Holzdicke 25 mm)

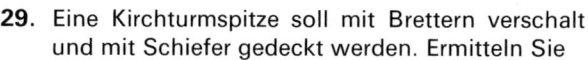

Abb. 12/**28**

28. Wie viel Liter Mörtel enthält der 42 cm tiefe Mörtelkasten, wenn er ³/₄ voll ist?

29. Eine Kirchturmspitze soll mit Brettern verschalt und mit Schiefer gedeckt werden. Ermitteln Sie
   a) das Volumen der Turmspitze
   b) die Länge der Gratsparren
   ● c) den Bedarf an Bretterschalung
   ● d) den Bedarf an Schiefer, wenn für Verschnitt und Überdeckung 18,5 % in Rechnung zu stellen sind

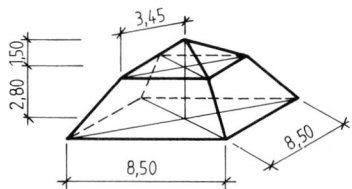

Abb. 12/**29**

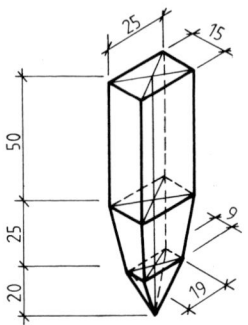

Abb. 12/**30**

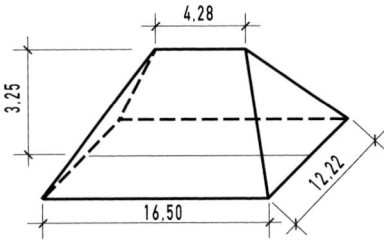

Abb. 12/**31**

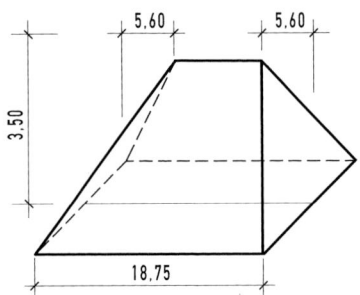

Abb. 12/**32**

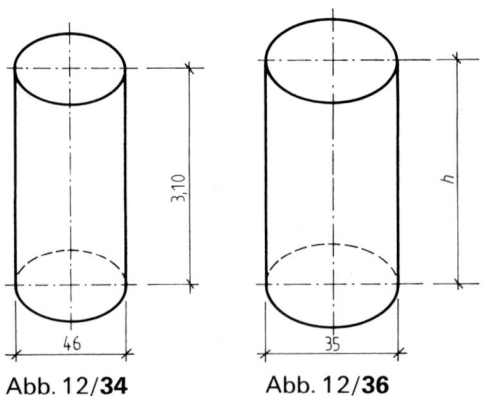

Abb. 12/**34** Abb. 12/**36**

30. Es sind 1000 Grenzpfähle aus Stahlbeton herzustellen. Wie viel Beton ist
zur Herstellung erforderlich?

31. Walmdach mit gleicher Dachneigung
Berechnen Sie
a) das Volumen des Daches
b) den Ziegelbedarf (Mönch/Nonne)
bei 2×13 Ziegel/m^2
c) den Bedarf an First- und Grat-
ziegeln, wenn pro m 3 Ziegel
benötigt werden

32. Beim gleichgeneigten Walmdach sind
zu berechnen
a) das Volumen des Daches.
b) der Bedarf an First- und Grat-
ziegeln, wenn pro m 3 Ziegel benötigt werden
c) der Bedarf an Biberschwänzen
(Kronendeckung) bei einem Bedarf
von 37 Ziegel/m^2

Zylinder

33. Grund- und Deckfläche eines 0,70 m
hohen Zylinders haben zusammen
eine Fläche von 0,60 m^2.
Wie groß ist
a) die Mantelfläche?
b) das Volumen?

34. Stahlbetonsäule
a) Wie viel m^3 Beton sind erforderlich?
● b) Wie viel m^2 Schalung werden benötigt?

35. Zum Schalen von 3 Rundsäulen sind
einschließlich 6% Verschnitt 13,90 m^2
Schalholz verarbeitet worden. Säu-
lenhöhe 3,85 m.
Wie viel m^3 Beton werden benötigt?

● **36.** Zum Betonieren von zwei Rundsäulen
sind 0,625 m^3 Beton verarbeitet worden.
a) Welche Höhe hat die Säule?
b) Wie groß ist die zu schalende Fläche einer Säule?

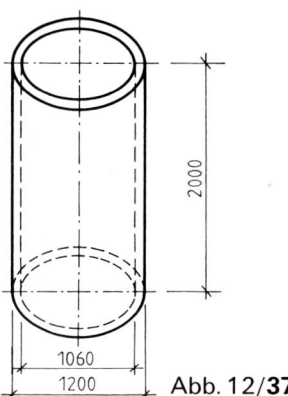

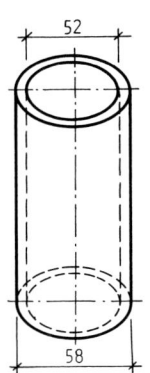

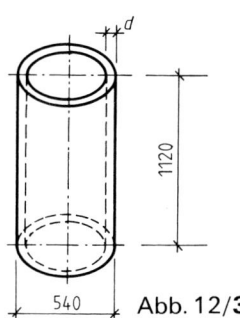

Abb. 12/**37**   Abb. 12/**38**   Abb. 12/**39**

37. Ermitteln Sie für das Betonrohr
   a) den Betonbedarf
   ● b) die Wasser führende Querschnittsfläche
   ● c) die Masse des Rohres
      $\varrho = 2{,}4 \, \text{kg/dm}^3$

38. In einem Wasserleitungsrohr hat sich im Laufe der Jahre Kalk angesetzt, sodass sein Innendurchmesser 20 mm kleiner geworden ist.
   a) Um wie viel % hat sich die Querschnittsfläche verkleinert?
   b) Wie schwer ist 1 m Rohr bei einer Rohdichte von $\varrho = 7{,}9 \, \text{kg/dm}^3$?

39. Welche Wanddicke hat der Behälter, wenn sein Inhalt 0,20 m³ betragen soll?

Kegel

40. Der Kegel hat ein Volumen von 0,80 m³. Wie groß ist sein Durchmesser?

● **41.** Der Kegel hat eine Mantelfläche von 8,44 m². Wie groß ist sein Durchmesser?

42. Die Oberfläche des Kegels beträgt 17,53 m². Wie groß ist
   a) sein Volumen?
   ● b) seine Mantellinie h_s?
   ● c) seine Mantelfläche?

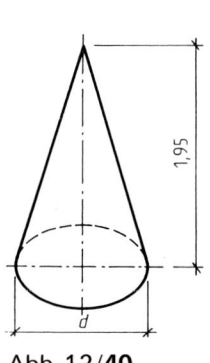

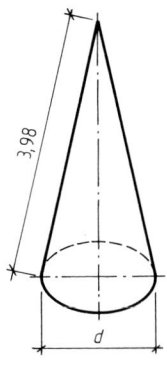

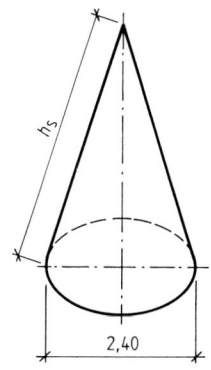

Abb. 12/**40**   Abb. 12/**41**   Abb. 12/**42**

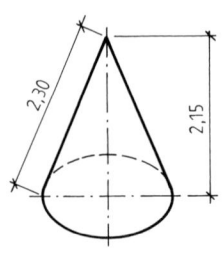

Abb. 12/**43**

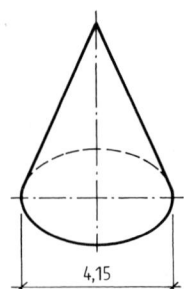

4,15   Abb. 12/**44**

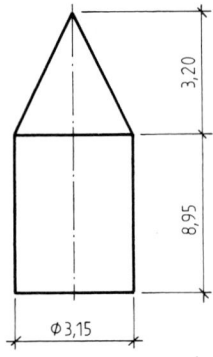

Abb. 12/**45**

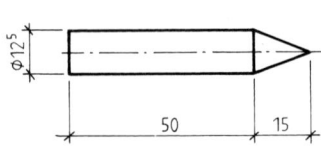

Abb. 12/**46**

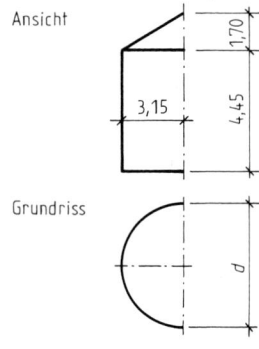

Ansicht

Grundriss

Abb. 12/**47**

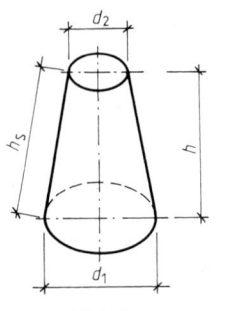

Abb. 12/**48**

43. Ermitteln Sie
   a) das Volumen
   ● b) die Grundfläche
   ● c) die Oberfläche

44. In einem Kieswerk wurden 20 m³ Sand über ein Förderband auf einen Haufen geschüttet, sodass sich am Boden ein Durchmesser von 4,15 m ergab. Wie hoch ist der Sandhaufen?

45. Im Rahmen einer Renovierung soll ein Turm neu verputzt und das Dach verschalt und mit Kupferblech neu eingedeckt werden
   a) Wie viel Liter Mörtel sind herzustellen, wenn pro m² 24 l Mörtel benötigt werden?
   ● b) Wie viel m² Holzschalung werden benötigt unter Berücksichtigung von 3 % Verschnitt?
   ● c) Wie viel kg Kupferblech müssen gekauft werden, wenn für Stehfalze und Verschnitt 7,5 % in Rechnung zu stellen sind? Dicke des Kupferbleches 1,2 mm, Rohdichte $\varrho = 8,93$ kg/dm³

46. Es sind 200 Betonpflöcke herzustellen. Wie viel Beton wird benötigt?

47. Die Apsis einer Kapelle soll außen verputzt und das Dach neu gedeckt werden.
   a) Welches Raumvolumen hat die Apsis?
   ● b) Wie viel m² Kupferblech werden benötigt, wenn für Falze und Verschnitt 8 % zu berücksichtigen sind?
   ● c) Wie groß ist die zu verputzende Fläche?

Kegelstumpf

48. Ermitteln Sie das Volumen sowie die Oberfläche eines Kegelstumpfes mit den Maßen

a) $d_1 = 0,80$ m   b) $d_1 = 2,60$ m
   $d_2 = 0,50$ m $d_2 = 1,35$ m
   $h \ = 0,58$ m $h \ = 3,00$ m
   $h_s = 0,60$ m $h_s = 3,25$ m

100

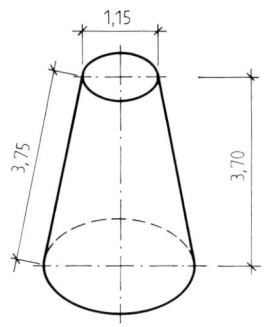

Abb. 12/**49**

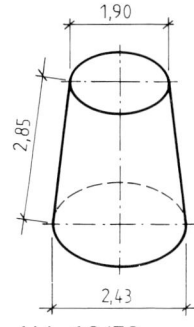

Abb. 12/**50**

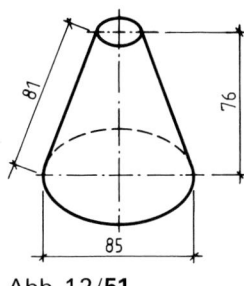

Abb. 12/**51**

49. Ermitteln Sie
   a) das Volumen
 ● b) die Mantelfläche
 ● c) die Oberfläche

50. Wie groß ist
   a) das Volumen
 ● b) die Oberfläche?

51. Berechnen Sie
   a) das Volumen
 ● b) die Oberfläche

52. Das Volumen des Kegelstumpfes beträgt 2,94 m³. Wie groß ist seine Höhe?

53. Die Oberfläche des Kegelstumpfes beträgt 16,17 m². Wie groß ist sein Volumen?

54. Wie schwer ist der mit Wasser gefüllte Eimer? Eimermasse 0,6 kg.

55. a) Wie groß ist das Volumen des Zementsilos?
 ● b) Wie viel t wiegt der Siloinhalt bei einer Schüttdichte von 2,2 kg/dm³?

56. Rundsäule einer Pilzdecke
   a) Wie viel m³ Beton sind erforderlich?
 ● b) Wie groß ist die Schalfläche?

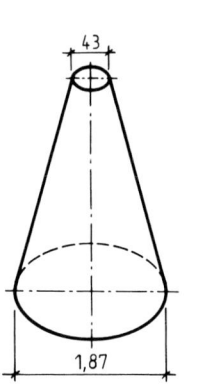

Abb. 12/**52**

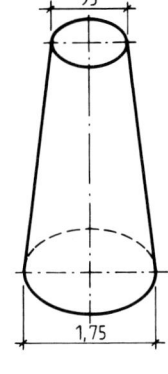

Abb. 12/**53**

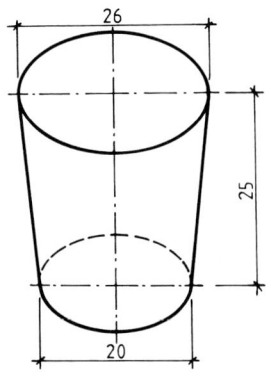

Abb. 12/**54**

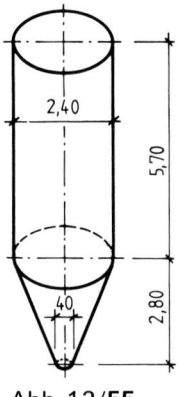

Abb. 12/**55**

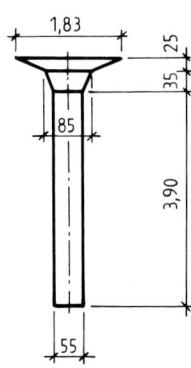

Abb. 12/**56**

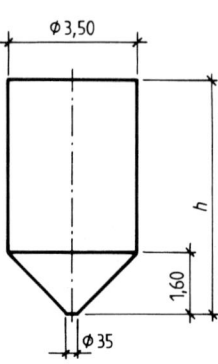

Abb. 12/**57**

57. Das Futtersilo soll 50 m³ Futter aufnehmen können. Welche Gesamthöhe muss das Silo erhalten?

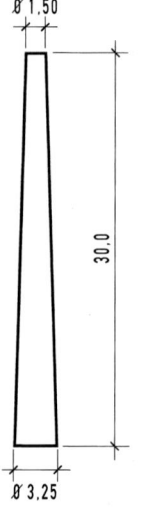

Abb. 12/**58**

58. Fabrikschornstein
Wanddicke 36,5 cm
 a) Wie viel m³ Mauerwerk sind herzustellen?
 b) Wie viel m² Innenfläche und Außenfläche sind zu verfugen?

Kugel

59. Ermitteln Sie das Volumen und die Oberfläche einer Kugel.
 a) $d = $ 60 cm
 b) $d = $ 1,50 m
 c) $d = $ 12,70 m

60. Eine Kugel hat eine Oberfläche von 22,90 m². Wie groß ist ihr Volumen?

61. Der Musikpavillon aus Spannbeton soll außen mit Bitumenbahnen gedeckt und innen verputzt werden. Der Boden des Pavillons ist mit Holz zu belegen.
 a) Welches Volumen hat der Pavillon?
 ● b) Wie viel m² Bitumenbahnen sind erforderlich? Mehrverbrauch für Überdeckung und Verschnitt 8%.
 ● c) Wie viel m² Holzboden sind zu verlegen?
 ● d) Wie viel m² Innenputz sind anzubringen?

62. Ein rundes Zierbecken mit einem Durchmesser von 2,60 m und einer Höhe von 70 cm soll durch ein halbkugelförmiges mit gleichem Inhalt ersetzt werden. Welchen Durchmesser hat das Becken?

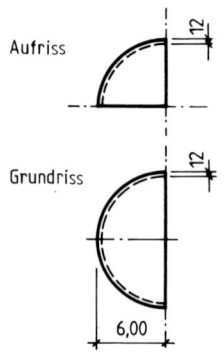

Abb. 12/**61**

Ansicht

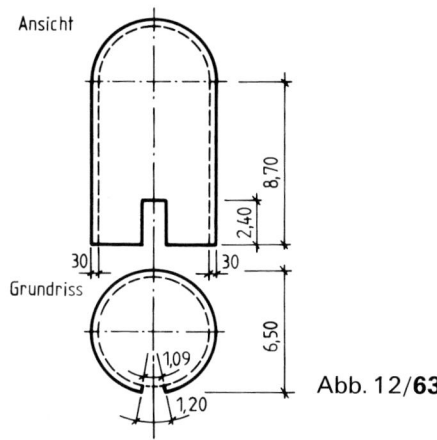

Grundriss

Abb. 12/**63**

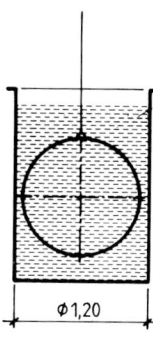

Abb. 12/**64**

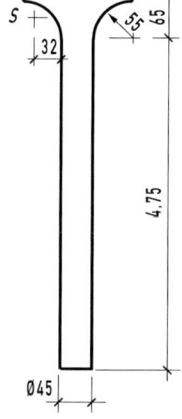

● **63.** Ein Turm mit Kuppeldach soll außen und innen verputzt und das Dach mit Kupferblech ($d=0,8$ mm)
belegt werden.
a) Wie viel m² Außenputz sind aufzutragen?
b) Wie viel m² Innenputz sind anzubringen?
c) Wie viel kg Kupfer sind zu kaufen, wenn für Falze
und Verschnitt 9,5% zu berücksichtigen sind.
Rohdichte $\varrho = 8,93$ kg/dm³.

64. Durch Eintauchen einer Kugel steigt der Wasserstand
um 53 cm. Wie groß ist der Durchmesser der Kugel?

65. Rundstütze einer Pilzdecke
Berechnen Sie
a) den Betonbedarf in m³
b) den Schalholzbedarf in m²

Abb. 12/**65**

66. Auffahrrampe in einer Baugrube.
Wie viel m³ Boden sind für
die Rampe aufzuschütten?

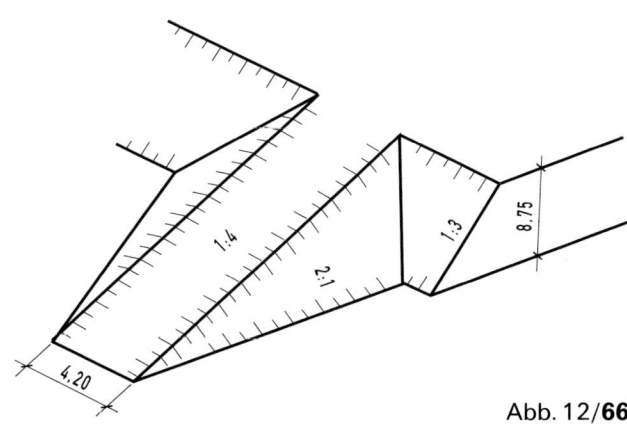

Abb. 12/**66**

13 Treppen

Treppen haben die Aufgabe, Geschosse oder verschiedene Höhen miteinander zu verbinden.

Die Form und Gestalt, die wir einer Treppe geben, hängt vorwiegend ab von der Größe und Bedeutung des Gebäudes, vom verfügbaren Raum, vom Material und von der gewählten Konstruktion. Wichtigste Forderung: Eine Treppe muss *sicher* und *bequem* zu begehen sein.

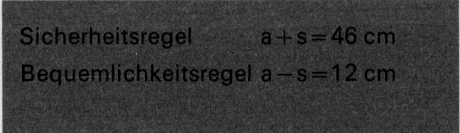

13.1 Steigungsverhältnis

Ob eine Treppe sicher und bequem zu begehen ist, hängt neben ihrem Steigungsverhältnis auch davon ab, ob die Sicherheitsregel und Bequemlichkeitsregel eingehalten sind.

$$\text{Steigungsverhältnis} = \frac{\text{Steigung}}{\text{Auftritt}}$$
$$sv = \frac{s}{a}$$

Sicherheitsregel $a+s=46$ cm

Bequemlichkeitsregel $a-s=12$ cm

Als Grundlage zur Ermittlung des Steigungsverhältnisses dient die durchschnittliche Schrittlänge eines erwachsenen Menschen. Sie wird auf ebenem Boden mit 59 bis 65 cm angenommen. Diese Schrittlänge von im Mittel 63 cm soll auch beim Begehen einer Treppe eingehalten werden.

Übertragung der Schrittlänge auf eine Treppe
Eine Schrittlänge wird ausgeführt, wenn der linke Fuß aus der Position ① in die Position ② übergeht. Dabei überwindet der linke Fuß 2 Steigungen und eine Auftrittsbreite.

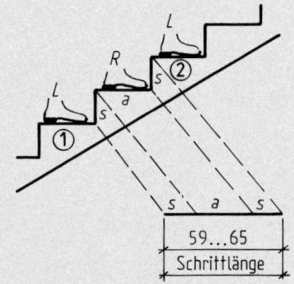

13.2 Schrittmaßregel

2 Steigungen +1 Auftritt = Schrittlänge
2s + 1a = 59 cm bis 65 cm

Beispiel $2 \cdot 17$ cm $+ 29$ cm $= 63$ cm

Wichtige Steigungsverhältnisse

	flache Treppen	normale Treppen	steile Treppen
Steigungsver- hältnisse	14/31 15/30 16/30	17/29 17,5/28 18/27	19/26 19/27 20/25
Schrittlänge	$\geqq 59$ cm	63 cm	$\leqq 65$ cm
Anwendung	Versammlungsräume, Theater, Schulen, Krankenhäuser	Ein- und Mehr-familienhäuser	Kellertreppen, Speichertreppen, wenig begangene Treppen

Bei Auftrittsbreiten über 32 cm bleibt man beim Abwärtsgehen leicht mit dem Absatz an der Stufenkante hängen. Bei Auftrittsbreiten unter 26 cm kann der Fuß nicht mehr voll aufsetzen. Um keine zu breiten oder zu schmalen Auftritte zu bekommen, wählt man bei flachen Treppen eine Schrittlänge von etwa 60 cm und bei steilen Treppen von etwa 65 cm.

Schrittmaßregel, Sicherheitsregel und Bequemlichkeitsregel sind gemeinsam nur bei einem Steigungsverhältnis von 17/29 cm gewährleistet.

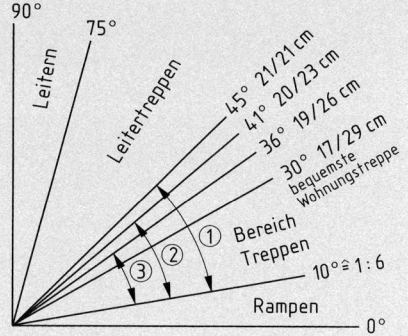

① Dieser Bereich gilt für alle Treppen, einschließlich Keller- und Speichertreppen, die nicht zu Aufenthaltsräumen führen, sowie baurechtlich nicht notwendige Treppen (=zusätzliche Treppen).
Maximales Steigungsverhältnis 21/21 cm

② In diesem Bereich handelt es sich um notwendige Treppen, die zu Aufenthaltsräumen führen, sowie für Wohngebäude mit nicht mehr als zwei Wohnungen.
Baurechtlich notwendig sind solche Treppen, die nach den behördlichen Vorschriften der einzelnen Bundesländer über Rettungswege vorhanden sein müssen.
Maximales Steigungsverhältnis 20/23 cm

③ Dieser Bereich umfasst baurechtlich notwendige Treppen in sonstigen Gebäuden.
Maximales Steigungsverhältnis 19/26 cm

13.3 Treppenlauflänge

Die Treppenlauflänge ist das Maß, wie es sich als Grundmaß in der Lauflinie von der Vorderkante der Antrittsstufe bis zur Vorderkante der Austrittsstufe ergibt. Die Treppenlauflänge ist die Summe der Auftrittsbreiten entlang der Gehlinie.
Jede Treppe hat einen Auftritt weniger als es ihrer Anzahl der Steigungen entspricht, da die Austrittsstufe bereits zur Decke des oberen Geschosses gehört.

> Treppenlauflänge = (Anzahl der Steigungen − 1) · Auftritt
> $l = (n-1) \cdot a$

Beispiel
$l = (19-1) \cdot 29$ cm $l = 5{,}22$ m

13.4 Lauflinie

Die Lauflinie ist eine gedachte stetige Linie von Vorderkante Antrittsstufe bis Vorderkante Austrittsstufe.
Bei gewendelten Treppen gilt das Steigungsverhältnis auch in der Lauflinie.

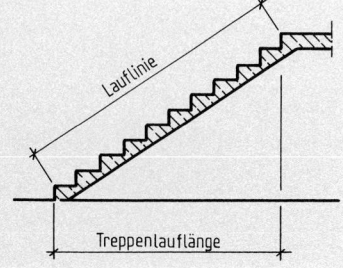

13.5 Lichte Treppendurchgangshöhe

Beim Entwurf einer Treppe ist darauf zu achten, dass die lichte Durchgangshöhe (früher Kopfhöhe) mindestens beträgt:

1. bei Wohnhäusern   2,0 m
2. bei gewerblichen und öffentlichen Bauten (empfohlen) $\geq$ 2,20 m.

Die lichte Treppendurchgangshöhe ist das lotrechte Maß, gemessen in der Schrägen über den Vorderkanten der Stufen.

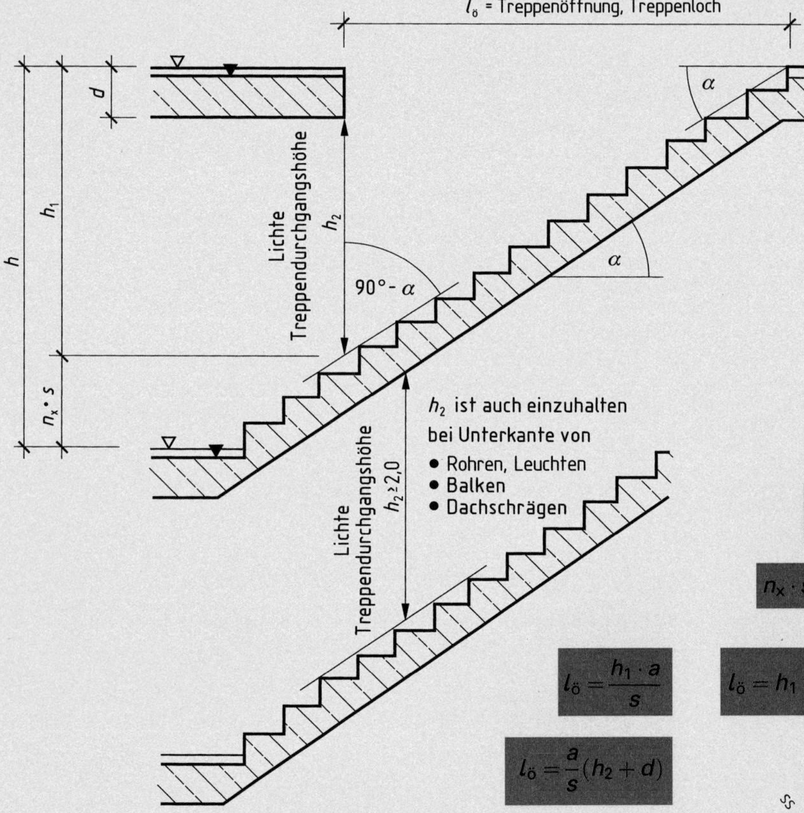

$l_{\ddot{o}}$ = Treppenöffnung, Treppenloch

Lichte Treppendurchgangshöhe h_2

$90° - \alpha$

α

d

h

h_1

$n_x \cdot s$

Lichte Treppendurchgangshöhe $h_2 \geq 2,0$

h_2 ist auch einzuhalten bei Unterkante von
- Rohren, Leuchten
- Balken
- Dachschrägen

$$\tan \alpha = \frac{s}{a}$$

$$h_2 = \frac{l_{\ddot{o}} \cdot s}{a} - d$$

$$n_x \cdot s + h_2 + d = h$$

$$l_{\ddot{o}} = \frac{h_1 \cdot a}{s}$$

$$l_{\ddot{o}} = h_1 \cdot \tan \cdot (90° - \alpha)$$

$$l_{\ddot{o}} = \frac{a}{s}(h_2 + d)$$

$$l_{\ddot{o}} = \frac{h_1}{\tan \alpha}$$

$$l_{\ddot{o}} = (n - n_x) \cdot a$$

13.6 Zwischenpodest

Lange, zweiläufige, gerade Treppen erhalten nach 15 bis 18 Steigungen ein Ruhepodest; dessen geringste Länge beträgt

$l_p = a + 1$ Schrittlänge

Die Podestlänge beträgt bei x Schritten innerhalb des Podestes:

Formel $l_p = a + x\,(2s + a)$
              $l_p = a + x \cdot$ Schrittlänge

Beispiel $l_p = 30$ cm $+ 2\,(2 \cdot 15$ cm $+ 30$ cm$)$
           $l_p = 1,50$ m

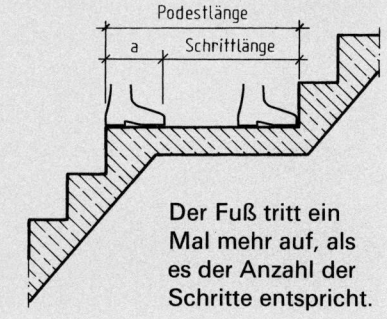

Podestlänge

a   Schrittlänge

Der Fuß tritt ein Mal mehr auf, als es der Anzahl der Schritte entspricht.

106

13.7 Treppenberechnung

Beispiel

In einem Einfamilienhaus mit einer Geschosshöhe von 2,75 m soll eine einläufige, gerade Treppe eingebaut werden. Berechnen Sie
a) die Anzahl der Steigungen
b) die Steigungshöhe
c) die Auftrittsbreite
d) die Treppenlauflänge
e) die Länge der Lauflinie

a) Anzahl der Steigungen: Stockwerkshöhe : angenommene Steigungshöhe

$$n = 275\ cm : 17$$
$$n = 16,18$$
gewählt: $n = 16$ Steigungen

b) Steigungshöhe: Stockwerkshöhe : Anzahl der Steigungen

$$s = 275\ cm : 16$$
$$s = 17,2\ cm$$

c) Auftrittsbreite: Schrittlänge − 2 Steigungshöhen

$$a = 63\ cm - 2 \cdot 17,2\ cm$$
$$a = 28,6\ cm$$

d) Treppenlauflänge: (Anzahl der Steigungen − 1) · Auftrittsbreite

$$l = (16 - 1) \cdot 28,6\ cm$$
$$l = 4,29\ m$$

e) Länge der Lauflinie: $l = \sqrt{(4,29\ m)^2 + (2,58\ m)^2}$
(15 Steigungen · 0,172 m = 2,58 m)
$$l = 5,0\ m$$

13.8 Verziehen von Stufen

Treppen erhalten dann verzogene Stufen, wenn die Platzverhältnisse es nicht erlauben, eine gerade Treppe einzubauen. Verzogene Stufen müssen in einem Abstand von 15 cm von der Außenkante (Kropfstück, Treppenauge, Freiwange) noch mindestens 10 cm Auftrittsbreite haben. Die verzogene Eckstufe ist so auszubilden, dass ihre Wandwangenabschnitte nach Möglichkeit etwa gleich sind.

Beginnt die Wendelung erst nach der Antrittsstufe, so sollte sie langsam beginnen und nach der am meisten verzogenen Stufe wieder schwächer werden. Dadurch ergibt sich eine ungerade Zahl verzogener Stufen.

Beginnt die Wendelung bereits mit der Antrittsstufe, so ist diese am meisten zu verziehen.

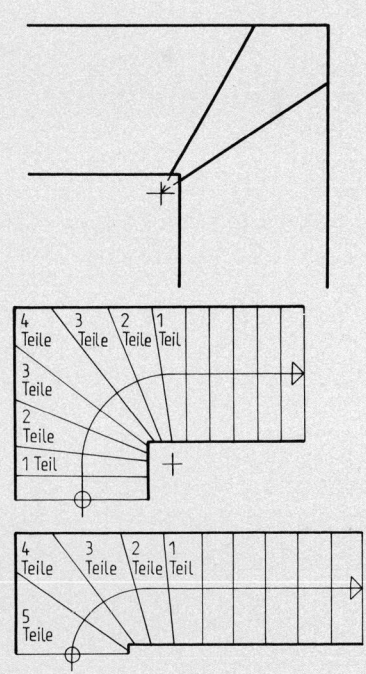

13.8.1 Rechnerische Verziehungsmethode

Beispiel

Bei einer Treppe mit 14 Auftritten und einer Auftrittsbreite von 29 cm sind die Stufen 2 bis 8 zu verziehen.
Bei Treppen mit einer Laufbreite bis zu etwa 1,20 m liegt die Gehlinie (Lauflinie) in Treppenmitte.

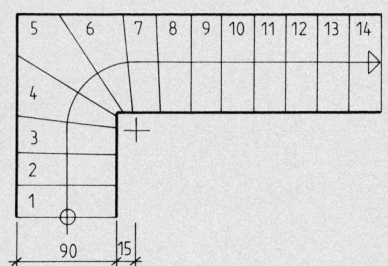

> Entlang der Lauflinie haben alle Auftritte die gleiche Auftrittsbreite.

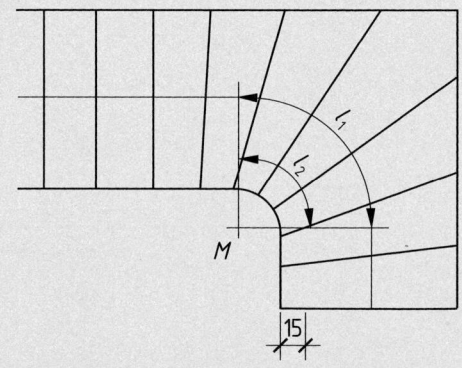

Länge des Viertelskreises in der Gehlinie

$$l_1 = \frac{1,20 \text{ m} \cdot \pi}{4} = 0,942 \text{ m}$$

Länge des Viertelskreises im Abstand von 15 cm von der Außenkante

$$l_2 = \frac{0,60 \text{ m} \cdot \pi}{4} = 0,471 \text{ m}$$

Differenz der beiden Viertelskreise $l_1 - l_2$: 0,942 m − 0,471 m = 0,471 m

Um diese Differenz ist die parallel zur Gehlinie verlaufende Linie kürzer als die Gehlinie. Die verzogenen Stufen sind hier um insgesamt 0,47 m schmaler auszuführen als in der Gehlinie.

	zusammen	Verminderung je Stufe cm	zusammen cm	cm	cm	Auftrittsbreite in 15 cm Abstand
Stufe 2 und 8 je 1 Teil	2 Teile	2,94	5,88	29 −	2,94	=26,06 cm
Stufe 3 und 7 je 2 Teile	4 Teile	5,88	11,76	29 −	5,88	=23,12 cm
Stufe 4 und 6 je 3 Teile	6 Teile	8,82	17,64	29 −	8,82	=20,18 cm
Stufe 5	4 Teile	11,76	11,76	29 −	11,76	=17,24 cm
	16 Teile		47,04			
	16 Teile ≙ 47,1 cm		Probe			
	1 Teil ≙ 2,94 cm					

108

13.8.2 Grafische Verziehungsmethode

Proportionalteilung

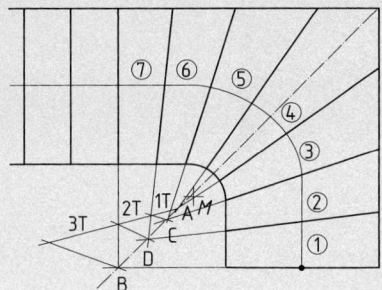

Konstruktionsbeschreibung
1. Festlegung der Anzahl der zu verziehenden Stufen (eine ungerade Anzahl, um eine Symmetrie zur Eckstufe zu erreichen)
2. Festlegung des Mittelpunktes *M* für den Radius des Kropfstückes und den Verlauf der Gehlinie
3. Einzeichnen der Stufenachse der Eckstufe (dadurch erreicht man gleich große Wandwangenabschnitte)
4. Auf der Gehlinie die Auftrittsbreite entsprechend der Schrittmaßregel auftragen, beginnend mit der Eckstufe
5. Antragen des gewünschten Auftritts am Kropfstück der Eckstufe (Innenkante der Freiwange), der nach Norm im Abstand von 15 cm von der Freiwange 10 cm nicht unterschreiten darf
6. Einzeichnen des Mitteltrittes (Ecktrittes)
7. Verlängerung der Vorder- und Hinterkante des Mitteltrittes bis zum Schnitt mit der Mittelachse $\rightarrow$ A
8. Verlängerung der Vorderkante der ersten verzogenen Stufe bzw. der ersten geraden Stufe nach der Wendelung bis zur Achse des Mitteltrittes $\rightarrow$ B
9. Teilung der Strecke $\overline{AB}$ im Verhältnis $\dfrac{n-1}{2}$ entsprechend der gewählten Anzahl der verzogenen Stufen, das sind bei 7 verzogenen Stufen $\dfrac{7-1}{2} = 3 \rightarrow 1:2:3$
10. Projektion der Teilpunkte auf die Achse des Mitteltrittes $\rightarrow$ C, D
11. Verbindung von C mit den Vorderkanten der Stufen 3 und 6 sowie D mit 2 und 7 auf der Gehlinie (Lauflinie)

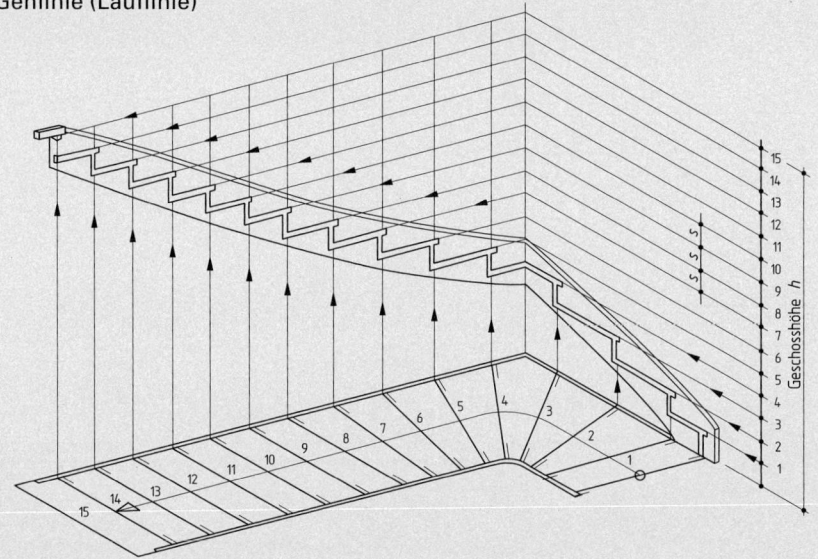

Projektion der Wandwange

13.9 Vorschriften für Treppen nach DIN 18065

Unterschneidung
- bei offenen Treppen mindestens 3 cm
- bei geschlossenen Treppen: bei $a < 26$ cm $\rightarrow a + u \geq 26$ cm
- bei Keller- und Bodentreppen: bei $a < 24$ cm $\rightarrow a + u \geq 24$ cm

Wendelstufen
- Mindestauftritt 10 cm im Abstand von 15 cm von der inneren Begrenzung der nutzbaren Treppenlaufbreite.
- Im Bogen gilt das Sehnenmaß als Mindestauftritt.
- Für Spindeltreppen in Wohngebäuden mit maximal 2 Wohnungen wird kein Mindestauftritt festgelegt.
- Krümmungsradius der Lauflinie mindestens 30 cm

Geländer
- **min h = 90 cm** bei Absturzhöhen ≤ 12 m in Wohngebäuden und solchen Gebäuden, die nicht der Arbeitsstättenverordnung unterliegen. Außerdem bei größeren Absturzhöhen, wenn das Treppenauge ≤ 20 cm ist
- **min h = 100 cm** bei Absturzhöhen ≤ 12 m bei Gebäuden in Arbeitsstätten
- **min h = 110 cm** bei Absturzhöhen > 12 m bei allen Gebäudearten
- Es ist so zu gestalten, dass ein Überklettern durch Kleinkinder erschwert wird.
- Abstand der Geländerteile maximal 12 cm
- Liegt das Geländer über dem Treppenlauf, so ist dies so auszubilden, dass ein Würfel mit der Kantenlänge von 15 cm nicht über die Auftrittsfläche hindurchgeschoben werden kann.
- Liegt das Treppengeländer neben dem Treppenlauf oder dem Treppenpodest (maximaler Abstand 6 cm), so ist die Unterkante des Geländers so weit nach unten zu ziehen, dass sie mit einer gedachten Verbindungslinie durch die halbe Stufenbreite $\frac{a}{2}$ zusammen fällt.

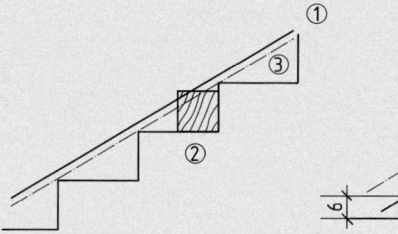

Treppengeländer
über Treppenläufen

① Unterkante Treppengeländer
② Würfel mit einer Kantenlänge von 15 cm
③ Verlauf der Lauflinie

Treppengeländer
neben Treppenläufen

Messebene für die Treppengeländerhöhe bzw. Handlaufhöhe

Handlauf	● 80 cm ≤ h ≤ 115 cm, gemessen lotrecht über der Stufenvorderkante bis Oberkante (Handlauf bei einer Wandbefestigung) ● Abstand von der Wand mindestens 5,0 cm
Zwischenpodest	● Nach maximal 18 Stufen muss ein Zwischenpodest als Ruhe- und Ausweichpodest eingebaut werden.
Lichte Treppen-Durchgangshöhe	● Mindestens 2,0 m In öffentlichen Gebäuden und Industriegebäuden werden mindestens 2,20 m empfohlen.
Maßtoleranzen	$\dfrac{a}{s} > \pm 5$ mm vom Sollmaß $\qquad$ $\dfrac{a}{s} > \pm 5$ mm benachbarte Stufen

Die Mindestmaße dürfen durch die Toleranzen nicht unterschritten werden. $s \pm 15$ mm vom Sollmaß der Antrittsstufe bei Wohngebäuden mit nicht mehr als 2 Wohnungen

13.10 Nutzbare Treppenlaufbreite nach DIN 18065

Gehbereich bei gewendelten Treppen mit einer Treppenbreite von 0,80 m/1,20 m

Nutzbare Treppenlaufbreite bei gewendelten Treppen sowie bei Treppen, die sich aus geraden und gewendelten Laufteilen zusammensetzen

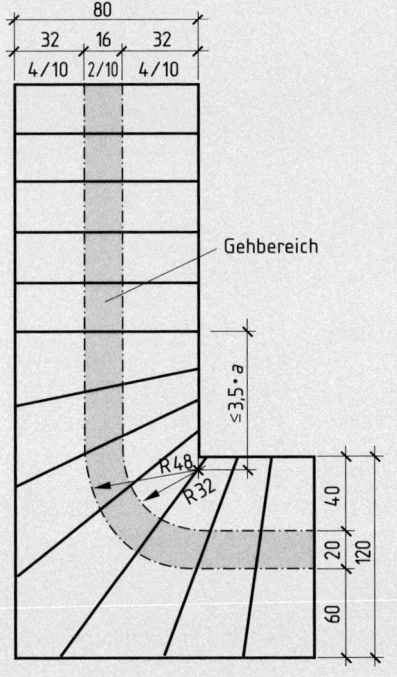

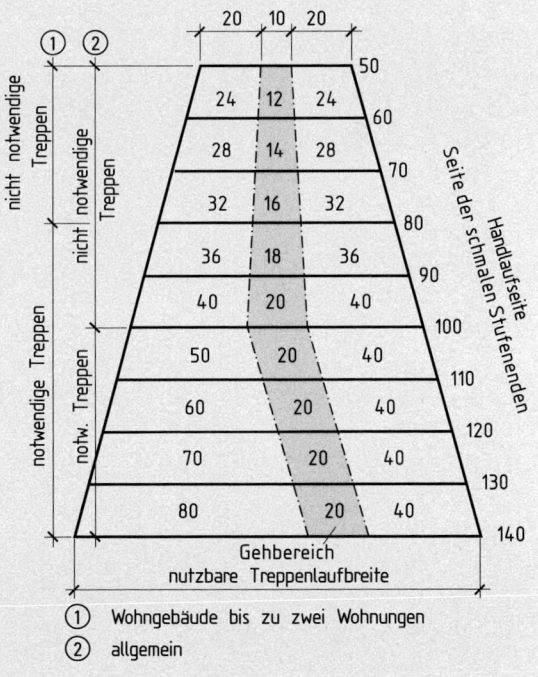

① Wohngebäude bis zu zwei Wohnungen

② allgemein

■ **Aufgaben**

1. Für ein Wohnhaus mit einer Stockwerkshöhe von
   a) 2,95 m
   b) 2,70 m
   c) 2,85 m
   d) 3,00 m ist eine Treppe einzurechnen

   Berechnen Sie
   a) die Anzahl der Steigungen
   b) die Steigungshöhe
   c) die Auftrittsbreite
   d) die Treppenlauflänge

2. Im Zuge eines Umbaues soll eine neue, einläufige, gerade Treppe eingebaut werden. Die Stockwerkshöhe von Oberkante Fertigfußboden bis Oberkante Fertigfußboden beträgt 2,80 m. Berechnen Sie
   a) die Anzahl der Steigungen
   b) die Steigungshöhe
   c) die Auftrittsbreite
   d) die Treppenlauflänge

3. Eine Schule mit einer Stockwerkshöhe von 4,20 m soll eine zweiläufige, gerade Treppe mit Zwischenpodest erhalten. Berechnen Sie
   a) die Anzahl der Steigungen
   b) die Steigungshöhe
   c) die Auftrittsbreite
   d) die Podestlänge (es soll etwa 1,50 m lang werden)
   e) die Treppenlauflängen einschließlich der Podestlänge

4. In ein Einfamilienhaus ist eine einläufige, gerade Treppe einzubauen. Berechnen Sie
   a) die Anzahl der Steigungen
   b) die Steigungshöhe
   c) die Auftrittsbreite
   d) das Steigungsverhältnis
   e) das Öffnungsmaß l

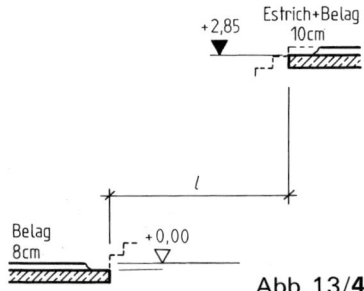

Abb. 13/4

5. In einem Einfamilienhaus ist eine Zwischentreppe einzurechnen. Berechnen Sie
   a) die Anzahl der Steigungen
   b) die Steigungshöhe
   c) die Auftrittsbreite
   d) das Steigungsverhältnis
   e) das Öffnungsmaß l, wenn eine lichte Treppendurchgangshöhe von mindestens 2,0 m eingehalten werden soll
   f) die Steigungshöhe der An- und Austrittsstufe von der Rohdecke aus gemessen

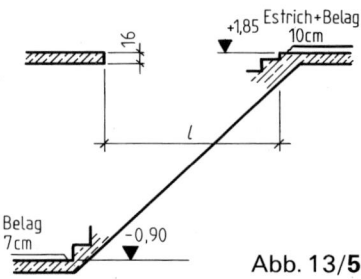

Abb. 13/5

6. Ein Einfamilienhaus soll eine im Antritt viertelgewendelte Treppe erhalten. Die Stockwerkshöhe beträgt 2,75 m. Berechnen Sie
  a) die Anzahl der Steigungen
  b) die Steigungshöhe
  c) die Auftrittsbreite
  d) die Treppenlauflänge
  e) die Auftrittsbreiten der 7 verzogenen Stu-
     fen in einem Abstand von 15 cm von der
     Außenkante
  f) das Maß l_1

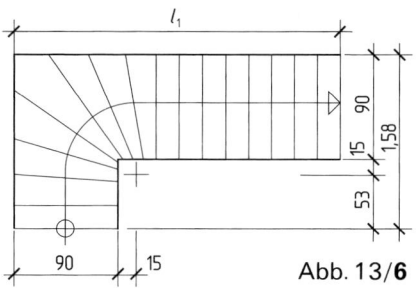

Abb. 13/**6**

7. In ein Einfamilienhaus ist eine Treppe einzurechnen. Dicke des Treppenbelages 2,0 cm.
Berechnen Sie
  a) die Anzahl der Steigungen
  b) die Steigungshöhe
  c) die Auftrittsbreite
  d) die Treppenlauflänge
  e) die Treppenaussparung l_1 bei einer lich-
     ten Treppendurchgangshöhe von mindes-
     tens 2,10 m
  f) die Steigungshöhe der An- und Aus-
     trittsstufe im Rohbau

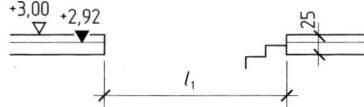

Abb. 13/**7**

8. In einem Wochenendhaus mit einer Stockwerkshöhe von 2,60 m soll eine im An- und
Austritt viertelgewendelte Treppe eingerechnet werden. Je 6 Stufen im An- und Austritt
sind zu verziehen. Berechnen Sie
  a) die Anzahl der Steigungen
  b) die Steigungshöhe
  c) die Auftrittsbreite
  d) die Auftrittsbreite der verzogenen Stufen
  e) die Länge des Treppenlaufes.
  f) Überprüfen Sie, inwieweit die Schrittmaß-
     regel, Sicherheitsregel und Bequemlich-
     keitsregel erfüllt sind.

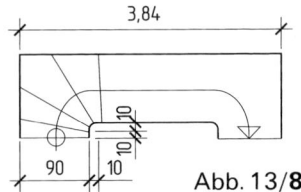

Abb. 13/**8**

9. Eine Kelleraußentreppe soll an ihren Tritt- und
Setzstufenflächen mit Platten belegt werden.
Die Bodeneinlaufplatte und die Austrittsstufe
der Treppe sind ebenfalls mit Platten zu belegen. Plattendicke 10 mm, Mörtelbett 2,0 cm.
Zwischen Trittstufe und Setzstufe ist eine Fuge
von 3 mm.
Berechnen Sie
  a) das Steigungsverhältnis
  b) das Maß l
  c) den Bedarf an Platten bei 8 % Verschnitt

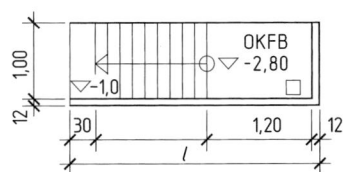

Abb. 13/**9**

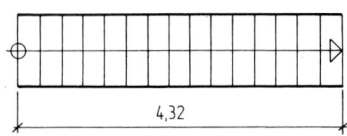

Abb. 13/**11**

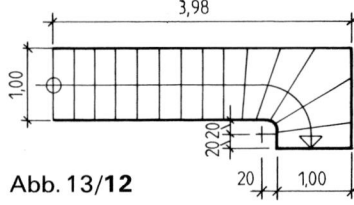

Abb. 13/**12**

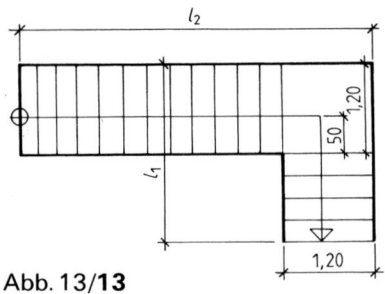

Abb. 13/**13**

10. In einem Kaufhaus mit einer Stockwerkshöhe von 4,60 m ist eine zweiläufige, gerade Treppe mit Zwischenpodest einzurechnen. Die Laufbreite beträgt 2,20 m; die Podestplatte hat ohne Belag eine Dicke von 25 cm. Die Durchgangshöhe unter dem Zwischenpodest soll mindestens 2,20 m betragen, die Podesttiefe etwa 1,50 m. Tritt- und Setzstufenflächen sowie das Podest sollen mit Platten verkleidet werden. Plattendicke 15 mm, Mörtelbett 2,5 cm. Berechnen Sie

a) die Anzahl der Steigungen der jeweiligen Treppenläufe
b) die Steigungshöhe
c) die Auftrittsbreite
d) die Treppenlauflänge einschließlich Podest
e) die Durchgangshöhe unter dem Podest
f) den Plattenbedarf bei 12 % Verschnitt

11. Die Treppenlauflänge einer Treppe in einem Zweifamilienhaus beträgt 4,32 m. Wie groß wird das Steigungsverhältnis der Treppe, wenn die Stockwerkshöhe 2,85 m beträgt?

12. Ein Wohnhaus erhält eine einläufige, im Austritt viertelgewendelte Treppe. Das Haus hat eine Stockwerkshöhe von 2,70 m. Berechnen Sie

a) die Anzahl der Steigungen
b) die Steigungshöhe
c) die Auftrittsbreite
d) die Treppenlauflänge
e) die Auftrittsbreiten der verzogenen Stufen im Abstand von 15 cm von der Freiwange (die Austrittsstufe ist am meisten zu verziehen; die Anzahl der Stufen, die zu verziehen sind, ist selbst festzulegen)

13. Ein Dreifamilienhaus mit einer Geschosshöhe von 3,0 m erhält eine zweiläufige, gewinkelte Rechtstreppe mit Zwischenpodest. Die Laufplatte hat eine Dicke von 22 cm, die Decke eine von 30 cm; unter dem Podest soll eine lichte Höhe von mind. 2,10 m vorhanden sein. Berechnen Sie

a) die Anzahl der Steigungen jedes Laufes
b) die Steigungshöhe
c) die Auftrittsbreite
d) die Länge der Lauflinie als Grundmaß
e) die wirkliche Höhe unter dem Podest
f) die Maße l_1 und l_2
g) den annähernden Bedarf an Schalholz für die Schalung der Laufplatte und des Podestes

14. Ein Mietwohnhaus mit einer Stockwerkshöhe von 3,0 m erhält eine zweiläufige, gegenläufige Linkstreppe mit Zwischenpodest. Ermitteln Sie
    a) die Anzahl der Steigungen jedes Laufes
    b) die Steigungshöhe
    c) die Auftrittsbreite
    d) die Länge der Lauflinie als Grundmaß
    e) das Maß l
    f) die lichte Höhe unter dem Podest, bei einer Plattendicke von 25 cm
    g) den Schalplattenbedarf für die Laufplatte und das Podest (näherungsweise)

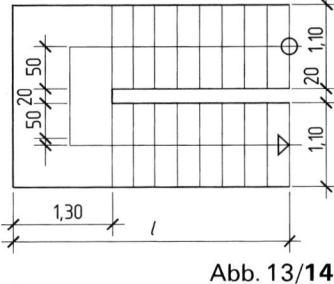

Abb. 13/14

15. Ein Verwaltungsgebäude erhält eine dreiläufige gegenläufige Treppe mit Zwischenpodest. Ermitteln Sie
    a) die Anzahl der Steigungen des Hauptlaufes und der Nebenläufe (Steigung zwischen 15,5 cm und 16,5 cm)
    b) die Steigungshöhen
    c) die Auftrittsbreiten
    d) auf welcher Höhe das Obergeschoss liegt
    e) den Bedarf an Platten einschließlich 8,5 % Verschnitt (Tritt- und Setzstufenflächen sowie das Podest sind mit Platten zu belegen; Plattendicke 15 mm, Mörtelbett 2,5 cm)

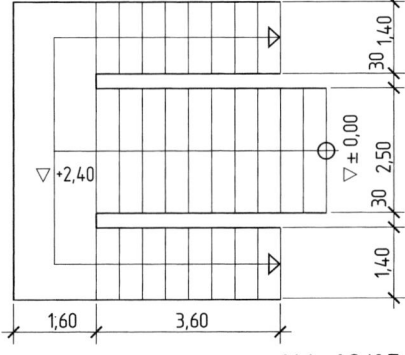

Abb. 13/15

16. In einem Schloss mit einer Stockwerkshöhe von 3,50 m ist eine einläufige, gewendelte Treppe (rechtsdrehende Kreisbogentreppe) zu erneuern. Berechnen Sie
    a) die Anzahl der Steigungen
    b) die Steigungshöhe
    c) die Auftrittsbreite
    d) die Treppenlauflänge
    e) den Winkel α
    f) die Breitenmaße der Auftritte
    g) die zu schalende Unterseite der Laufplatte

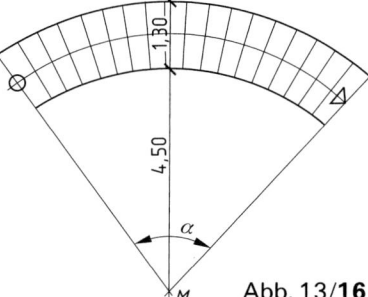

Abb. 13/16

17. Der Treppengrundriss einer einläufigen, gewinkelten viertelgewendelten Treppe enthält die eingetragenen Angaben. Ermitteln Sie
    a) die Treppenlauflänge
    b) die Maße l_1 und l_2
    c) die Auftrittsbreite der am meisten verzogenen Stufe, wenn die Mindestauftrittsbreite von 10 cm in 15 cm Abstand von der Innenkante noch einzuhalten ist. Die Anzahl der verzogenen Stufen ist festzulegen.

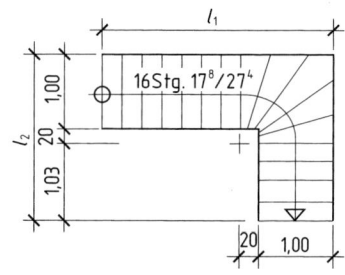

Abb. 13/17

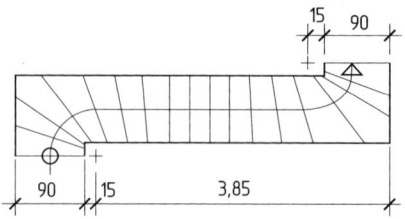

Abb. 13/18

18. In einem Bauernhaus ist eine im An- und Austritt entgegengesetzt viertelgewendelte Treppe einzurechnen. Es sind 17 Steigungen vorzusehen. Ermitteln Sie
a) die Treppenlauflänge
b) die Auftrittsbreite

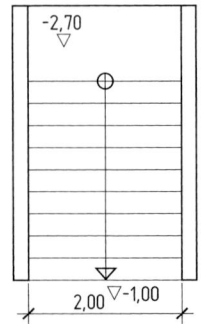

Abb. 13/19

19. Die Stufen einer Kellertreppe sind in Klinkersteinen DF auszuführen.
a) Wie viele Steigungen erhält die Treppe?
b) Wie groß ist die Steigungshöhe?
c) Wie groß ist die Auftrittsbreite?
d) Wie viele Klinkersteine DF werden benötigt, wenn die ganze sichtbare Stufe in Klinker ausgeführt werden soll?
e) Fertigen Sie eine Skizze, wie die Stufen gemauert werden.

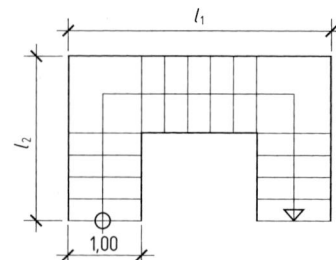

Abb. 13/20

20. Ein Mietshaus erhält eine dreiläufige, zweimal abgewinkelte Rechtstreppe mit Zwischenpodesten. Die Geschosshöhe beträgt 3,25 m. Ermitteln Sie
a) die Anzahl der Steigungen pro Lauf
b) die Steigungshöhe
c) die Auftrittsbreite
d) die Länge des Treppenlaufes
e) die Maße l_1 und l_2

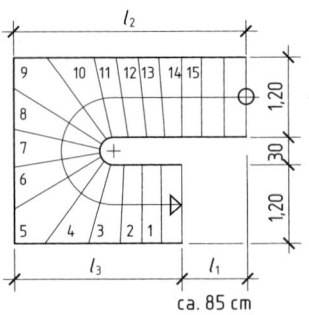

Abb. 13/21

21. Berechnen Sie bei einer Stockwerkshöhe von 3,25 m
a) die Anzahl der Steigungen
b) die Steigungshöhe
c) die Auftrittsbreite
d) die Treppenlauflänge
e) die Anzahl der zu verziehenden Stufen, wenn die am meisten zu verziehende Stufe im Abstand von 15 cm von der Treppeninnenkante noch mindestens 11,0 cm haben soll. Die beiden ersten Stufen sind nicht zu verziehen, die Austrittsstufe ebenfalls nicht
f) die Maße l_2 und l_3
g) das endgültige Maß von l_1

116

22. Für eine Stockwerkshöhe von 2,87 m ist eine einläufige, gewinkelte, viertelgewendelte Rechtstreppe mit den angegebenen Maßen einzurechnen. Ermitteln Sie

a) die Anzahl der Steigungen
b) die Steigungshöhe
c) die Auftrittsbreite (über Schrittlänge 63 cm)
d) die Treppenlauflänge
e) die Maße l_1 und l_2
f) die Wangenabschnitte der verzogenen Stufen

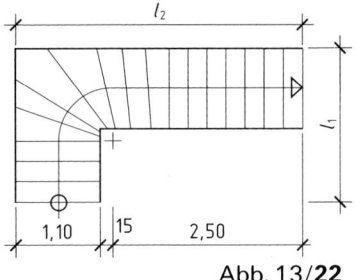

Abb. 13/22

23. Berechnen Sie

a) die Anzahl der Steigungen
b) die Steigungshöhe
c) die Auftrittsbreite
d) die Treppenlauflänge
e) die Treppenaussparung l bei einer lichten Durchgangshöhe von mindestens 2,15 m
f) die Steigungshöhe der An- und Austrittsstufe im Rohbau. Belag der Treppenstufen 2 cm. Mörtelbett 1,5 cm

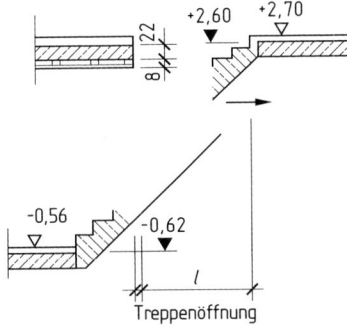

Abb. 13/23

24. Um wie viel müsste die Treppenöffnung verändert werden, wenn eine Treppe mit einem Steigungsverhältnis von 17,3/28,4 cm eingebaut werden soll?

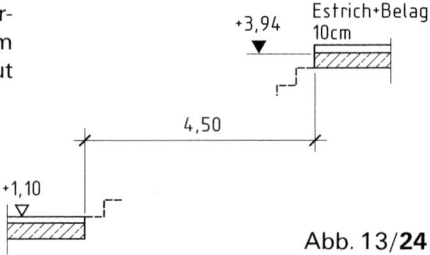

Abb. 13/24

25. Die Obergeschossdecke soll beim Umbau neu eingezogen werden. In welcher Höhe ist sie einzulegen, wenn die neue Treppe ein Steigungsverhältnis von 17,5/28 cm haben soll und die Treppenlauflänge 4,20 m beträgt?

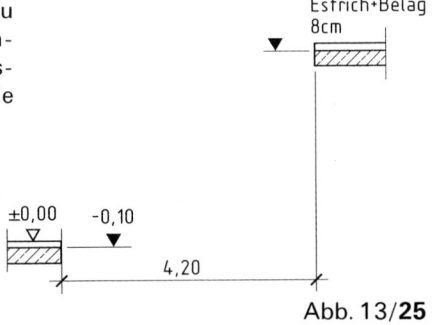

Abb. 13/25

14 Mörtel

Als Mörtel bezeichnet man das Gemenge aus Sand, Bindemittel und Wasser. Um den Anforderungen gerecht zu werden, wird der Mörtel mit verschiedenen Bindemitteln in unterschiedlichen Mischungsverhältnissen (MV) und somit in verschiedenen Festigkeitsklassen hergestellt. Der Mauermörtel wird in folgende Gruppen eingeteilt:

Mauermörtel

Normalmauermörtel	Leichtmauermörtel	Dünnbettmörtel
$\varrho \geq 1{,}5$ kg/dm^3	$\varrho < 1{,}3$ kg/dm^3	Größtkorn 2,0 mm
Normalmauermörtel sind baustellenfertige Mörtel oder Werkmörtel aus Sand und Bindemittel	Leichtmauermörtel sind Werk-Trocken- oder Werk-Frischmörtel aus Sand, Leichtzuschlag und Bindemittel	Dünnbettmörtel sind Trockenmörtel aus Feinsand und Zement sowie Zusatzmitteln und Zusatzstoffen. Die organischen Bestandteile dürfen 2 Masse-% nicht überschreiten. Wird der Mörtelgruppe III zugeordnet.

Mörtelgruppen I, II, II a, III, III a, L (LM) 21, L (LM) 36, T (DM)

Tabelle 1 Mauermörtelarten nach ihren Bindemitteln und ihrer Mindestdruckfestigkeit

Mörtelgruppe	Mörtelart nach dem Bindemittel	Mindestdruckfestigkeit N/mm^2 (MN/m^2)
I	Kalkmörtel	1,0
II	Kalk-Zementmörtel	2,5
II a	Kalk-Zementmörtel	5,0
III	Zementmörtel	10,0
III a	Zementmörtel	20,0

Mauermörtel nach Rezept: Die Eigenschaften ergeben sich aus den vorgegebenen Anteilen der Bestandteile.
Mauermörtel nach Eignungsprüfung: Zusammensetzung und Herstellungsverfahren werden vom Hersteller so ausgewählt, dass bestimmte Mörteleigenschaften erreicht werden.
Für Mauerwerk nach Eignungsprüfung dürfen nur die Mörtelgruppen II a, III und III a verwendet werden.
Die Festigkeitssteigerung bei Mörtelgruppe III a soll durch Auswahl geeigneter Sande erfolgen.
Für Mörtel der Gruppe III a sind stets Eignungsprüfungen durchzuführen.

Tabelle 2 Mindestanforderungen an die Druckfestigkeit im Alter von 28 Tagen

Mörtelart	Mörtelgruppe	Mörtelklasse	Fugendruckfestigkeit in N/mm^2 (MN/m^2)		
			Verfahren I	Verfahren II	Verfahren III
			N/mm^2	N/mm^2	N/mm^2
Normal-mauermörtel G (NM)	I	M 1	–	–	–
	II	M 2,5	1,25	2,5	1,75
	II a	M 5	2,5	5,0	3,5
	III	M 10	5,0	10,0	7,0
	III a	M 20	10,0	20,0	14,0
Leichtmauer-mörtel L (LM)	L 21	L 5	2,5	5,0	3,5
	L 36	L 5	2,5	5,0	3,5
Dünnbett-mörtel T (DM)	T	T 10	–	–	–

Zusätzlich zur Prüfung der Mörteldruckfestigkeit ist die Fugendruckfestigkeit des Mörtels zu prüfen. Dazu stehen drei Verfahren zur Verfügung.

Verfahren I: Die Prüfung erfolgt mittels quaderförmiger Prüfkörper.

Verfahren II: Die Prüfung erfolgt mittels plattenförmiger Prüfkörper, wobei die Prüfkörper teilflächig mit einem quadratischen Stempel belastet werden.

Verfahren III: Die Prüfung erfolgt mittels kleinformatiger plattenförmiger Prüfkörper, wobei die Prüfkörper mit einem kreisförmigen Druckstempel belastet werden.

Tabelle 3 Mindestanforderungen an die Verbundfestigkeit im Alter von 28 Tagen

Mörtelart	Mörtelgruppe	Verbundfestigkeit [1]) in N/mm^2 (MN/m^2)	
		Charakteristische Anfangsfestigkeit (Haftscherfestigkeit) [2]) N/mm^2	Mindesthaftscher-festigkeit [2]) (Mittelwert) N/mm^2
Normalmauer-mörtel G (NM)	I	–	–
	II	0,04	0,10
	II a	0,08	0,20
	III	0,10	0,25
	III a	0,12	0,30
Leichtmauer-mörtel L (LM)	L 21	0,08	0,20
	L 36	0,08	0,20
Dünnbettmörtel T (DM)	T	0,20	0,50

[1]) Die Prüfung der Haftscherfestigkeit muss mit den Referenzsteinen DIN 106-KS 12-2,0-NF mit einer Eigenfeuchte von 3 % erfolgen.
[2]) Die maßgebende Verbundfestigkeit ergibt sich aus dem ermittelten Wert der Haftscherfestigkeit, multipliziert mit dem Faktor 1,2; ebenso beim Mittelwert der Mindesthaftscherfestigkeit.

Tabelle 4 Mörtelzusammensetzung, Mischungsverhältnisse in Raumteilen

	1	2	3	4	5	6	7
Zeile	Mörtel-gruppe MG	Luftkalk und Wasserkalk		Hydrau-lischer Kalk HL2	Hoch-hydrau-lischer Kalk HL5, Putz- u. Mauer-binder MC5	Zement	Sand[1]) (Natur-sand)
		Kalk-teig	Kalk-hydrat				
1	I	1					4
2			1				3
3				1			3
4					1		4,5
5	II	1,5				1	8
6			2			1	8
7				2		1	8
8					1		3
9	II a		1			1	6
10					2	1	8
11	III[2])					1	4
12	III a[2])					1	4

[1]) Die Werte des Sandanteils beziehen sich auf den lagerfeuchten Zustand.
[2]) Der Zementgehalt darf nicht vermindert werden, wenn Zusätze zur Verbesserung der Verarbeitbarkeit verwendet werden.

Beispiele:

MG I kann z. B. hergestellt werden aus:
    1 Teil Kalkhydrat + 3 Teile Sand
    oder
    1 Teil HL5 bzw. MC5 + 4,5 Teile Sand

MG II kann z. B. hergestellt werden aus:
    2 Teilen Kalkhydrat + 1 Teil Zement + 8 Teilen Sand
    oder
    1 Teil HL5 bzw. MC5 + 3 Teilen Sand

MG II a kann z. B. hergestellt werden aus:
    1 Teil Kalkhydrat + 1 Teil Zement + 6 Teilen Sand
    oder
    2 Teilen HL5 bzw. MC5 + 1 Teil Zement + 8 Teilen Sand

Tabelle 5
Stoffanteile je 1 000 l Kalkmörtel

Stoff	Schütt- bzw. Roh- dichte in kg/dm³	Mischungsanteile in Kilogramm				Mischungsanteile in Liter			
		bei einem Mischungsverhältnis in Raumteilen von							
		1:3	1:3,5	1:4	1:4,5	1:3	1:3,5	1:4	1:4,5
Kalkmörtel mit *Kalkhydrat*	0,4	160	138	122	109	400	345	305	272
	0,5	200	173	153	136				
	0,6	240	207	183	163				
	0,7	280	241	214	190				
dazu Sand	1,3	1560	1575	1585	1600	1200	1210	1220	1230
mit *Kalkteig*	1,25	500	430	380	340	400	345	305	272
dazu Sand	1,3	1560	1575	1585	1600	1200	1210	1220	1230
mit *hydraulischen* bzw. *hochhydrau- lischen* Kalken	0,8	312	272	240		390	340	300	
	0,9	351	306	270					
	1,0	390	340	300					
dazu Sand	1,3	1520	1545	1560		1170	1190	1200	

Beispiel 1   Aus Kalkhydrat mit der Rohdichte 0,6 kg/dm³ sind 650 l Mörtel im MV 1:4 herzustellen.

$$\text{Kalkhydrat} = \frac{183\,\text{kg} \cdot 650\,\text{l}}{1000\,\text{l}} \qquad \text{Sand} = \frac{1\,220\,\text{l} \cdot 650\,\text{l}}{1000\,\text{l}}$$

Kalkhydrat = 118,95 kg   Sand = 793 l

Beispiel 2   Es sind 420 l Kalk-Zement-Mörtel im MV 2:1:9 herzustellen.

Kalkhydrat $\varrho = 0{,}5$ kg/dm³

$$\text{Kalkh.} = \frac{130\,\text{kg} \cdot 420\,\text{l}}{1\,000\,\text{l}} \qquad Z = \frac{156\,\text{kg} \cdot 420\,\text{l}}{1\,000\,\text{l}} \qquad \text{Sand} = \frac{1\,170\,\text{l} \cdot 420\,\text{l}}{1\,000\,\text{l}}$$

Kalkh. = 54,6 kg   Z = 65,52 kg   Sand = 491,4 l

Beispiel 3   Es sind 850 l Zementmörtel MV 1:3,5 herzustellen.

$$\text{Zement} = \frac{400\,\text{kg} \cdot 850\,\text{l}}{1\,000\,\text{l}} \qquad \text{Sand} = \frac{1\,160\,\text{l} \cdot 850\,\text{l}}{1\,000\,\text{l}}$$

Zement = 340 kg   Sand = 986 l

Tabelle 6
Stoffanteile je 1 000 L Kalkzementmörtel

Stoff	Schütt- bzw. Roh- dichte in kg/dm³	Mischungsanteile							
		in Kilogramm				in Liter			
		bei einem Mischungsverhältnis in Raumteilen von							
		2:1:8	2:1:9	2:1:10	2:1:11	2:1:8	2:1:9	2:1:10	2:1:11
Kalkzement-	0,4	112	104	96	90				
mörtel mit	0,5	140	130	120	113	280	260	240	226
Kalkhydrat	0,6	168	156	144	136				
und	0,7	196	182	168	158				
Normenzement	1,2	168	156	144	136	140	130	120	113
dazu Sand	1,3	1460	1520	1560	1610	1120	1170	1200	1240
mit *Kalkteig*	1,25	275	250	230	210	220	200	185	170
Normenzement	1,2	180	165	150	140	150	135	125	115
dazu Sand	1,3	1530	1560	1590	1620	1180	1200	1230	1250

Ergiebigkeit zwischen 30 und 40 dm³/10 kg Branntkalk

Tabelle 7
Stoffanteile je 1 000 L Zementmörtel

Stoff	Mischungsverhältnisse					
	in Kilogramm			in Liter		
	1:3	1:3,5	1:4	1:3	1:3,5	1:4
Zement	455	400	370	380	330	310
Sand	1406	1442	1522	1140	1160	1240

Die Werte der Tabellen 5, 6 und 7 sind anzuwenden, wenn in den Aufgaben
- kein Bindemittel- oder Sandanteil gegeben ist
- kein Ausbeuteverhältnis gegeben ist
- keine Ausbeute in % gegeben ist
- kein Einmischungsfaktor gegeben ist

Mörtelausbeute

Die Gesteinskörnung und das Bindemittel bezeichnet man im nicht angemachten Zustand mit loser Menge. Wird diese lose Menge mit Wasser zu Mörtel verarbeitet, so hat der daraus hergestellte Mörtel ein geringeres Volumen als das der losen Menge. Die daraus gewonnene Mörtelmenge nennt man Ausbeute, die als Prozentsatz oder als Ausbeuteverhältnis ausgedrückt wird. Die Kenntnis der losen Menge ist besonders dann wichtig, wenn nach Raumteilen gemischt werden soll (Menge in einem Raummaß)

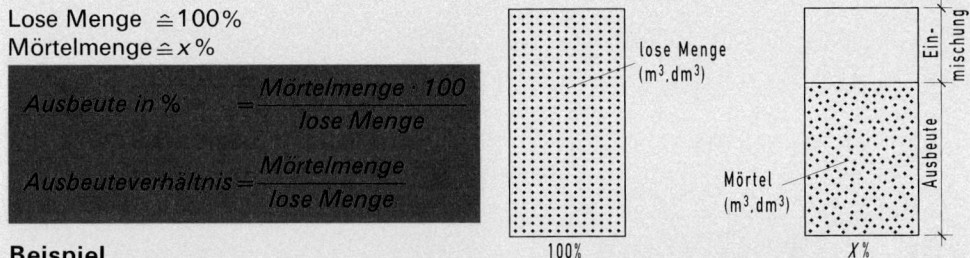

Lose Menge $\triangleq 100\%$
Mörtelmenge $\triangleq x\%$

$$Ausbeute\ in\ \% = \frac{Mörtelmenge \cdot 100}{lose\ Menge}$$

$$Ausbeuteverhältnis = \frac{Mörtelmenge}{lose\ Menge}$$

Beispiel

1200 l Sand und 400 l Kalkhydrat ergeben eine Mörtelmenge von 1 m³. Wie groß ist die Ausbeute in % sowie das Ausbeuteverhältnis?

Ausbeute in % $\quad = \dfrac{1000\,l \cdot 100\%}{1200\,l + 400\,l}$ $\qquad$ Ausbeuteverhältnis $= \dfrac{1000\,l}{1600\,l}$

Ausbeute $\quad = 62,5\%$ $\qquad\qquad\qquad\qquad\qquad = 1:1,6$

Abschlämmbare Bestandteile

Gesteinskörnungen für Mörtel und Beton enthalten oft Verunreinigungen. Bei der Untersuchung auf ihre Reinheit geht man folgendermaßen vor:
1. Prüfung durch das Auge
2. Fingerprobe: Zerreiben von Zuschlag zwischen den Fingern (muss sich scharf anfühlen). Gelbfärbung der Finger lässt auf Verunreinigung schließen. Geformte Kugeln müssen zerfallen.
3. Schlämmversuch:
   Betragen die abschlämmbaren Bestandteile ($\leq 0,063$ mm) mehr als 8 Masse-%, so muss die Brauchbarkeit der Gesteinskörnung durch eine Eignungsprüfung nachgewiesen werden.

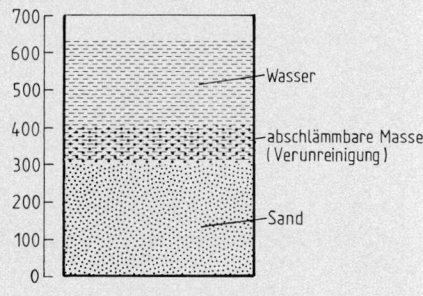

Besteht auf Grund der Fingerprobe Verdacht auf eine zu große Verunreinigung, so kann der genaue Wert der Verunreinigung durch einen Schlämmversuch festgestellt werden. Man gibt hierzu 500 g lufttrockene Gesteinskörnung in einen Messzylinder von 1000 cm³ Inhalt und füllt bis auf etwa 750 cm³ Wasser hinzu. Der Inhalt wird in Abständen von 20 Minuten 3-mal kräftig durchgeschüttelt und nach einer Stunde wird die Schichtdicke der abgesetzten Bestandteile abgelesen. Abschlämmbare Bestandteile haben eine Trockenmasse von etwa 0,6 g/cm³.

Höchstwerte abschlämmbarer Bestandteile nach DIN EN 12620

0/1; 0/2; 0/4	4 Masse-% Masse in kg oder g
0/8; 1/2; 1/4; 2/4	3 Masse-%
0/16; 0/32; 2/8; 4/8	2 Masse-%
0/63; 2/16; 4/16; 4/32	1 Masse-%
8/16; 8/32; 16/32; 32/63	0,5 Masse-% (bei gebrochenem Material 1,0 Masse-%)

Abschlämmbare Bestandteile für Putzmörtel nach DIN 18550: max. 5%

Beispiel
Nach der Absetzdauer wird bei einem Schlämmversuch eine Schlammmenge von 15 cm^3 festgestellt. Trockenmasse der Schlammmenge 15 cm^3 · 0,6 g/cm^3 = 9 g.
Bei einer Ausgangsmasse von 500 g ergeben sich

$$500 \text{ g} : 9 \text{ g} = 100\% : x\%$$

$$x = \frac{9 \text{ g} \cdot 100\%}{500 \text{ g}}$$

$$x = 1,8 \text{ Masse-\%}$$

■ **Aufgaben**

1. Aus einer Trockenmenge aus Kalkhydrat und Sand von insgesamt 850 l soll Mörtel mit einem MV 1:3,5 hergestellt werden. Wie viel l Kalkhydrat und Sand wurden gemischt?

2. Eine Trockenmenge von 1210 l, bestehend aus Kalkteig, Zement und Sand, soll zu einem Mörtel mit einem MV von 1,5:1:9 verarbeitet werden. Wie viel l Kalkteig, Zement und Sand wurden gemischt?

3. Aus einer losen Menge von 460 l soll Zementmörtel in einem MV 1:4 hergestellt werden. Wie viel l Zement und Sand sind zu mischen?

4. Wie viel l hydraulischer Kalk mit einer Schüttdichte von 0,8 kg/dm^3 werden für eine Mörtelmischung mit einer losen Menge von 550 l und einem MV von 1:3,5 benötigt?

5. Wie viel Sack Zement sind mit 750 l Sand zu einem Mörtel, MV 1:3, zu verarbeiten? Schüttdichte des Zements $\varrho_z = 1,7$ kg/dm^3.

6. Ein Kalkzementmörtel, MV 2:1:8, wird mit 680 l Sand hergestellt. Wie viel kg Kalkhydrat und Zement mit den Schüttdichten $\varrho_{sk} = 0,60$ kg/dm^3 und $\varrho_{sz} = 1,2$ kg/dm^3 werden benötigt?

7. Ein Mörtel der Gruppe II a, MV 2:1:8, wird aus 135 l hoch hydraulischem Kalk hergestellt. Wie viel kg Zement ($\varrho_s = 1,2$ kg/dm^3) und l Sand werden benötigt?

8. Zur Auftragung eines Sperrputzes werden 450 l Mörtel im MV 1:3 hergestellt. Wie viel kg Zement ($\varrho_s = 1,1$ kg/dm^3) und l Sand werden für einen 150 l Mischer benötigt?

9. Ein 450 l Mischer wird mit 3 Sack Zement beschickt (Schüttdichte $\varrho_s = 1,6$ kg/dm^3). Wie viel l Sand sind zuzugeben, wenn das MV 1:3,5 betragen soll?

10. 65 l Kalkhydrat und 195 l Sand ergeben 168 l Mörtel.
    a) Wie groß ist die Mörtelausbeute in %?
    b) Wie groß ist das Ausbeuteverhältnis?

11. Aus Kalkteig und Sand sollen 520 l Kalkmörtel im MV 1:4 hergestellt werden. Wie viel l Kalkteig und Sand werden bei einer Einmischung von 32% benötigt?

12. Es sind 350 l Zementmörtel im MV 1:3,5 herzustellen. Wie viel kg Zement ($\varrho_s = 1,2$ kg/dm^3) und l Sand werden bei einem Ausbeuteverhältnis von 1:1,6 benötigt?

13. Bei einem Kalk-Zement-Mörtel der Mörtelgruppe II werden PM-Binder (MC 5) und Sand im Verhältnis 1:3 verarbeitet. Wie viel l Mörtel erhält man von 70 l PM-Binder und einer Ausbeute von 65,3%?

14. Bei einem Kalk-Zement-Mörtel der Mörtelgruppe II werden Kalkhydrat, Zement und Sand im Verhältnis 2:1:8 gemischt. Ein 150 l Mischer wird mit 23 l Kalkhydrat beschickt.
    a) Wie viel l Zement und Sand werden pro Mischung benötigt?
    b) Wie viel l Mörtel erhält man bei einem Ausbeuteverhältnis von 1:1,54?
    c) Wie viel % beträgt die Ausbeute?

15. 650 l Kalkmörtel werden aus Kalkteig und Sand im MV 1:3,5 hergestellt. Wie viel Kalkteig und Sand werden benötigt, wenn zur Mörtelbereitung die 1,45-fache lose Menge benötigt wird?

16. 300 kg Zement mit einer Schüttdichte von $\varrho_s = 1,15$ kg/dm^3 werden mit 643 l Sand zu Zementmörtel verarbeitet. Wie viel l Mörtel erhält man bei einer Ausbeute von 68%?

17. Auf einer Kellerwand sind 135 m^2 Putz, Mörtelgruppe III, von 2 cm Dicke aufzutragen. Wie viel Bindemittel und Sand werden bei einem MV von 1:3,5 benötigt?

18. Aus 70 kg Kalkhydrat (Schüttdichte 0,6 kg/dm^3) soll ein Kalkzementmörtel im MV 2:1:8 hergestellt werden.
    a) Wie viel l Mörtel erhält man, wenn das 1,45-Fache an loser Menge benötigt wird?
    b) Wie groß ist die Ausbeute in %?
    c) Wie groß ist das Ausbeuteverhältnis?

19. Eine Waschküche mit 47 m^2 Wand- und Deckenfläche soll mit einem 2 cm dicken Kalkputz, MV 1:4, verputzt werden.
    a) Wie viel l Mörtel werden benötigt?
    b) Wie viel l lose Menge werden benötigt?
    c) Wie viel kg Kalkhydrat ($\varrho = 0,7$ kg/dm^3) werden benötigt?

20. Für eine Wand von 68 m^2 ist ein Kalkzementmörtel im MV 2:1:9 herzustellen. Putzdicke 2,0 cm; hoch hydraulischer Kalk, Schüttdichte $\varrho_s = 0,9$ kg/dm^3, Zement $\varrho_s = 1,1$ kg/dm^3. Die Einmischung beträgt 32%. Ermitteln Sie den Bedarf an Gesteinskörnung (in l) und Bindemittel in kg.

21. Um 137 m² Putz, Dicke 2,0 cm, aus Kalkzementmörtel herzustellen, werden Kalkhydrat ($\varrho_s = 0,7$ kg/dm³) und Zement mit einer Schüttdichte von $\varrho_s = 1,2$ kg/dm³ verwendet. Das MV beträgt 2 : 1 : 10. Wie viel kg Bindemittel und l Sand werden bei einem Einmischungsfaktor von 1,37 benötigt?

22. Es sind 450 l Kalkmörtel, MV 1 : 3, herzustellen. Kalkhydrat $\varrho_s = 0,6$ kg/dm³. Ermitteln Sie den Bedarf an Kalkhydrat in kg und Sand in l.

23. Wie groß ist der Bedarf an hydraulischem Kalk in kg ($\varrho_s = 0,7$ kg/dm³), Zement in kg sowie Sand in l für 930 l Kalkzementmörtel mit einem MV von 2 : 1 : 8?

24. Ermitteln Sie den Baustoffbedarf für 1530 Liter Zementmörtel, MV 1 : 3.

25. Wie viele Säcke Kalkhydrat zu je 40 kg ($\varrho_s = 0,5$ kg/dm³) und Säcke Zement sowie m³ Sand sind zu bestellen, um 12,5 m³ Kalkzementmörtel mit einem MV von 2 : 1 : 11 herzustellen?

26. Absetzversuche mit 500 g lufttrockener Gesteinskörnung, Korngruppe 0/4, ergaben
   a) 12 cm³
   b) 20 cm³
   c)   6 cm³
   d) 35 cm³
   abschlämmbare Bestandteile.
   a) Wie viel Massen-% beträgt die abschlämmbare Masse?
   b) Welcher Sand darf nicht mehr verwendet werden?

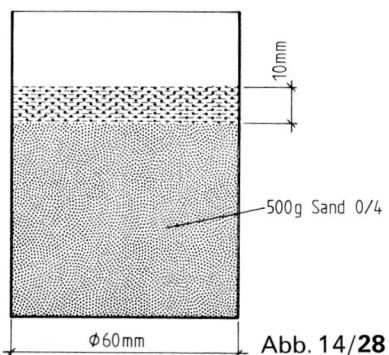

Abb. 14/28

27. Ein Korngemisch 2/8 mit 500 g brachte bei einem Absetzversuch
   a) 15 cm³
   b) 27 cm³
   c) 18 cm³
   abschlämmbare Bestandteile.
   a) Wie viel Massen-% beträgt die abschlämmbare Masse?
   b) Welche Gesteinskörnungen dürfen noch verwendet werden?

28. Darf dieser Sand noch verwendet werden?

29. Wie viel Masse-% beträgt die Verunreinigung?

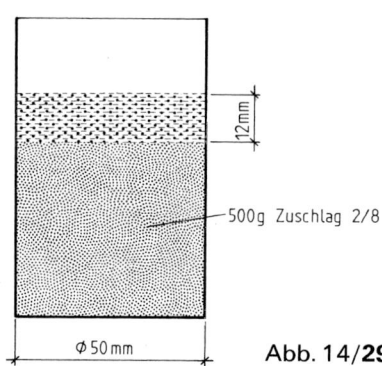

Abb. 14/29

15 Mauerwerksbau

15.1 Maßordnung im Hochbau

Durch die Maßordnung im Hochbau können die Abmessungen des Mauerwerks so festgelegt werden, dass der Verhau an Mauerziegeln möglichst klein wird. Grundlage dabei ist das Rohbau-Richtmaß von 12,5 cm oder einem Vielfachen davon. Da das Maß von 12,5 cm ein Achtel von 100 cm ist, entspricht dies einem Achtelmeter (1 am). Vom Rohbau-Richtmaß (RR), das immer als Teil oder Vielfaches des Achtelmeters ausgedrückt wird, ist das Nennmaß zu unterscheiden. Das Nennmaß gibt die tatsächlichen Abmessungen eines Bauteils an, wie diese in den Bauplänen eingetragen sind.

$$\text{Rohbau-Richtmaß (RR)} = n \cdot 12{,}5 \text{ cm}$$
$$1 \text{ am} = 12{,}5 \text{ cm}$$

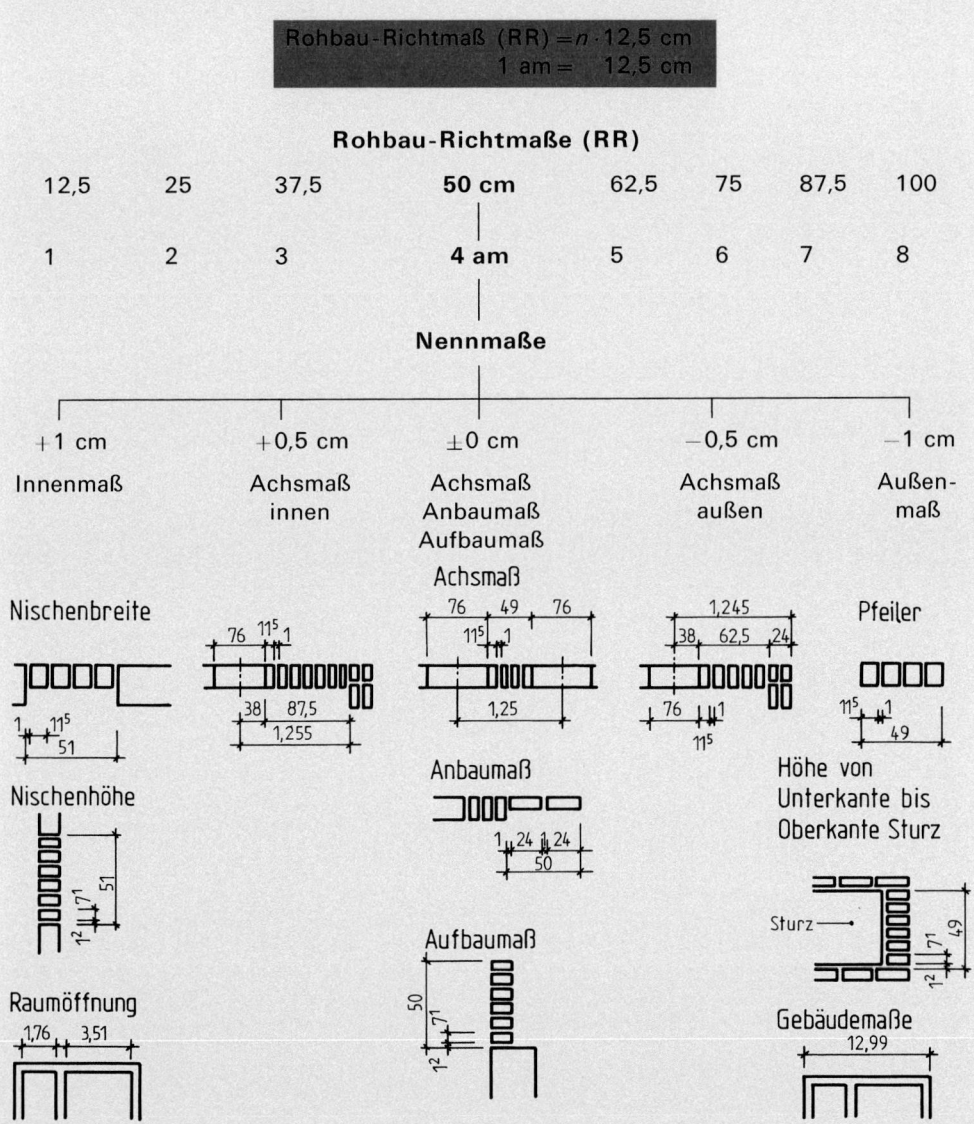

© Holland + Josenhans

Zeile	Steinart	Abmessungen			Kurz-zei-chen	Schich-ten je m Wand-höhe	Wand-dicke cm	je m² Mauerwerk		je m³ Mauerwerk	
		l	b	h				Steine in Stück	Mörtel in Liter	Steine in Stück	Mörtel in Liter
1	Vollziegel	24	11,5	5,2	DF	16	11,5	64	28	557	244
2	DIN 105						24	128	68	533	282
3	Kalksand-vollsteine	24	11,5	7,1	NF	12	11,5	48	26	418	223
4	DIN 106						24	96	63	400	260
5	Hüttensteine DIN 398						36,5	144	100	395	272
6	Hochlochzie-gel DIN 105	24	11,5	11,3	2 DF	8	11,5	33	18	278	157
7	Kalksand-						24	64	48	267	200
8	Lochsteine DIN 106						30	2 DF+ 3 DF je 33	60	2 DF+ 3 DF je 110	
9							36,5	96	78	264	200 214
10	Hüttenloch-steine	24	17,5	11,3	3 DF	8	17,5	32	28	188	160
11	DIN 398	24	24	11,3	4 DF	8	24	33	40	137	167
12	Vollsteine aus Leicht-beton	24	30	11,3	5 DF	8	24	26	38	111	156
13		24	36,5	11,3	6 DF	4	36,5	33	60	90	164
14	DIN 18152	24	24	23,8	8 DF	4	24	16	26	69	110
15	Leichthoch-lochziegel	24	30	11,3	5 DF	8	30	33	50	110	167
16		24	30	23,8	10 DF	4	24	13	24	55	98
17	DIN 105						30	16	32	55	107
18	Kalksand-hohlblock-steine	36,5	24	23,8		4	24	11	18	45	75
19		24	36,5	23,8	12 DF	4	36,5	16	31	44	85
20	DIN 106	36,5	30	23,8	15 DF	4	30	11	23	36	77
21	Hohlblock-steine aus	49	17,5	23,8		4	17,5	8	13	46	75
22	Leichtbeton	49	24	23,8	16 DF	4	24	8	17	33	71
23	DIN 18151					4	49	16	48	32	98
24		49	30	23,8	20 DF	4	30	8	22	27	73
25	Porenbeton-blocksteine	49	5	24		4	5	8	5	160	100
26		49	7,5	24		4	7,5	8	5,5	107	74
27	und Bau-	49	12,5	24		4	12,5	8	9	64	70
28	platten	49	24	24		4	24	8	17,5	33	70
29	DIN 4165	49	30	24		4	30	8	21	27	70
30		49	36,5	24		4	36,5	8	26	21	70
										Dünnbettmörtel in kg (trocken)	
31	Porenbeton-Plansteine	50	25	25		4	25	8	4,25	33	17
32		50	30	25		4	30	8	5,1	27	17
33	und Plan-	50	37,5	25		4	37,5	8	6,4	21	17
34	platten	75	10	50		2	10	2,67	1	27	10
35	DIN 4165	75	12,5	50		2	12,5	2,67	1,25	21	10

Baustoffbedarf

Die Baustoffe, die man zum Mauern benötigt, sind Steine und Mörtel. Form, Größe und Art der Steine, die verwendet werden, hängen ab von

a) der Art (Wand, Pfeiler, Schornstein)
b) dem Zweck (Sichtmauerwerk – zu verputzendes Mauerwerk)
           (Kellerwände – aufgehende Wände)
           (Außenwände – Zwischenwände)
c) der Größe des Mauerwerks.

■ Aufgaben

1. Gegeben: Achtelmetermaße
    a) 4 am   b) 17 am   c) 23 am   d) 8 am
    Ermitteln Sie die Rohbaurichtmaße und die Nennmaße als Innenmaße.

2. Geben Sie folgende Nennmaße als Rohbaurichtmaße und Achtelmetermaße (am) an.
    a) 3,51 m   c) 12,99 m   e) 3,135 m   g) 18,865 m   i) 0,865 m
    b) 1,495 m   d) 2,375 m   f) 8,88 m   h) 6,75 m   k) 0,495 m

3. Gegeben: Achtelmetermaße
    a) 2 am   b) 12 am   c) 116 am   d) 35 am   e) 97 am   f) 133 am
    Ermitteln Sie
    a) die Rohbaurichtmaße in m
    b) die Nennmaße als innere und äußere Achsmaße
    c) die Innenmaße und Außenmaße

4. Eine 24 cm dicke, frei stehende, gerade Wand aus NF-Steinen enthält in einer Schicht 86 Köpfe. Es wurden 22 Schichten gemauert.
    a) Wie lautet das Rohbau-Richtmaß (RR) in m und Achtelmeter (am)?
    b) Wie groß ist das Nennmaß?
    c) Wie viel Steine werden benötigt?

5. Ein Mauerwerk soll aus Klinkern DF errichtet werden.
    a) Ermitteln Sie von l_1 und l_2 das Rohbauricht-maß in m und am sowie das Nennmaß.
    b) Wie viel Schichten enthält die 1,625 m hohe Mauer?
    c) Wie viel Klinkermauerziegel sind erforder-lich?

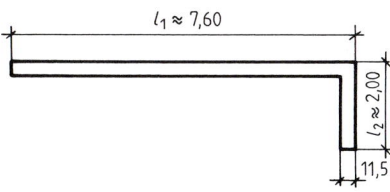

Abb. 15/**5**

6. Eine 30 cm dicke Wand wird aus HLzW 5–0,7–5 DF (300) hergestellt. Wandlänge etwa 10,75 m, Wandhöhe etwa 3,25 m.
    a) Welches Rohbau-Richtmaß in m und Achtelmeter (am) hat die Wand?
    b) Wie viel Schichten sind zu mauern?
    c) Wie groß ist der Bedarf an Steinen und Mörtel?

7. Übertragen Sie die Rohbaurichtmaße aus dem Eingabeplan in Nennmaße des Werkplanes.

8. a) Übertragen Sie die Rohbaurichtmaße des Bauplanes in Nennmaße
b) Legen Sie die Nennmaße der Brüstungshöhen fest.

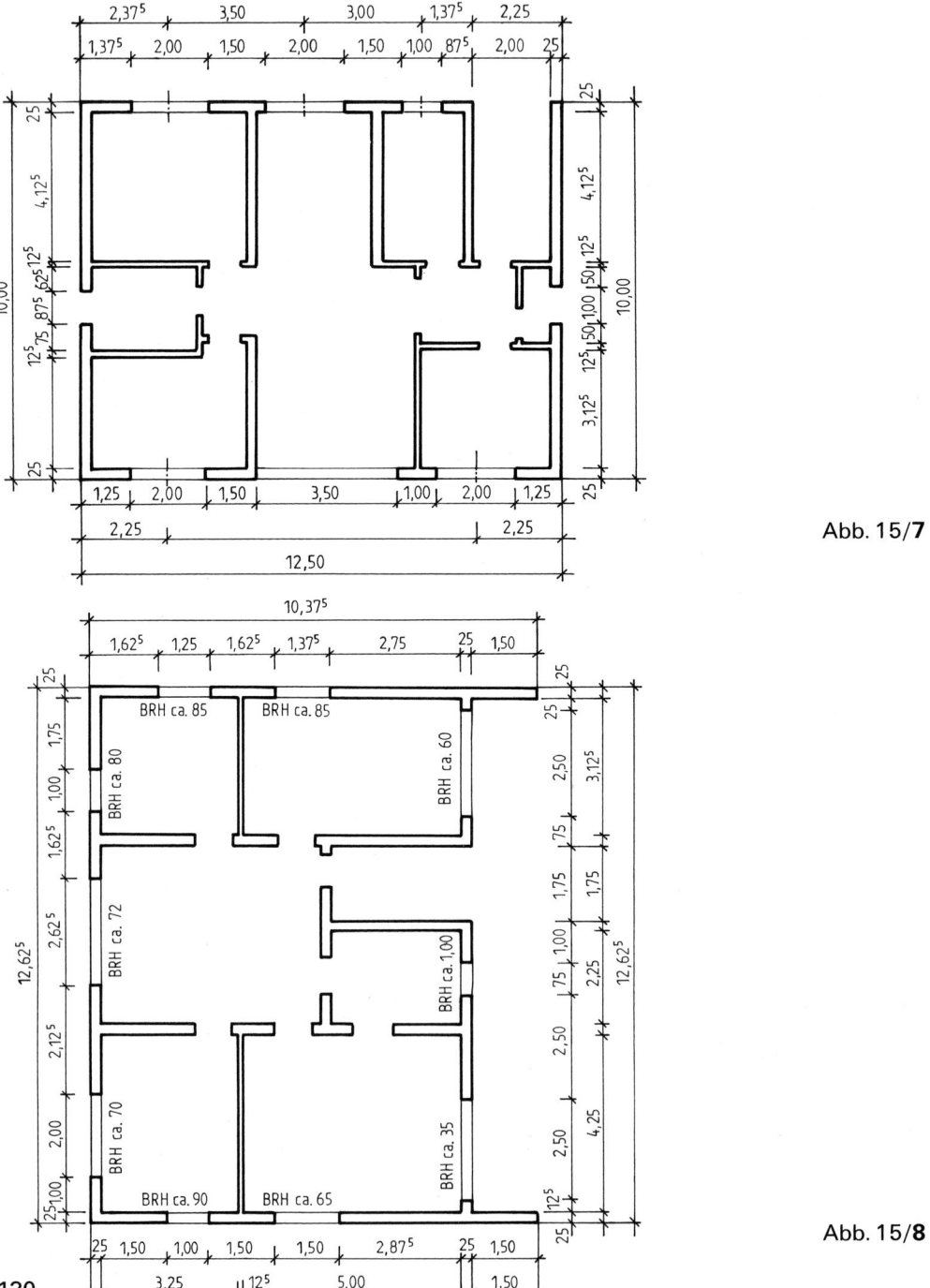

Abb. 15/**7**

Abb. 15/**8**

9. Eine Wand von 6,875 m Länge und 2,75 m Höhe ist in Kalksand-Vollsteinen NF herzustellen. Ermitteln Sie den Stein- und Mörtelbedarf für eine Wand mit einer Dicke von
a) 11,5 cm   b) 24 cm   c) 36,5 cm

10. Eine Gartenmauer von 12,50 m Länge und 1,50 m Höhe ist in Hochloch-Klinker DF herzustellen. Wie viel Steine und l Mörtel werden benötigt, wenn die Wand
a) 11,5 cm
b) 24 cm dick ausgeführt werden soll?
c) Wie viel Schichten sind zu mauern?

11. Für eine 6,75 m lange und 2,75 m hohe Wand aus Hohlblocksteinen $49 \times 30 \times 23,8$ cm ist der Baustoffbedarf zu ermitteln. Wanddicke 30 cm.
a) Wie groß ist der Steinbedarf?
b) Wie viel l Kalkzementmörtel werden benötigt?
c) Wie viel Schichten sind zu mauern?

12. Es sind 12 Mauerpfeiler mit dem Querschnitt $36,5 \times 36,5$ cm und einer Höhe von 2,50 m in Mz-Vollsteinen, NF zu mauern.
a) Wie viel Steine werden benötigt?
b) Wie viel l Zementmörtel sind bereitzustellen?
c) Wie viel Schichten sind zu mauern?

13. Eine 56,50 m² große Wand soll statt mit Steinen $30 \times 24 \times 11,3$ cm aus Leichtbeton mit Hohlblocksteinen $49 \times 24 \times 23,8$ cm ausgeführt werden. Wanddicke 24 cm.
a) Wie viel Steine müssen weniger gemauert werden?
b) Wie groß ist die Mörtelersparnis?

14. Eine 24 cm dicke Wand soll mit Porenbetonsteinen $49 \times 24 \times 24$ cm gemauert werden. Wie viel Steine und l Mörtel werden für die 8,50 m lange und 2,75 m hohe Wand benötigt?

15. Wie viel Hochlochziegel 2 DF und l Mörtel werden für die 11,5 cm dicke Wand benötigt?

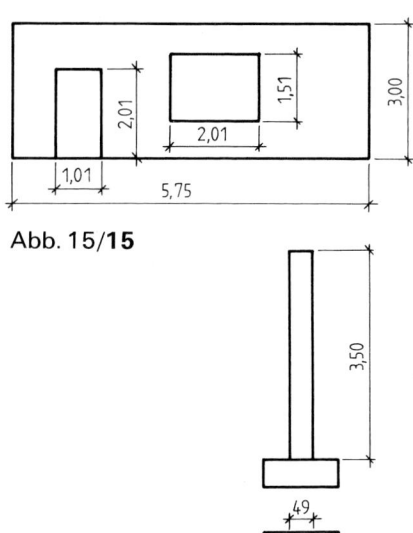

Abb. 15/15

16. Mauerpfeiler aus KMz, NF
Fertigen Sie eine Skizze an und ermitteln Sie
a) den Bedarf an Steinen pro Schicht, wenn nur ganze Steine verwendet werden sollen
b) den Bedarf an Steinen pro Schicht, wenn Fuge auf Fuge vermieden werden soll
c) die Anzahl der Klinkermauerziegel NF und l Zementmörtel bei 290 l pro m³ Mauerwerk für 6 Mauerpfeiler

Abb. 15/16

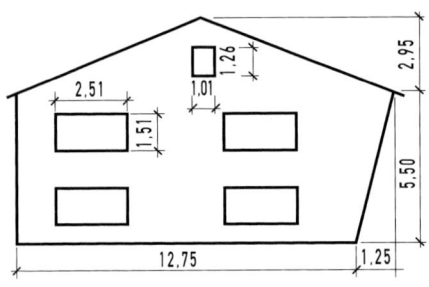

Abb. 15/**17**

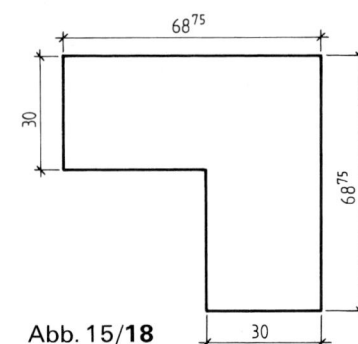

Abb. 15/**18**

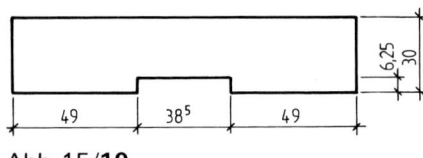

Abb. 15/**19**

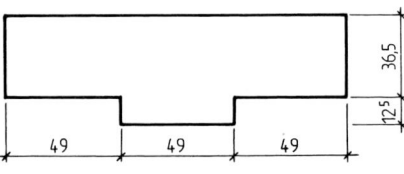

Abb. 15/**20**

17. Ermitteln Sie den Bedarf an Mauerziegeln 5 DF und Mörtel für die 30 cm dicke Giebelwand.

18. Es sind 4 Eckpfeiler in Mz, DF und 3 DF zu mauern. Pfeilerhöhe 2,50 m, Mörtelverbrauch je m³ Mauerwerk 300 l. Wie viel Steine und l Zementmörtel werden dazu benötigt?

19. Pfeiler mit Nische; Höhe 2,75 m. Wie groß ist der Bedarf an Steinen 2 DF, 3 DF und Kalkzementmörtel bei einem Mörtelbedarf von 200 l je m³ Mauerwerk?

20. Pfeiler mit Vorlage, Pfeilerhöhe 3,25 m. Wie viel Steine 2 DF und l Mörtel werden für 3 Pfeiler benötigt? Mörtelbedarf pro m³ 280 l.

21. a) Wie viel m² Giebelfläche sind für 2 Giebel auszumauern?
b) Wie groß ist der Bedarf an Steinen HLz, NF und Mörtel? Mauerdicke 24 cm.

22. Wand aus Steinen P 2–0,5–490 × 300 × 240, Dicke 24 cm. Wie viel Steine und l Mörtel sind zu vermauern?

23. Raumhöhe 2,75 m
a) Wie viel m² Mauerwerk ist zu errichten?
b) Wie groß ist der Bedarf an Hohlblocksteinen aus Leichtbeton 36,5 × 24 × 23,8 cm sowie der Mörtelbedarf?

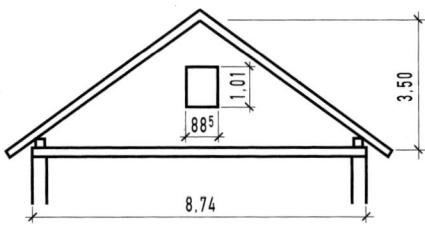

Abb. 15/**21**

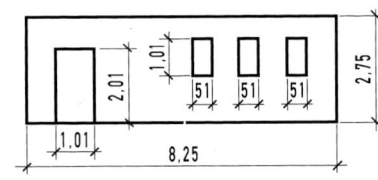

Abb. 15/**22**

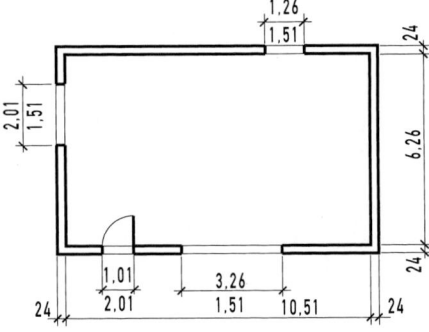

Abb. 15/**23**

132

15.2 Mauerbögen

Oft werden Maueröffnungen nicht mit einem geraden Sturz aus Beton überspannt, sondern als Bogenkonstruktion gemauert. Ein Bogen überträgt die Last schräg auf die Auflager, die Widerlager, ab. In der Bogenkonstruktion selbst treten nur Druckkräfte auf, weshalb eine Bewehrung des Bogens nicht erforderlich ist. Je flacher ein Bogen ist, desto größer ist der Horizontalschub, der auf das Widerlager übertragen wird. Große Schubkräfte erfordern schwere Widerlagermauern.

Alle Bögen werden von den Widerlagern her zur Mitte hin gemauert. Als letzter Stein wird der Schlussstein gesetzt; er verspannt den Bogen. Daraus ergibt sich immer eine ungerade Anzahl von Steinen. Die Fugen sollen am Bogenrücken maximal 2 cm, an der Bogenlaibung mindestens 0,5 cm dick sein.

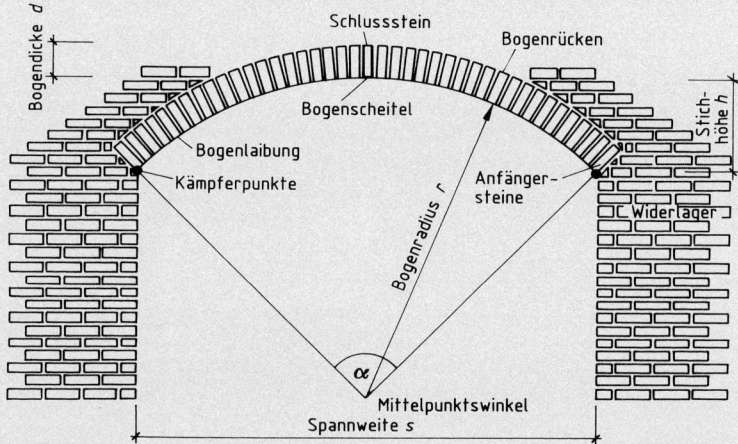

Um die Fugenmaße zu berechnen, ist zunächst die Ermittlung des Bogenmaßes b am Bogenrücken und an der Bogenlaibung sowie die Anzahl der Steine je Schicht erforderlich. Für Bögen werden vorzugsweise Steine im Format DF oder NF verwendet. Je nach Größe des Bogens, die von der Spannweite und der Stichhöhe abhängig ist, ist eine bestimmte Anzahl von Steinen je Schicht (Bogenlänge) erforderlich.

Bogenlänge am Bogenrücken

$$b_1 = \frac{r_1 \cdot \pi \cdot \alpha}{180°}$$

Bogenlänge an der Bogenlaibung

$$b_2 = \frac{r_2 \cdot \pi \cdot \alpha}{180°}$$

$$\text{Anzahl der Steine je Schicht} = \frac{\text{Bogenlänge an der Leibung}}{\text{Schichtdicke}}$$

$$n = \frac{b_2}{\text{Steindicke} + \text{Fuge}}$$

$$\text{Fugendicke} = \frac{\text{Bogenlänge} - \text{Anzahl der Steine} \cdot \text{Steindicke}}{\text{Anzahl der Steine} + 1}$$

Als Bogenlänge ist b_1 bzw. b_2 einzusetzen, je nachdem, ob die Fugendicke am Bogenrücken oder an der Bogenlaibung berechnet werden soll.

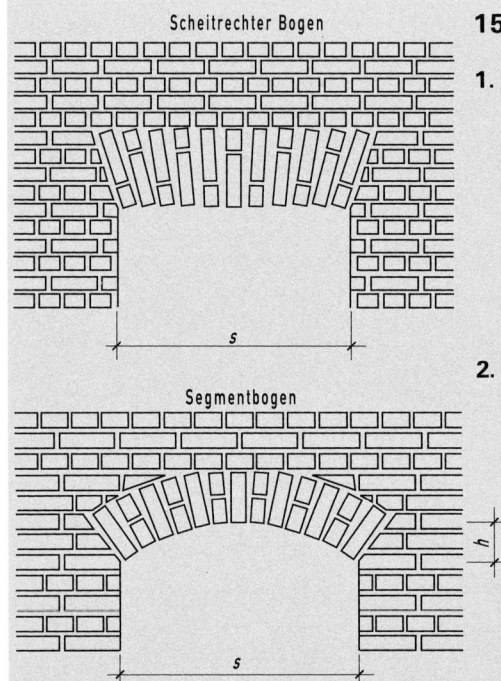

Scheitrechter Bogen

Segmentbogen

Rundbogen

Korbbogen

15.3 Bogenarten

1. Scheitrechter Bogen

Seine Tragkraft ist wegen seiner geringen Stichhöhe von 1/100 bis 1/200 der Spannweite nur gering. Es können damit Maueröffnungen bis etwa 1,50 m lichte Weite überspannt werden. Für die Bogendicke gilt die Faustregel:

für Spannweiten bis 0,80 m → 1 Stein
für Spannweiten über 0,80 m → 1½ Steine

2. Segmentbogen

Die Tragkraft von Segmentbögen ist größer als die von scheitrechten Bögen. Die Stichhöhe h liegt zwischen $1/6$ und $1/12$ der Spannweite. Es lassen sich Öffnungen bis 3,0 m überspannen.

Faustregel:
lichte Weite bis 1,75 m → d = 1 bis 1½ Steine
lichte Weite bis 3,0 m → d = 2 Steine

Der zugehörige Radius errechnet sich:

$$b = \frac{r \cdot \pi \cdot \alpha}{180°} \qquad r = \frac{s^2}{8 \cdot h} + \frac{h}{2} \qquad A \approx \frac{2}{3} s \cdot h$$

3. Rundbogen

Er wird dann angewendet, wenn es um die Aufnahme von großen Lasten oder um große Spannweiten geht.

Für die Bogendicke gelten folgende Anhaltswerte:

bis 1,75 m Spannweite → d = 1 Stein
1,75 bis 3,0 m Spannweite → d = 1½ Steine
3,0 bis 6,0 m Spannweite → d = 2 Steine

$$b = \frac{s \cdot \pi}{2} \qquad A = \frac{s^2 \cdot \pi}{8}$$

4. Korbbogen

Mit ihm lassen sich große Spannweiten überbrücken, ohne dass die Stichhöhe übermäßig groß wird. Die Belastbarkeit ist allerdings nicht so groß wie beim Rundbogen. Die Form von Korbbögen hängt von der jeweiligen Konstruktion ab.

$$b = \frac{\pi}{4} \cdot (s + 2 \cdot h) \qquad A = \frac{s \cdot h \cdot \pi}{4}$$

134

5. Spitzbogen

Sein Kennzeichen liegt darin, dass im Gegensatz zu allen anderen Bogenarten die Bogenlaibung am Scheitelpunkt eine gewinkelte Kante bildet und sich daher immer eine gerade Anzahl von Steinen je Schicht ergibt.

Er kann hergestellt werden als:

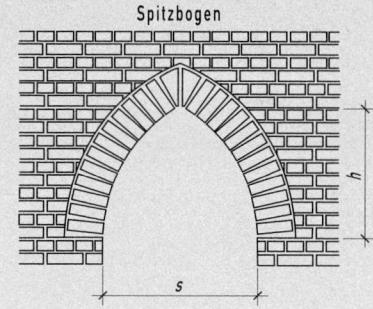

Spitzbogen

Normaler Spitzbogen:

$$b = \frac{2}{3} \cdot s \cdot \pi \qquad h = \frac{s}{2}\sqrt{3} \qquad s = \frac{2h}{\sqrt{3}}$$

b = ganze Bogenlänge

$$\cos \alpha = \frac{1}{2}$$

$$A = 0{,}614 \cdot s^2$$

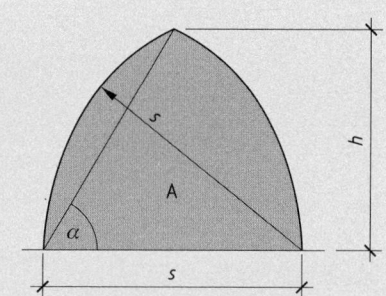

Überhöhter Spitzbogen:

$$b = \frac{\pi \cdot \alpha}{90}(s+a) \qquad h = \sqrt{\frac{3s^2}{4} + a \cdot s}$$

$$\cos \alpha = \frac{s/2 + a}{s+a} \qquad a = \frac{h^2}{s} - \frac{3s}{4}$$

$$A = \frac{\pi \cdot \alpha (s+a)^2}{180°} - \left(\frac{s}{2}+a\right)\sqrt{\frac{3s^2}{4} + a \cdot s}$$

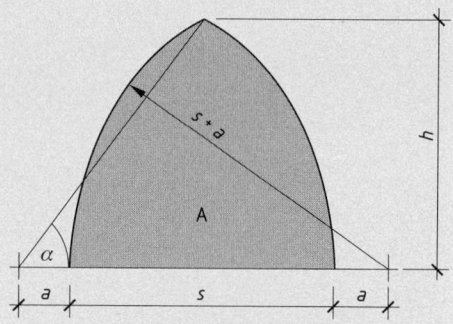

Gedrückter Spitzbogen:

$$b = \frac{\pi \cdot \alpha}{90}(s-a) \qquad h = \sqrt{\frac{3 \cdot s^2}{4} - a \cdot s}$$

$$\cos \alpha = \frac{s/2 - a}{s-a} \qquad a = \frac{3s}{4} - \frac{h^2}{s}$$

$$A = \frac{\pi \cdot \alpha (s-a)^2}{180°} - \left(\frac{s}{2}-a\right)\sqrt{\frac{3s^2}{4} - a \cdot s}$$

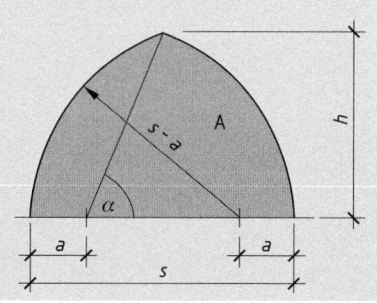

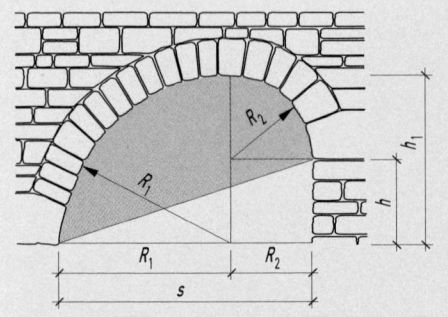

6. Steigender (einhüftiger) Bogen

Steigende Bögen finden bei steigendem Gelände Anwendung. Er wird deshalb auch steigender Bogen genannt.
Von der Ableitung der Kräfte, der Spannweite, sowie der Herstellung ist er wie der Rundbogen.

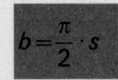

$$b = \frac{\pi}{2} \cdot s \qquad h_1 = \frac{s+h}{2} \qquad A = \frac{\pi}{8}\left(s^2 + h^2\right) - \frac{h^2}{2}$$

7. Parabelbogen

Für die Ableitung der Kräfte in das Mauerwerk hat der parabelförmige Bogen die günstigste Form. Seine Belastbarkeit ist daher sehr groß.

$$A = \frac{2}{3} \cdot s \cdot h$$

Beispiel

Segmentbogen: Spannweite $s = 1{,}76$ m   Steinformat NF
　　　　　　　Stichhöhe $h = 25$ cm   Mittelpunktswinkel $\alpha = 63° 30'$
　　　　　　　Bogendicke $d = 24$ cm

　　gesucht: Anzahl der Steine pro Schicht
　　　　　　Fugendicke am Bogenrücken und an der Bogenlaibung

Lösung

Bogenradius

$$r = \frac{s^2}{8 \cdot h} + \frac{h}{2}$$

$$r = \frac{(1{,}76 \text{ m})^2}{8 \cdot 0{,}25 \text{ m}} + \frac{0{,}25 \text{ m}}{2}$$

$$r = 1{,}67 \text{ m}$$

Länge des Bogenrückens

$$b_1 = \frac{r_1 \cdot \pi \cdot \alpha}{180°}$$

$$b_1 = \frac{1{,}91 \text{ m} \cdot \pi \cdot 63{,}5°}{180°}$$

$$b_1 = 2{,}12 \text{ m}$$

Bogenlänge an der Laibung

$$b_2 = \frac{1{,}76 \text{ m} \cdot \pi \cdot 63{,}5°}{180°}$$

$$b_2 = 1{,}95 \text{ m}$$

Steine je Schicht

$$n = \frac{b_2}{d}$$

$$n = \frac{195 \text{ cm}}{7{,}1 \text{ cm} + 0{,}5 \text{ cm}}$$

$$n = 25{,}66$$

gewählt
$n = 25$ Steine (ungerade Anzahl)

Fugendicke am Bogenrücken

$$\vartheta_1 = \frac{212 \text{ cm} - 25 \cdot 7{,}1 \text{ cm}}{25 + 1}$$

$$\vartheta_1 = 1{,}3 \text{ cm} < \max \vartheta_1 = 2{,}0 \text{ cm}$$

Fugendicke an der Laibung

$$\vartheta_2 = \frac{195 \text{ cm} - 25 \cdot 7{,}1 \text{ cm}}{25 + 1}$$

$$\vartheta_2 = 0{,}67 \text{ cm} > \min \vartheta_2 = 0{,}5 \text{ cm}$$

24. Eine Maueröffnung mit einer lichten Weite von 1,01 m soll durch einen scheitrechten Bogen überspannt werden. Steinformat DF.
Berechnen Sie die Anzahl der Steine pro Schicht sowie die Fugendicke.

25. Über einer Fensteröffnung mit der lichten Weite von 0,885 m ist ein scheitrechter Bogen in Natursteinen mit einem Stich von 9 mm zu mauern.
Die Steine sind 6 cm dick.
a) Wie viel Steine sind erforderlich?
b) Wie groß ist die Fugendicke?
c) Wie dick müssten die Steine sein, wenn die Fugendicke an der Laibung 5 mm betragen würde?

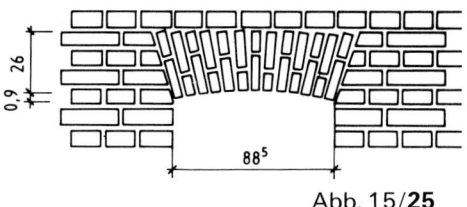

Abb. 15/**25**

26. Über einer 1,76 m breiten Fensteröffnung ist ein Segmentbogen zu mauern. Die Stichhöhe beträgt 22 cm. Der 24 cm dicke Bogen ist im Steinformat NF herzustellen. Der Bogen hat einen zugehörigen Mittelpunktswinkel von $\alpha = 56°\,6'$.
Ermitteln Sie die Anzahl der Steine pro Schicht sowie die Fugendicke am Bogenrücken und an der Bogenlaibung.

27. Über einer Fensteröffnung von 1,96 m ist ein Segmentbogen zu mauern. Die Stichhöhe soll $^1/_8$ der Spannweite sein.
Ermitteln Sie
a) die Stichhöhe in cm
b) den Bogenradius
c) den Mittelpunktswinkel

28. Der Eingang zu einer Gartenlaube ist mit einem Rundbogen zu überspannen. Die lichte Öffnung beträgt 1,26 m, die Bogendicke 24 cm.
a) Berechnen Sie die Laibungsfläche des Bogens.
b) Wie viel Steine im Format DF werden pro Bogenschicht benötigt?
c) Berechnen Sie die Fugendicke an der Bogenlaibung und am Bogenrücken.

29. Über einem Weinkeller ist ein Rundbogen in Natursteinen mit auskragenden Widerlagern zu mauern. An der Bogenlaibung sollen die Steine ca. 14 cm dick sein.
Berechnen Sie
a) den Mittelpunktswinkel
b) die Stichhöhe h von den Kämpferpunkten an gemessen
c) die Anzahl der Steine je Schicht
d) die Steinmaße, wenn die Fugen 8 mm dick sein sollen

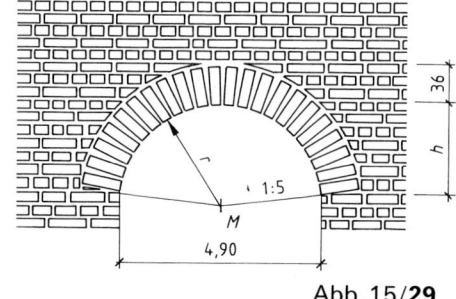

Abb. 15/**29**

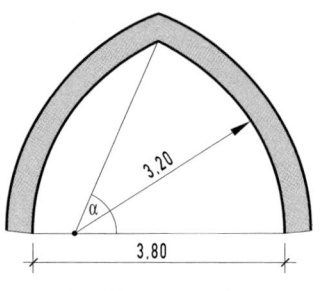

Abb. 15/**30**

30. In einem Schloss ist ein Spitzbogen zu erneuern. Der zugehörige Mittelpunktswinkel α beträgt 66°. Der Bogen hat eine Dicke von 24 cm, es werden Steine im Format NF verwendet.
Berechnen Sie
a) die Länge der Bogenlaibung
b) die Anzahl der Steine für eine Schicht
c) die Fugendicke am Bogenrücken und an der Bogenlaibung
d) die lichte Bogenhöhe

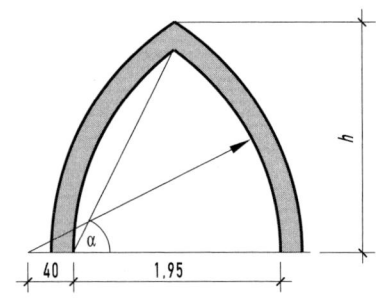

Abb. 15/**31**

31. An einer Kapelle soll ein Spitzbogenfenster erneuert werden. Steinformat NF.
Berechnen Sie:
a) den Winkel α
b) die lichte Höhe h
c) die Anzahl der Steine für die Rollschicht
d) die Fugendicke am Bogenrücken und an der Bogenlaibung
e) die Laibungsfläche

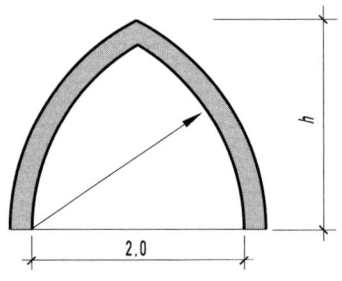

Abb. 15/**32**

32. An einem historischen Gebäude soll ein Spitzbogenfenster eingebaut werden.
Ermitteln Sie:
a) die Länge der Bogenlaibung
b) die Bogenhöhe h
c) die Anzahl der Natursteine, bei einer Steinbreite an der Laibung von 11,5 cm
d) die Fugendicke an der Laibung

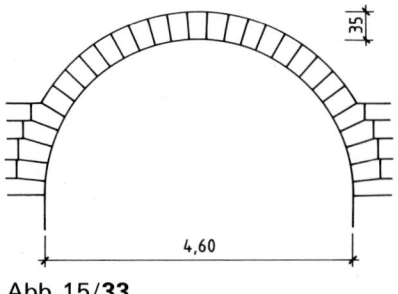

Abb. 15/**33**

33. Für eine Brücke ist ein Bogen aus keilförmigen Natursteinen zu mauern. Die Steine sollen an der Bogenlaibung ca. 12 bis 14 cm dick sein.
Ermitteln Sie
a) die Anzahl der erforderlichen Steine je Schicht bei einer Fugendicke von 1,2 cm am Bogenrücken und an der Bogenlaibung
b) die Abmessungen der Steine am Bogenrücken und an der Bogenlaibung

34. Über einem offenen Durchgang mit einer lichten Weite von 1,51 m soll ein Segment-bogen gemauert werden. Da das anschließende Mauerwerk 8 mm dicke Fugen hat, soll diese Fugendicke auch beim Segmentbogen i.M. etwa eingehalten werden. Daher soll die Mörtelfuge an der Bogenleibung ca. 5 mm betragen. Mauerwerk und Bogen werden in KMz im Format DF ausgeführt.
Berechnen Sie
a) die Anzahl der Steine
b) die Dicke der Mörtelfugen am Bogenrücken und an der Bogenlaibung

35. Der obere Abschluss eines Durchganges mit einer Öffnungsweite von 2,01 m soll als 2 Stein (NF) dicker Segmentbogen ausgebildet werden. Zwischen den Bogenschich-ten ist eine 15 mm dicke Mörtelfuge. Der Bogen hat eine Stichhöhe von 28 cm und einen zugehörigen Mittelpunktswinkel von $\alpha = 62°$.
Ermitteln Sie
a) die Anzahl der Steine der beiden Bogenschichten
b) die Fugenbreiten

36. An einer Brücke in Hanglage ist ein einhüfti-ger Bogen in Natursteinen zu mauern. An der Bogenlaibung haben die Steine eine Dicke von 30 cm; die Schichtdicke beträgt 40 cm. Die Brücke hat eine Breite von 4,50 m.
a) Wie viel m³ Steine sind zu vermauern?
b) Wie viel m² Fugen sind an Bogenlaibung und Stirnflächen zu verfugen?

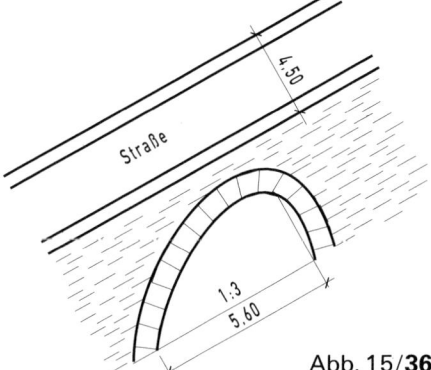

Abb. 15/36

37. Das Gewölbe eines Weinkellers ist von sei-ner Grundkonstruktion her ein Korbbogen. Das Gewölbe ist 49 cm (2 Steine) dick. Es werden Klinkersteine NF verwendet. Die Ra-dien betragen $r_1 = 3,10$ m, $r_2 = 1,55$ m.
a) Ermitteln Sie den Steinbedarf für zwei Schichten.
b) Wie viel Steine werden für das 6,30 m lan-ge Gewölbe benötigt?
c) Berechnen Sie die Fugendicke der beiden Gewölbeschichten.

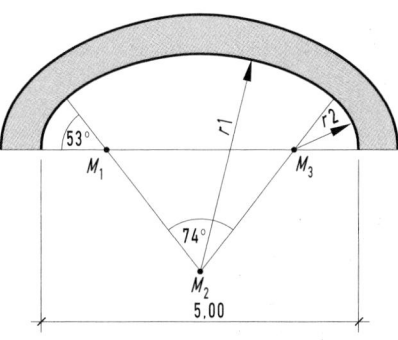

Abb. 15/37

16 Betonbau

Bestandteile des Frischbetons sind Gesteinskörnung, Bindemittel und Wasser.

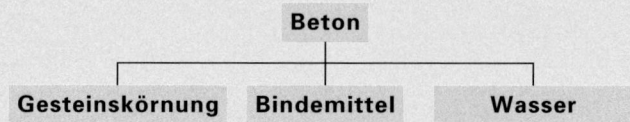

Gesteinskörnung

Die Gesteinskörnung als tragendes Gerippe des Betons muss u. a. auch auf ihre Korn-zusammensetzung untersucht werden. Durch Siebversuche wird die Gesteinskörnung entsprechend der Korngröße in Korngruppen unterteilt. Der Prüfsiebsatz besteht aus Ein-zelsieben mit quadratischen Öffnungen und den Weiten 0,125 – 0,25 – 0,5 – 1 – 2 – 4 – 8 – 16 – 31,5 (Nenngröße 32) – 63.

16.1 Siebversuch

Je nach dem Größtkorn werden für eine Siebung benötigt:

Größtkorn	Prüfgutmenge je Siebung	Größtkorn	Prüfgutmenge je Siebung
bis 4 mm	500 g	bis 32 mm	5 000 g
bis 8 mm	2000 g	bis 63 mm	10 000 g
bis 16 mm	3500 g		

Zu einer ausgewogenen Feststellung der Kornzusammensetzung sind drei Siebversuche erforderlich. Die Probemengen sind am Böschungsfuß, an der Oberfläche und vom Kern des Gesteinskörnungshaufens zu entnehmen und zu einer Durchschnittsmischung zusammenzustellen. Die Gesteinskörnung wird getrocknet und auf das oberste Sieb ge-geben.

Ablauf eines Siebversuches

Das auf dem obersten Sieb durchgefallene Siebgut ist auf das nächstkleinere zu geben; das hier durchgefallene wiederum auf das nächstkleinere usw., bis schließlich die feinsten Bestandteile im Auffangkasten angelangt sind. Die Rückstände auf den einzelnen Sieben und im Auffangkasten werden, beim größten Sieb beginnend, nacheinander in eine Waagschale geschüttet und jedes Mal zusammen mit der schon vorhandenen Menge gewogen.

Beispiel

Körnung des Prüfgutes 0/32

		Rückstand in g	bisheriger Rückstand	+ Rückstand auf dem nächsten Sieb	= Summe der Rückstände
63		0	0 +	0	= 0
31,5		0	0 +	0	= 0
16		1520	0 +	1520	= 1520
8		1160	1520 +	1160	= 2680
4		810	2680 +	810	= 3490
2		270	3490 +	270	= 3760
1		400	3760 +	400	= 4160
0,5		380	4160 +	380	= 4540
0,25		260	4540 +	260	= 4800
0		200	4800 +	200	= 5000

In gleicher Weise werden auch Versuch 2 und 3 durchgeführt. Hierbei ergaben sich auf den einzelnen Sieben folgende Rückstände:

Sieb	Versuch 2	Versuch 3
63	0	0
31,5	0	0
16	1470	1500
8	1200	1150
4	860	800
2	290	280
1	350	340
0,5	400	370
0,25	280	290
0	150	270

Nach Ermittlung der Rückstände aller drei Siebversuche werden diese in die Tabelle eingetragen und addiert. Die Summe der Rückstände der drei Versuche wird als Prozentsatz zur Gesamtmenge der Rückstände ermittelt. Die Differenz zu 100 ist der Durchgang in %. Die Durchgangswerte in % werden dann in ein Siebdiagramm eingetragen und mit den Regelsieblinien verglichen.

16.2 Körnungsziffer und Durchgangs-Summe (D-Summe)

Rückstand in g auf dem Sieb

Versuch	Gesamt-rück-stand (g)	0,25	0,5	1	2	4	8	16	32	63	
1	5 000	4 800	4 540	4 160	3 760	3 490	2 680	1 520	0	0	
2	5 000	4 850	4 570	4 170	3 820	3 530	2 670	1 470	0	0	
3	5 000	4 730	4 440	4 070	3 730	3 450	2 650	1 500	0	0	
Summe	15 000	14 380	13 550	12 400	11 310	10 470	8 000	4 490	0	0	
Rückstände in %		95,8	90,3	82,6	75,4	69,8	53,3	29,9	0	0	∑ 497
Durchgang in %		4,2	9,7	17,4	24,6	30,2	46,7	70,1	100	100	∑ 403

Beispiel

Rückstand auf 16 mm Sieb 4490 g:

$15\,000\ \text{g}:100\% = 4490\ \text{g}:x\,\%$
Rückstand $\quad x = 29{,}9\%$
Durchgang: $100\% - 29{,}9\% = 70{,}1\%$

Bedeutung der Linien bzw. Zwischenräume
der Siebliniendiagramme S. 143
① grobkörnig
② Ausfallkörnung
③ grob- bis mittelkörnig
④ mittel- bis feinkörnig
⑤ feinkörnig

Körnungsziffer $k = \dfrac{\text{Summe der Rückstände in \%}}{100}$

$$k = \frac{497}{100}$$

$$k = 4{,}97$$

Durchgang-Summe (D-Summe) = 403

Zwischen der Körnungsziffer und der D-Summe besteht folgende

Beziehung: $\boxed{100\,k + \text{D} = 900}$

Sieblinie aus den drei Siebversuchen

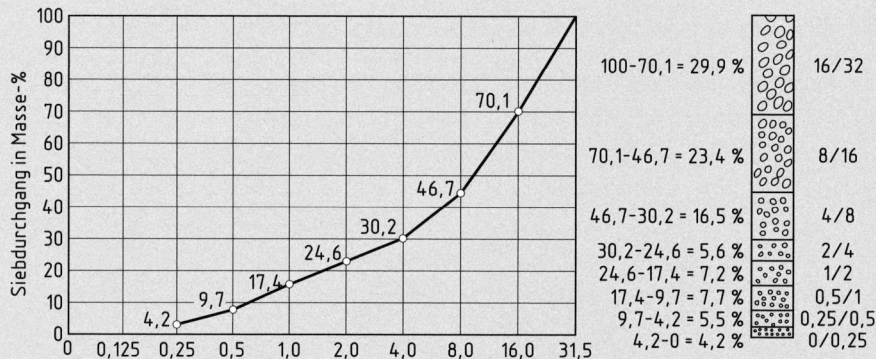

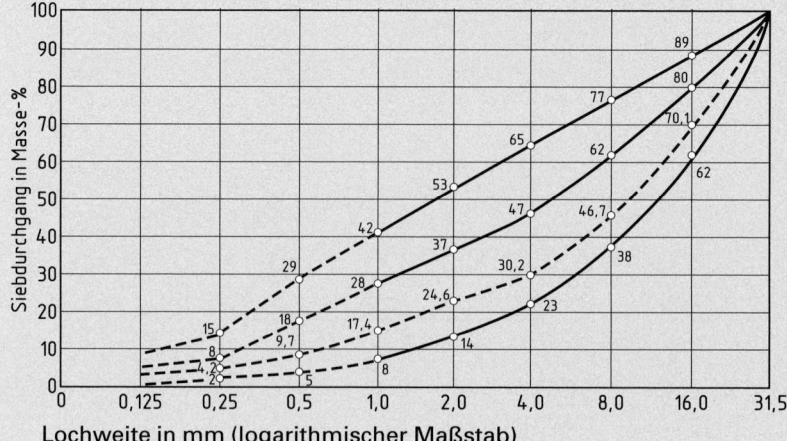

Erfolgt die Eintragung nicht im logarithmischen Maßstab, so sind die Abstände zwischen den Lochweiten ungleich. Es ergeben sich dadurch andere Sieblinienformen, deren Aussagewert jedoch der Gleiche ist. Trägt man die ermittelte Sieblinie in das entsprechende Regel-Sieblioniendiagramm ein, so zeigt sich, dass das untersuchte Korngemisch im Bereich „grob- bis mittelkörnig" liegt.

Für das Sieb 0,5 mm enthält DIN 1045 keine allgemeingültigen Durchgangswerte, da die in Deutschland vorkommenden Sande in diesem Bereich sehr stark schwanken. Da für das Sieb 0,125 mm keine Durchgangswerte angegeben sind, bleibt dieses Sieb für die Ermittlung der Kennwerte „Körnungsziffer" und Durchgangssumme unberücksichtigt. Durch die Sieblinien entstehen zunächst zwei Bereiche. Zwischen der Linie A mit dem gröbsten Korngemisch und der Linie B mit einem mittleren Korngemisch liegt der Bereich „grob- bis mittelkörnig". Korngemische in diesem Bereich sind anzustreben. Zwischen der Linie C mit dem feinsten Korngemisch und der Linie B liegt der Bereich „mittel- bis feinkörnig". Kornzusammensetzungen, die außerhalb der Linien A und C liegen, sind zu fein- oder zu grobkörnig und sollten daher vermieden werden. Fehlen einem Gemisch einzelne Korngruppen, so bezeichnet man es als „Ausfallkörnung". Sieblinien mit Ausfallkörnungen sind unstetig und werden mit „U" bezeichnet.

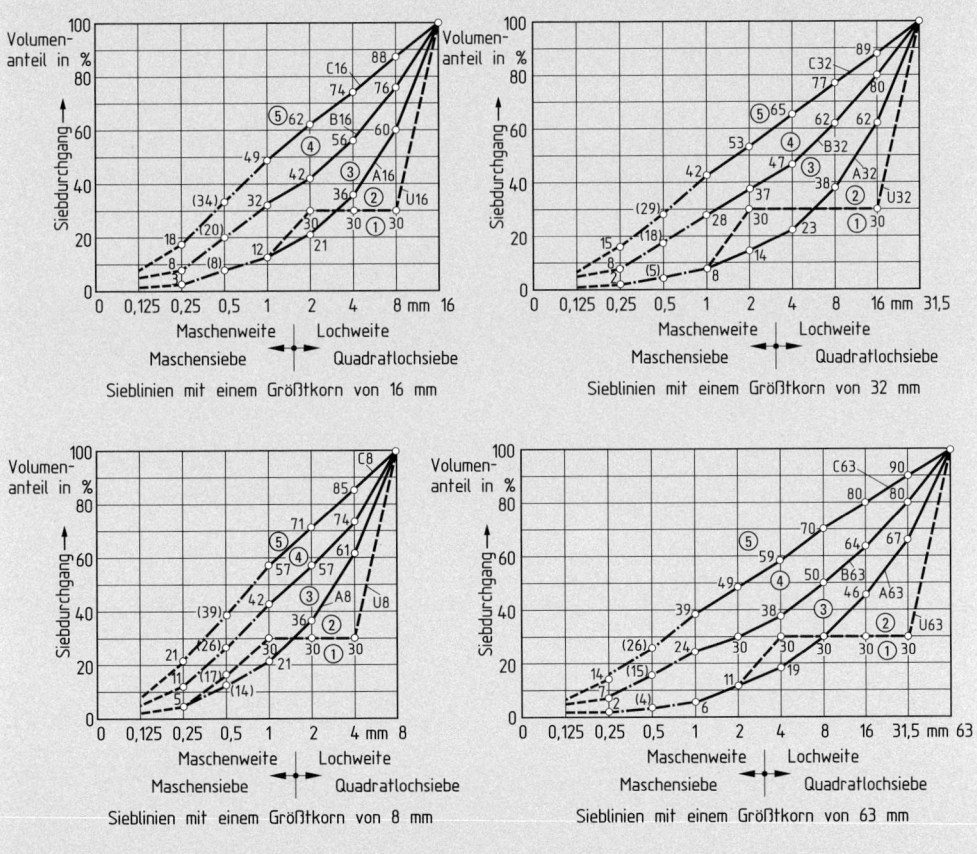

Ausfallkörnung

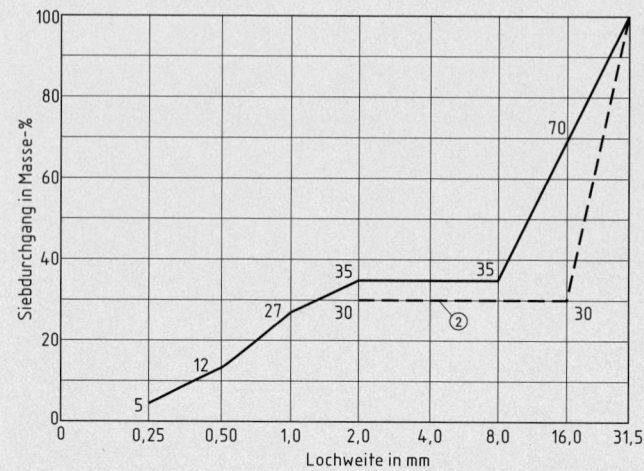

Ausfallkörnungen sollen nicht unterhalb der Regelsieblinie ② liegen. Ausgefallen sind hier die Korngruppen 2/4 und 4/8.

Körnungsziffer

Der Zweck einer Sieblinie besteht nicht nur darin, festzustellen, ob ein Gesteinskörnungsgemisch grobkörnig, mittelkörnig oder feinkörnig ist, sondern es lassen sich mit ihrer Hilfe auch Kennwerte finden, die Rückschlüsse auf den Wasseranspruch des betreffenden Gesteinskörnungsgemisches zulassen. Dieser Kennwert ist die sogenannte Körnungsziffer k. Auch die Durchgangs-Summe (D-Summe) kann als Kennwert herangezogen werden.

Regelsieb-linie	Körnungs-ziffer	D-Summe	Spezifische Ober-fläche[1])	Richtwerte für den mittleren Wasseranspruch m_w in Liter je m³ verdichteten Frischbeton der Konsistenz		
	k		m^2/kg	steif	plastisch	weich
				F1	F2	F3
A 8	3,63	537	2,24	165	185	195
B 8	2,90	610	3,94	185	205	220
C 8	2,27	673	5,93	200	220	235
U 8	3,88	512	2,36	155	175	190
A 16	4,60	440	1,38	140	160	175
B 16	3,66	534	2,97	165	180	200
C 16	2,75	625	5,14	185	210	230
U 16	4,87	413	1,37	135	155	170
A 32	5,48	352	0,95	125	145	165
B 32	4,20	480	2,73	145	170	190
C 32	3,30	570	4,38	165	190	210
U 32	5,65	335	1,05	120	140	155
A 63	6,15	285	0,80	115	135	155
B 63	4,92	408	2,35	135	155	165
C 63	3,73	527	4,04	160	180	195
U 63	6,57	243	0,81	115	130	145

[1]) Aus den Werten ist erkennbar: Je feiner das Gemisch ist, desto größer ist die spezifische Oberfläche und desto mehr Zementleim ist zur Ummantelung der Gesteinskörnung erforderlich.

144

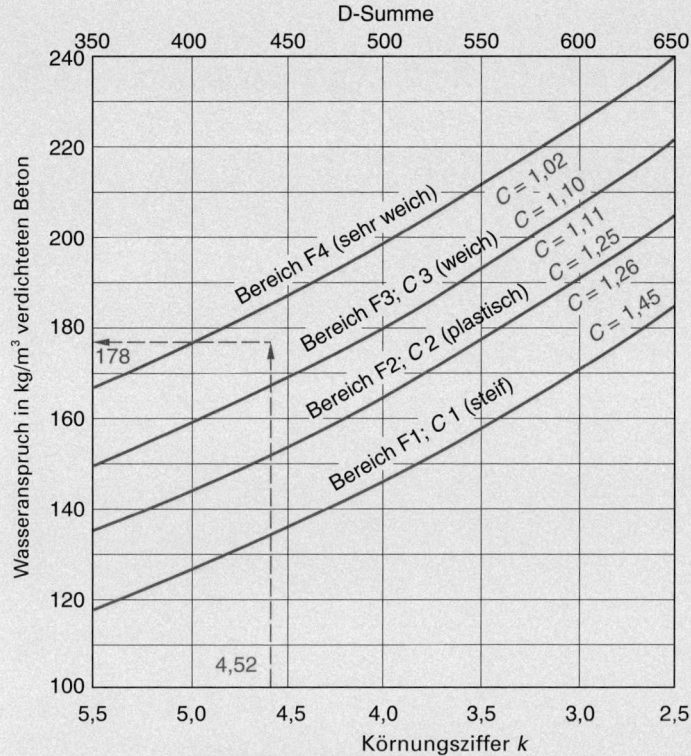

Beispiel 1
Gesteinskörnung mit Körnungsziffer 4,52
Konsistenz F3
Gesucht: Wasseranspruch
Ergebnis: 178 L/m³

Beispiel 2
a) Ermittlung der Körnungsziffern der Regelsieblinien A, B, C der Gemische 0/16 und 0/32
b) Ermittlung des jeweiligen Wasseranspruchs für einen Beton F3

Körnung 0/16	A-Linie		B-Linie		C-Linie
Rückstände in %	40		24		12
	64	Bereich ③	44	Bereich ④	26
	79		58		38
	88		68		51
	93		80		66
	97		92		82
Summe der Rückstände in %	461		366		275
	$k = 4{,}61$		$k = 3{,}66$		$k = 2{,}75$

Körnung 0/32	A-Linie		B-Linie		C-Linie
Rückstände in %	38		20		11
	62		38		23
	77	Bereich ③	53	Bereich ④	35
	86		63		47
	92		72		58
	95		82		71
	98		92		85
Summe der Rückstände in %	548		420		330
	$k = 5{,}48$		$k = 4{,}20$		$k = 3{,}30$

Wasseranspruch der Gesteinskörnung 0/16

Sieblinie A: $k = 4{,}61$ C3   Wasseranspruch 175 l/m³
Sieblinie B: $k = 3{,}66$ Wasseranspruch 200 l/m³
Sieblinie C: $k = 2{,}75$ Wasseranspruch 225 l/m³

Wasseranspruch der Gesteinskörnung 0/32

Sieblinie A: $k = 5{,}48$ C3   Wasseranspruch 160 l/m³
Sieblinie B: $k = 4{,}20$ Wasseranspruch 185 l/m³
Sieblinie C: $k = 3{,}30$ Wasseranspruch 210 l/m³

16.3 Wasser-Zement-Wert

Beton besteht neben der Gesteinskörnung aus Wasser und Zement. Wasser und Zement bilden den Zementleim. Die Gesteinskörnung enthält eine Oberflächenfeuchte, die bei einem Korngemisch 0/32 3 % bis 5 % beträgt.

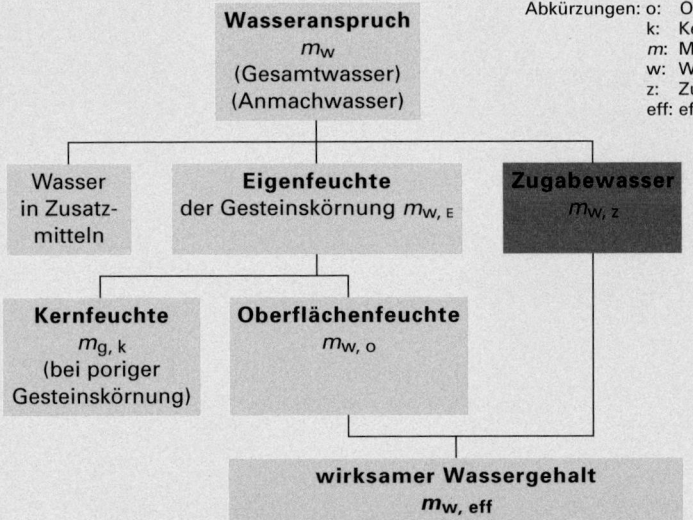

Abkürzungen:
o: Oberfläche
k: Kern
m: Masse
w: Wasser
z: Zugabe
eff: effektiv

Unter dem Wasser-Zement-Wert (w/z-Wert) versteht man das Massenverhältnis des Gesamtwassers zum Zement.

$$\text{Wasser-Zement-Wert} = \frac{\text{Masse des Gesamtwassers}}{\text{Masse des Zements}}$$

$$w/z = \frac{m_w}{m_z}$$

Beispiel 3

1 m³ Frischbeton enthält 310 kg Zement und 1902 kg Gesteinskörnung mit einer Eigenfeuchte von 3,5 %. Es werden 106 l Wasser zugegeben.
Wie groß ist der Wasser-Zement-Wert?

Lösung: Eigenfeuchte $= \dfrac{1902 \text{ kg} \cdot 3,5}{103,5}$ Gesamtwassermenge $= 106 \text{ l} + 64,3 \text{ l}$

Eigenfeuchte $= 64,3 \text{ kg}$ Gesamtwassermenge $= 170,3 \text{ l}$

$$w/z = \frac{m_w}{m_z}$$

$$= \frac{170,3 \text{ kg}}{310 \text{ kg}}$$

$$w/z = 0,55$$

Einfluss des Wasser-Zement-Wertes auf die Eigenschaften des Betons:

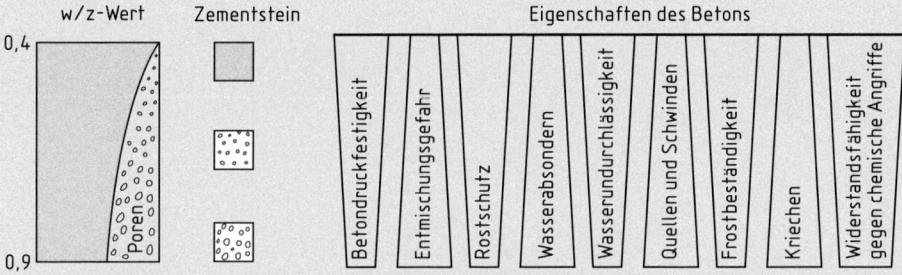

z.B. Betondruckfestigkeit : abnehmend
Entmischungsgefahr : zunehmend

16.4 Verdichtungsmaß und Konsistenz

Um 1 m³ verdichteten Beton zu erhalten, benötigt man mehr als 1 m³ Frischbeton. Dieser Mehrverbrauch wird durch das Verdichtungsmaß ausgedrückt. Die Verdichtungsmaße werden durch Versuche ermittelt.

Verdichtungsversuch

Beton wird in einen Behälter mit den Abmessungen $20 \times 20 \times 40$ cm lose eingefüllt, oben bündig gestrichen und vollständig verdichtet.

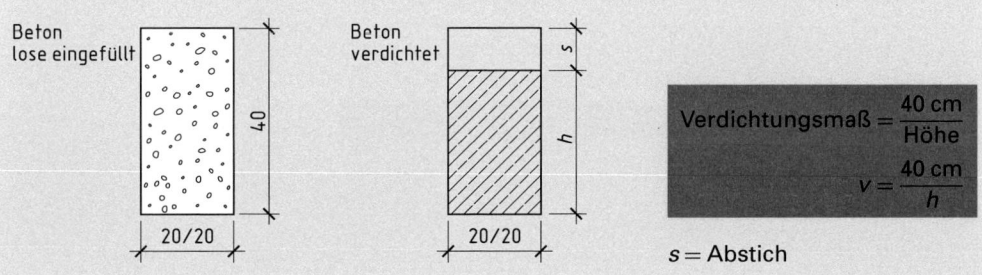

$$\text{Verdichtungsmaß} = \frac{40 \text{ cm}}{\text{Höhe}}$$

$$v = \frac{40 \text{ cm}}{h}$$

$s = $ Abstich

Konsistenzbereiche des Frischbetons

	sehr steif		steif		plastisch		weich (Regel-konsistenz)		sehr weich	fließfähig	sehr fließ-fähig
	C0	–	C1	F1	C2	F2	C3	F3	F4	F5	F6
										Fließbeton	
Verdich-tungsmaß C	$\geq 1{,}46$		1,45 ... 1,26		1,25 ... 1,11		1,10 ... 1,04				
Ausbreit-maß F in cm		–		≤ 34		35 ... 41		42 ... 48	49 ... 55	56 ... 62	≥ 63
Geeignete Verdich-tungs-methoden	kräftiges Stampfen in dünner Schütt-lage, sehr inten-sives Rütteln		Sehr inten-sives Rütteln		Leichtes Rütteln		Leichtes Rütteln oder Stochern		Leichtes Rütteln oder Stochern	Entlüften nur durch leichtes Schwabbeln	Wie bei F5

Beton
bestehend aus
325 kg Gesteinskörnung
(lufttrocken)
+ 50 kg Zement
+ 35 l Wasser

Beton 1

$$w/z = \frac{35}{50}$$

$$w/z_1 = 0{,}7$$

Anmerkung:
Bei Fließbeton wird die Fließ-fähigkeit nur durch Ver-wendung von Fließmitteln (FM) erzeugt und nicht durch Erhöhung der Zement-leimmenge.

+ 50 kg Zement
40 l Wasser

Beton 2

$$w/z = \frac{40 \text{ kg}}{50 \text{ kg}}$$

$$w/z_2 = 0{,}8$$

gestiegener w/z-Wert
erhöhte Zementleimmenge

höhere Konsistenz

+ 80 kg Zement
56 l Wasser

Beton 3

$$w/z = \frac{56 \text{ kg}}{80 \text{ kg}}$$

$$w/z_3 = 0{,}7$$

gleicher w/z-Wert
erhöhte Zementleimmenge

höhere Konsistenz

+ 80 kg Zement
48 l Wasser

Beton 4

$$w/z = \frac{48 \text{ kg}}{80 \text{ kg}}$$

$$w/z_4 = 0{,}6$$

gefallener w/z-Wert
erhöhte Zementleimmenge

höhere Konsistenz

> Die Konsistenz eines Betons ist nur von der Zementleimmenge, nicht jedoch von der Größe des Wasser-Zement-Wertes abhängig.

Praktische Bedeutung der Verdichtungsmaße
Mithilfe des Verdichtungsmaßes lässt sich aus der Festbetonmenge die erforderliche Frischbetonmenge errechnen. Die Verdichtungsmaße sind Prozentwerte für den Frischbe-tonbedarf, bezogen auf die Festbetonmenge.

> Frischbetonmente = Festbetonmenge · Verdichtungsmaß

Beispiel 4
Benötigte Festbetonmenge 5,6 m^3
Gesucht: erforderliche Frischbetonmenge der Konsistenz C2/F2 mit $v = 1{,}22$
Frischbetonmenge $= 5{,}6 \text{ m}^3 \cdot 1{,}22 = 6{,}83 \text{ m}^3$

Zusammenhang zwischen Beton-druckfestigkeit, Normfestigkeit des Zements und dem Wasserzementwert

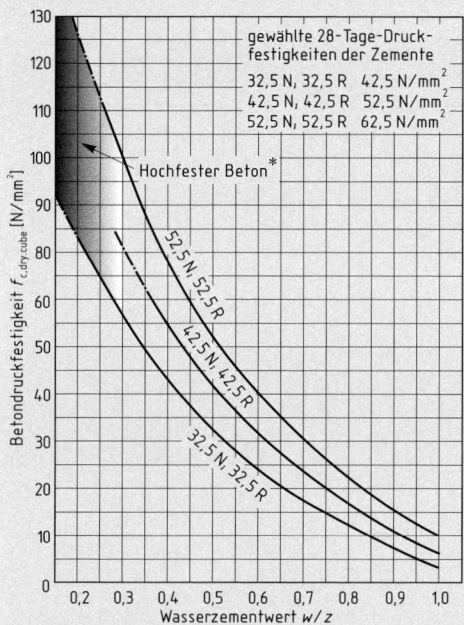

gewählte 28-Tage-Druck-festigkeiten der Zemente

32,5 N, 32,5 R 42,5 N/mm^2
42,5 N, 42,5 R 52,5 N/mm^2
52,5 N, 52,5 R 62,5 N/mm^2

Hochfester Beton*

* Bei hochfestem Beton verliert der Einfluss der Zement-normdruckfestigkeit an Bedeutung.

$f_{c,dry,cube}$:

Mittlere Betondruckfestigkeit von Probe-würfeln mit einer Kantenlänge von 150 mm nach 28 Tagen (davon 7 Tage unter Was-ser und 21 Tage an der Luft)

Dichte verschiedener Zementarten

Zementart	Kurzzeichen	Dichte kg/dm^3
Portlandzement	CEM I	3,10
Portlandzement-HS	CEM I-HS	3,20
Portland-Hüttenzement	CEM II	3,05
Portland-Puzzolanzement	CEM II	2,90
Portland-Schieferzement	CEM II	3,05
Portland-Kalksteinzement	CEM II	3,05
Portland-Flugaschezement	CEM II	2,98
Hochofenzement	CEM III	3,00

Rohdichte und Druckfestigkeit von Gesteinskörnungen

Gesteinsart	Rohdichte kg/dm^3	Druckfestigkeit N/mm^2
Hochofenschlacke	2,40–2,90	80–240
Porphyr	2,55–2,80	180–300
Quarzit	2,60–2,75	70–240
Granit	2,60–2,80	160–240
Dichter Kalkstein	2,65–2,85	80–180
Diabas	2,80–2,90	180–250
Gabbro, Diorit	2,80–3,00	170–300
Basalt	2,90–3,05	250–400

Mindestluftgehalt bei Frostangriff (Expositionsklassen XF2, XF3, XF4)

Größtkorn der Gesteins-körnung in mm	Mittlerer Luftgehalt in Vol.-%
8 XF2	≥ 5,5
16 XF3	≥ 4,5
32 XF4	≥ 4,0
63 XF4	≥ 3,5

Höchstzulässiger Chloridgehalt von Beton

Betonverwendung	Klasse des Chlorid-gehalts	Höchstzulässiger Chloridgehalt bezogen auf den Zement im Massenanteil
ohne Betonstahlbewehrung oder anderes eingebettetes Material	Cl 1,0	1,0 %
mit Betonstahlbewehrung oder anderem eingebettetem Material	Cl 0,4	0,40 %
mit Spannstahlbewehrung	Cl 0,20	0,20 %

Betondruckfestigkeitsklassen

Druckfestig-keitsklasse	Zylinder-druck-festigkeit f_{ck} N/mm²	Würfel-druck-festigkeit $f_{ck, cube}$ N/mm²	Beton-art
C 8/10 [2]	8	10	Normal-
C 12/15	12	15	und
C 16/20	16	20	Schwer-
C 20/25	20	25	beton
C 25/30	25	30	
C 30/37	30	37	
C 35/45	35	45	
C 40/50	40	50	
C 45/55	45	55	
C 50/60	50	60	
C 55/67	55	67	Hoch-
C 60/75	60	75	fester
C 70/85	70	85	Beton
C 80/95	80	95	
C 90/105	90	105	
C 100/115	100	115	

Druckfestigkeitsklassen für Leichtbeton

Druck-festig-keits-klasse	Charakteris-tische Mindest-druckfestigkeit von Zylindern f_{ck} N/mm²	Charakteris-tische Mindest-druckfestigkeit von Würfeln [1] $f_{ck, cube}$ N/mm²
LC 8/9	8	9
LC 12/13	12	13
LC 16/18	16	18
LC 20/22	20	22
LC 25/28	25	28
LC 30/33	30	33
LC 35/38	35	38
LC 40/44	40	44
LC 45/50	45	50
LC 50/55	50	55
LC 55/60	55	60
LC 60/66	60	66
LC 70/77	70	77
LC 80/88	80	88

C = concrete (engl. Beton)

f_{ck} = charakteristische Festigkeit bei Lagerung 7 Tage unter Wasser und 21 Tage an der Luft

$f_{ck, cube}$ = Würfel mit einer Kantenlänge von 150 mm

f_{ck} = Zylinder mit einem Durchmesser von 150 mm und einer Länge von 300 mm

LC = light concrete (engl. Leichtbeton)

[1] Es dürfen auch andere Werte verwendet werden, wenn das Verhältnis zwischen diesen Werten und der Referenzfestigkeit von Zylindern mit genügender Genauigkeit festgestellt und dokumentiert worden ist.

[2] Nach **DIN EN 1992-1-1** (Eurocode 2: Bemessung und Konstruktion von Stahlbeton- und Spannbetontragwerken) werden nur noch 15 Druckfestigkeitsklassen unterschieden. Die Druckfestigkeitsklasse C8/10 entfällt. Die charakteristische Zylinderdruckfestigkeit wird mit f_{ck} bezeichnet.

Umrechnung der Würfeldruckfestigkeiten

Vom Würfelformat 150 mm auf 100 mm

$$f_{c, dry (150\,mm)} = 0,97 \cdot f_{c, dry (100\,mm)}$$

dry = trocken $\cong$ 21 Tage Luftlagerung

Bei feuchter Lagerung bis zur Prüfung

Normalbeton $\leq$ C 50/60

$$f_{c, cube} = 0,92 \cdot f_{c, dry}$$

Hochfester Beton $\geq$ C 55/67

$$f_{c, cube} = 0,95 \cdot f_{c, dry}$$

Expositionsklassen

X0 kein Angriff	
Bewehrungskorrosion	**Betonangriff**
Meerwasser XS	Frost mit und ohne Taumittel XF
Chloride XD	Chemischer Angriff XA
Karbonatisierung XC	Verschleiß XM

16.7 Betonarten nach EN 206, DIN 1045

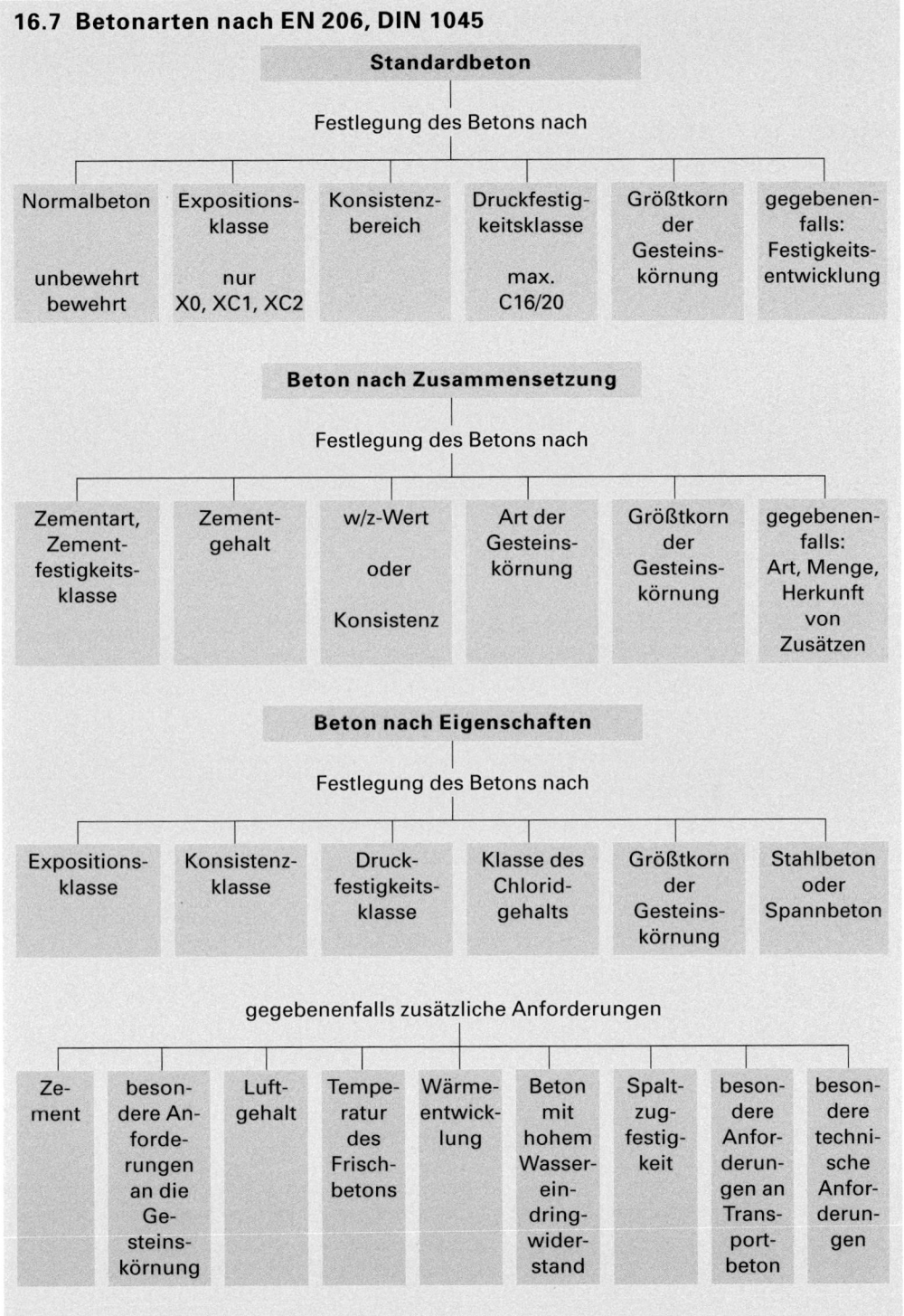

Standardbeton

Festlegung des Betons nach

Normalbeton	Expositions-klasse	Konsistenz-bereich	Druckfestig-keitsklasse	Größtkorn der Gesteins-körnung	gegebenen-falls: Festigkeits-entwicklung
unbewehrt bewehrt	nur X0, XC1, XC2		max. C16/20		

Beton nach Zusammensetzung

Festlegung des Betons nach

Zementart, Zement-festigkeits-klasse	Zement-gehalt	w/z-Wert oder Konsistenz	Art der Gesteins-körnung	Größtkorn der Gesteins-körnung	gegebenen-falls: Art, Menge, Herkunft von Zusätzen

Beton nach Eigenschaften

Festlegung des Betons nach

Expositions-klasse	Konsistenz-klasse	Druck-festigkeits-klasse	Klasse des Chlorid-gehalts	Größtkorn der Gesteins-körnung	Stahlbeton oder Spannbeton

gegebenenfalls zusätzliche Anforderungen

Ze-ment	beson-dere An-forde-rungen an die Ge-steins-körnung	Luft-gehalt	Tempe-ratur des Frisch-betons	Wärme-entwick-lung	Beton mit hohem Wasser-ein-dring-wider-stand	Spalt-zug-festig-keit	beson-dere Anfor-derun-gen an Trans-port-beton	beson-dere techni-sche Anfor-derun-gen

Mindestzementgehalte und Einsatz der Betone in Abhängigkeit von der Expositionsklasse

Expositions-klasse	Beton-festig-keits-klasse	Ze-ment-gehalt	Zement-gehalt bei An-rechnung von Zu-satz-stoffen	w/z-Wert	Beschreibung der Umgebung	Verwendung
	$f_{ck\,min}$	z_{min} kg/m^3	z_{min} kg/m^3	w/z_{max}		
kein Korrosions- oder Angriffsrisiko						
X0	C 12/15				alle Expositions-klassen außer XF, XA, XM	Fundamente und Innen-bauteile ohne Bewehrung
Bewehrungskorrosion durch Karbonatisierung						
XC1⌐ XC2⌐	C 16/20	240	240	0,75	trocken oder ständig nass	Beton in Innenräumen mit üblicher Luftfeuchte oder ständig in Wasser
					nass, selten trocken	Teile von Wasserbehäl-tern, Gründungsbauteile
XC3	C 20/25	260	240	0,65	mäßige Feuchte	Betone, zu denen die Außenluft häufig Zugang hat; Räume mit hoher Luftfeuchte
XC4	C 25/30	280	270	0,60	wechselnd nass und trocken	Außenbauteile mit direkter Beregnung
Bewehrungskorrosion durch Chloride						
XD1	C 30/37	300	270	0,55	mäßige Feuchte	Im Sprühnebelbereich von Verkehrsflächen
XD2	C 35/45	320	270	0,50	nass, selten trocken	Solebäder, bei chloridhal-tigen Industrieabwässern
XD3	C 35/45	320	270	0,45	wechselnd nass und trocken	Brückenteile mit häufiger Spritzwasserbean-spruchung, Fahrbahn-decken, Parkdecks
Bewehrungskorrosion durch Chloride aus Meerwasser						
XS1	C 30/37	300	270	0,55	salzhaltige Luft, aber kein unmit-telbarer Kontakt mit Meerwasser	Außenbauteile in Küstennähe
XS2	C 35/45	320	270	0,50	unter Wasser	Bauteile in Hafenanlagen, ständig unter Wasser
XS3	C 35/45	320	270	0,45	Tidebereiche, Spritzwasser- und Sprüh-nebelbereiche	Kaimauern in Hafenanlagen

Exposi-tions-klasse	Beton-festig-keits-klasse	Ze-ment-gehalt	Zement-gehalt bei An-rechnung von Zu-satz-stoffen	w/z-Wert	Beschreibung der Umgebung	Verwendung
	$f_{ck\,min}$	z_{min} kg/m³	z_{min} kg/m³	w/z_{max}		
Frostangriff mit und ohne Taumittel						
XF1	C 25/30	280	270	0,60	mäßige Wasser-sättigung ohne Taumittel	Außenbauteile
XF2	C 25/30	300	300	0,55	mäßige Wasser-sättigung mit Taumittel	Bauteile im Sprühnebel- oder Spritzwasserbereich, von Taumittel behandelten Verkehrsflächen, Bauteile in der Wasserwechselzone von Süßwasser
	C 35/45	320	320	0,50		
XF3	C 25/30	300	270	0,50	hohe Wasser-sättigung ohne Taumittel	offene Wasserbehälter, Bauteile in der Wasser-wechselzone von Süß-wasser (Schleusen)
	C 35/45	320	270	0,50		
XF4	C 30/37	320	320	0,50	hohe Wasser-sättigung mit Taumittel	Verkehrsflächen, die mit Taumitteln behandelt werden; Meerwasser-bauteile
Betonangriff durch aggressive chemische Umgebung						
XA1	C 25/30	280	270	0,60	chemisch schwach	Behälter von Kläranlagen; Güllebehälter
XA2	C 35/45[1]	320	270	0,50	chemisch mäßig angreifende Umgebung	Bauteile, die mit Meer-wasser in Berührung kommen; Bauteile in betonangreifenden Böden
XA3	C 35/45[3]	320	270	0,45	chemisch stark angreifende Umgebung	Industrieabwasseran-lagen mit chemisch angreifenden Abwässern; Gärfuttersilos, Kühltürme mit Rauchgasableitung

Zusatzbezeichnung bei Zementen

LH	Zement mit niedriger Hydratationswärme (low heat of hydratation)
HS	Zement mit hohem Sulfatwiderstand
NA	Zement mit niedrigem wirksamem Alkalibestand
FE	Zement mit frühem Erstarren
SE	Schnell erstarrender Zement
HO	Zement erhöhtem Anteil organischer Bestandteile

Exposi-tionsklasse	Betonfestig-keitsklasse	Zement-gehalt	Zement-gehalt bei An-rechnung von Zu-satz-stoffen	w/z-Wert	Beschreibung der Umgebung	Verwendung
	$f_{ck\,min}$	z_{min} kg/m^3	z_{min} kg/m^3	w/z_{max}		
Betonangriff durch Verschleißbeanspruchung						
XM1	C 30/37	300	270	0,55	mäßige Verschleiß-beanspruchung	Industriefußböden mit Beanspruchung durch luftbereifte Fahrzeuge
XM2	⌐C 30/37[2])	300	270	0,55	starke Verschleiß-beanspruchung	Industriefußböden mit Beanspruchung durch vollgummibereifte Fahr-zeuge
	└C 35/45	320	270	0,45		
XM3	C 35/45[3])	320	270	0,45	sehr starke Verschleiß-beanspruchung	bei Befahren mit stahl-rollenbereiften Gabel-staplern oder Ketten-fahrzeugen; Wasser-bauwerke in geschiebe-belasteten Gewässern

[1]) Bei Luftporenbeton (LP-Beton) eine Festigkeitsklasse niedriger
[2]) bei Oberflächenbehandlung
[3]) durch Beimengung von Hartstoffen nach DIN 1100

Bedeutung der Kurzzeichen der Expositionsklassen:
X = Expositionskasse   S = Seewasser (Meerwasser)
C = Carbonation   F = Frost
D = De-icer (Enteiser)   M = Mechanical (Verschleiß)
 (bei Metallen)   A = Aggressive Umgebung

Bei mehreren zutreffenden Expositionsklassen für ein Bauteil ist jeweils die Expositions-klasse mit der höheren Anforderung maßgebend.

Grenzwerte zur Beurteilung des Angriffsgrades von Wässern und Böden

Chemisches Merkmal	Expositionsklasse		
	XA1	XA2	XA3
Grundwasser	chemisch schwach angreifend	chemisch mäßig angreifend	chemisch stark angreifend
Wässer			
pH-Wert	$\leq 6{,}5$ und $\geq 5{,}5$	$< 5{,}5$ und $\geq 4{,}5$	$< 4{,}5$ und $\geq 4{,}0$
Sulfat: SO$_4$ in mg/l	≥ 200 und ≤ 600	> 600 und ≤ 3000	> 3000 und ≤ 6000
Kohlendioxid: CO$_2$ in mg/l	≥ 15 und ≤ 40	> 40 und ≤ 100	> 100 bis zur Sättigung
Ammonium[1]): NH$_4$ in mg/l	≥ 15 und ≤ 30	> 30 und ≤ 60	> 60 und ≤ 100
Magnesium: Mg in mg/l	≥ 300 und ≤ 1000	> 1000 und ≤ 3000	> 3000 bis zur Sättigung
Boden			
SO$_4$ in mg/kg	> 2000 und ≤ 3000	> 3000 und $\leq 12\,000$	$> 12\,000$ und $\leq 24\,000$

[1]) Gülle kann unabhängig vom NH$_4$-Gehalt in die Expositionsklasse XA1 eingeordnet werden.

Anwendungsbereiche von Zementen nach DIN EN 197-1 und DIN 1164

Zement-art	andere Bestand-teile	Klinker-anteil	Kein Risiko	durch Karbonatisierung				durch Chloride						durch Frost				durch chemisch aggressive Umgebung			durch Verschleiß		
			X0	XC1	XC2	XC3	XC4	XD1	XD2	XD3	XS1	XS2	XS3	XF1	XF2	XF3	XF4	XA1	XA2	XA3	XM1	XM2	XM3
CEM I																							
CEM II	S	A/B																					
	D	A																					
	P/Q	A/B																					
	V	A																					
	V	B																					
	W	A																					
	W	B																					
	T	A/B																					
	LL	A																					
	LL	B																					
	L	A																					
	L	B																					
	M	A																					
	M	B																					
CEM III		A																					
		B																					
		C																					
CEM IV		A																					
		B																					
CEM V		A																					
		B																					

gültiger Anwendungsbereich

Anwendung ausgeschlossen

S = Portland-Hütten-Zement
D = Portland-Silicatstaub-Zement
P/Q = Portland-Puzzolan-Zement

V/W = Portland-Flugasche-Zement
T = Portland-Schiefer-Zement
L/LL = Portland-Kalkstein-Zement

M = Portland-Komposit-Zement

A = PZ-Klinkeranteil hoch
B = PZ-Klinkeranteil niedrig
C = PZ-Klinkeranteil sehr niedrig

16.5 Stoffraumrechnung

Mit Hilfe der Stoffraumrechnung lassen sich Betone in ihrer Zusammensetzung insbesondere mit bestimmten Eigenschaften errechnen.

Für die in 1 m³ enthaltenen Raumteile ergibt sich für die anteiligen Stoffe die Gleichung:

Stoffraumgleichung

$$\text{Gesamt-} \atop \text{volumen} = \frac{\text{Masse Zement}}{\text{Dichte Zement}} + \frac{\text{Masse Wasser}}{\text{Dichte Wasser}} + \frac{\text{Masse Gesteinskörnung}}{\text{Dichte Gesteinskörnung}} + \text{Luftporenraum}$$

$$1000\ \text{dm}^3 = \frac{m_z}{\varrho_z} + \frac{m_w}{\varrho_w} + \frac{m_g}{\varrho_g} + p$$

Luftgehalt bei 0/32: 1–3 Vol.-% bei feinkörniger Gesteinskörnung bis 6 Vol.-%

Schema für einen Mischungsentwurf

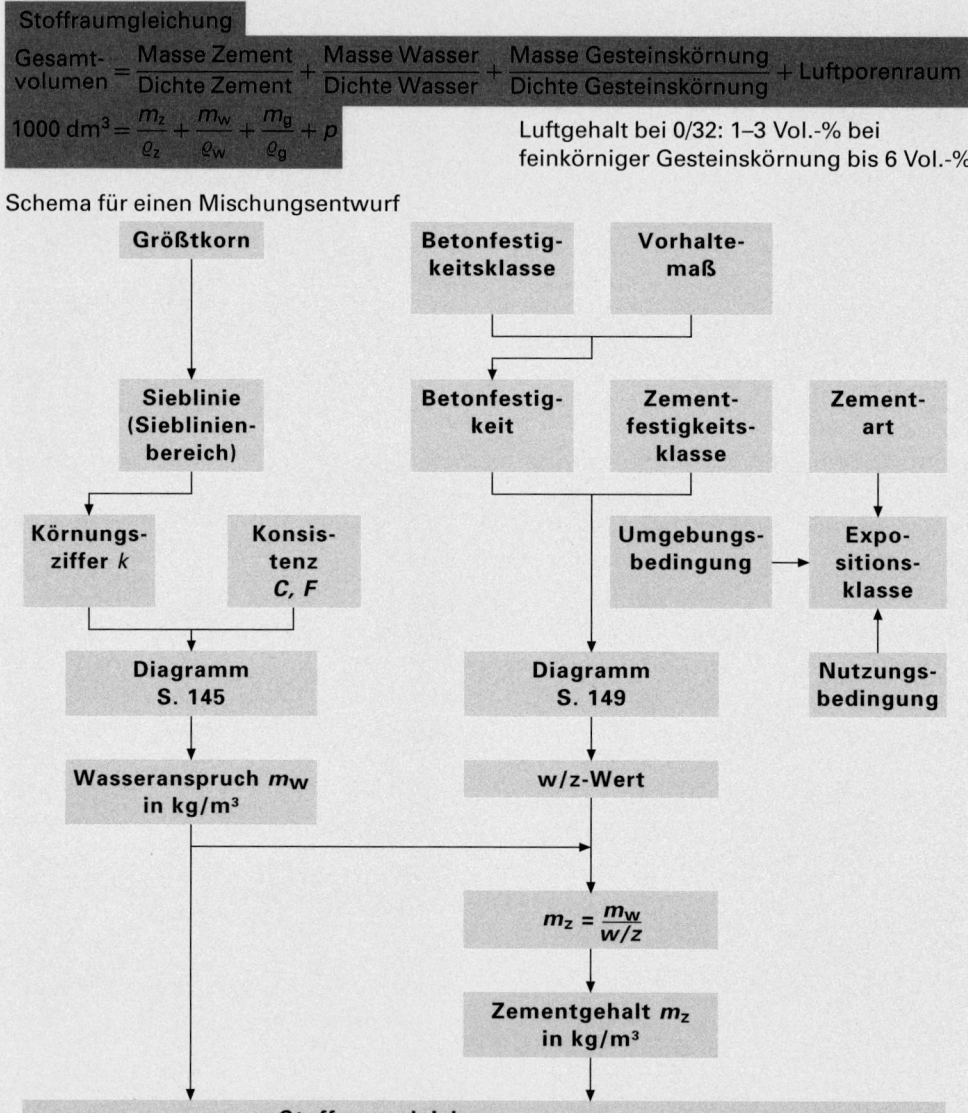

Bei gegebenem Luftgehalt und gegebener Rohdichte der Gesteinskörnung, lässt sich m_g ermitteln.

Beispiel 1

Ermitteln Sie den Bedarf an oberflächentrockener Gesteinskörnung für 1 m³ Beton, wenn 310 kg Zement und 152 kg Wasser benötigt werden. Der Luftgehalt wird mit 4,5 Vol.-% angenommen. Rohdichte der Gesteinskörnung 2,65 kg/dm³.

$$1000 \text{ dm}^3 = \frac{m_z}{\varrho_z} + \frac{m_w}{\varrho_w} + \frac{m_g}{\varrho_g} + p$$

$$1000 \text{ dm}^3 = \frac{310 \text{ kg}}{3,1 \text{ kg/dm}^3} + \frac{152 \text{ kg}}{1,0 \text{ kg/dm}^3} + \frac{m_g}{2,65 \text{ kg/dm}^3} + \frac{4,5 \cdot 1000 \text{ dm}^3}{100}$$

$$1000 \text{ dm}^3 = 100 \text{ dm}^3 + 152 \text{ dm}^3 + \frac{m_g}{2,65 \text{ kg/dm}^3} + 45 \text{ dm}^3$$

$$\frac{m_g}{2,65 \text{ kg/dm}^3} = 703 \text{ dm}^3$$

$$m_g = 1862,95 \text{ kg oberflächentrocken}$$

Beispiel 2

Herzustellen ist ein Beton mit folgenden Daten:
C 35/45, Konsistenz C 3
Zement CEM I 52,5 N
Gesteinskörnung 0/32 Sieblinie A
Rohdichte 2,60 kg/dm³
Luftgehalt 4,0 Vol.-%
Gesucht für 1 m³ Frischbeton: Zementmasse in kg, Wasserbedarf, Gesteinskornmasse

Effektive Druckfestigkeit: Nennfestigkeit $\quad$ 45 MN/m²
$\qquad\qquad\qquad\qquad$ Vorhaltemaß $\quad$ $\underline{10 \text{ MN/m}^2}$
$\qquad\qquad\qquad\qquad$ $f_{c,\,dry,\,cube} = 55 \text{ MN/m}^2$

a) w/z-Wert:
$\quad f_{c,\,dry,\,cube} = 55 \text{ MN/m}^2 \rightarrow w/z = 0,47$

b) erforderliche Wassermasse:
$\quad$ 0/32, Sieblinie A $\rightarrow k = 5,48$
$\quad$ aus $k = 5,48$ und Konsistenz C3 $\rightarrow$ Wasseranspruch 165 l

c) erforderliche Zementmasse:
$$w/z = \frac{m_w}{m_z}$$
$$m_z = \frac{m_w}{w/z}$$
$$= \frac{165 \text{ kg}}{0,47}$$
$$m_z = 351 \text{ kg}$$

d) erforderliche Gesteinskörnungsmasse:
$$1000 \text{ dm}^3 = \frac{351 \text{ kg}}{3,1 \text{ kg/dm}^3} + \frac{165 \text{ kg}}{1,0 \text{ kg/dm}^3} + \frac{m_g}{2,6 \text{ kg/dm}^3} + 40 \text{ dm}^3$$

$$m_g = 1772,6 \text{ kg}$$

Beispiel 3

Für die Herstellung eines Beton C 40/50 soll eine Gesteinskörnung ($\varrho = 2{,}80$ kg/dm³) 0/16 mit einer Körnungsziffer $k = 3{,}85$ verwendet werden. Zementfestigkeitsklasse 52,5 N; Betonkonsistenz F3; Luftgehalt 2 %.

Der Beton soll die Expositionsklassen XC3; XD2; XF4 sowie XA1 erfüllen.

a) Welche Zementarten kommen in Betracht?
b) Ermitteln Sie den Baustoffbedarf.

Lösung:

a) CEM I; CEM II A/B-S; CEM II A-D; CEM II A/B-T; CEM II A-LL; CEM III A/B

b) Sieblinie A 16 $\Rightarrow$ $k = 3{,}85$

$$m_w = 194 \text{ kg/m}^3$$

Konsistenz   F3

Betonfestigkeitsklasse C 40/50 $\Rightarrow$ Würfeldruckfestigkeit = 50 N/mm²
Vorhaltemaß $= 10$ N/mm²
Betonfestigkeit $= 60$ N/mm²

Aus Betonfestigkeit 60 N/mm²

$$w/z = 0{,}45$$

Zementfestigkeitsklasse 52,5 N

$$w/z = \frac{m_w}{m_z}$$

$$0{,}45 = \frac{194 \text{ kg}}{m_z}$$

$m_z = 431{,}11$ kg

$m_z = 432$ kg   gewählt: CEM II A-S mit $\varrho = 3{,}05$ kg/dm³

Stoffraumgleichung:

$$1000 = \frac{194 \text{ kg}}{1{,}0 \text{ kg/dm}^3} + \frac{432 \text{ kg}}{3{,}05 \text{ kg/dm}^3} + \frac{m_g}{2{,}80 \text{ kg/dm}^3} + \frac{2{,}0 \cdot 1000 \text{ dm}^3}{100}$$

$m_g = 1804{,}21$ kg oberflächentrocken

An ein Bauwerk können mehrere Anforderungen aus der Umgebung und der Nutzung gestellt werden. Daher können auch mehrere Expositionsklassen erforderlich sein.
Z. B. Brücke mit Brückenpfeiler

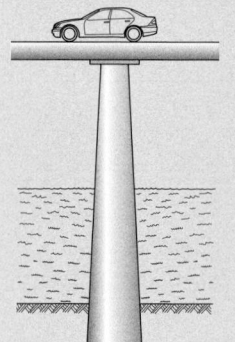

Brückenfahrbahn: XC4; XD3; XF4; XM1

Brückenpfeiler: XC4; XS3; XF2; XA2
(Sprühnebel)

Wasserwechselzone: XC4; XS3; XF4; XA2

unter Wasser: XC1; XS2; XA2

Betonrezepte für 1 m³ unbewehrten Beton der Festigkeitsklasse C 8/10

Festigkeits-klasse des Zements	Größtkorn der Gesteins-körnung [mm]	Konsistenz	Zement [kg]	Zugabe-wasser [l]	Gesteins-körnung feucht [kg]
32,5	16	steif	231	107	1937
		plastisch	253	130	1864
		weich	286	153	1780
	32	steif	210	83	2011
		plastisch	230	107	1937
		weich	260	130	1856
42,5	16	steif	210	106	1956
		plastisch	230	129	1883
		weich	260	152	1802
	32	steif	189	83	2029
		plastisch	207	106	1959
		weich	234	129	1880

Betonfestigkeitsklasse 8/10 nur für unbewehrten Beton

Betonrezepte für 1 m³ unbewehrten Beton der Festigkeitsklasse C 12/15

Festigkeits-klasse des Zements	Größtkorn der Gesteins-körnung [mm]	Konsistenz	Zement [kg]	Zugabe-wasser [l]	Gesteins-körnung feucht [kg]
32,5	16	steif	297	109	1878
		plastisch	330	133	1793
		weich	363	156	1709
	32	steif	270	86	1956
		plastisch	300	109	1875
		weich	330	133	1793
42,5	16	steif	270	108	1902
		plastisch	300	132	1820
		weich	330	155	1739
	32	steif	243	85	1980
		plastisch	270	108	1902
		weich	297	131	1824

Betonfestigkeitsklasse 12/15 nur für unbewehrten Beton

Zur Gruppe des Standardbetons zählen nur die Betone der Festigkeitsklassen C 8/10; C 12/15 sowie C 16/20. Sie entsprechen den früheren Betongruppen B I. Für diese Beton-gruppen gilt allerdings eine wesentliche Einschränkung auf die Expositionsklassen.

X0 = unbewehrte Bauteile ohne Korrosions- oder Angriffsrisiko
XC1 = Stahlbetonbauteile in Innenräumen oder ständig unter Wasser
XC2 = Teile von Wasserbehältern und Gründungsbauteile aus Stahlbeton.

Die Mindestzementgehalte nach Tab. S. 152 ff. dürfen nicht unterschritten werden.

Betonrezepte für 1 m³ unbewehrten oder bewehrten Beton der Festigkeitsklasse C 16/20[1])

Festigkeits-klasse des Zements	Größtkorn der Gesteins-körnung [mm]	Konsistenz	Zement [kg]	Zugabe-wasser [L]	Gesteins-körnung feucht [kg]
32,5	16	steif	319	110	1878
		plastisch	352	134	1774
		weich	396	158	1679
	32	steif	290	87	1937
		plastisch	320	110	1856
		weich	360	134	1766
42,5	16	steif	290	109	1883
		plastisch	320	132	1802
		weich	360	156	1712
	32	steif	261	85	1965
		plastisch	288	109	1885
		weich	324	133	1798

[1]) Die Werte der Tabelle für Standardbeton sowie für die Betonfestigkeitsklassen 8/10; 12/15 und 16/20 gelten nicht, wenn an den Beton besondere Anforderungen gestellt werden, wie z.B. hoher Frostwiderstand (XF3; XF4) und hoher Widerstand gegen chemische Angriffe (XA3). Diese Einschränkung gilt auch für Sonderbetone wie Sichtbeton.

Außerdem gelten für die Mischungstabellen der Betone 8/10; 12/15; 16/20 folgende Annahmen:

- Oberflächenfeuchte der Gesteinskörnung: 4,5 %
- Dichte des Zements: 3,00 kg/dm³
- Kornrohdichte der Gesteinskörnung: 2,60 kg/dm³
- Luftgehalt: 2 Vol.-%

Die Baustoffmengen richten sich i.W. nach dem Sieblinienbereich ④ mittel- bis feinkörnig. Wenn also ein Gemisch des Sieblinienbereichs ③ grob- bis mittelkörnig verwendet wird, befindet man sich auf der sicheren Seite.

Mindestzementgehalte für Standardbeton mit einem Größtkorn 32 mm und der Zementfestigkeitsklasse 32,5

Festigkeits-klasse des Betons f_{ck}	Mindestzementgehalt in kg/m³		
	Konsistenzbereich		
	steif	plastisch	weich
C 8/10	210	230	260
C 12/15	270	300	330
C 16/20	290	320	360

Der Zementgehalt muss erhöht werden bei Größtkorn der Gesteinskörnung
von 16 mm um 10 %
von 8 mm um 20 %

Der Zementgehalt darf verringert werden
- bei Zement der Festigkeitsklasse 42,5 N; 42,5 R um max. 10 %

Höchstzulässiger Mehlkorngehalt für Beton mit einem Größtkorn des Korngemisches von 16 mm bis 63 mm

Beton-festigkeits-klasse	Exposi-tionsklasse	Gehalt an Zement kg/m³	höchst zu-lässiger Gehalt an Mehlkorn kg/m³
bis C 50/60	XF, XM[1])	≤ 300	400
		≥ 350	450
ab C 55/67	alle	≤ 400	500
		450	550
		≥ 500	600

[1]) Bei allen anderen Expositionsklassen Mehlkorngehalt ≤ 550 kg/m³

- bei Größtkorn der Gesteinskörnung von 63 mm um max. 10 %

160

Nutzinhalt von Betonmischern

Nenninhalt des Mischers in m³		0,15	0,25	0,33	0,50	0,75	1,00
		Nutzinhalt in m³ für Betonkonsistenz					
Nutz-Inhalt [m³]	steif	0,15	0,25	0,33	0,50	0,75	1,00
	plastisch	0,18	0,30	0,40	0,60	0,90	1,20
	weich	0,20	0,34	0,45	0,67	1,01	1,35

Mindestluftgehalt bei Beton mit hohem Frost- und Tauwiderstand

Größtkorn der Gesteinskörnung in mm	Mittlerer Luftgehalt in Vol.-%
8	$\geq 5,5$
16	$\geq 4,5$
32	$\geq 4,0$
63	$\geq 3,5$

Festigkeitsklassen und Festigkeitsanforderungen für Zementestriche nach DIN 18560

Festig-keits-klasse	Güteprüfung nach 28 Tagen		
	Druckfestigkeit N/mm²		Biegezug-festigkeit N/mm²
	Nenn-festigkeit (kleinster Einzol wert)	Serien-festigkeit (Mittel-wort jo der Serie)	Serienfe-stigkeit (Mittel-wort je-der Serie)
CT 12	12	≥ 15	≥ 3
CT 20	20	≥ 25	≥ 4
CT 30	30	≥ 35	≥ 5
CT 40	40	≥ 45	≥ 6
CT 50	50	≥ 55	≥ 7
CT 55 M	55	≥ 70	≥ 11
CT 65 A	65	≥ 75	≥ 9
CT 65 KS	65	≥ 75	≥ 9

Hartstoffe:

A = Allgemeine Hartstoffe wie Naturgestein, dichte Schlacke

M = Metallische Hartstoffe

KS = Hartstoffe mit Elektrokorund, Siliziumkarbid

Anordnungen an Beton mit hohem Wassereindringwiderstand für tragende Bauteile

Wasser-Zementwert	$w/z \leq 0,60$ Gering bei entsprechenden Expositionsklassen
Mindestzementgehalt	$m_z \geq 350 \text{ kg/m}^3$ bei Gesteinskör-nungen mit Größtkorn 32 mm
Mehlkorngehalt	Werte nach Tabelle dürfen überschritten werden
Betonzusammensetzung	Beton muss beim Einbringen als zusam-menhängende Masse fließen, um auch ohne Verdichtung ein geschlossenes Gefüge zu erhalten

Mischungszusammensetzungen von Zementestrichen

Festig-keits-klasse	Zementgehalte in kg/m³ bei Gesteins-körnungsgruppe			Festigkeits-klasse des Zements	Wasser-Zement-wert w/z	Festig-keitsklasse des Trag-betons
	0/8	0/11	0/16			
CT 30	410	390	365	CEM 32,5	0,53	C 20/25
CT 40	480	440	420	CEM 32,5	0,42	C 20/25
CT 50	–	490	470	CEM 42,5	0,38	C 30/37

Sieblinien/Körnungsziffern

1. Ermitteln Sie zu den Regelsieblinien der Gesteinskörnungsgemische 0/8 und 0/63
   a) die Summe der Rückstände in %
   b) die Körnungsziffern
   c) die D-Summen

2. Bei einem Siebversuch ergaben sich folgende Rückstände auf den einzelnen Sieben:

Sieb	Versuch 1	Versuch 2	Versuch 3
63	0	0	0
31,5	0	0	0
16	700	830	760
8	920	900	790
4	780	490	760
2	320	610	480
1	280	470	460
0,5	960	800	970
0,25	470	510	300
0	570	390	480

   a) Um welche Korngruppe handelt es sich?
   b) Ermitteln Sie die Rückstände in %.
   c) Ermitteln Sie die Durchgänge in %.
   d) Ermitteln Sie die Körnungsziffer k.
   e) Ermitteln Sie die D-Summe.
   f) Ermitteln Sie den Gesamtwasserbedarf für 1 m^3 Beton mit der Konsistenz C2.
   g) In welchem Bereich liegt das Korngemisch?

3. Bei einem Siebversuch ergaben sich folgende Rückstände auf den einzelnen Sieben:

Sieb	Versuch 1	Versuch 2	Versuch 3
63	0	0	0
31,5	0	0	0
16	0	0	0
8	1050	1130	1080
4	840	750	850
2	490	470	450
1	350	350	340
0,5	370	280	390
0,25	290	250	230
0	110	270	160

   a) Um welche Korngruppe handelt es sich?
      Ermitteln Sie
   b) die Rückstände in %
   c) die Durchgänge in %
   d) die Körnungsziffer k.
   e) die D-Summe.
   f) Wie groß ist der Gesamtwasserbedarf für 1 m^3 Beton F3?
   g) Tragen Sie die gewonnene Sieblinie in ein Diagramm mit den Regelsieblinien ein und stellen Sie fest, in welchem Bereich das Korngemisch liegt.

4. Die drei Siebversuche ergaben auf den einzelnen Sieben zusammen folgende Rückstände:

Sieb	
63	0
31,5	0
16	2230
8	2250
4	1480
2	1500
1	550
0,5	1490
0,25	2300
0	3200

a) Ermitteln Sie die Sieblinie und vergleichen Sie diese mit der am nächsten liegenden Regelsieblinie.

b) Wie groß ist die Körnungsziffer k?

c) Wie groß ist die D-Summe?

d) Welche Korngruppen und wie viel g davon müssten diesem Gemisch zugegeben werden, damit es in diesem Bereich mindestens die Werte der nächsten Regelsieblinie erreicht?

Wasser-Zement-Wert

5. 1 m³ Beton C 20/25 setzt sich zusammen aus 1747 kg Gesteinskörnung 0/32 mit einer Eigenfeuchte von 3%, 380 kg Zement CEM I 32,5 R und 135 kg Zugabewasser. Ermitteln Sie den Wasser-Zement-Wert und die Druckfestigkeit (nach Diagramm).

6. Für 1 m³ Beton C 25/30 benötigt man 1875 kg Gesteinskörnung 0/16, 310 kg Zement CEM II/B-P 42,5 und 192 kg Wasser. Die Gesteinskörnung enthält 4% Eigenfeuchte (3%).

a) Wie groß ist der w/z-Wert?

b) Wie groß ist der w/z-Wert, wenn 192 l Wasser zugegeben wurden?

c) Wie ändert sich die Druckfestigkeit durch die w/z-Wertänderung?

d) Wie groß ist die prozentuale Änderung der Druckfestigkeit?

7. 1870 kg Gesteinskörnung 0/32 mit einer Eigenfeuchte von 4,5% und 306 kg Zement CEM I 42,5 R werden zu 1 m³ Beton verarbeitet. Wie viel Wasser ist zuzugeben, wenn der w/z-Wert 0,52 (0,48) betragen soll?

8. Wie viel Zement benötigt man zu 1 m³ Beton mit 1948 kg Gesteinskörnung (Eigenfeuchte 4,2%) und 90 kg Zugabewasser, wenn ein w/z-Wert von 0,50 (0,45) erreicht werden soll?

9. Für 1 m³ Beton C 16/20 der Konsistenz F2 benötigt man 380 kg Zement CEM III 32,5, 1970 kg Gesteinskörnung und 190 l Wasser.

a) Wie groß ist der w/z-Wert?

b) Wie viel Wasser muss beim Mischen noch zugegeben werden, wenn die Gesteinskörnung eine Eigenfeuchte von 3% hat?

c) Wie groß wäre der w/z-Wert, wenn die 190 l Wasser ohne Berücksichtigung der Eigenfeuchte zugegeben worden wären?

d) Um wie viel % würde sich die Druckfestigkeit dadurch verschlechtern?

10. Ermitteln Sie den Zementbedarf zur Herstellung eines Betons aus 2050 kg Gesteinskörnung mit einer Eigenfeuchte von 3,5% und einem Gesamtwasserbedarf von 170 l. Der w/z-Wert soll 0,48 betragen.

11. Ein 250-l-Mischer wird mit 60 kg Zement CEM I 32,5 R sowie 400 kg Gesteinskörnung 0/32 mit einer Eigenfeuchte von 3,5 % beschickt. Der Mischung werden noch 20 l Wasser zugegeben.
a) Wie groß ist der w/z-Wert?
b) Wie groß ist die Druckfestigkeit (nach Diagramm)?

12. In einem Mischer mit 375 l Inhalt werden 95 kg Zement CEM I 32,5 R und 600 kg Gesteinskörnung mit einer Eigenfeuchte von 3 % gegeben. Der w/z-Wert soll 0,57 nicht überschreiten. Wie viel Wasser darf der Mischung höchstens zugegeben werden?

13. Eine Mischmaschine wird mit 120 kg Zement CEM II/A-T 32,5 und 800 kg Gesteinskörnung mit einer Oberflächenfeuchte von 4 % geschickt. Der Beton soll eine Druckfestigkeit von $38 \dfrac{MN}{m^2}$ erhalten.
a) Wie groß darf der w/z-Wert höchstens werden?
b) Wie viel Wasser darf der Mischung höchstens zugegeben werden?

14. Auf einer Baustelle wurden 5,5 m³ Beton mit einem w/z-Wert von 0,45 angeliefert. Um ihn besser verarbeiten zu können, gab man noch 36 l Wasser hinzu. Durch welche Maßnahme kann der bisherige w/z-Wert beibehalten werden?

15. Die Eigenfeuchte einer Gesteinskörnung 0/16 wurde mit 2,3 % festgestellt. Zu 1 m³ Beton benötigt man 1793 kg Gesteinskörnung und 330 kg Zement CEM II/B-S 32,5. Durch Regen hat sich die Eigenfeuchte der Gesteinskörnung auf 5 % erhöht. Wie viel l Wasser sind weniger zuzugeben, wenn der w/z-Wert von 0,52 eingehalten werden soll?

16. Eine Betonmischung mit $w/z = 0,53$ enthält 1795 kg Gesteinskörnung 0/32, 128 l Zugabewasser und 330 kg Zement CEM II/A-V 52,5. Wie groß ist die Eigenfeuchte der Gesteinskörnung in l und %?

17. Durch zusätzliche Wasserzugabe hat sich ein Beton, hergestellt mit einem Zement CEM II/S-SV 32,5 (270 kg), in seiner Druckfestigkeit von 28 N/mm² auf 17,5 N/mm² verschlechtert. Wie viel Wasser wurde zugegeben?

18. Aus einem Korngemisch 0/16 und einem Gemisch 0/32, jeweils der Sieblinie A entsprechend, sollen zwei Betone der Konsistenz F3 hergestellt werden, die beide den gleichen w/z-Wert von 0,48 haben sollen.
a) Welcher Beton braucht mehr Zement?
b) Wie viel kg Zement werden für diesen Beton mehr gebraucht?

19. Aus einem Korngemisch 0/16, Regelsieblinie C und einem Gemisch 0/32 Regelsieblinie A, sollen zwei Betone mit der Konsistenz C2 und einem w/z-Wert = 0,55 hergestellt werden.
a) Welcher Beton braucht weniger Zement?
b) Wie viel % beträgt die Zementersparnis?

20. Wie viel % Zement kann eingespart werden, wenn ein Beton aus einem Korngemisch 0/32 der Sieblinie A anstatt der Sieblinie C hergestellt wird (Konsistenz C2)?

21. Wie ändert sich der w/z-Wert, wenn der Wasserbedarf für ein Siebgut 0/16 nach Sieblinie C ermittelt wurde, jedoch ein Siebgut nach Sieblinie A bei unverändertem Wasserverbrauch verwendet wurde? Konsistenz C3, Zementmenge 340 kg.

22. Korngemische 0/32 mit den Körnungsziffern $k = 5,40$ und $k = 3,35$ sollen zu zwei Betonen C3 verarbeitet werden, die beide den gleichen w/z-Wert $= 0,52$ haben sollen.
    a) Welcher Beton benötigt mehr Zement?
    b) Wie viel Zement wird durch die unterschiedliche Körnungsziffer mehr verbraucht?
    c) Wie viel % beträgt er Mehrverbrauch?

23. Ein Beton, dessen Korngemisch eine Körnungsziffer $k = 4,50$ hat, wird bei unveränderter Zementmenge von 300 kg CEM II/A-P 32,5 mit einer Konsistenz F3 anstatt F1 hergestellt.
    a) Welche Druckfestigkeit erhält der Beton dadurch?
    b) Wie viel % beträgt die Verschlechterung der Druckfestigkeit?

Konsistenz

24. Ein Verdichtungsversuch ergab folgende Ergebnisse:
    a) Abstich 4,2 cm (10,8; 2,7)
    b) Höhe des verdichteten Betons 37,5 cm (33,9; 29,7)
    Wie groß sind die Verdichtungsmaße nach a und b und welche Konsistenzen haben die Betone?

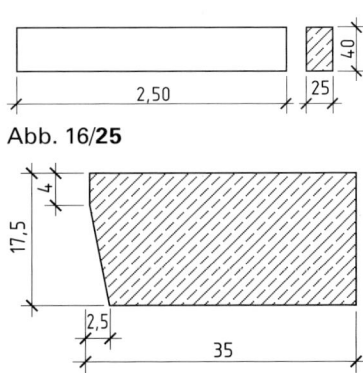

Abb. 16/25

25. Wie viel m³ Frischbeton sind für 15 Stürze erforderlich, wenn Beton mit einem Verdichtungsmaß von $c = 1,07$ verwendet wird?

Abb. 16/26

26. Ein Wohnblock erhält 12 Treppen in Blockstufen mit 16 Stufen je Treppe. Stufenlänge 2,0 m.
    a) Berechnen Sie den Bedarf an Frischbeton, wenn Beton der Konsistenz C2 mit einem Verdichtungsmaß von $c = 1,15$ verwendet wird.
    b) Welches Gewicht hat eine Stufe bei einer Dichte des erhärteten Betons von $\varrho = 2,38$ kg/dm³?

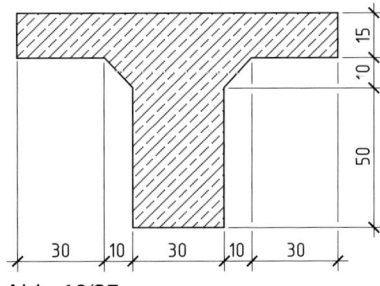

27. Plattenbalken, Länge 7,50 m
    Wie viel Beton der Konsistenz F5 mit einem Verdichtungsmaß von $c = 1,01$ ist für 5 Plattenbalken erforderlich?

Abb. 16/27

28. Rippendecke, Länge 16,00 m, Breite 10,18 m
    Wie viel m³ Frischbeton der Konsistenz F5 mit einem Verdichtungsmaß von $c = 1,01$ werden benötigt?

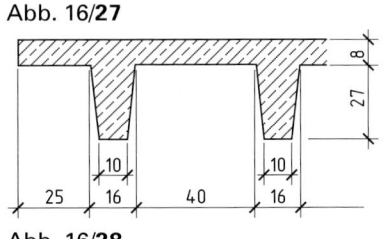

Abb. 16/28

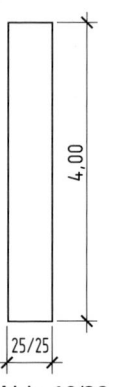

Abb. 16/**29**

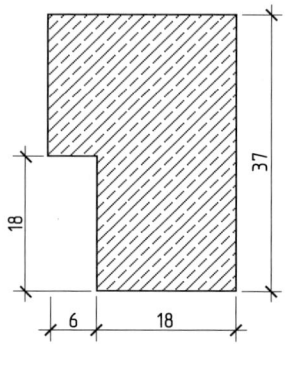

Abb. 16/**30**

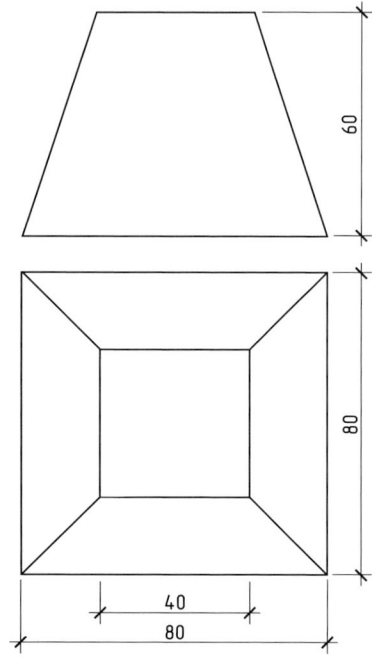

29. Für 10 Stützen wurden 2,7 m³ Frischbeton benötigt.
   a) Welche Konsistenz hatte der Beton?
   b) Wie groß war das Verdichtungsmaß?
   c) Welchen Abstich ergäbe ein Verdichtungsversuch?

30. Sturzlänge 2,60 m
   Wie viele Stürze lassen sich aus 3,5 m³ Frischbeton herstellen, wenn der Beton ein Verdichtungsmaß von $c = 1,06$ hat?

Abb. 16/**31**

31. Ein quadratisches Fundament hat ein Gewicht von 5 kN. Wie groß ist die Rohdichte des Betons?

Baustoffbedarf nach Betonrezepten (nach Tabellen S. 159/160)

32. Für ein Wohnhaus sind 12 Stürze herzustellen. Betonfestigkeitsklasse C 16/20, CEM I 32,5 R, Korngemisch 0/16, Sieblinienbereich ③, Konsistenz F2.
   a) Ermitteln Sie den Bedarf an Zement, Wasser, Gesteinskörnung.
   b) Wie lautet das Mischungsverhältnis nach Masseteilen? (Gesteinskörnung feucht)

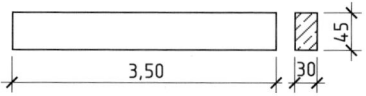

Abb. 16/**32**

33. Für ein Hochhaus sind die Blockstufen in Sichtbeton für 24 Treppen mit je 17 Stufen herzustellen. Länge der Stufen 2,20 m. Ermitteln Sie den Baustoffbedarf nach dem Betonrezept, wenn ein Beton C 16/20 der Expositionsklasse XC2 der Konsistenz F3 verwendet werden soll. Das Korngemisch hat eine Körnung 0/16 und liegt im Sieblinienbereich ④. Zur Herstellung wird ein CEM I 32,5 R verwendet.

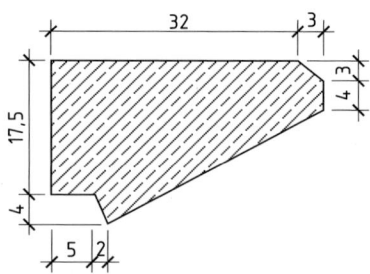

Abb. 16/**33**

166

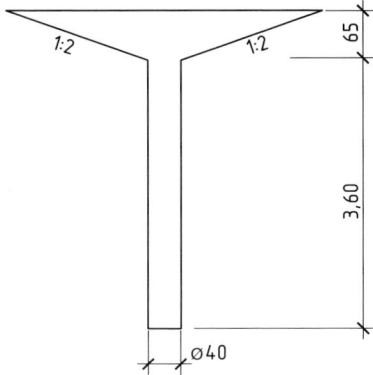

Abb. 16/**34**

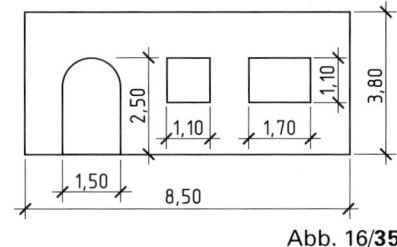

Abb. 16/**35**

34. Eine Pilzdecke ist durch 6 Rundsäulen abge-
stützt. Daten: C 16/20; XC 1
        F4
        CEM II/B-P 42,5
        Körnung 0/16
        Sieblinie A
Berechnen Sie den Bedarf an Zement, Zugabewasser und Gesteinskörnung.

35. Betonwand, Dicke = 40 cm
    a) Wie groß ist der Materialbedarf für die Wand,
       wenn sie mit einem Beton C12/15; X0 der Kon-
       sistenz F2 hergestellt wird?
       Gesteinskörnung 0/32 im Sieblinienbereich ④.
       Zement CEM I 32,5.
    b) Wie lautet das Mischungsverhältnis nach Mas-
       seteilen? (Gesteinskörnung feucht)

36. Es sind 250 Betonpfähle der Festigkeitsklasse C
16/20 herzustellen.
Konsistenz C3
Zement CEM III/B 32,5
Gesteinskörnung 0/16, Bereich ④.

37. Es sollen 14 quadratische Einzelfundamente her-
gestellt werden.
Betonfestigkeitsklasse C 8/10
Konsistenz F1
Körnung 0/32, Sieblinie B
Zement CEM II/B-T 32,5
    a) Wie groß ist der Materialbedarf?
    b) Wie lautet das Mischungsverhältnis nach Mas-
       seteilen? (Gesteinskörnung feucht)

Abb. 16/**36**

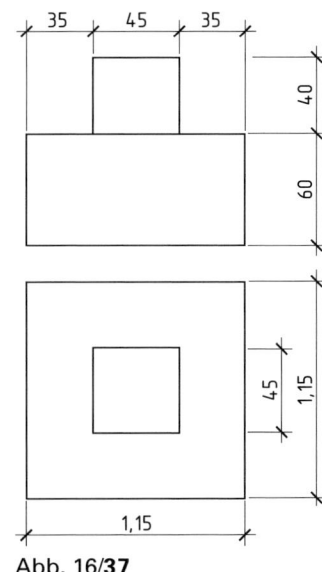

Abb. 16/**37**

38. Ein Beton, dessen Gesteinskörnung eine Körnungsziffer $k = 4{,}35$ und eine Rohdichte von 2,65 kg/dm^3 hat, soll bei Verwendung von CEM I-HS 52,5 N eine Druckfestigkeit von C 35/45 N/mm^2 erreichen. Die Konsistenz des Beton soll F2 sein, seine Expositionsklassen XC3; XD1; XA2.

Der Luftgehalt beträgt 2 %.

a) Wie groß dürfte der w/z-Wert nach diesen Expositionsklassen maximal sein?

b) Ermitteln Sie den Bedarf an Zement, Wasser und oberflächentrockener Gesteinskörnung für 1 m^3.

c) Wurde bei der Stoffraumberechnung der Mindestzementgehalt für die erforderlichen Expositionsklassen eingehalten?

d) Wie ändert sich der Materialbedarf, wenn nur ein CEM I 42,5 zur Verfügung steht?

e) Wie ist dabei der w/z-Wert zu beurteilen?

39. Aus einem Korngemisch 0/16 mit $k = 4{,}20$ und einem Zement CEM II/A-P 32,5 wird ein Beton der Konsistenz C3 mit einem Verdichtungsmaß $C = 1{,}10$ hergestellt.

Der w/z-Wert soll 0,53 betragen. Die Gesteinskörnung hat eine Eigenfeuchte von 3,5 % und eine Rohdichte von 2,8 kg/dm^3.

Der Luftgehalt beträgt 1,6-Vol.-%. Das Bauteil, das daraus hergestellt wird, muss die Expositionsklassen XC4; XS3; XF3 erfüllen.

a) Welchen Expositionsklassen kann der verwendete Zement nicht genügen?

b) Wie groß muss der Mindestzementgehalt bezüglich der Expositionsklassen sein?

c) Wie groß darf der maximale w/z-Wert sein?

d) Welche Anforderungen werden hinsichtlich der Expositionsklassen an die Gesteinskörnung gestellt?

e) Ermitteln Sie den Bedarf an Zement, Zugabewasser und Gesteinskörnung für 1 m^3 Beton.

40. Daten einer Betonmischung:

D-Summe 510

Zement CEM III/A 52,5 N

Expositionsklassen XC4; XF1; XM1

Konsistenz F1

Luftgehalt 1,5 Vol.-%

$\varrho_g = 2{,}95$ kg/dm^3

Eigenfeuchte 3 %

a) Für welche Expositionsklassen darf dieser Zement verwendet werden?

b) Welche der geforderten Expositionsklassen verlangt den größeren und welche den geringsten Zementbedarf?

c) Wie hoch sind die maximalen w/z-Werte?

d) Welche Betonfestigkeitsklasse wäre die Mindestfestigkeitsklasse aufgrund der Expositionsklassen?

e) Wie groß ist der Baustoffbedarf für 1 m^3 Beton

f) Wie lautet das Mischungsverhältnis?

41. Ein Betonkorngemisch 0/16, $\varrho_g = 2{,}60$ kg/dm^3 mit einer Körnungsziffer $k = 2{,}90$ und ein Zement CEM II/B-M 32,5 ($\varrho_s = 2{,}75$ kg/dm^3) werden zu einem Beton mit einem Ausbreitmaß $F = 1{,}25$ verarbeitet. Der Beton soll eine Würfeldruckfestigkeit von 20 N/mm^2 erhalten. Der Luftgehalt beträgt 1,7-Vol.-%.

Dem Beton wird ein Fließmittel von 12 l zugegeben.

a) Für welche Expositionsklassen darf dieser Beton verwendet werden?

b) Wie groß darf der w/z-Wert maximal sein und wie viel Zement ist mindestens erforderlich?

c) Ermitteln Sie den Bedarf an Zement, Zugabewasser und Gesteinskörnung für 1 m³ Beton
   1. bei einer oberflächentrockenen Gesteinskörnung
   2. bei einer Eigenfeuchte der Gesteinskörnung von 3 %
d) Wie lautet bei c jeweils das Mischungsverhältnis?
e) Welcher w/z-Wert müsste erreicht werden, wenn ein CEM 42,5 verwendet werden soll?

42. Ein Gesteinskorngemisch 0/8 mit einer Körnungsziffer $k = 2,95$ wird mit CEM I 32,5 R zu einem Estrichbeton C 16/20 (CT 20) der Expositionsklasse C0 verarbeitet. Der w/z-Wert beträgt 0,63, die Konsistenz des Betons F4. Luftgehalt 1,3 Vol.-%. Dichte der Gesteinskörnung $\varrho_g = 2,70$ kg/dm³.
Ermitteln Sie den Bedarf an Zement, Zugabewasser und Gesteinskörnung für 1 m³ Beton.
a) bei einer oberflächentrockenen Gesteinskörnung
b) bei einer Eigenfeuchte der Gesteinskörnung von 2,5 %
c) bei einer Eigenfeuchte der Gesteinskörnung von 3,5 %
d) Wie lautet das Mischungsverhältnis MV?
e) Wie ändern sich die Werte, wenn der Wasser-Zement-Wert nur 0,42 betragen soll?

43. Träger einer Industriehalle
Trägerlänge 10,90 m
Beton C 35/45 nach statischen Erfordernissen
Expositionsklassen XC1; XA1
Konsistenz F3
Gesteinskörnung 0/16 mit $k = 4,0$
$\varrho_g = 2,95$ kg/dm³
Zement CEM II/B-T 52,5
Luftgehalt 1,4 %
a) Für welche Expositionsklassen ist der Zement zulässig?
b) Welche Festigkeitsklasse müsste der Beton aufgrund der Expositionsklassen mindestens erfüllen?
c) Dürfte ein Flugaschezement CEM II/A-W auch verwendet werden?
d) Ermitteln Sie den Baustoffbedarf für 12 Träger.
e) Wie groß ist die Mindestzementmasse aufgrund der Expositionsklassen?

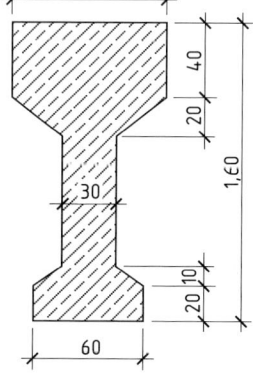

Abb. 16/43

44. Für Treibstoffbehälter sind 8 Lager zu betonieren.
Beton C 16/20 nach statischen Erfordernissen
Gesteinskörnung: Sieblinie U 16; $\varrho_g = 2,80$ kg/dm³
Zement CEM II/A-T 52,5
Expositionsklassen XC4; XF1; XA2
Konsistenz C1
Luftgehalt 2,4 Vol.-%.
a) Ermitteln Sie den Baustoffbedarf
b) Überprüfen Sie, ob die nach der Stoffraumrechnung ermittelte Zementmasse der erforderlichen Zementmasse nach den Expositionsklassen entspricht

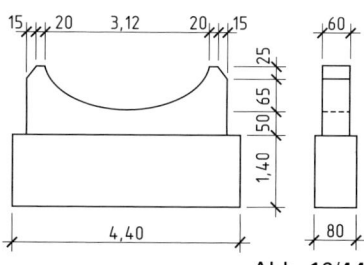

Abb. 16/44

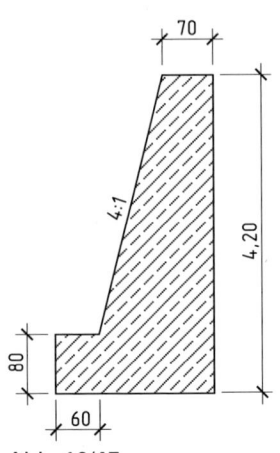

Abb. 16/**45**

45. Stützmauer, Länge 29,50 m
Betontechnologische Daten:
C 30/37 nach statischer Berechnung
Gesteinskörnung: Größtkorn 32 mm
Sieblinienbereich ③
$k = 4,55$
$\varrho_g = 2,95$ kg/dm³
Konsistenz F2
Zement: CEM III/B 42,5
Expositionsklassen XC4; XF3; XD3; XA2
Luftgehalt 2,2%
a) Berechnen Sie den Materialbedarf.
b) Überprüfen Sie die Betonfestigkeitsklasse, Mindestzementgehalte und w/z-Werte bezüglich der Expositionsklassen.

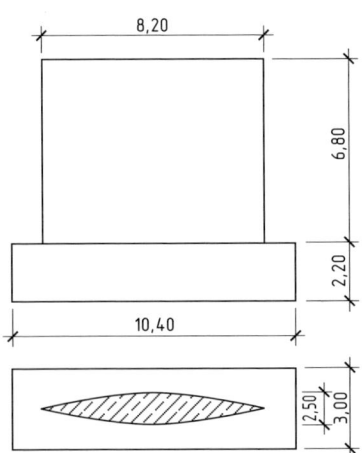

Abb. 16/**46**

46. Brückenpfeiler
Betontechnologische Daten:
Fundament: C 25/30
F2, CEM III 32,5 B
Expositionsklassen: XC1; XA2; XD2
Gesteinskörnung: $\varrho_g = 2,90$ kg/dm³
Sieblinie A32
Luftgehalt 2,2 Vol.-%
Pfeiler: C 35/45
F4; CEM III 42,5 A
Expositionsklassen XC4; XD3;
XF4; XA2
Gesteinskörnung $\varrho_g = 2,90$ kg/dm³
Sieblinie A16
Luftgehalt 1,2 Vol.-%
a) Ermitteln Sie den Baustoffbedarf.
b) Wie lautet das Mischungsverhältnis?
c) Welcher w/z-Wert könnte gewählt werden, wenn ein CEM III 52,5 N verwendet würde?
d) Überprüfen Sie die Betonfestigkeitsklassen, den Mindestzementgehalt sowie den w/z-Wert bezüglich der Expositionsklassen.

47. Eine Kellerwand im Grundwasserbereich soll folgenden Expositionsklassen genügen: XC2; XD1; XF1.
Zement: CEM II/A-V
Konsistenz C3
Gesteinskörnung 0/16, $k = 3,5$, $\varrho_g = 2,60$ kg/dm³
Luftgehalt 2,3 Vol.-%

Ermitteln Sie den erforderlichen Baustoffbedarf nach den Mindestanforderungen für 47,5 m³ Beton.

48. Für einen Industriefußboden ist für eine Fläche von 520 m² eine 12 cm dicke Verbund-
estrichplatte herzustellen, die den Expositionsklassen XD1 und XM3 genügen soll.
Zement CEM I
Gesteinskörnung 0/16, D-Summe 475, $\varrho_g = 2{,}95$ kg/dm³
Luftgehalt 1,8 Vol.-%
Konsistenz F3 oberer Bereich

Berechnen Sie den Baustoffbedarf auf der Grundlage der Mindestanforderungen.

49. Für eine Kläranlage werden 3270 m³ Beton der Expositionsklassen XC4; XD3 sowie XF4
benötigt.
Als Zement wird ein CEM III verwendet.
Gesteinskörnung 0/16; $k = 4{,}70$; $\varrho_g = 2{,}80$ kg/dm³
Luftgehalt 2,2 Vol.-%
Konsistenz des Betons C3

Ermitteln Sie den Baustoffbedarf nach den Mindestanforderungen.

17 Stahlbetonbau

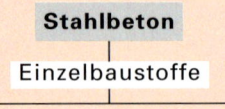

Stahlbeton

Einzelbaustoffe

Stahl   **Beton**

Aufgaben:

1. Aufnahme von:
   a) Zugkräften ⇒ Tragbewehrung
   b) Schubkräften ⇒ Bügel
             aufgebogene Eisen
             Schubzulagen
2. gute Haftung durch raue Oberfläche
   (gerippt, profiliert)

Aufgaben:

1. Aufnahme von Druckkräften
2. Zementleim schützt den
   Stahl vor weiterer Korrosion
3. Brandschutz der Bewehrung

Stahlbeton ist ein Verbundbaustoff und besteht aus den beiden Baustoffen Beton und Stahl. Nachteile des einen Baustoffes werden durch Vorteile des anderen aufgehoben. Jeder dieser Baustoffe übernimmt von der Statik her gesehen die Aufgaben, für die er von der Kostenseite her am besten geeignet ist.
Die Verarbeitung beider Baustoffe zu einem Verbundbaustoff ist neben dem Korrosionsschutz durch den Zementleim nur dadurch möglich, weil beide Baustoffe etwa den gleichen Wärmeausdehnungskoeffizienten haben. Er liegt bei $\alpha_r = 0{,}000010$ m/m °C.
Der Stahl kann seine Aufgabe als tragendes Glied dieses Verbundbaustoffes nur dann erfüllen, wenn er ausreichend von Beton überdeckt ist.

Betondeckung

Eine Mindestbetondeckung c_{min} der Bewehrung muss vorhanden sein, um

- die Bewehrung vor Korrosion zu schützen,
- Verbundkräfte sicher zu übertragen,
- die Stabilität des Bauteils im Brandfall zu gewährleisten.

Zur Sicherstellung des Verbundes darf die Mindestbetondeckung c_{min} nicht kleiner sein als

- der Stabdurchmesser d_s der Betonstahlbewehrung oder der Vergleichsdurchmesser d_{sV} eines Stabbündels,
- der 2,5-fache Nenndurchmesser d_p einer Litze oder der 3-fache Nenndurchmesser d_p eines gerippten Drahts,
- der äußere Hüllrohrdurchmesser eines Spanngliedes.

$$c_{nom} = c_{min} + \Delta c$$

Δc je nach Angriffsgrad 10 bis 15 mm

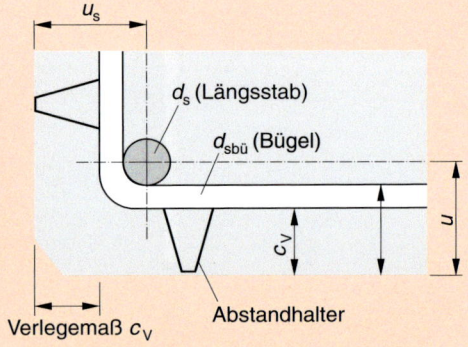

Verlegemaß c_V

Abstandhalter

$$\text{Verlegemaß} \begin{cases} \geq c_{nom,\,bü} \\ \geq c_{nom,\,bü,\,l} - d_{sbü} \\ \geq u - \frac{d_d}{2} - d_{sbü} \\ \geq u_S - \frac{d_d}{2} - d_{sbü} \end{cases} \left. \begin{array}{l} \\ \end{array} \right\} \begin{array}{l} \text{DIN 1045-1} \\ \text{Stahlbeton} \end{array} \\ \left. \begin{array}{l} \\ \end{array} \right\} \begin{array}{l} \text{DIN 4102-4} \\ \text{Brandschutz} \end{array}$$

Das Verlegemaß c_V ergibt sich als größtes Maß aus den Nennmaßen der Betondeckung für die Längsstäbe und die Querbewehrung (Bügel) bzw. aus den erforderlichen Betondeckungen für den Brandschutz.

Mindestbetondeckung c_{min} zum Schutz gegen Korrosion und Vorhaltemaß Δc in Abhängigkeit von der Expositionsklasse [1)] [2)]

Klasse	Mindestbetondeckung c_{min} in mm		Vorhaltemaß Δc in mm
	Betonstahl	Spannglieder im sofortigen Verbund und im nachträglichen Verbund [3)]	
XC1	10	10	10
XC2	20	30	
XC3	20	30	
XC4	25	35	
XD1			
XD2	40	50	15
XD3 [4)]			
XS1			
XS2	40	50	
XS3			

[1)] Die Werte dürfen für Bauteile aus Normalbeton, deren Betonfestigkeit um 2 Festigkeitsklassen höher liegt als nach Tab. Seite 152 für die Expositionsklassen XC, XD, XS erforderlich ist, um 5 mm vermindert werden.
[2)] Wird Ortbeton kraftschlüssig mit einem Fertigteil verbunden, dürfen die Werte an den der Fuge zugewandten Rändern auf 5 mm im Fertigteil und auf 10 mm im Ortbeton verringert werden.
[3)] Bei Spanngliedern bezieht sich die Mindestbetondeckung auf die Oberfläche des Hüllrohres.
[4)] Im Einzelfall können besondere Maßnahmen zum Korrosionsschutz der Bewehrung nötig sein. Diese Maßnahme gilt auch für Leichtbeton.

Bei Bauteilen aus Leichtbeton muss die Mindestbetonüberdeckung c_{min} außer für die Expositionsklasse XC1 mindestens 5 mm größer sein als der Durchmesser des Größtkorns der leichten Gesteinskörnung.

Vergrößerung der Betondeckung

erforderlich bei	Anforderungen
Bauteilen aus Leichtbeton	Bei Leichtbeton müssen die Werte für die Mindestbetondeckung in der Tabelle „Mindestbetondeckung $c_{min,b}$ – Anforderungen zur Sicherstellung des Verbundes" um 5 mm erhöht werden.
Verschleißbeanspruchung	Alternativ zu zusätzlichen Anforderungen an die Gesteinskörnung besteht die Möglichkeit, die Mindestbetondeckung der Bewehrung zu vergrößern (Opferbeton). Empfohlene Werte für Opferbeton: • bei XM1: $k_1 = 5$ mm • bei XM2: $k_2 = 10$ mm • bei XM3: $k_3 = 15$ mm
Beton gegen unebene Flächen	Das Nennmaß der Betondeckung c_{nom} ist zu erhöhen • generell um das Differenzmaß der Unebenheit, jedoch • mindestens um $k_1 = 40$ mm bei Herstellung auf vorbereitetem Untergrund (z. B. Sauberkeitsschicht) bzw. • mindestens um $k_2 = 75$ mm bei Herstellung unmittelbar auf den Baugrund. k_1 und k_2 sind empfohlene Werte.
unebenen Oberflächen	Für unebene Oberflächen (z. B. herausstehendes Grobkorn) ist in der Regel die Mindestbetondeckung um mindestens 5 mm zu erhöhen.

Verminderung der Betondeckung

Wird Ortbeton kraftschlüssig mit einem Fertigteil oder erhärtetem Ortbeton verbunden, dürfen die Werte an den der Fuge zugewandten Rändern auf den Mindestwert zur Sicherstellung des Verbundes abgemindert werden. Dies gilt unter der Voraussetzung, dass
• die Betondruckfestigkeitsklasse mindestens C25/30 beträgt,
• die Betonoberfläche nicht länger als 28 Tage dem Außenklima ausgesetzt ist und
• die Fuge aufgeraut wurde.

Umfang, Querschnittsfläche und längenbezogene Masse von Betonstahl nach DIN 488

Nenn-durchmesser d_S mm	Nennumfang U mm	Nenn-querschnitt A_S mm²	längenbezogene Masse m kg/m
6	18,9	28,3	0,222
8	25,1	50,3	0,395
10	31,4	78,5	0,617
12	37,7	113,0	0,888
14	44,0	154,0	1,21
16	50,3	202,0	1,58
20	62,8	314,0	2,47
25	78,5	491,0	3,85
28	88,0	616,0	4,83
32	100,5	804,0	6,31
40	125,7	1257,0	9,86

Bewehrte Bauteile wie Stürze, Unterzüge und Stützen benötigen außer der Längsbewehrung noch Bügel.

Aufgabe der Bügel in

Stützen

1. Vermeidung des Ausknickens der Längsbewehrung
2. Einhaltung der Abstände der Längsbewehrung
3. Sicherung der Betonüberdeckung

Unterzügen

1. Aufnahme von Schubkräften
2. Einhaltung der Abstände der Tragbewehrung
3. Sicherung der Betonüberdeckung

Bei Stützen sind die Bügel zu schließen und die Haken über die Stützlänge nach Möglichkeit zu versetzen.

Aufgabe der Längsbewehrung in

Stützen

1. Aufnahme der Biegezugkräfte infolge Knickung bei exzentrischer Belastung
2. Fixierung der Bügel in ihren Abständen
3. Aufnahme eines Teils der Druckkräfte bei stark belasteten Stützen

Unterzügen

1. Aufnahme von Zugkräften infolge Biegung
2. Aufnahme von Schubkräften (aufgebogene Stähle)
3. Sicherung der Bügelabstände (Montagestähle)

Bügelbewehrte, stabförmige Druckglieder – Mindestdicke

Querschnittsform	stehend hergestellte Druckglieder aus Ortbeton in cm	liegend hergestellte Druckglieder und Fertigteile in cm
Vollquerschnitt, Dicke	≥ 20	≥ 14
aufgelöste Querschnitte I-, T-, L-förmig	≥ 14	≥ 7
Hohlquerschnitte (Wanddicke)	≥ 10	≥ 5

174

Mindestabstände der Bügel bei

bügelbewehrten Druckgliedern	umschnürten Druckgliedern

Quadratstützen, Rechteckstützen

Rundstützen, Vieleckstützen
elliptische Stützen

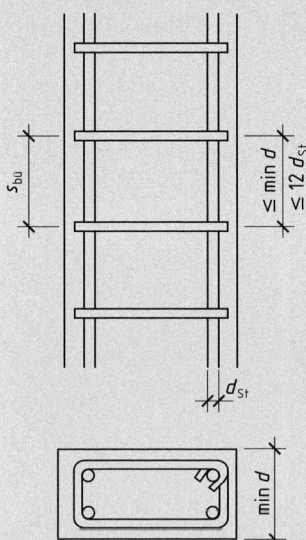

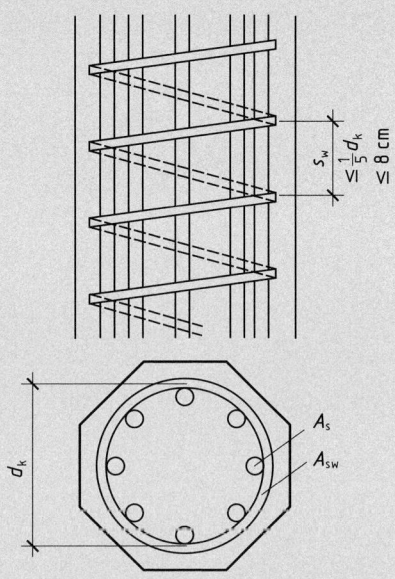

Der Abstand der Bügel $s_{bü}$ darf höchstens gleich der kleinsten Dicke min d des Druckgliedes oder dem 12-fachen Durchmesser der Längsbewehrung sein. Der kleinere Wert ist maßgebend.

Ganghöhe der Wendelbewehrung
max $s_w = 8$ cm oder
max s_w gleich $\frac{1}{5}$ des Kerndurchmessers d_k.
Der kleinere Wert ist maßgebend.
Wendeldurchmesser: min 5 mm

$$A_s < \begin{matrix} \text{min } 2\% \\ \text{max } 9\% \end{matrix} \text{ von } A_K$$

min $d_K = 20$ cm bei Ortbeton,
         14 cm bei Fertigteilen

Mindestens 6 Längsstäbe,
die gleichmäßig zu verteilen sind.

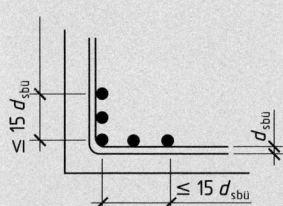

Mit einem Bügel können maximal
5 Längsstäbe in einer Querschnittsecke angeschlossen werden.

Beispiel
Erstellen einer Stahlliste für vier Stürze

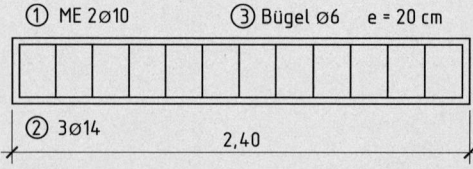

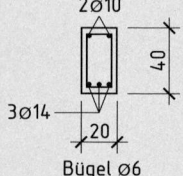

Stahlliste

Posi-tion	⌀ mm	Biegeform	Anzahl pro Bauteil	Anzahl der Bauteile	Gesamt-zahl der Eisen	Schnitt-länge m	Gesamtlänge m		
							⌀ 6	⌀ 10	⌀ 14
1	10	2,35	2	4	8	2,35		18,80	
2	14	2,35	3	4	12	2,35			28,20
3	6		13	4	52	1,04	54,08		
		Gesamtlänge m					54,08	18,80	28,80
		Längenbezogene Masse kg/m					0,222	0,617	1,21
		Gesamtmasse kg					12,01	11,60	34,12
		Gesamtmasse ohne Verschnitt B 500 B					57,73 kg		

Umrechnung von Betonstählen
Gelegentlich müssen Betonstähle von einem Durchmesser in einen anderen umgerechnet werden, da nicht immer alle Durchmesser zur Verfügung stehen.

Umrechnung der Durchmesser
Maßgebend ist der geforderte Gesamtstahlquerschnitt, der von den Ersatzstählen unter Berücksichtigung der Bewehrungsvorschriften auch eingehalten werden muss.

Beispiel
erf. $A = 2020$ mm^2 Stahlquerschnitt
vorgesehen 13 Stähle $\varnothing$ 14
verfügbar $\varnothing$ 16

$$n = \frac{2020 \text{ mm}^2}{201 \frac{\text{mm}^2}{\text{Stahl}}} = 10 \text{ Stähle}$$

Lagermatten der Stahlsorten B500A und B500B

Mattentyp	Querschnitte längs quer	Länge/ Breite	Masse je Matte/ je m²	Mattenaufbau in Längs- und Querrichtung			Über- stände Anfang Ende links/ rechts
				Stabab- stände	Stabdurchmesser Innenbereich Randbereich	Anzahl der Rand- stäbe links rechts	
	cm²/m	m	kg	mm	mm		mm
Q188A	188 188		41,7/3,02	150• 150•	6,0 6,0		75 / 25
Q257A	257 257		56,8/4,12	150• 150•	7,0 7,0		75 / 25
Q335A	335 335	6,0/2,30	74,3/5,37	150• 150•	8,0 8,0		75 / 25
Q424A	424 424		84,4/6,12	150• 150•	9,0 / 7,0 9,0	4 / 4	75 / 25
Q524A	5,24 5,24		100,9/7,31	150• 150•	10,0 / 7,0 10,0	4 / 4	75 / 25
Q636A	6,36 6,36	6,0/2,35	132,0/9,36	100• 125•	9,0 / 7,0 10,0	4 / 4	62,5/ 25
R188A	1,88 1,13		33,6/2,43	150• 250•	6,0 6,0		125 / 55
R257A	2,57 1,13		41,2/2,99	150• 250•	7,0 6,0		125 / 25
R335A	3,35 1,13	6,0/25,30	50,2/3,64	150• 250•	8,0 6,0		125 / 25
R424A	4,24 2,01		67,2/4,87	150• 250•	9,0 / 8,0 8,0	2 / 2	125 / 25
R524A	5,24 2,01		75,7/5,49	150• 250•	10,0 / 8,0 8,0	2 / 2	125 / 25

A, B = Duktiliätsklassen (Duktilität = Materialeigenschaft bezüglich der Verformung)

Listenmatten können nach den bauteilbezogenen und statisch erforderlichen Daten hergestellt werden.

Stahlquerschnitt in cm² pro m Plattenbreite in Abhängigkeit vom Stahldurchmesser und dem Abstand der Stähle

Stab- abstand in cm	Durchmesser d_S in mm											Stähle pro m
	6	8	10	12	14	16	20	25	28	32	40	
5,0	5,65	10,05	15,71	22,62	30,79	40,21	62,83	98,17	–	–	–	20,00
6,0	4,71	8,38	13,09	18,85	25,66	33,51	52,36	81,81	102,63	–	–	16,67
7,0	4,04	7,18	11,22	16,16	21,98	28,72	44,88	70,12	87,96	114,89	–	14,29
7,5	3,77	6,70	10,47	15,08	20,53	26,81	41,89	64,45	82,10	107,23	–	13,33
8,0	3,53	6,28	9,82	14,14	19,24	25,13	39,27	61,36	76,97	100,53	157,10	12,50
9,0	3,14	5,59	8,73	12,57	17,10	22,34	34,91	54,54	68,42	89,36	139,63	11,11
10,0	2,83	5,03	7,85	11,31	15,39	20,11	31,42	49,09	61,58	80,42	125,66	10,00
12,5	2,26	4,02	6,28	9,05	12,32	16,08	25,13	39,27	49,26	64,34	100,53	8,00
15,0	1,88	3,35	5,24	7,54	10,26	13,40	20,94	32,72	41,05	53,62	83,78	6,67
20,0	1,41	2,51	3,93	5,66	7,70	10,05	15,71	24,57	30,79	40,21	62,83	5,00
25,0	1,13	2,01	3,14	4,52	6,16	8,04	12,57	19,53	24,63	32,17	50,27	4,00

■ **Aufgaben**

Stahlbeton

1.

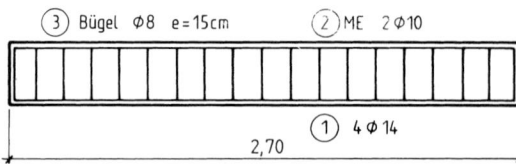

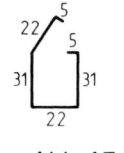

Abb. 17/**1**

Es sollen 5 Stahlbetonbalken betoniert werden.
Betontechnologische Daten: C 16/20
Expositionsklasse X0
Konsistenz: weich (F3)
Zement: CEM I 32,5
Körnung 0/16
a) Wie viel m^3 Beton werden benötigt?
b) Ermitteln Sie die Gesamtmasse des Stahlbedarfs.

2.

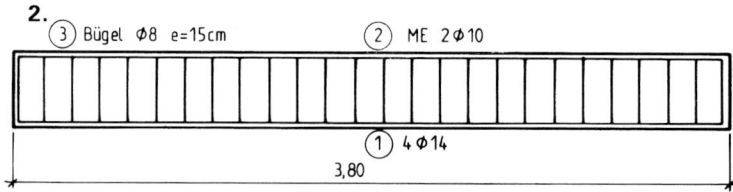

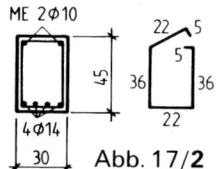

Abb. 17/**2**

Für den Stahlbetonbalken sind zu ermitteln:
a) der Betonbedarf
b) der Bedarf an Zement, Zugabewasser und Gesteinskörnung
   Daten zum Beton:
   C 16/20
   Konsistenz C3
   CEM I 32,5
   Gesteinskörnung 0/16
c) der gesamte Stahlbedarf anhand einer Stahlliste

3.

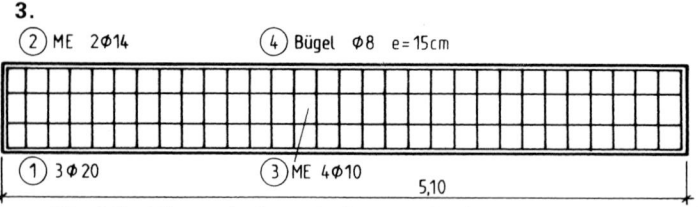

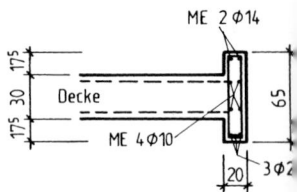

Abb. 17/**3**

Für 3 Stahlbetonbalken sind zu ermitteln:
a) der Bedarf an Zement, Zugabewasser und Gesteinskörnung
   Daten zum Beton:
   C 16/20, F3
   CEM I 42,5 R
b) der Bedarf an Zement, Zugabewasser und Gesteinskörnung
c) der Anteil der Korngruppen
   0/1 bei 25 %
   1 /16 bei 75 %
d) der gesamte Stahlbedarf anhand einer Stahlliste

4.

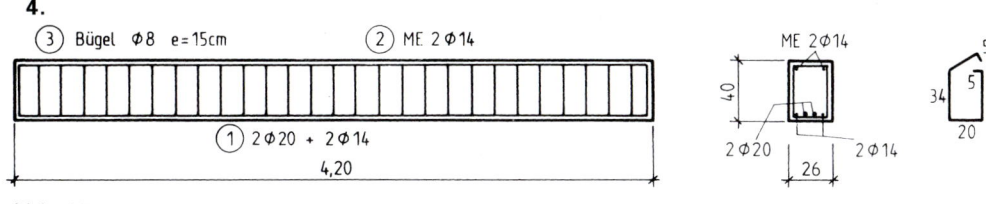

Abb. 17/**4**

Es sind 9 Stahlbetonträger herzustellen
Beton: C 16/20; F3
Zement: CEM II/A-S-42,5 R
Gesteinskörnung: 0/32
a) Berechnen Sie den Bedarf an verdichtetem Beton
b) Ermitteln Sie den Baustoffbedarf
c) Erstellen Sie eine Stahlliste und ermitteln Sie den gesamten Stahlbedarf.

5.

Unterzug

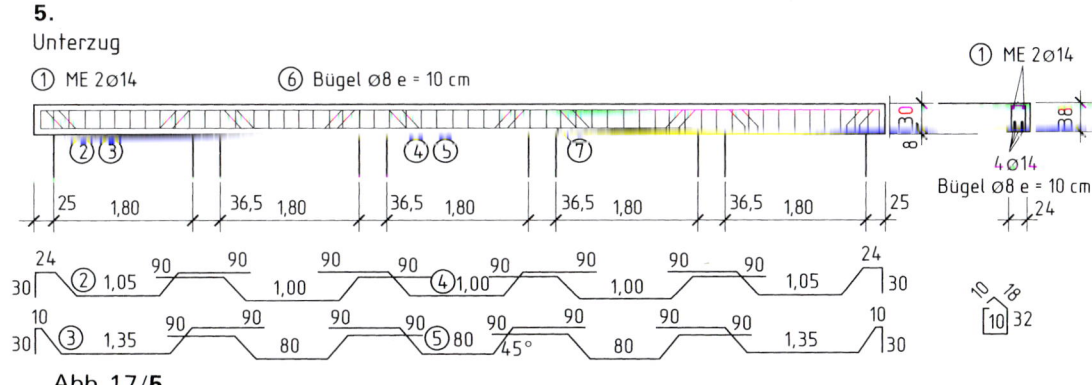

Abb. 17/**5**

Erstellen Sie eine Stahlliste und ermitteln Sie den Stahlbedarf.

6.

Kragplatte eines Balkons

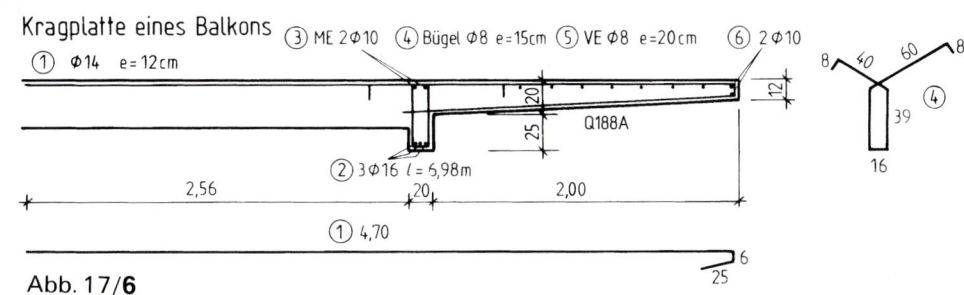

Abb. 17/**6**

Kragplatte eines Balkons; Balkonlänge 7,0 m
a) Fertigen Sie die Schneideskizzen für die Betonstahlmatten
b) Ermitteln Sie den gesamten Stahlbedarf.

7.

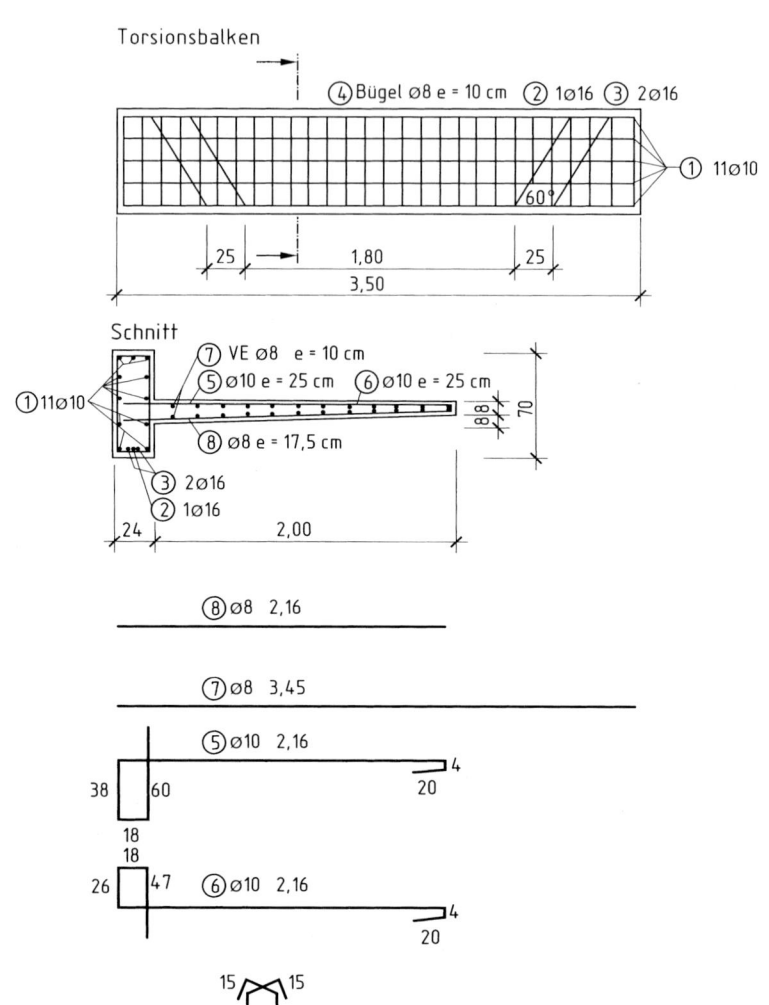

Abb. 17/**7**

Torsionsbalken
Berechnen Sie
  a) den gesamten Stahlbedarf
  b) den Frischbetonbedarf bei einem Verdichtungsmaß von $C = 1,05$
  c) den Bedarf an Zement, Zugabewasser und Gesteinskörnung
    Betontechnologische Daten:
    Beton C 35/45; $w/z = 0,5$
    Zement CEM II/B-S 42,5, $\varrho = 3,05$ kg/dm³
    Gesteinskörnung: 0/16; D-Summe 490
    $\varrho_g = 2,85$ kg/dm³
    Luftgehalt $= 1,5$ Vol-%
    3-fache Korntrennung: Körnung 0/2   29%
                                          2/4   33%
                                          4/16   38%

8.

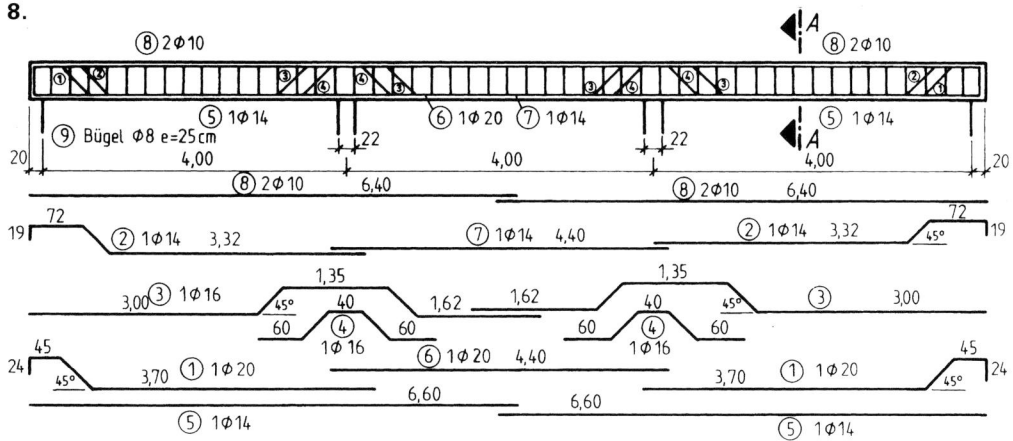

Abb. 17/**8**

Stahlbetonbalken auf 4 Stützen. Erstellen Sie eine Stahlliste und ermitteln Sie den gesamten Stahlbedarf.

9. Für einen Sturz mit $b = 22$ cm sind als Tragbewehrung 3 $\varnothing$ 20 vorgesehen.
Auf der Baustelle steht nur $\varnothing$ 16 zur Verfügung.
Wie viele Stähle $\varnothing$ 16 sind erforderlich?

10. Der Bewehrungsplan für ein Stahlbetonbauteil mit $b = 35$ cm sieht 6 Stähle $\varnothing$ 20 vor.
Zur Verfügung steht $\varnothing$ 16.
Ermitteln Sie die erforderliche Anzahl der Stähle.

11. Ein Bauteil soll mit 4 Stählen $\varnothing$ 25 bewehrt werden.
Wie viel Stähle $\varnothing$ 20 sind ersatzweise dafür erforderlich?

12.   Stützmauer   Länge 14,00 m

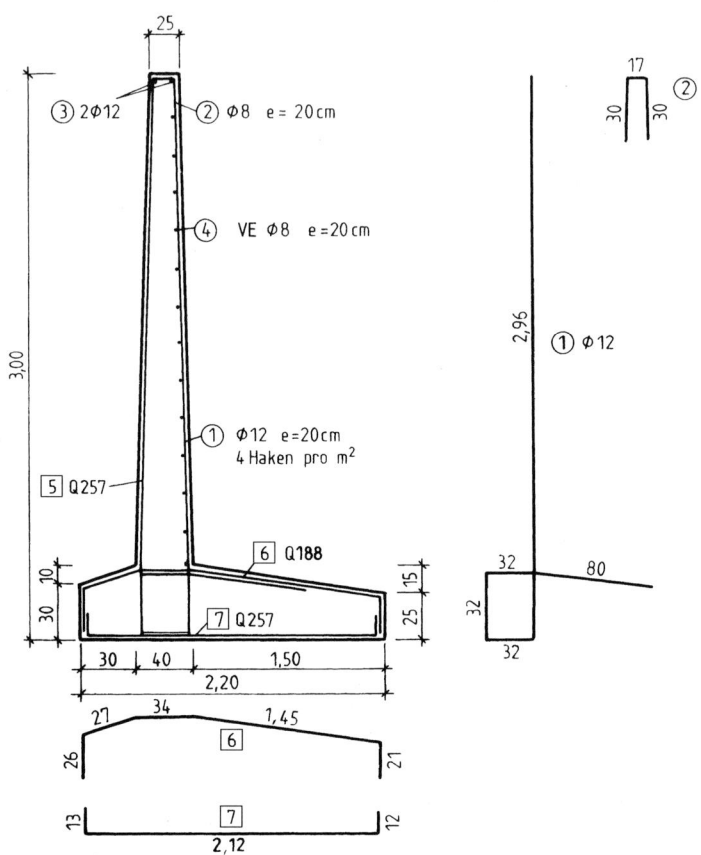

Abb. 17/**12**

Stützmauer; Länge 14,0 m
Ermitteln Sie
a) den Stahlbedarf anhand einer Stahlliste (einschließlich Betonstahlmatten)
b) den Festbetonbedarf
c) den Frischbetonbedarf bei einem Verdichtungsmaß von $C = 1,07$
d) den Bedarf an Zement, Zugabewasser und Gesteinskörnung
   Betontechnologische Daten:
   Expositionsklassen XC4; XD3; XF1
   Zement CEM II/B-T 42,5; $\varrho = 3,05$ kg/dm^3
   Gesteinskörnung 0/32; $k = 3,85$; $\varrho = 2,85$ kg/dm^3
   Luftgehalt $= 1,6$ Vol-%
   Anteile am Korngemisch   0/2   24,2 %
                            2/8   22,1 %
                            8/32   53,7 %

13. Einläufige, zweiarmige Rechtstreppe mit zweimal gewinkeltem Lauf
Ermitteln Sie den gesamten Stahlbedarf.

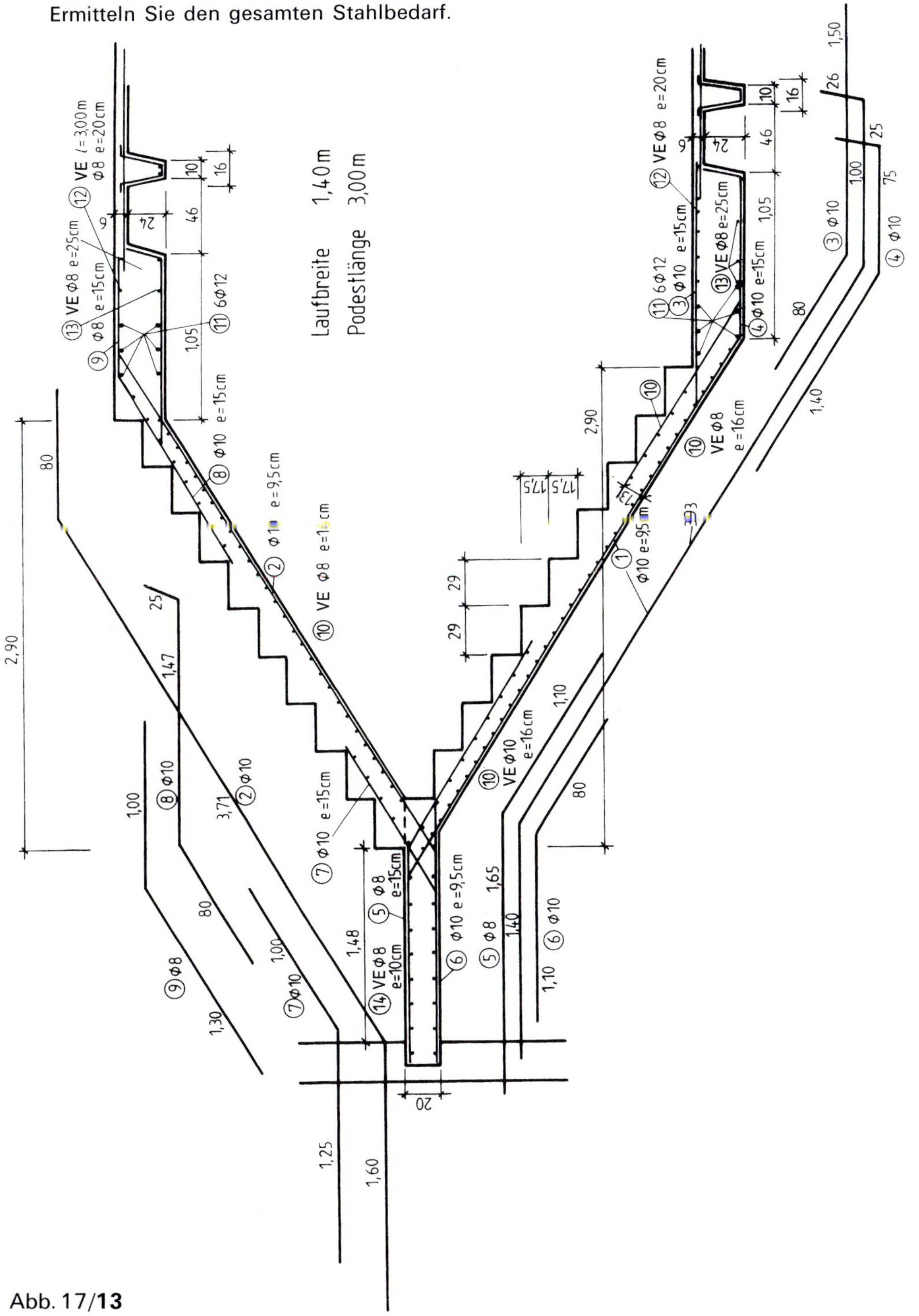
Laufbreite 1,40 m
Podestlänge 3,00 m

Abb. 17/**13**

14. Deckenbewehrung
Errechnen Sie den Gesamtbedarf an Betonstahlmatten für die untere und obere Bewehrungslage.

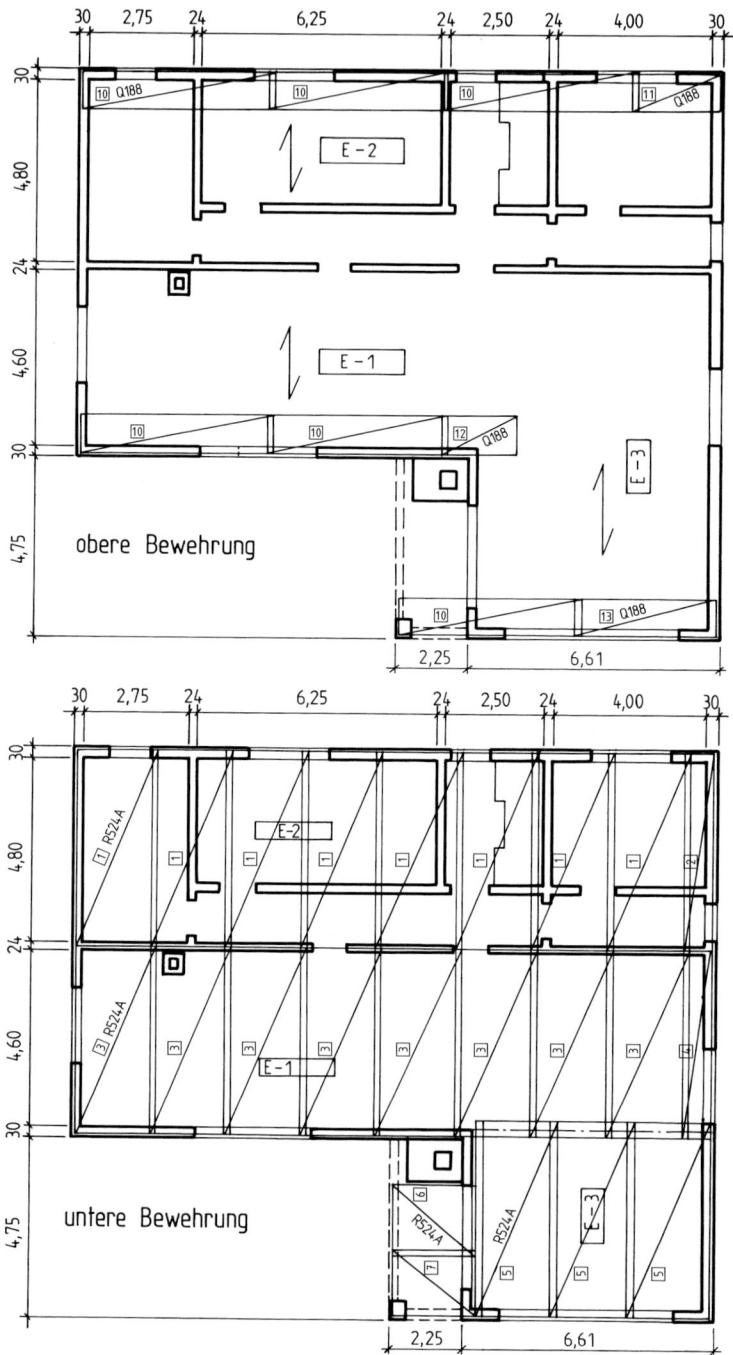

Abb. 17/**14**

18 Holzbau

Im Rahmen der Rohbauerstellung spielt der Schalplan eine wichtige Rolle. Wände, Decken, Stürze und Stützen müssen eingeschalt werden, bis der Beton seine Festigkeit erreicht hat. Das zur Schalung benötigte Material wird in einer Holzliste zusammengestellt. Holzlisten müssen aber auch für Fachwerkwände, Dachstühle, Holzbalkendecken u. a. erstellt werden.

Beispiel:

Erstellen einer Holzliste nach gegebenem Schalplan.

Quadratische Stütze 40/40/400 cm
Laschenabstand (Achsmaß) 40 cm
Kranzholzabstand (Achsmaß) 79 cm
Dicke der Schalbretter 25 mm

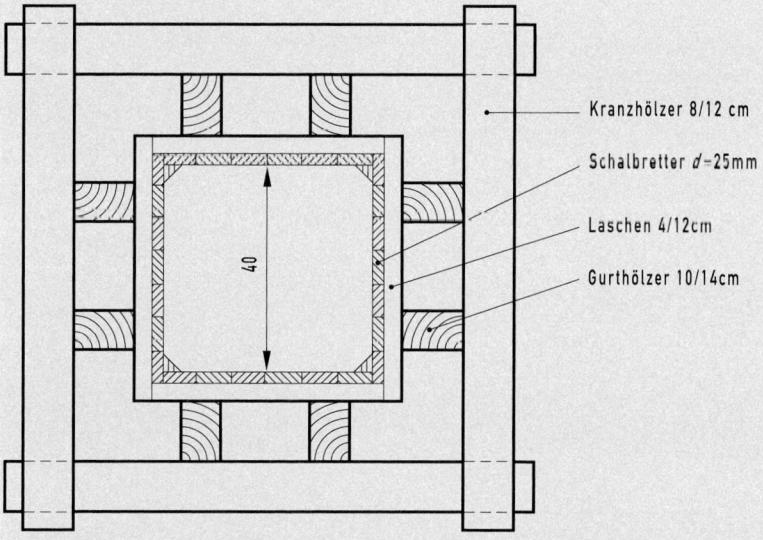

Kranzhölzer 8/12 cm

Schalbretter d = 25 mm

Laschen 4/12 cm

Gurthölzer 10/14 cm

Pos.	Schalungsteil	Anzahl	Maße			m³	m²	m
			l	b	d			
1	Schalbretter	2	4,0	0,40	0,025	0,08	3,2	
	Schalbretter	2	4,0	0,45	0,025	0,09	3,6	
2	Laschen	20	0,45	0,12	0,04	0,043		
	Laschen	20	0,53	0,12	0,04	0,051		
3	Gurthölzer	8	4,0	0,14	0,10	0,448		
4	Kranzhölzer	20	1,0	0,12	0,08	0,192		
5	Dreikantleisten	4	4,0					16,0
					gesamt:	0,904	6,80	16,0

■ Aufgaben

1. Stahlbetonbalken

1. Die Stirnflächen sind nicht zu schalen.

Balkenlänge 4,25 m
Achsabstand der Laschen 47 cm
Achsabstand der Kopfhölzer 53 cm

Erstellen Sie eine Holzliste und ermitteln Sie den Bedarf an Schalbrettern in m² und den gesamten Schalholzbedarf in m³.

Abb. 18/1

Schalbretter d=20 mm

Laschen 4/10 cm

Gurthölzer 10/12 cm

Dreikantleiste

Drängbretter 2,5/8 cm

Kopfhölzer 10/14/75 cm

2. Holzbalkendecke eines Gartenhäuschens
Die Balken der Holzbalkendecke sind mit den angegebenen Sprungmaßen verlegt. Die Zapfen der Kaminwechsel sind 5 cm lang; die Balken liegen 18 cm auf den Wänden auf. Die beiden Stichbalken werden mit Winkelverbindern an die Kaminwechsel angeschlossen.
  a) Ermitteln Sie die Sprungmaße a und b
  b) Erstellen Sie eine Holzliste und ermitteln Sie den Holzbedarf.

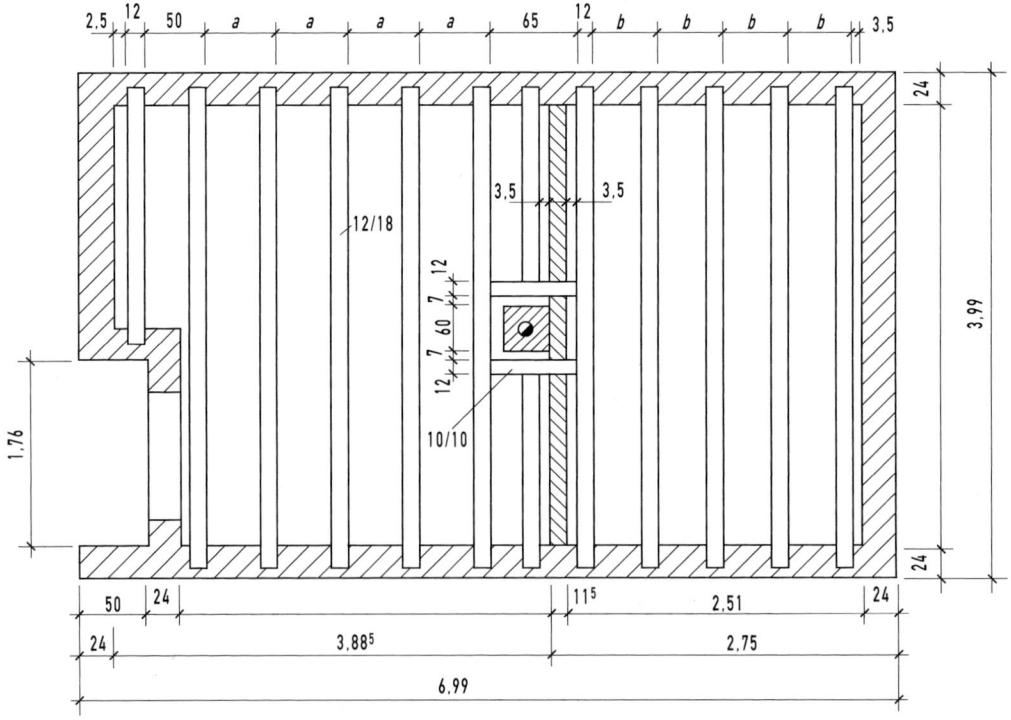

Abb. 18/2

19 Bauvermessung

Bevor mit der Erstellung eines Bauwerkes begonnen werden kann, muss das Einmessen erfolgen. Dies erfolgt mit der Erstellung des Schnurgerüstes, an dem die Gebäudefluchten, aber auch die Oberkante des Erdgeschosses (EG) übertragen werden. Deshalb kann man sagen

Schnurgerüst ≙ Reißbrett der Baustelle

Außer den Gebäudefluchten müssen zur Kontrolle auch die Winkel kontrolliert werden. Dies geschieht über Diagonalen mithilfe des Satzes nach Pythagoras oder Winkelfunktionen.

Beispiel
Ermittlung der Diagonalen d_1 und d_2 sowie der Länge a der Abschrägung.

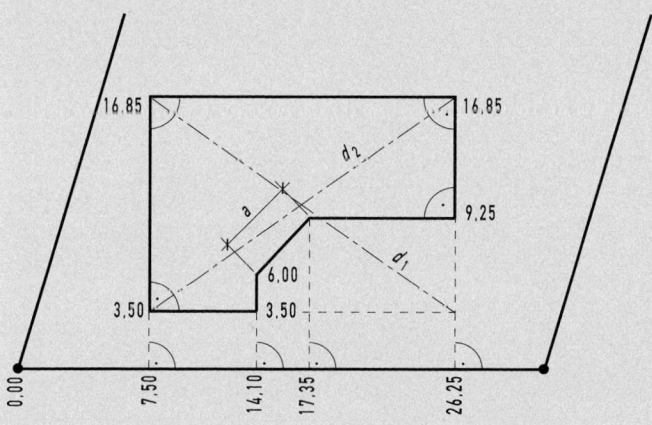

Lösung

$$d_1 = \sqrt{(16{,}85 - 3{,}50)^2 + (26{,}25 - 7{,}50)^2}$$

$$d_1 = 23{,}02 \text{ m}$$

$$d_2 = 23{,}02 \text{ m}$$

$$a^2 = \sqrt{(17{,}35 \text{ m} - 14{,}10 \text{ m})^2 + (9{,}25 \text{ m} - 6{,}0 \text{ m})^2}$$

$$a = 4{,}60 \text{ m}$$

■ Aufgaben

1. a) Wie lang müssen die Diagonalen d_1 und d_2 eingemessen werden?

b) Ermitteln Sie die Länge l.

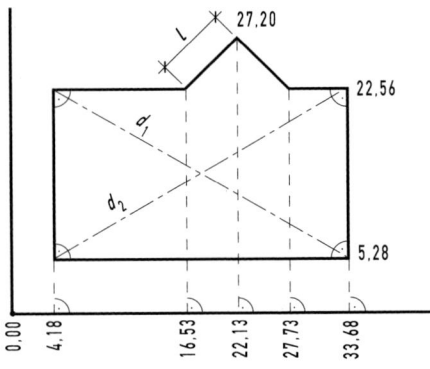

Abb. 19/**1**

2. Ermitteln Sie
   a) die Länge der Diagonalen d_1 und d_2,
   b) die Länge der Gebäudeseiten,
   c) die Winkel α, β, γ, δ, die abgesteckt werden müssen,
● d) die bebaute Fläche.

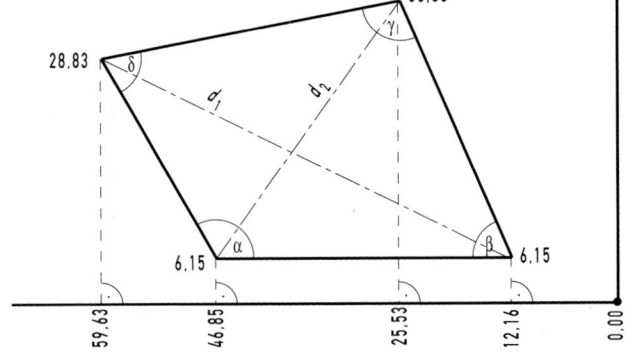

Abb. 19/**2**

3. Ermitteln Sie
   a) die Länge der Diagonalen d_1 und d_2,
   b) die Länge aller Gebäudeseiten,
   c) die Gebäudewinkel α, β, γ, δ, die abgesteckt werden müssen,
● d) die bebaute Fläche.

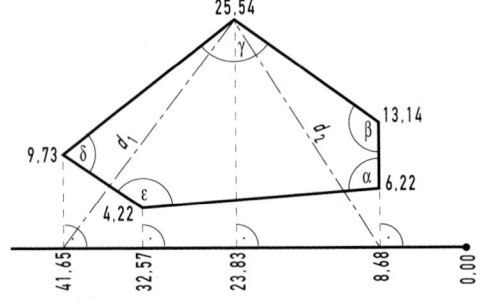

Abb. 19/**3**

Höhenmessung

Höhenmessungen sind erforderlich, um z.B. OK EG-Decke, aber auch die Baugrubensohle oder Kanalsohlen einzurechnen. Ausgangspunkt der Höhenmessung sind Nachbargebäude oder sonstige Höhenfestpunkte wie OK Kanalisationsschächte. Ist der nächste Fixpunkt zu weit entfernt bzw. handelt es sich um hügeliges oder gebirgiges Gelände, so ist ein Nivellement mit Wechselpunkten vorzunehmen. Bei der Messung mit Wechselpunkten gilt:

Höhenunterschied = Summe der Rückblicke minus Summe der Vorblicke
$$\Delta h = \Sigma R - \Sigma V$$

Beispiel: Strecken-Nivellement

Zu ermitteln sind:
a) die Höhe des Zielpunktes H_B über NHN
b) die Höhendifferenz Δh

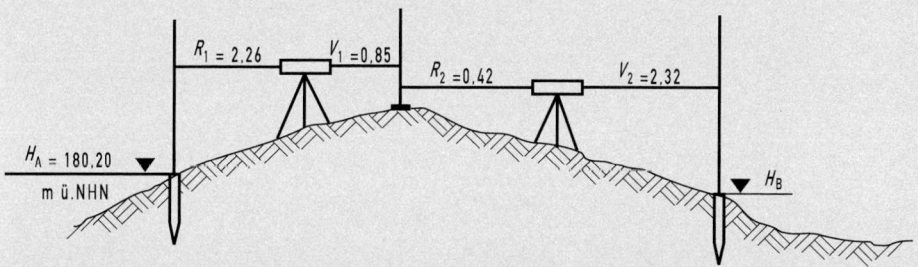

Ort: Datum:	Straße/Flurstück: Feldbuchführer:			
Zielpunkt	Ablesungen		Höhendifferenz	Höhe H	Bemerkungen
	Rückblick	Vorblick			
	R	V	Δh	ü. NHN	
	m	m	m	m	
A				180,20	Festpunkt A
	2,26	0,85	+1,41	181,61	
	0,42	2,32	−1,90	179,71	Zielpunkt B

Beachte:
Ist der Rückblick > Vorblick, so steigt das Gelände.
Ist der Rückblick < Vorblick, so fällt das Gelände.

Σ Rückblicke − Σ Vorblicke = Δh

2,26 m	0,85 m	
0,42 m	2,32 m	
2,68 m	− 3,17 m	= −0,49

$H_B = H_A \quad\quad\quad -\Delta h$
$H_B = 180,20\ m - 0,49\ m$
$H_B = 179,71\ m$

■ Aufgaben

4. An einer Baugrube soll die Unterfläche der Bodenplatte einnivelliert werden.
  a) Wie tief ist die Baugrube unter OK EG-Decke?
  b) Wie viel muss noch ausgehoben werden, wenn die Baugrube bis Unterfläche Bodenplatte 3,10 m tief sein soll?

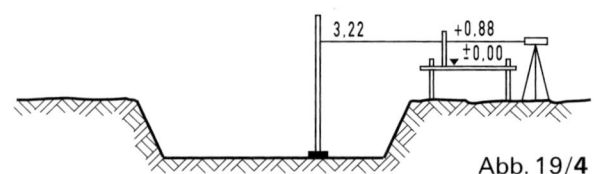

Abb. 19/4

5. Ein Strecken-Nivellement ergab die in der Abbildung eingetragenen Werte:

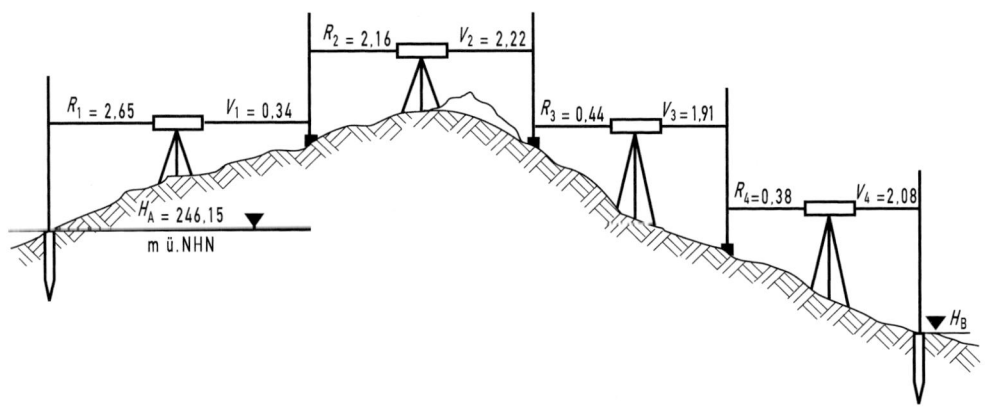

  a) Legen Sie ein Feldbuch an und tragen Sie die Werte ein.
  b) Ermitteln Sie die Höhe des Zielpunktes H_B ü. NHN.
  c) Berechnen Sie die Höhendifferenz Δh.
  d) Kontrollieren Sie die Höhe H_B mithilfe der Höhendifferenz.

Abb. 19/5

6. Die Querprofilaufnahmen eines Geländes brachten die im Profil eingetragenen Messergebnisse.
  a) Wie viel m ü. NHN liegen die einzelnen Stationierungspunkte?
  b) Wie viel m³ Erde sind für einen 30 m breiten, im Querschnitt rechteckförmigen Einschnitt durch das Gelände auszuheben, wenn die Grabensohle geradlinig von km 41 + 300 nach km 44 + 350 verlaufen soll?

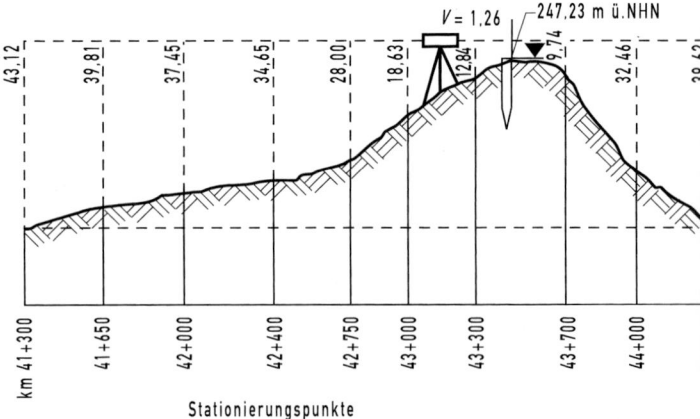

Abb. 19/6

190

20 Straßenbau

20.1 Entwurfselemente im Lageplan

Straßen dienen der Verbindung von Städten und Gemeinden. Ihre wesentliche Aufgaben-erfüllung besteht in der sicheren und zügigen Bewältigung des innerstädtischen und au-ßerstädtischen Verkehrs.

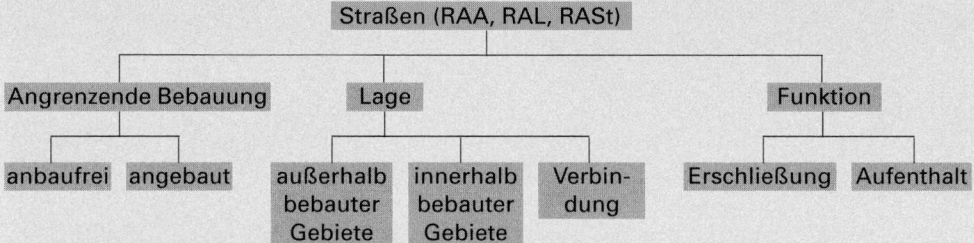

Einteilung der Straßen

Straßenfunktion				Entwurfsmerkmale	
Kategoriengruppe		Straßenkategorie		Querschnitt	zul. Geschw.
A	anbaufreie Straßen außerhalb bebauter Gebiete mit maßgebender **Verbindungsfunktion**	A I	großräumige Verbindung	zweibahnig einbahnig	keine Begr. ≤ 100
		A II	regionale Verbindung	zweibahnig einbahnig	keine Begr. ≤ 100
		A III	zwischengemeindliche Vorbindung	zweibahnig einbahnig	≤ 100 ≤ 100
		A IV	Flächen erschließende Verbindung	einbahnig	≤ 100
		A V	untergeordnete Verbindung	einbahnig	≤ 100
B	anbaufreie Straßen im Vorfeld und innerhalb bebauter Gebiete mit maßgebender **Verbindungsfunktion**	B II	Schnellverkehrsstraße	zweibahnig	≤ 80
		B III	Hauptverkehrstraße	einbahnig zweibahnig	≤ 70 ≤ 70
		B IV	Hauptsammelstraße	einbahnig	≤ 60
C	angebaute Straßen innerhalb bebauter Gebiete mit maßgebender **Verbindungsfunktion**	C III	Hauptverkehrstraße	zweibahnig einbahnig	≤ 50 ≤ 50
		C IV	Hauptsammelstraße	einbahnig	≤ 50
D	angebaute Straßen innerhalb bebauter Gebiete mit maßgebender **Erschließungsfunktion**	D IV	Sammelstraße	einbahnig	≤ 50
		D V	Anliegerstraße	einbahnig	≤ 50
E	angebaute Straßen innerhalb bebauter Gebiete mit maßgebender **Aufenthaltsfunktion**	E V	Anliegerstraße	einbahnig	≤ 30
		E VI	befahrbarer Wohnweg	einbahnig	Schritt-geschw.

Bedeutung von Abkürzungen:

RAA	**R**ichtlinien für die **A**nlage von **A**utobahnen
RAL	**R**ichtlinien für die **A**nlage von **L**andstraßen
RASt	**R**ichtlinien für die **A**nlage von **St**adtstraßen
RStO	**R**ichtlinien für die **St**andardisierung des **O**berbaus von Verkehrsflächen
ZTV Asphalt-StB	**Z**usätzliche **T**echnische **V**ertragsbedingungen und Richtlinien für den Bau von Verkehrs-flächenbefestigungen aus **Asphalt**
ZTV Beton-StB	**Z**usätzliche **T**echnische **V**ertragsbedingungen und Richtlinien für den Bau von Tragschich-ten mit hydraulischen Bindemitteln und Fahrbahndecken aus **Beton**
ZTV E-StB	**Z**usätzliche **T**echnische **V**ertragsbedingungen und Richtlinien für **E**rdarbeiten im **St**raßen-bau

$A^2 = R \cdot L$

günstig:

$A = R/3$ bis R

A = Parameter der Klothoide in m
R = Radius der Klothoide am Ende des Klothoidenabschnittes
L = Länge der Klothoide in m bis zum Radius R

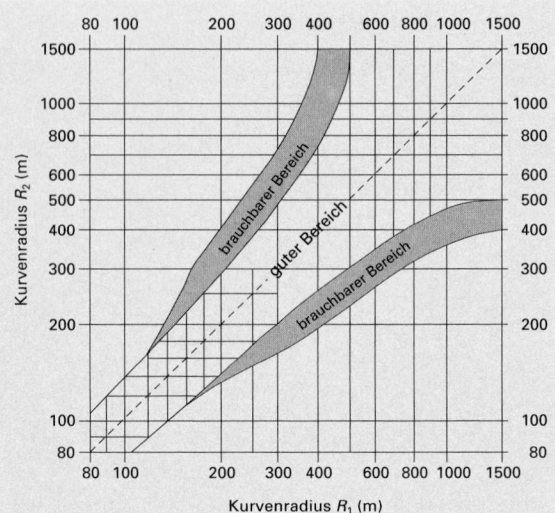

Mindestradien von Kurven bei Verzicht auf Übergangsbögen	
V_e in km/h	min R in m
≤ 80	1500 (1000)
> 80	3000 (2000)

( ) Ausnahmewerte

Radius bei der Aufeinanderfolge Gerade – Klothoide – Kreisbogen	
Länge L der Geraden	min R des Kreisbogens
$L \geq 300$ m	min $R > 400$ m
$L < 300$ m	min $R > L$

Mindestradien und Mindestlängen der Kreisbogen			Mindestparameter der Klothoide
V_e in km/h	min R in m	min L in m	min A in m
50	80	30	30
60	120	35	40
70	180	40	60
80	250	45	80
90	340	50	110
100	450	55	150
120	720	65	240

Tangentenlänge	Länge der Koordinate y an der Stelle x
$T = R \cdot \tan \dfrac{\gamma}{2}$	$y = R - \sqrt{R^2 - x^2}$ $\quad$ $y = \dfrac{x^2}{r \cdot R}$

Bogenlänge (Bogenmaß)

$b = \dfrac{2 \cdot R \cdot \pi \cdot \alpha}{360°}$ $\quad$ $b = \dfrac{2 \cdot R \cdot \pi \cdot \alpha_{gon}}{400\ gon}$

Anwendungsmöglichkeiten der Klothoide

Verbindung	Klothoidenart	zu vermeidende Klothoiden
Gerade mit Kreisbogen	einfache Klothoide	
zwei Kreisbögen	Wendeklothoide	Korbklothoide
		C-Klothoide
	Eiklothoide	
zwei Geraden nur mit Übergangsboden		Scheitelklothoide

192

20.2 Entwurfselemente im Höhenplan

V_e in km/h	Höchstlängenneigungen		Kuppenmindesthalbmesser		Wannenmindest-halbmesser
	max s (%) bei Straßen der Kategoriegruppe		min H_k in m bei S_h	min H_k in m bei $1/2 \cdot S_ü$ bei $S_ü$	min H_w (Richtwerte)
	A	B I/B II			
			1 400	7 000/28 200	500
50	9,0	12,0	2 400	7 800/30 000	750
60	8,0	10,0	3 150	8 690/35 000	1 000
70	7,0	8,0	4 400	10 300/40 000	1 300
80	6,0	7,0	5 700	12 200/48 000	2 400
90	5,0	6,0	8 300	13 000/52 000	3 800
100	4,5	5,0	16 000	–	8 800
120	4,0	–	–	–	–

S_h = Haltesichtweite; $S_ü$ = Überholsichtweite

Kuppen- und Wannenausrundung   **Längsneigung**

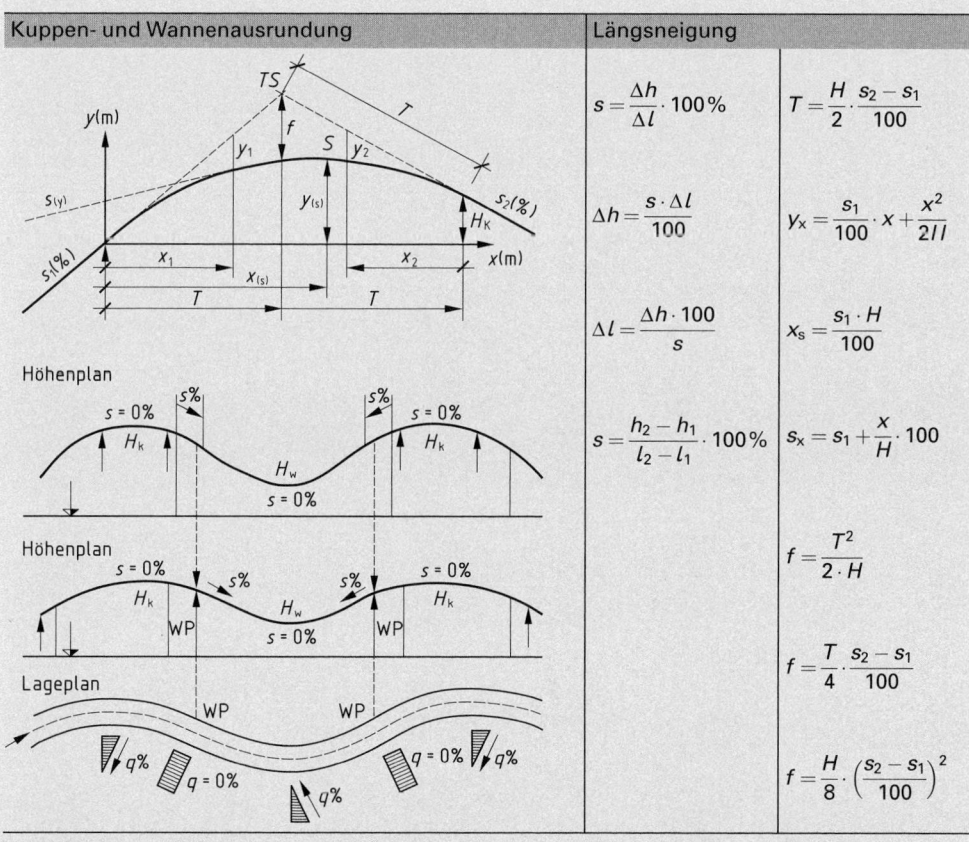

$$s = \frac{\Delta h}{\Delta l} \cdot 100\,\%$$

$$T = \frac{H}{2} \cdot \frac{s_2 - s_1}{100}$$

$$\Delta h = \frac{s \cdot \Delta l}{100}$$

$$y_x = \frac{s_1}{100} \cdot x + \frac{x^2}{2H}$$

$$\Delta l = \frac{\Delta h \cdot 100}{s}$$

$$x_s = \frac{s_1 \cdot H}{100}$$

$$s = \frac{h_2 - h_1}{l_2 - l_1} \cdot 100\,\%$$

$$s_x = s_1 + \frac{x}{H} \cdot 100$$

$$f = \frac{T^2}{2 \cdot H}$$

$$f = \frac{T}{4} \cdot \frac{s_2 - s_1}{100}$$

$$f = \frac{H}{8} \cdot \left(\frac{s_2 - s_1}{100}\right)^2$$

Höhenplan

Höhenplan

Lageplan

Vorzeichenregel: Steigung: positiv ($+s_1$, $+s_2$)
Gefälle: negativ ($-s_1$, $-s_2$)

s_1, s_2 = Längsneigung der Tangenten in %
$s(x)$ = Längsneigung der Gradiente in einem beliebigen Punkt der Ausrundung in %
$y(x)$ = Ordinate in einem beliebigen Punkt in m
y_s = Ordinate des Scheitelpunktes in m
f = Bogenstich in m

H = Halbmesser der Kuppen- bzw. Wannenausrundung in m
⇒ Kuppe ($-H_k$), Wanne $+H_k$
T = Tangentenlänge in m
TS = Tangentenschnittpunkt
S = Scheitelpunkt
M = Ausrundungsmitte

20.3 Entwurfselemente im Querschnitt

Zur Entwässerung von Straßen müssen diese sowohl in den Geraden als auch in Kurven eine Querneigung erhalten.

Mindestquerneigung in der Geraden	Höchstquerneigung in Kurven	Mindestquerneigung im Kreisbogen
min $q = 2{,}5\%$	max $q = 8\%$	min $q = 2{,}5\%$

In Kurven ist die Querneigung aus fahrtechnischen Gründen an die Kurveninnenseite zu legen. Ein Teil der Fliehkräfte soll so durch die Querneigung aufgefangen werden.

$$\Delta s = \frac{q_E - q_A}{L_v} \cdot a$$

s = Straßenlängsneigung in %

Δs = Anrampungsneigung (= Differenz zwischen der Längsneigung der Fahrbahnränder und der Drehachse)

q_A = Querneigung der Fahrbahn in % am Anfang der Verwindungsstrecke (q_A negativ einsetzen, wenn entgegengesetzt zu q_F gerichtet)

q_E = Querneigung der Fahrbahn in % am Ende der Verwindungsstrecke

L_v = Länge der Verwindungsstrecke in m

a = Abstand des Fahrbahnrandes von der Drehachse in m

Grenzwerte der Anrampungsneigung

V_e in km/h	max. Δs in % bei		min Δs in %
	$a < 4{,}0$ m	$a \geq 4{,}0$ m	
50	$0{,}50 \cdot a$	2,0	$0{,}10 \cdot a$ ($\leq$ max Δs)
60 bis 70	$0{,}40 \cdot a$	1,6	
80 bis 90	$0{,}25 \cdot a$	1,0	
100 bis 120	$0{,}225 \cdot a$	0,9	

Um innerhalb der Übergangsstrecke einen zu raschen Anstieg der Querneigung zu vermeiden, sollte die größte Anrampungsneigung max Δs die Werte der Tabelle nicht überschreiten. Eine Überschreitung kann sich sowohl in fahrdynamischer als auch in optischer Hinsicht ungünstig auswirken.

Bei Straßen ohne Bord: $s - \Delta s \geq 0{,}2\%$
besser $0{,}5\%$

Bei Straßen mit Bord: $s - \Delta s \geq 0{,}5\%$

Mindestradien für die Anlage einer zur Kurvenaußenseite gerichteten Querneigung

V_{85} in km/h	min R in m	
	$q = 2{,}5\%$	$q = -2{,}0\%$
70	600	550
80	950	850
90	1 400	1 300
100	2 100	1 900
110	3 000	2 600
120	4 100	3 500
130	5 500	4 600

Anrampung und Verwindung

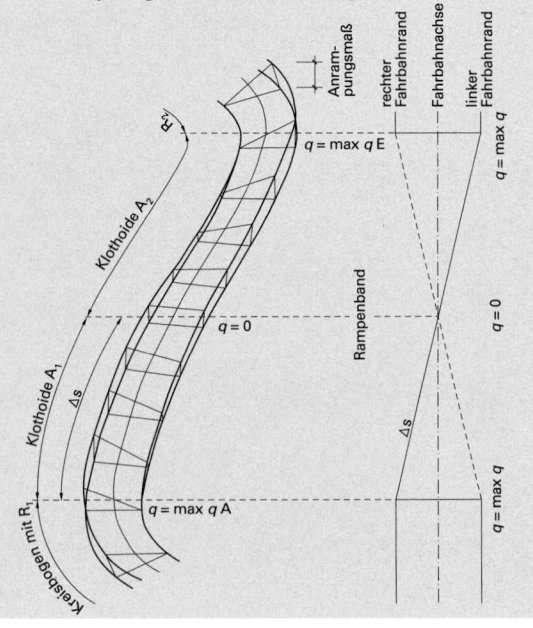

194

Regelquerschnitte RQ nicht angebauter Straßen, benannt nach ihrer Kronenbreite

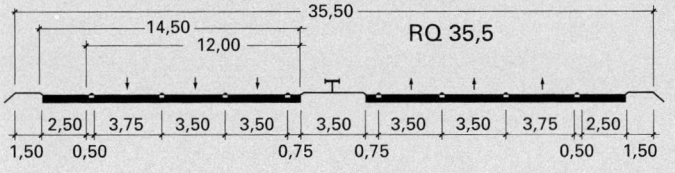

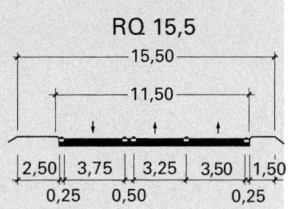

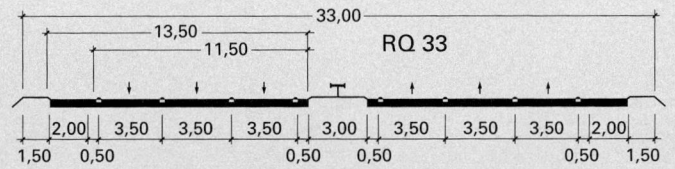

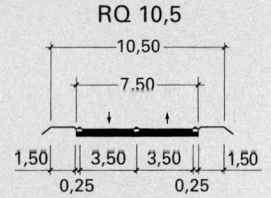

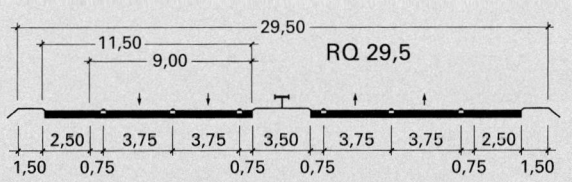

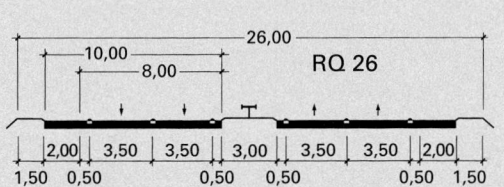

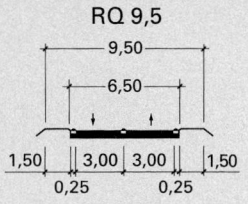

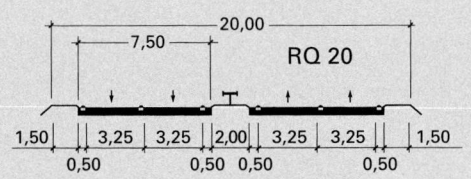

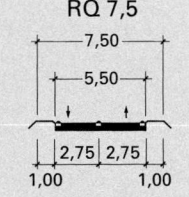

Geometrische Grundkonstruktionen

1. Ermitteln Sie die Tangentenlänge T bei einem Radius von 120 m und einem Mittelpunktswinkel $\alpha = 72°$ (80 gon).

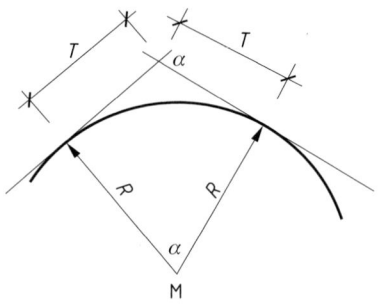

Abb. 20/**1**

2. Wie groß sind die Ordinatenabschnitte y, die auf der Abszisse im Abstand von jeweils 10 m bis zur Straßenachse abgetragen werden müssen?

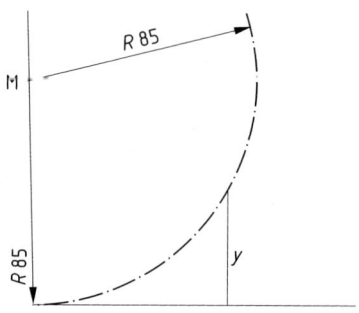

Abb. 20/**2**

3. Eine Straße biegt mit einem Radius von 150 m ab.
   a) Ermitteln Sie zum Verlauf der Straßenachse die y-Werte, die von der x-Achse aus im 10-Meter-Abstand bis 50 m abgesteckt werden müssen.
   b) Ermitteln Sie die Tangentenlänge T bei einem Winkel $\alpha = 107°$.
   c) Welchen Abszissenwert und Ordinatenwert hat der Tangentenschnittpunkt TS?
   d) Wie groß ist der Abstand BM-TS?

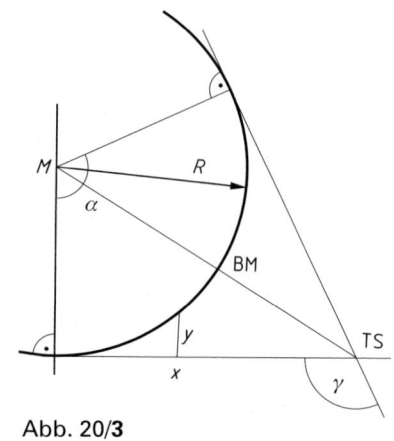

Abb. 20/**3**

4. Die Streckenabschnitte auf der Straßenachse betragen:

$\overline{AC} = \overline{BC} = 17{,}0$ m

$\overline{BD} = 70{,}00$ m

$\overline{CE} = 40{,}00$ m

die Strecke $\overline{AB} = 30{,}814$ m

a) Unter welchem Winkel γ mündet die Seitenstraße ein?

b) Ermitteln Sie die Mittelpunktswinkel α_1 und α_2.

c) Wie viel m Bordsteine werden für die Bogenstücke um M_1 und M_2 benötigt?

d) Wie groß ist die mit einem Straßenbelag zu versehende Fläche zwischen den Begrenzungspunkten B, D, E?

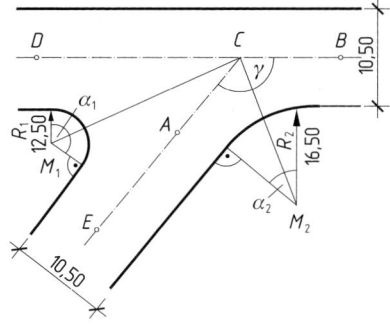

Abb. 20/4

Kreisbogenberechnung

5. Geplant ist ein Straßenabschnitt mit kreisförmigem Verlauf.
Der Radius soll $R = 250$ m betragen.
Berechnen Sie den Mittelpunktswinkel für alle Stationen im Abstand von 20 m, deren Achse auf dem Kreisbogen liegen.

Kuppen- und Wannenausrundung

6. Eine Neubaustrecke soll von A (km 0 + 000) nach B (km 0 + 500) gebaut werden.
Von Station 0 + 000 bis Station 0 + 300 (Tangentenschnittpunkt *TS*) beträgt die Steigung 4,3 %, von Station 0 + 300 bis Station 0 + 500 beträgt die Steigung 2 %. Die Höhenkote des Tangentenschnittpunktes liegt bei 350 m ü. NHN.
Der Ausrundungshalbmesser H_K soll 8500 m betragen.
Ermitteln Sie
a) Die Tangentenlänge T
b) die Gradientenhöhen am Tangentenanfang (*TA*), am Tangentenschnittpunkt (*TS*) und am Tangentenende (*TE*)
c) die Gradientenhöhen bei den Stationen 0 + 200; 0 + 250 und 0 + 350

7. Eine neue Straße ist von A-Dorf (km 0 + 000) nach Dorf B (km 0 + 900) geplant. Die Steigung von km 0 + 000 bis km 0 + 450 (*TS*) soll 2,5 %, das Gefälle von km 0 + 450 bis km 0 + 900 soll 4 % betragen.
Die Gradientenhöhe am Bauanfang liegt bei 400 m ü. NHN, der Ausrundungshalbmesser H_K soll 12 000 m betragen.
Berechnen Sie
a) die Tangentenlänge T
b) die Gradientenhöhen beim Tangentenanfang (*TA*), beim Tangentenschnittpunkt (*TS*), beim Tangentenende (*TE*) sowie bei allen Stationen im Abstand von 100 Metern
c) Station und Gradientenhöhe des Scheitelpunktes

8. Eine Neubaustrecke führt von A (km $1+250$) nach B ($1+360$).

Von km $1+250$ bis km $3+315$ (*TS*) beträgt das Gefälle 5%, von km $1+315$ bis km $1+360$ beträgt das Gefälle 1,5%.

Die Gradientenhöhe von km $1+360$ liegt bei 280 m ü. NHN.

Der Ausrundungshalbmesser H_W soll 2500 m betragen.

Zu berechnen sind:

a) die Tangentenlänge *T*

b) die Gradientenhöhen des Punktes *A*, des Tangentenanfangs (*TA*), des Tangentenschnittpunktes (*TS*) und des Tangentenendes (*TE*)

c) alle Gradientenhöhen im Abstand von 20 Metern

9. Von A-Dorf nach B-Dorf wird eine Neubaustrecke geplant.

Das Längsgefälle von Baubeginn bei km $0+000$ bis zum Tangentenschnittpunkt bei km $0+310$ beträgt 6%, von km $0+310$ bis zum vorläufigen Bauende bei km $1+500$ steigt die Straße mit 2,5%.

Der Ausrundungshalbmesser beim Tangentenschnittpunkt ist mit $H_W = 1200$ m vorgesehen. Die Gradientenhöhe am Baubeginn beträgt 672,45 m ü. NHN.

Berechnen Sie:

a) die Tangentenlänge *T*

b) die Bogenstichhöhe *f* am Tangentenschnittpunkt

c) die Gradientenhöhe am Tangentenanfang (*TA*), am Tangentenschnittpunkt (*TS*) und am Tangentenende (*TE*)

d) alle Gradientenhöhen im Abstand von 20 Metern zwischen den Stationen $0+240$ und $0+380$

e) die Station und die Gradientenhöhe des Wannentiefpunktes

Anrampungsneigung

10. Geplant ist eine Straße der Straßenkategorie A III mit Regelquerschnitt RQ 10,5.

Bis Station $3+250$ ist eine Rechtskurve mit einem Radius von $R = 500$ m vorgesehen. An diese Rechtskurve schließt zuerst eine rechtsgekrümmte Klothoide mit einem Parameter $A = 100$ auf eine Länge von 20 m, dann eine linksgekrümmte Klothoide mit einem Parameter von $A = 120$ auf eine Länge von 24 m an.

Bei Station $3+294$ wird die Straße mit einer Linkskurve und einem Radius von $R = 600$ m weitergeführt.

Die Querneigung in der Rechtskurve beträgt 3,5%, die in der Linkskurve 3,2%.

Berechnen Sie die Anrampungsneigung der Fahrbahnränder.

21 Baugruben

Bei einem Bauwerk liegen Keller oder auch Untergeschosswohnungen unter dem Niveau der Erdoberfläche. Um diese Räume erstellen sowie Fundamente ausheben, Kellerwände schalen, verputzen und streichen zu können, müssen Baugruben ausgehoben werden. Die Neigungswinkel der Böschungen sind je nach Bodenart verschieden.

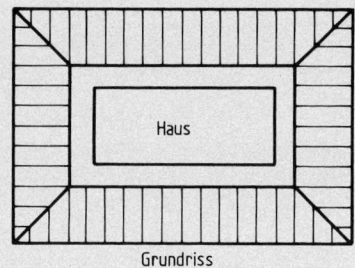

Grundriss

1. $V = \dfrac{h}{3}\,(A_1 + A_2 + \sqrt{A_1 \cdot A_2})$

2. $V = \dfrac{h}{6}\,[(2\,l_1 + l_2)\,b_1 + (2\,l_2 + l_1)\,b_2]$

3. $V \approx \dfrac{l_1 + l_2}{2} \cdot \dfrac{b_1 + b_2}{2} \cdot h$

Ein genaues Ergebnis lässt sich auch erzielen, indem man zunächst das Volumen (V_1) des Rechteckprismas ermittelt, dann das Volumen der vier Dreiecksprismen (V_2) und schließlich das der vier Viertelpyramiden (V_3).

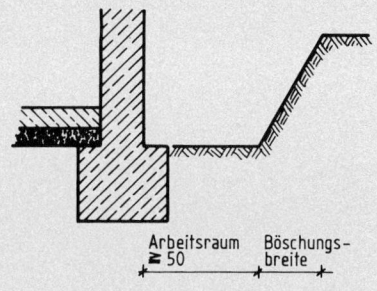

Arbeitsraum ≧ 50   Böschungsbreite

Beispiel

$l_2 = 17{,}0$ m

$b_2 = 14{,}0$ m

$a = 1{,}50$ m

$h = 2{,}50$ m

$V = V_1 + V_2 + V_3$

$\quad = l_2 \cdot b_2 \cdot h + \dfrac{a \cdot h}{2}\,(2 \cdot l_2 + 2 \cdot b_2) + (2a)^2 \cdot \dfrac{h}{3}$

$\quad = 17{,}0 \cdot 14{,}0 \cdot 2{,}50 + \dfrac{1{,}50 \cdot 2{,}50}{2}\,(2 \cdot 17{,}0 + 2 \cdot 14{,}0)$

$\qquad + \dfrac{3{,}0^2 \cdot 2{,}50}{3}$

$\quad = 595\ \text{m}^3 + 116{,}25\ \text{m}^3 + 7{,}5\ \text{m}^3$

$V = 718{,}75\ \text{m}^3$

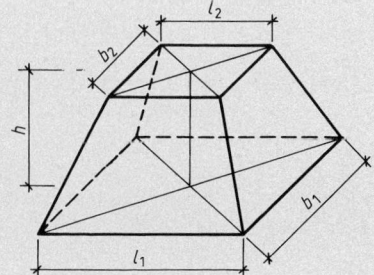

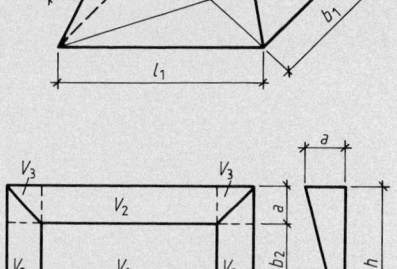

Überprüfen Sie das Ergebnis mit Hilfe der Formel.

Die Baugrubentiefen sind nach dem Abschieben des Oberbodens (Mutterbodens) zu verstehen.

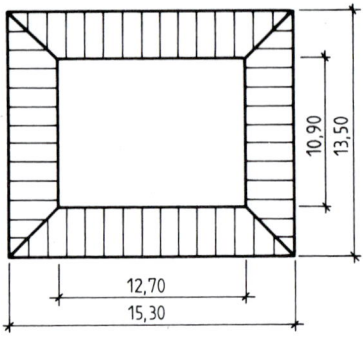

Abb. 21 /**1**

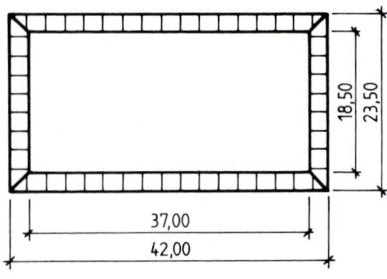

Abb. 21 /**2**

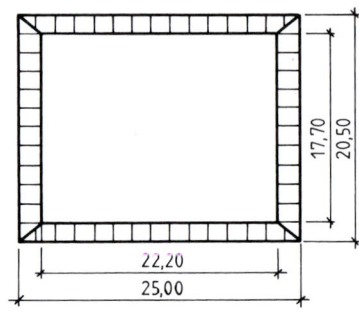

Abb. 21 /**3**

■ **Aufgaben**

1. Ermitteln Sie das Volumen der 2,60 m tiefen Baugrube. (Anmerkung: Die Baugrubentiefen sind nach Abschieben des Oberbodens zu verstehen.)

2. Wie viel m³ Boden sind bei der 3,60 m tiefen Baugrube auszuheben?

3. Wie viel m³ Boden ist abzufahren und seitlich zu lagern, wenn sich der Aushub um 15 % auflockert?
   Tiefe der Baugrube 2,90 m.

4. a) Wie breit wird der Arbeitsraum *a*?
   b) Ermitteln Sie den Aushub.
   c) Zur späteren Auffüllung sollen 193 m³ verdichteter Aushub gelagert werden. Wie viel m³ sind noch abzufahren, wenn sich der Aushub um 12 % auflockert?

5. Für ein Haus mit den Außenmaßen 14,50 ×11,50 m soll eine Baugrube ausgehoben werden, Breite des Arbeitsraumes 0,70 m.
   a) Wie viel m³ sind auszuheben?
   b) Wievielmal muss ein 3,5-t-Lkw fahren, um den Aushub wegzutransportieren?
   ($\varrho = 1,80$ kg/dm³)

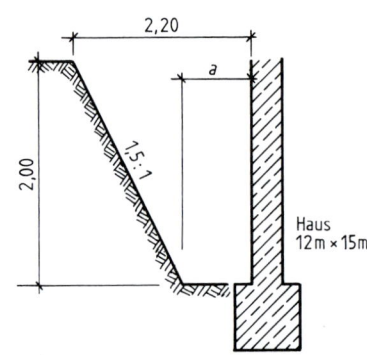

Abb. 21 /**4**

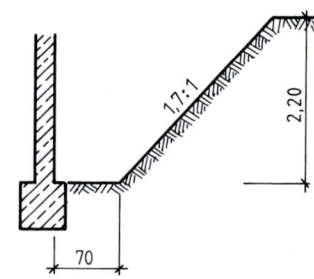

Abb. 21 /**5**

200

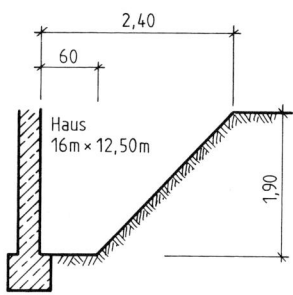

Abb. 21/**6**

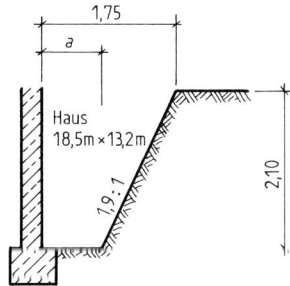

Abb. 21/**7**

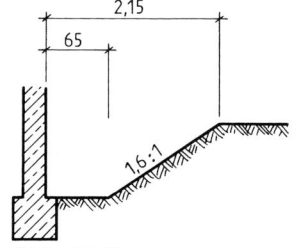

Abb. 21/**8**

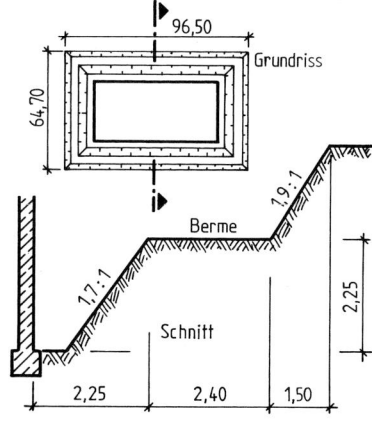

Abb. 21/**9**

6. Ermitteln Sie
   a) den Aushub
   b) die Anzahl der Fuhren, wenn der Lkw 2,0 m³ laden kann

7. Ermitteln Sie
   a) die Breite (*a*) des Arbeitsraumes
   b) den Aushub
   c) die Anzahl der Fuhren, wenn der Lkw 5,5 t laden kann und das Ladegut eine Rohdichte von 1,9 kg/dm³ hat
   d) die Anzahl der km, bei einer Entfernung der Baustelle vom Lagerplatz des Aushubs von 3,7 km

8. Für ein Haus mit den Abmessungen 15,70 m × 12,30 m ist eine Baugrube auszuheben. Der herausgebaggerte Boden lockert sich um 15 % auf.
   a) Ermitteln Sie den Aushub.
   b) Wie viel m³ Boden sind nach Erstellung des Hauses abzufahren, wenn nach Verdichtung des verfüllten Bodens um 6 % noch weitere 10 % des aufzufüllenden Volumens zur späteren Nachverfüllung bereitgehalten werden sollen?
   c) Wie viele Fuhren sind von einem Lkw auszuführen, wenn er pro Fuhre 3 m³ laden kann?

9. Für ein Verwaltungsgebäude ist eine Baugrube mit Berme auszuheben. Ermitteln Sie
   a) die Breite des Arbeitsraumes
   b) den Aushub
   c) die Anzahl der Fuhren pro Lkw und einer Ladekapazität von 5,5 t, wenn der Aushub mit 5 Lkw weggefahren werden soll (Rohdichte des Aushubs $\varrho = 1,8$ kg/dm³)

Anm.: Nach DIN 4124 dürfen die Tiefenabschnitte maximal 3,0 m betragen.

10. Für ein L-förmiges Gebäude ist die Baugrube auszuheben. Die Böschung hat ein Steigungsverhältnis von 1,85 : 1, die Baugrube eine Tiefe von 3,70 m. Berechnen Sie
a) die Breite des Arbeitsraumes
b) den Aushub
c) den abzufahrenden Boden, wenn nach Erstellung des Hauses die Auffüllmasse vollständig verdichtet wird. Auflockerung 14 %
d) die Anzahl der Fuhren, wenn pro Fuhre 4 t geladen werden können
($\varrho = 1,8$ kg/dm³)

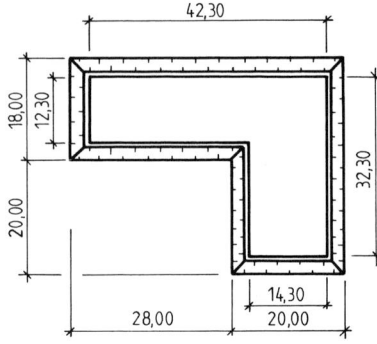

Abb. 21/**10**

11. Für ein kreisrundes Becken, Durchmesser 3,50 m, ist die Baugrube auszuheben.
a) Wie groß wird die Breite des Arbeitsraumes?
b) Wie viel m³ sind auszuheben?
c) Wie viel m³ sind nach Erstellung des Beckens wieder zu verfüllen?

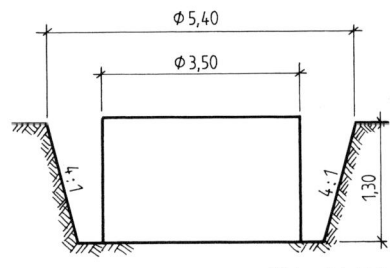

Abb. 21/**11**

12. Für einen Aussichtsturm ist die Baugrube auszuheben. Steigungsverhältnis der Böschung 2,5 : 1. Der Arbeitsraum soll allseitig 0,70 m sein. Tiefe der Baugrube 3,70 m.
a) Wie viel m³ Boden sind auszuheben?
b) Wie viel m³ sind nach Erstellung des Turmes wieder zu verfüllen?

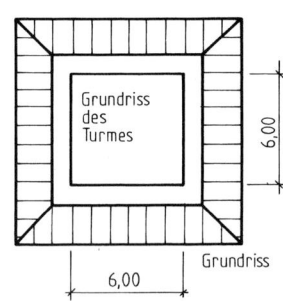

Abb. 21/**12**

13. Um ein Haus mit den Außenmaßen 24,0 × 14,0 m soll allseitig ein Arbeitsraum mit einer Breite von 65 cm vorhanden sein. Die Grubenböschung muss ein Steigungsverhältnis von 1,2 : 1 erhalten. Tiefe der Baugrube 2,60 m.
a) Wie viel m³ Boden sind auszuheben?
b) Wie viel m³ sind nach Erstellung des Hauses wieder zu verfüllen?
c) Wievielmal muss ein 3,5-t-Lkw fahren, wenn der Boden durch das Ausbaggern um 14 % aufgelockert wurde?
Rohdichte 1,8 kg/dm³.

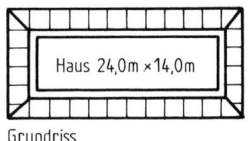

Abb. 21/**13**

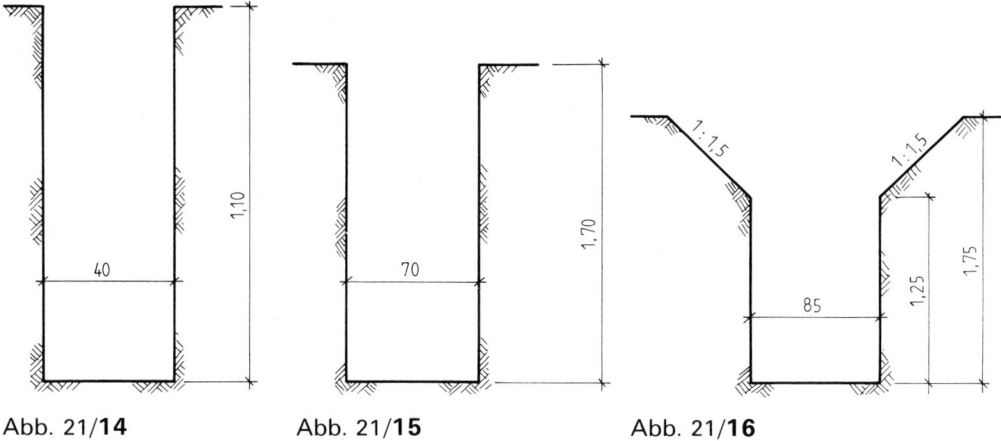

Abbildungen: Abb. 21/**14**   Abb. 21/**15**   Abb. 21/**16**

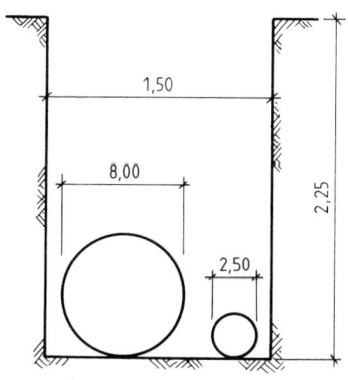

Abb. 21/**17**

Abb. 21/**18**

14. Wie viel m³ sind pro 100 lfd. M. auszuschach-
ten?

15. Wie groß ist die auszuhebende Bodenmenge?
Grabenlänge 50 m.

16. Wie viel m³ sind pro m Grabenlänge auszuheben?

17. Rohrgraben, Länge 150 m
  a) Wie viel m³ sind auszuheben?
  b) Wie viel Boden ist abzufahren, wenn nach
      Verlegung der Rohre die Verfüllmenge
      vollständig verdichtet wird?

18. Rohrgraben für Entwässerungsrohre nach
dem Trennsystem, Grabenlänge 325 m
  a) Wie viel m³ Boden sind auszuheben?
  b) Wie viel m³ sind nach Verlegung der Roh-
      re zu verfüllen und vollständig zu verdich-
      ten?
  c) Die Restmenge ist wegzufahren. Wie viel
      m³ sind bei 12,5% Auflockerung abzufah-
      ren?

22 Statik

Aufgabe der Statik ist die Untersuchung der Kräfte und deren Wirkungen auf ein Bauwerk.

22.1 Begriff der Kraft

In der Physik gilt das von Newton formulierte Gesetz

$$\textbf{Kraft} = \textbf{Masse} \cdot \textbf{Beschleunigung}$$
$$F = m \cdot g$$

$$\text{Geschwindigkeit} = \frac{\text{Weg}}{\text{Zeit}} = \frac{m}{s}$$

$$\text{Beschleunigung} = \frac{\text{Geschwindigkeitsänderung}}{\text{Zeit}}$$

$$= \frac{m/s}{s} = \frac{m}{s} \cdot \frac{1}{s} = \frac{m}{s^2}$$

$$\textbf{Masse} = \textbf{Volumen} \cdot \textbf{Dichte}$$
$$m = V \cdot \varrho$$

Einheit: $m^3 \cdot \dfrac{kg}{m^3} = kg$

$g = $ Erdbeschleunigung beim freien Fall $9{,}81 \dfrac{m}{s^2}$ im luftleeren Raum

In der Praxis nimmt man $g = 10 \dfrac{m}{s^2}$

Zur Beschleunigung der Masse von 1 kg auf $g = 10 \dfrac{m}{s^2}$ ist eine Kraft F

erforderlich von $F = 1\,kg \cdot 10 \dfrac{m}{s^2}$

$$F = 10 \frac{kgm}{s^2}$$

$$F = 10 \text{ Newton (N)}$$

Einheiten

1 Newton (N)
1 Kilo-Newton (kN) = 1 000 N
1 Mega-Newton (MN) = 1 000 kN

Eine Kraft kann man nicht unmittelbar, sondern nur mittelbar, nämlich an ihrer Wirkung erkennen. Wenn wir die Beschleunigung eines Körpers beobachten, so schließen wir auf eine oder mehrere gleichzeitig wirkende Kräfte als deren Ursache.

Beispiel
Bei einem Steinwurf üben wir auf den Stein eine Kraft aus. Die Größe der übertragenen Kraft zeigt sich in der Weite des Wurfes.

Die Statik ist die Lehre vom Gleichgewicht der Kräfte. Sie behandelt den Fall der Ruhelage. Diese ist dann gewährleistet, wenn die Gegenkraft genauso groß ist wie die angreifende Kraft.
Es gilt daher

| **Kraft** | = | **Gegenkraft** |
| Mannschaft A | | Mannschaft B |

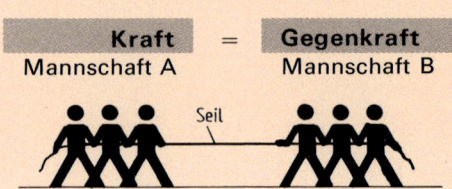

22.2 Gliederung der Statik

Die Statik gliedert sich in

1. die **Lehre vom Gleichgewicht der Kräfte** (äußere Kräfte)
   Frage: Wie groß muss die Gegenkraft der Mannschaft B sein, wenn sich keine der Mannschaften nach vorne oder hinten bewegen soll?
   Bau: Wie groß muss die Gegenkraft des die Last aufnehmenden Bauteiles sein, wenn Ruhelage herrschen soll, z. B. Boden → Setzung?

2. die **Festigkeitslehre** (innere Kräfte)
   Frage: Wie dick muss das Seil sein oder aus welchem Material muss das Seil bestehen, um diesen Kräften standhalten zu können? Die inneren Kräfte des Seiles müssen so groß sein wie die äußeren, wenn das Seil nicht reißen soll.
   Bau: Wie dick muss der Träger, Pfosten und dgl. sein oder aus welchem Material muss er bestehen, wenn er einer bestimmten Belastung standhalten soll?

3. die **Elastizitätslehre** (Lehre von den Formänderungen)
   Frage: Wie ändert sich die Länge des Seiles unter der Krafteinwirkung?
   Bau: Wie wird das Holz unter einem Pfosten zusammengedrückt?

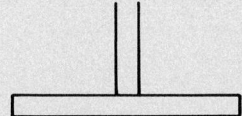

Wie verformt sich ein Bauteil unter einer Belastung (Kriechen des Betons, Längenänderung der Zugseile einer Hängebrücke)?

Man unterscheidet
a) starre Körper (absolut starre Körper gibt es nicht; Stein ist fast starr)
b) elastische Körper (Verformung verschwindet wieder, sobald die Kraft aufhört: Holz, Stahl, Stahl- und Spannbeton)
c) plastische Körper (Verformung geht nicht wieder von selbst zurück: Blei, Ton, Wachs)

Für die Ruhelage eines Körpers gilt der Grundsatz:
1. Die äußeren Kräfte an einem Körper müssen unter sich im Gleichgewicht sein.
2. Die inneren Kräfte müssen unter sich im Gleichgewicht sein.
3. Die äußeren Kräfte müssen mit den inneren Kräften im Gleichgewicht sein.

22.3 Arten von Kräften

Bei den Kräften unterscheidet man
1. angreifende Kräfte (= Aktionskräfte) durch

a) ständig vorhandene Lasten wie
Eigenlast der Bauteile,
Wasserdruck,
Erddruck

b) nicht ständig vorhandene Lasten wie
Nutzlasten aus Personen, Möbel,
Maschinen, Lagergüter usw.,
Windlast,
Schneelast

2. widerstehende Kräfte (= Reaktionskräfte) wie z. B. Auflagerkräfte

Lasten an einem Bauwerk

Weiterleitung der Lasten und Beanspruchung der Bauteile

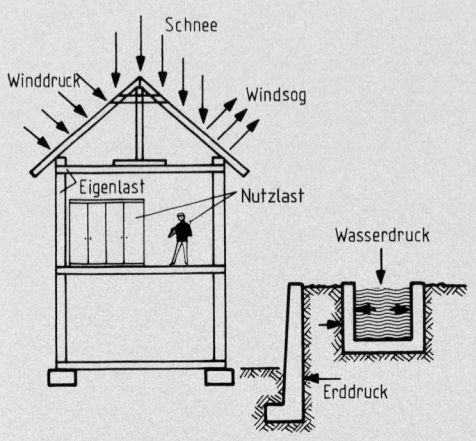

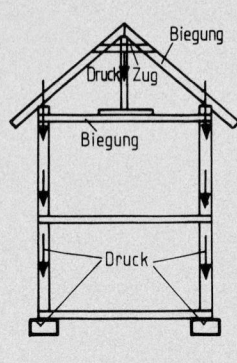

Zur eindeutigen Bestimmung einer Kraft sind erforderlich

1. die Größe, z. B. $F = 3{,}5$ kN

2. der Richtungswinkel, z. B. $\alpha = 40°$

3. die Lage, gegeben durch den Angriffspunkt

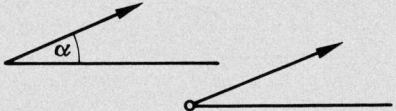

Zeichnerische Darstellung von Kräften

Zeichnerisch stellt man Kräfte durch Linien mit Pfeilen dar, wobei die Länge der Linie die Größe der Kraft und der Pfeil deren Richtung angibt. Dazu wählt man einen Kräfte-Maßstab (KM).

Beispiel 1

$F_1 = 35$ kN
$F_2 = 8$ kN
$F_3 = 3$ kN

Kräfte-Maßstab: 10 kN $\widehat{=}$ 1 cm

Eine einzige Kraft F_R (Resultierende) ruft die gleiche Wirkung hervor wie eine Summe von Einzelkräften. F_R heißt Resultierende, weil sie das Resultat der Addition der Einzelkräfte ist.

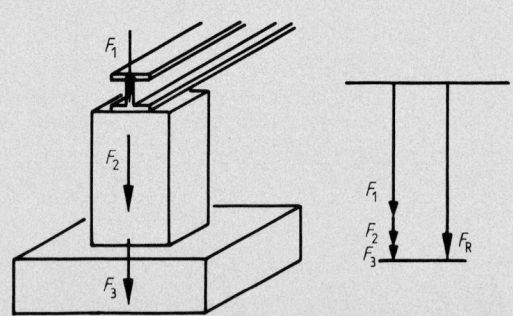

> Kräfte, die auf der gleichen Wirkungslinie liegen, können einfach addiert werden.

Beispiel 2

Ermitteln Sie die Resultierende der Kräfte
$F_1 = 30$ kN $\downarrow$ $F_2 = 10$ kN $\downarrow$
$F_3 = 20$ kN $\downarrow$ $F_4 = 15$ kN $\uparrow$

Kräfte-Maßstab: 10 kN $\triangleq$ 1 cm

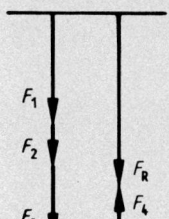

Ergebnis

gemessen: $F_R = 4,5$ cm $\triangleq 45$ kN

rechnerisches Ergebnis:

$F_R = F_1 + F_2 + F_3 - F_4$

$\quad = 30$ kN $+ 10$ kN $+ 20$ kN $- 15$ kN

$F_R = 45$ kN

Die Resultierende F_R ruft die gleiche Wirkung hervor wie die Summe der Einzelkräfte F_1, F_2, F_3, F_4.

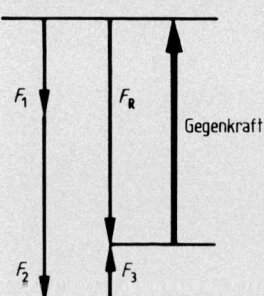

Beispiel 3

Wie groß ist die Gegenkraft, die den angreifenden Kräften (Aktionskräften) entgegengesetzt werden muss, wenn Gleichgewicht herrschen soll?

$F_1 = 25$ kN $\downarrow$

$F_2 = 50$ kN $\downarrow$

$F_3 = 15$ kN $\uparrow$

KM: 10 kN $\triangleq 1$ cm

gemessen: Gegenkraft $= 60$ kN

Die Kräfte liegen nicht in einer Wirkungslinie:

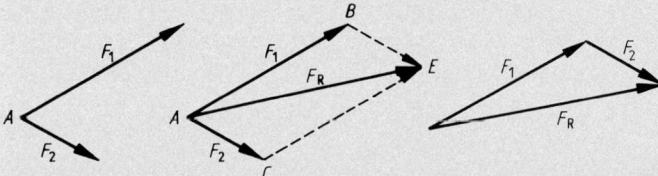

Durch Parallelverschiebung von F_1 und F_2 entsteht ein Parallelogramm, dessen Diagonale die Resultierende ist. Durch die Kraft F_1 würde ein Körper bei einer Verschiebung von A nach B und durch F_2 weiter nach E gelangen; ebenso könnte er durch F_2 nach C und von dort durch F_1 nach E gelangen. Dorthin könnte ein Körper auch durch eine einzige, unmittelbar von A nach E wirkende Ersatzkraft, die Resultierende F_R, gebracht werden.

Zum gleichen Ergebnis gelangt man auch, indem man Anfangs- und Endpunkt verbindet und dadurch die Resultierende der Größe und der Richtung nach erhält.

KM: 5 kN $\triangleq$ 1 cm

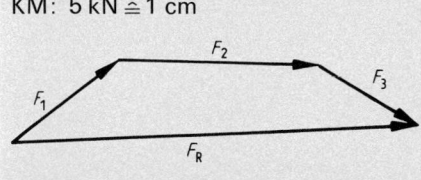

gemessen: $F_R = 7$ cm

$\qquad F_R \triangleq 35$ kN

Beispiel 4

Gegeben: $F_1 = 12$ kN $\diagup$ 40°

$\qquad\quad F_2 = 18$ kN $\longrightarrow$

$\qquad\quad F_3 = 10$ kN $\diagdown$ 30°

Gesucht: Resultierende in ihrer Richtung und Größe

Will man die Resultierende rechnerisch ermitteln, so müssen alle Kräfte in ihre senkrechten und waagrechten Teilkräfte (Komponenten) zerlegt werden.

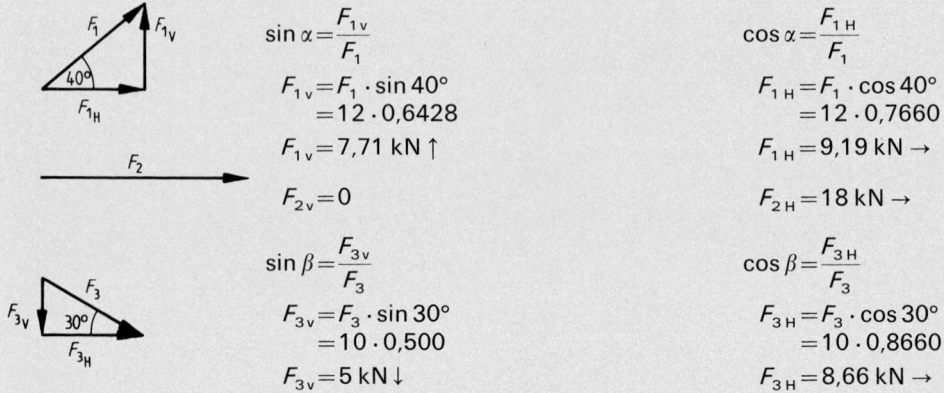

$$\sin \alpha = \frac{F_{1v}}{F_1}$$

$$F_{1v} = F_1 \cdot \sin 40°$$
$$= 12 \cdot 0,6428$$
$$F_{1v} = 7,71 \text{ kN} \uparrow$$

$$F_{2v} = 0$$

$$\sin \beta = \frac{F_{3v}}{F_3}$$

$$F_{3v} = F_3 \cdot \sin 30°$$
$$= 10 \cdot 0,500$$
$$F_{3v} = 5 \text{ kN} \downarrow$$

$$\cos \alpha = \frac{F_{1H}}{F_1}$$

$$F_{1H} = F_1 \cdot \cos 40°$$
$$= 12 \cdot 0,7660$$
$$F_{1H} = 9,19 \text{ kN} \rightarrow$$

$$F_{2H} = 18 \text{ kN} \rightarrow$$

$$\cos \beta = \frac{F_{3H}}{F_3}$$

$$F_{3H} = F_3 \cdot \cos 30°$$
$$= 10 \cdot 0,8660$$
$$F_{3H} = 8,66 \text{ kN} \rightarrow$$

Alle senkrechten Kräfte liegen in einer Wirkungslinie und können deshalb addiert werden, ebenso alle waagrechten Kräfte.

Summe der Vertikalkräfte
(unter Berücksichtigung ihrer Richtung)

$$F_{Rv} = F_{1v} + F_{2v} - F_{3v}$$
$$= 7,71 \text{ kN} + 0 - 5 \text{ kN}$$
$$F_{Rv} = 2,71 \text{ kN} \uparrow$$

Summe der Horizontalkräfte

$$F_{RH} = F_{1H} + F_{2H} + F_{3H}$$
$$= 9,19 \text{ kN} + 18 \text{ kN} + 8,66 \text{ kN}$$
$$F_{RH} = 35,85 \text{ kN} \rightarrow$$

Zusammensetzung von F_{Rv} und F_{RH} zur Resultierenden F_R

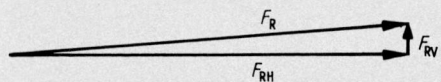

Lösung über den Lehrsatz des Pythagoras

$$F_R^2 = F_{Rv}^2 + F_{RH}^2$$
$$= 2,71^2 + 35,85^2$$
$$= 7,344 + 1285,223$$
$$F_R = \sqrt{1292,567}$$
$$F_R = 35,95 \text{ kN}$$

Ein Vergleich zwischen rechnerischer und zeichnerischer Lösung zeigt die Vorteile der zeichnerischen Lösung: Sie ist schnell, einfach, für die Praxis ausreichend genau; die Lösung kann auch ohne Kenntnis der Winkelfunktionen gefunden werden.

22.4 Hebelgesetze

```
                    Hebel
        ┌─────────────┴─────────────┐
```

| einseitiger Hebel | zweiseitiger Hebel |

Beim einseitigen Hebel liegt der Drehpunkt **außerhalb** der Gewichtskraft (Last) und der angreifenden Kraft
Beispiel: Schubkarren

Beim zweiseitigen Hebel liegt der Drehpunkt **zwischen** der Gewichtskraft (Last) und der angreifenden Kraft
Beispiel: Spundwandzieher

Hebelgesetz:
Ein Hebel ist im Gleichgewicht, wenn gilt

Kraft × Kraftarm = Last × Lastarm

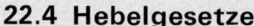

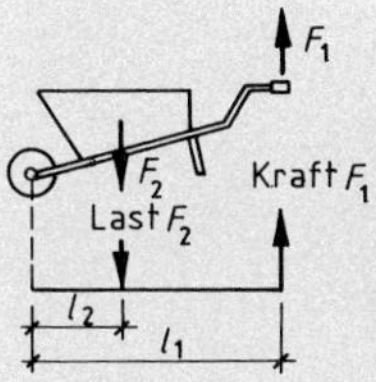

$$F_1 \cdot l_1 = F_2 \cdot l_2$$

Statisches System

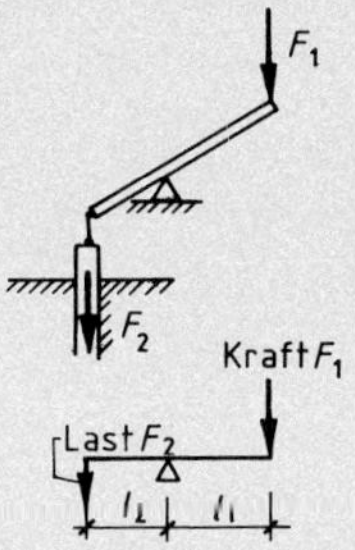

$$F_1 \cdot l_1 = F_2 \cdot l_2$$

Statisches System

Beispiel

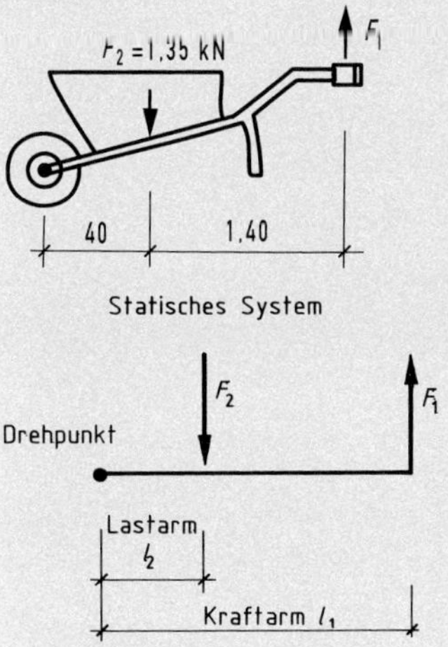

Statisches System

$$F_1 \cdot l_1 = F_2 \cdot l_2$$
$$F_1 \cdot 1{,}80\ \text{m} = 1{,}35\ \text{kN} \cdot 0{,}40\ \text{m}$$
$$F_1 = 0{,}30\ \text{kN}$$

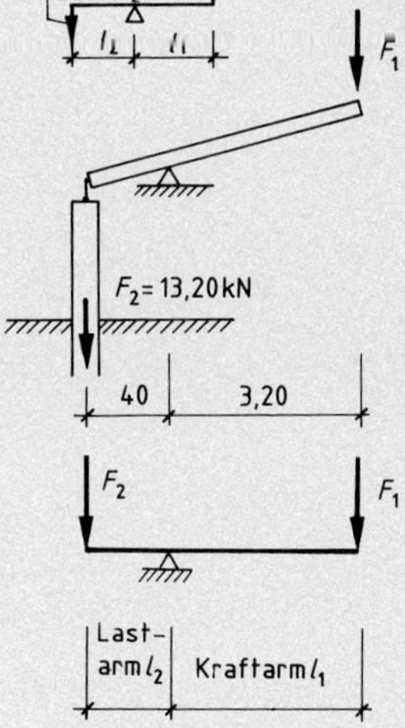

$$F_1 \cdot l_1 = F_2 \cdot l_2$$
$$F_1 \cdot 3{,}20\ \text{m} = 13{,}20\ \text{kN} \cdot 0{,}40\ \text{m}$$
$$F_1 = 1{,}65\ \text{kN}$$

22.5 Auflagerdrücke

Werden die Bauteile eines Hauses wie Decken, Sparren, Balken, Fensterstürze berechnet, also Bauteile, die eine Öffnung überspannen, so müssen dabei immer die Auflagerdrücke dieser Bauteile ermittelt werden. Diese Auflagerdrücke werden auf Dachpfosten, Wände und Fundamente übertragen und von dort in den Baugrund geleitet.

Beispiel 1

In einem Abstand von 1,10 m von der linken Laibung der Fensteröffnung liegt auf einem Betonsturz ein I-Träger und überträgt eine Last von $F = 550$ kN.

Wie groß werden die Auflagerdrücke unter dem Betonsturz, wenn die Eigenlast des Betonsturzes nicht berücksichtigt wird?

Als Stützweite ist näherungsweise anzusetzen

a) die um $^1/_3$ der beiden Auflagerlängen vergrößerte lichte Weite

b) bei sehr großer Auflagerlänge die um 5% vergrößerte lichte Weite. Der kleinere Wert ist dabei maßgebend.

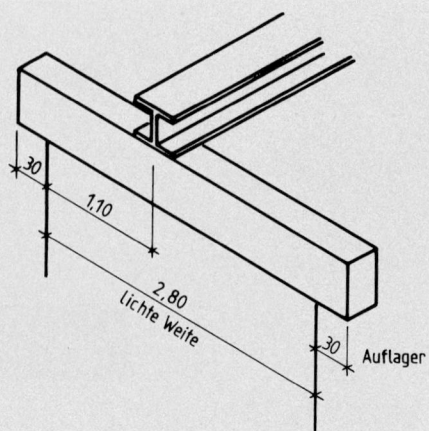

Statisches System
Träger auf zwei Stützen

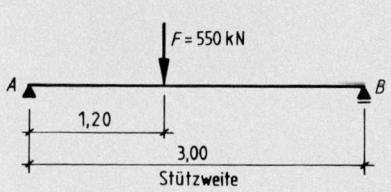

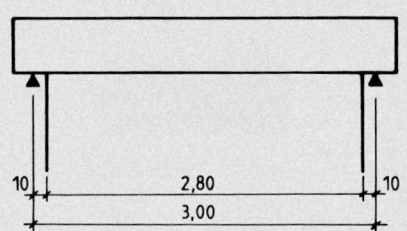

Zeichnerische Lösung

Der Träger ist hierzu in einem bestimmten Maßstab zu zeichnen. Die Kraft oder Kräfte, die auf ihn wirken, werden außerhalb in einem Kräfte-Maßstab aufgetragen.

Kräfte-Lageplan
1 cm $\cong$ 0,50 m

Kräfteplan
KM: 1 cm $\cong$ 100 KN

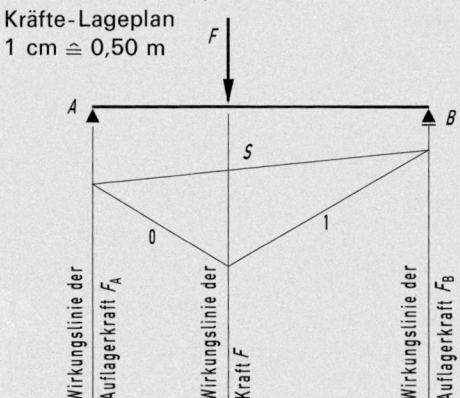

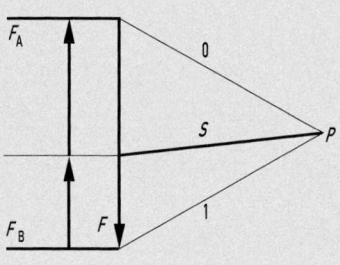

Im Kräfte-Lageplan zeichnet man Linien in Richtung der Auflagerkräfte F_A und F_B sowie der Last F ein. Diese nennt man Wirkungslinien dieser Kräfte.

Im Kräfteplan wird ein Pol P in beliebiger Lage gewählt. Von ihm werden zum Anfangs- und Endpunkt der Kraft (oder bei mehreren Kräften zu jeder Kraft) Linien, sog. Polstrahlen, gezogen und parallel in den Kräfte-Lageplan übertragen. Der Polstrahl 0 beginnt in beliebiger Höhe auf der Wirkungslinie des Auflagers A und geht bis zur Wirkungslinie der Kraft F. Im Schnittpunkt von Polstrahl 0 und der Wirkungslinie der Kraft F wird der Polstrahl 1 angeschlossen und zum Schnitt mit der Wirkungslinie des Auflagers B gebracht. Die Schlusslinie s, die den Seilzug schließt, wird parallel in den Kräfteplan durch P gehend übertragen. Sie teilt hier die Kraft F in zwei Teile; den oberen Teil, der der Auflagerkraft F_A, und den unteren Teil, der der Auflagerkraft F_B entspricht.

Rechnerische Lösung

Zur rechnerischen Lösung bedient man sich der Hebelgesetze. Verursachen Kräfte an einem Hebel drehende Bewegungen, so spricht man von Momenten. Ein statisches Moment ist das Produkt aus der Kraft F und dem Hebelarm. Hebelarm und Kraftrichtung müssen senkrecht aufeinander stehen.

Moment = Kraft · Hebelarm

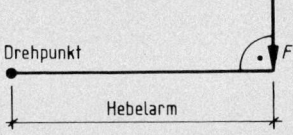

An einem Träger auf zwei Stützen bewirken sowohl die angreifenden Kräfte F (Lasten, Aktionskräfte) als auch die diesen widerstehenden Kräfte (Reaktionskräfte) ein Moment.

Drehpunkt B

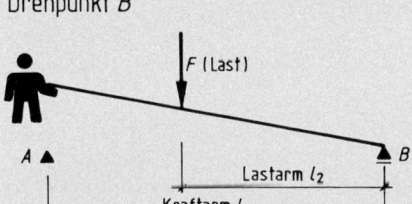

Drehpunkt A

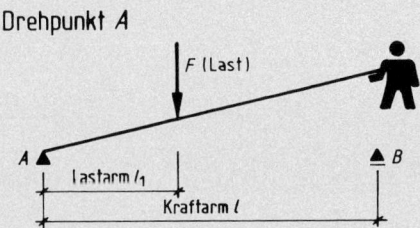

Will man wissen, wie viel Kraft A und B aufwenden müssen, um den Träger in Ruhelage zu halten, so gilt die Formel

Kraft · Kraftarm = Last · Lastarm

Kraft · Kraftarm = Last · Lastarm
$$F_A \cdot l = F \cdot l_2$$
Betrachtet man die Drehrichtung der Momente, so ergibt sich

$F_A \cdot l$ $= F \cdot l_2$
$M \curvearrowright$ $= M \curvearrowleft$
rechtsdrehend   linksdrehend

Kraft · Kraftarm = Last · Lastarm
$$F_B \cdot l = F \cdot l_1$$

$F_B \cdot l$ $= F \cdot l_1$
$M \curvearrowleft$ $= M \curvearrowright$
linksdrehend   rechtsdrehend

Da es sich um eine Gleichung handelt, ist das rechtsdrehende Moment gleich dem linksdrehenden. Wirken an einem Träger mehr als nur eine Kraft, also eine Summe von Kräften, so gilt für jeden Drehpunkt die Formel

Summe aller rechtsdrehenden Momente = Summe aller linksdrehenden Momente

$$\sum M \curvearrowright = \sum M \curvearrowleft$$

Rechnerische Lösung von Beispiel 1

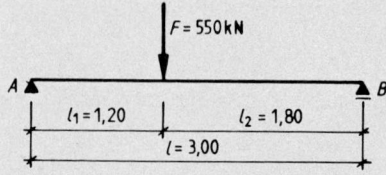

Drehpunkt B

$$\sum M \curvearrowright = \sum M \curvearrowleft$$
$$F_A \cdot l = F \cdot l_2$$
$$F_A \cdot 3{,}0 \text{ m} = 550 \text{ kN} \cdot 1{,}80 \text{ m}$$
$$F_A = \frac{550 \text{ kN} \cdot 1{,}80 \text{ m}}{3{,}0 \text{ m}}$$
$$F_A = 330 \text{ kN}$$

Drehpunkt A

$$\sum M \curvearrowright = \sum M \curvearrowleft$$
$$F \cdot l_1 = F_B \cdot l$$
$$550 \text{ kN} \cdot 1{,}20 \text{ m} = F_B \cdot 3{,}0 \text{ m}$$
$$F_B = \frac{550 \text{ kN} \cdot 1{,}20 \text{ m}}{3{,}0 \text{ m}}$$
$$F_B = 220 \text{ kN}$$

Probe: Summe aller Aktionskräfte = Summe aller Reaktionskräfte
$$F = F_A + F_B$$
$$550 \text{ kN} = 330 \text{ kN} + 220 \text{ kN}$$

Beispiel 2
Ermittlung der Auflagerkräfte F_A und F_B
a) zeichnerisch
b) rechnerisch

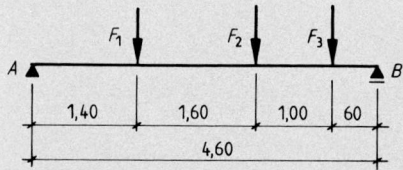

$$F_1 = 300 \text{ kN}$$
$$F_2 = 450 \text{ kN}$$
$$F_3 = 900 \text{ kN}$$

a) zeichnerische Lösung
Kräfte-Lageplan 1:50

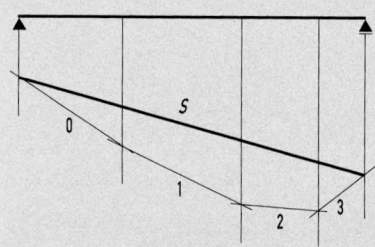

Kräfteplan
KM: 1 cm $\widehat{=}$ 300 kN

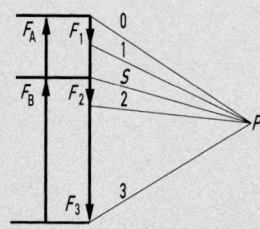

gemessen: $F_A = 500 \text{ kN}$
$F_B = 1150 \text{ kN}$

b) rechnerische Lösung

Drehpunkt B

$$\sum M\curvearrowright = \sum M\curvearrowleft$$
$$F_A \cdot 4{,}60 = F_1 \cdot 3{,}20 + F_2 \cdot 1{,}60 + F_3 \cdot 0{,}60$$
$$F_A = \frac{2220}{4{,}60} \; \frac{kN \cdot m}{m}$$
$$F_A = 482{,}60 \, kN$$

Drehpunkt A

$$\sum M\curvearrowright = \sum M\curvearrowleft$$
$$F_1 \cdot 1{,}40 + F_2 \cdot 3{,}0 + F_3 \cdot 4{,}0 = F_B \cdot 4{,}60$$
$$F_B = \frac{5370}{4{,}60}$$
$$F_B = 1167{,}40 \, kN$$

Probe: Summe der Aktionskräfte = Summe der Reaktionskräfte

$$F_1 + F_2 + F_3 = F_A + F_B$$

Träger mit Gleichstreckenlast

In vielen Fällen, z. B. bei Dächern und Decken, kann man nicht mit Einzellasten rechnen, sondern mit gleichmäßig über die ganze Fläche verteilten Lasten. Möbel und Menschen haben in einer Wohnung keinen unveränderlichen Platz, sondern können sich an jedem beliebigen Ort eines Raumes befinden.

Beispiel 3

Holzbalkendecke:	Balkenabstand	0,70 m
	Belastung	2 kN/m²
	Deckeneigenlast	1,5 kN/m²
	Balkenlänge	3,20 m

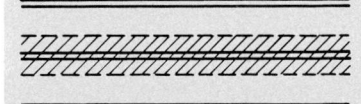 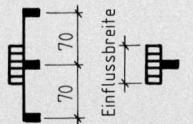 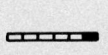

Belastung eines Balkens pro lfd. M. Länge

$$2\,\frac{kN}{m^2} \cdot 0{,}70\,m = 1{,}40\,\frac{kN}{m}$$

Deckeneigenlast pro lfd. M. Länge

$$1{,}5\,\frac{kN}{m^2} \cdot 0{,}70\,m = 1{,}05\,kN/m$$

Die Gleichstreckenlast eines Balkens oder einer Decke setzt sich zusammen aus:

Eigenlast des Bauteils	g
+ Nutzlast	p
= Gesamtbelastung	q

Statisches System

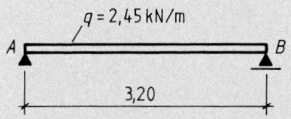

Belastung

Eigenlast	$g = 1{,}05$ kN/m
Nutzlast	$p = 1{,}40$ kN/m
Gesamtbelastung	$q = 2{,}45$ kN/m

Rechnerisch fasst man die gleichmäßig verteilte Last zu einer Einzellast zusammen und stellt diese als im Schwerpunkt angreifend in Rechnung.

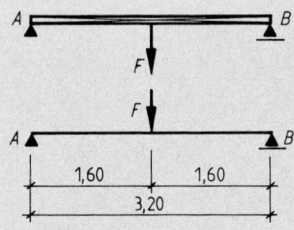

Ersatzkraft als Einzellast

$$F = q \cdot l$$
$$= 2{,}45\,\frac{kN}{m} \cdot 3{,}20\,m$$
$$F = 7{,}84\,kN$$

Drehpunkt B

$$\sum M \curvearrowright = \sum M \curvearrowleft$$
$$F_A \cdot 3{,}20\,m = F \cdot 1{,}60\,m$$
$$F_A \cdot 3{,}20\,m = 7{,}84\,kN \cdot 1{,}60\,m$$
$$F_A = \frac{7{,}84\,kN \cdot 1{,}60\,m}{3{,}20\,m}$$
$$F_A = 3{,}92\,kN$$

Drehpunkt A

$$\sum M \curvearrowright = \sum M \curvearrowleft$$
$$F \cdot 1{,}60\,m = F_B \cdot 3{,}20\,m$$
$$7{,}84\,kN \cdot 1{,}60\,m = F_B \cdot 3{,}20\,m$$
$$F_B = \frac{7{,}84\,kN \cdot 1{,}60\,m}{3{,}20\,m}$$
$$F_B = 3{,}92\,kN$$

Vereinfachung

Geht bei einem Träger auf zwei Stützen die Gleichstreckenlast über das ganze Feld oder ist sie symmetrisch, so kann auch, weil jedes Auflager die gleiche Last aufzunehmen hat, folgendermaßen vorgegangen werden:

$$F_A = 2{,}45\,\frac{kN}{m} \cdot \frac{3{,}20\,m}{2}$$
$$F_A = 3{,}92\,kN$$

$$F_B = 2{,}45\,\frac{kN}{m} \cdot \frac{3{,}20\,m}{2}$$
$$F_B = 3{,}92\,kN$$

Zeichnerisch werden die Auflagerkräfte bei Gleichstreckenlast ermittelt durch Zusammenfassung zu einer Einzellast (wie bei Einzellasten).

22.6 Spannung

Wird von außen auf einen Körper eine Kraft ausgeübt, so leistet er bis zu seinem Bruch einen inneren Widerstand. Wird die Kraft nur auf eine sehr kleine Fläche übertragen, so wird der Widerstand des Körpers größer sein müssen als bei einer relativ großen Fläche.

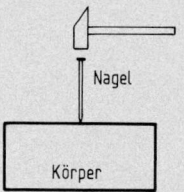

große Widerstandskraft des Körpers erforderlich, wenn der Nagel nicht eindringen soll

geringe Widerstandskraft erforderlich

214

Für eine Spannung ist also nicht nur die Größe der Kraft ausschlaggebend, sondern auch die Fläche, auf die sie wirkt. Die Spannung ist umgekehrt proportional zur Fläche, während die Kraft proportional zur Spannung verläuft, d. h.

je größer die Kraft,   desto größer die Spannung
je kleiner die Fläche, desto größer die Spannung

$$\text{Spannung} = \frac{\text{Kraft}}{\text{Fläche}}$$

$$\sigma = \frac{F}{A}$$

Bei der Spannung unterscheidet man

Druckspannung σ_D
Zugspannung σ_Z
Schubspannung τ

σ = kleines griechisches s
(gesprochen sigma)

τ = kleines griechisches t
(gesprochen tau)

Die Spannung wird in $\dfrac{N}{mm^2}$ oder $\dfrac{MN}{m^2}$ angegeben.

Für **Fundamente** gilt außerdem:

$$\text{Mindest-Fundamenthöhe} = 1,75 \cdot \text{Fundamentüberstand}$$

$$\min h = 1,75 \cdot c$$

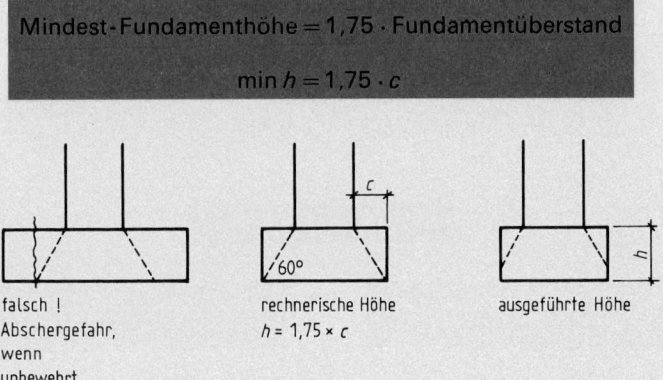

falsch !
Abschergefahr,
wenn
unbewehrt

rechnerische Höhe
$h = 1,75 \times c$

ausgeführte Höhe

Die Lastverteilungslinie darf nicht in der Bodenfläche des Fundaments, sondern muss in den Seiten heraustreten. Aus konstruktiven Gründen wird das Fundament meist höher gewählt als es das rechnerische Ergebnis verlangt.
Bricht ein Körper unter einer einwirkenden Kraft, so hat er sein Höchstmaß an Widerstandsvermögen, d. h. seine Bruchspannung erreicht. Die Bauteile dürfen jedoch nicht bis zu ihrer Bruchspannung beansprucht werden, denn sonst würden unsere Bauwerke einstürzen. In DIN 1053 werden für die einzelnen Baustoffe charakteristische Werte der Druckfestigkeit vorgegeben, auf deren Grundlage der Bemessungswert der aufnehmbaren Normalkraft N_{Rd} berechnet wird. Dieser wird mit dem Bemessungswert der einwirkenden Normalkraft (vorhandenen Last) N_{Ed} verglichen. N_{Rd} muss stets größer als N_{Ed} sein.
Aus beiden Werten von N_{Ed} und N_{Rd} können die jeweiligen Spannungen

$\sigma_{zul} = \dfrac{N_{Rd}}{A}$ $\sigma_{vorh} = \dfrac{N_{Ed}}{A}$ ermittelt werden. Es gilt auch hier: $\sigma_{zul} > \sigma_{vorh}$

Beispiel 1

Ein Mann mit einer Masse von 85 kg überträgt eine Last von 850 N. Wie groß ist die Spannung, wenn er
a) auf seinen Schuhen mit einer Fläche von 15 000 mm²/Schuh steht?
b) auf Skiern mit einer Fläche von 160 000 mm²/Ski steht?

a) $\sigma = \dfrac{F}{A}$

$= \dfrac{850 \text{ N}}{30\,000 \text{ mm}^2}$

$= 0,028 \text{ N/mm}^2$

$\sigma = 28,33 \text{ kN/m}^2$

große Spannung
leichtes Einsinken

b) $\sigma = \dfrac{F}{A}$

$= \dfrac{850 \text{ N}}{320\,000 \text{ mm}^2}$

$= 0,002656 \text{ N/mm}^2$

$\sigma = 2,66 \text{ kN/m}^2$

kleine Spannung
kaum Einsinken

Beispiel 2

Ein Pfeiler einschließlich Fundament überträgt eine Last von 0,12 MN.
a) Wie groß ist der vorhandene Sohldruck (Bodenpressung, Bodenspannung), wenn die zulässige Spannung 0,25 MN/m² beträgt?
b) Wie groß wird die Fundamenthöhe?

$\sigma = \dfrac{F}{A}$

$= \dfrac{0,12 \text{ MN}}{0,70 \cdot 0,70 \text{ m}^2}$

$\sigma = 0,245 \text{ MN/m}^2 < \text{zul } \sigma$

$\min h = 1,75 \cdot c$
$= 1,75 \cdot 12,5$
$\min h = 21,88 \text{ cm}$
ausgeführt:
$h = 25 \text{ cm}$

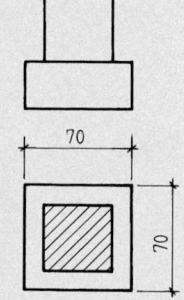

Mauerwerk	
Rezeptmauerwerk (RM)	Mauerwerk nach Eignungsprüfung (EM)

nach DIN 1053

nach DIN 1053

Mit Rezeptmauerwerk (RM) bezeichnet man jenes Mauerwerk, dessen Druckfestigkeit von der
● Steinfestigkeitsklasse
● Mörtelart
● Mörtelgruppe
festgelegt wird.

Bei Mauerwerk nach Eignungsprüfung (EM) werden Eignungsprüfungen an Mauerwerksprüfkörpern vorgenommen und das Mauerwerk danach in Mauerwerksfestigkeitsklassen eingeteilt.
Die hierzu verwendeten Baustoffe werden besonders güteüberwacht.

Berechnung nach einem vereinfachten Verfahren

Der Standsicherheitsnachweis darf nach dem vereinfachten Verfahren erfolgen, wenn

Berechnung nach einem genaueren Verfahren

Die Berechnung nach dem genaueren Verfahren soll hier nicht weiter verfolgt werden.

216

1. Die Höhe *h* des Gebäudes maximal 20 m beträgt. (Bei geneigten Dächern darf bei der Dachhöhe das Mittel aus Trauf- und Firsthöhe angesetzt werden.)
2. Die Stützweite *l* der Decke nicht mehr als 6,0 m beträgt. (Bei zweiachsig gespannten Decken ist die kleinste Stützweite maßgebend.)
3. Bezüglich der Wanddicke *d*, Wandhöhe h_s und der Deckenverkehrslast *p* die in Tabelle 1 angegebenen Werte eingehalten werden:

Tabelle 1: Maximale Wandhöhen in Abhängigkeit von der Wanddicke und der Deckenlast

Bauteil	Wanddicke *d* in cm	Wandhöhe h_s in m	Decken- auflast *p* in kN/m²
Innenwände	$\geq 11,5$ < 24	bis 2,75	
	≥ 24	–	$\leq 5,0$
einschalige Außenwände	$\geq 17,5^1)$ < 24	bis 2,75	
	≥ 24	bis 12 · *d*	
Tragschale zweischaliger Außenwände und zweischaliger Haustrennwände	$\geq 11,5^2)$ < $17,5^2)$	bis 2,75	$\leq 3,0^3)$
	$\geq 17,5$ < 24		$\leq 5,0$
	≥ 24	bis 12 · *d*	

[1]) Bei Bauwerken, die nicht dem dauernden Aufenthalt von Personen dienen, sind auch Wanddicken von 11,5 cm zulässig.
[2]) Maximal zwei Vollgeschosse, wenn aussteifende Querwände maximal 4,50 m und Öffnungen durch Türen nicht näher als 2,0 m entfernt sind.
[3]) Einschließlich Zuschlag für nicht tragende innere Trennwände.

1 auszusteifende Wand
2 haltende Wand

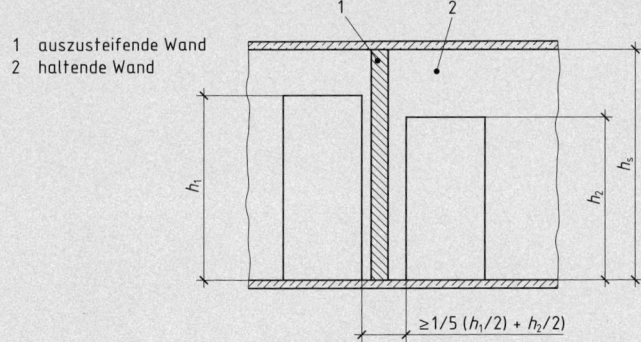

Schlankheit

Pfeiler und nicht ausgesteifte Wände sind Bauteile, deren Höhe im Verhältnis zu ihrer Dicke sehr groß ist. Bevor solche Bauteile zu Bruch gehen, knicken sie in der Regel aus, und zwar um so eher, je größer das Verhältnis ihrer Höhe zur Dicke ist. Pfeiler mit rechteckigem Querschnitt knicken zuerst in Richtung der schmaleren Seite aus. Das Verhältnis der Höhe zur kleinsten Dicke bezeichnet man mit Schlankheit.

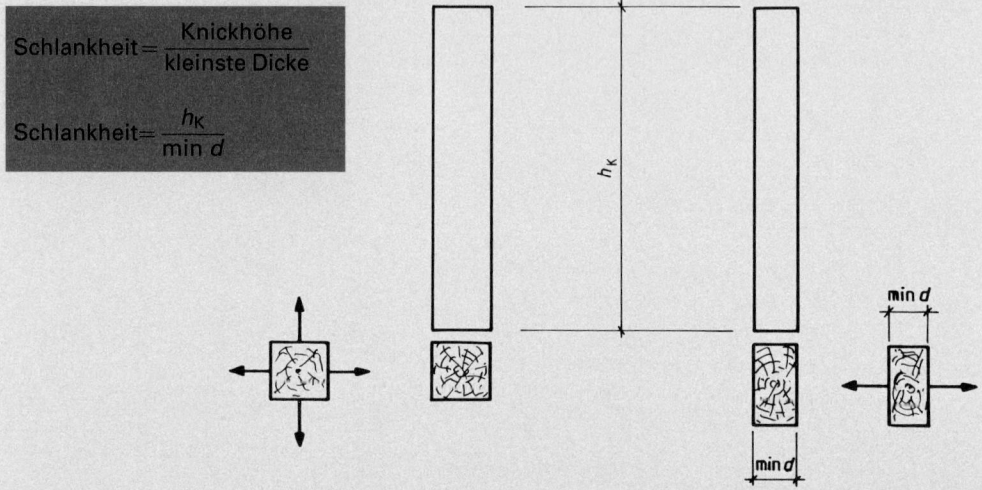

$$\text{Schlankheit} = \frac{\text{Knickhöhe}}{\text{kleinste Dicke}}$$

$$\text{Schlankheit} = \frac{h_K}{\min d}$$

Mauermörtel und ihre Verwendbarkeit

Normalmauermörtel (NM)

Mörtelgruppe I
Nicht zulässig
- für Gewölbe und Kellermauerwerk, mit Ausnahme der Instandsetzung von Mauerwerk, das in MG I ausgeführt wurde,
- bei mehr als zwei Vollgeschossen und bei Wanddicken kleiner als 240 mm, Bei zweischaligem Mauerwerk betrifft dies die innere Tragschale,
- für das Vermauern der Vorsatzschale.

Mörtelgruppe II und IIa
- Hierfür gilt keine Einschränkung.

Mörtelgruppe III und IIIa
Nicht zulässig
- für Vermauern der Außenschale bei zweischaligem Mauerwerk.
  MG III darf hingegen zum Verfugen der Außenschale verwendet werden, wenn es sich um bewehrtes Mauerwerk handelt.

Leichtmauermörtel (LM)
Nicht zulässig
- für Gewölbe,
- bei der Witterung ausgesetztem Sichtmauerwerk.

Dünnbettmörtel (DM)
Nicht zulässig
- für Gewölbe,
- für Mauersteine, deren Maßabweichung mehr als die für Plansteine ist (1 mm).

218

Tabelle 2
Grundwerte σ_0 der zulässigen Druckspannungen für Mauerwerk mit Dünnbett- und Leichtmauermörtel

Steinfestig-keitsklasse	Grundwerte σ_0 für			Leichtmauermörtel werden nach ihrer Wärme-leitfähigkeit bezeichnet
	Dünnbett-mörtel MN/m^2	Leichtmauermörtel		
		LM 21 MN/m^2	LM 36 MN/m^2	
2	0,6	0,5[1])	0,5[1]) [2])	
4	1,0	0,7[3])	0,8[4])	
6	1,4	0,7	0,9	
8	1,8	0,8	1,0	
12	2,0	0,9	1,1	
20	2,9	0,9	1,1	
28	3,4	0,9	1,1	

[1]) Für Mauerwerk mit Mauerziegeln gilt $\sigma_0 = 0,4$ MN/m^2
[2]) Bei Außenwänden mit $d \geq 30$ cm gilt $\sigma_0 = 0,6$ MN/m^2
[3]) Für Kalksandsteine und Mauerziegel gilt $\sigma_0 = 0,5$ MN/m^2
[4]) Für Kalksandsteine und Mauerziegel gilt $\sigma_0 = 0,7$ MN/m^2

Knickhöhe

Für zweiseitig gehaltene Wände und Pfeiler gilt:

$$h_K = h_s \qquad h_s = \text{lichte Geschosshöhe}$$

Sind Wände durch flächig gelagerte Decken eingespannt, so darf die Knickhöhe abgemindert werden auf:

$$h_K = \beta \cdot h_s \qquad \beta = 0,75 \text{ für Wanddicke } d \leq 175 \text{ mm}$$
$$\beta = 0,90 \text{ für Wanddicke } 175 \text{ mm} < d \leq 250 \text{ mm}$$
$$\beta = 1,0 \text{ für Wanddicke } d > 250 \text{ mm}$$

Dünne Wände sind knickgefährdeter und stärker in die Decke eingespannt als dicke. Daher ist für dünne Wände eine geringere Knickhöhe anzusetzen als für dickere Wände.

Berechnung nach DIN 1053 – Teil 100

Beim vereinfachten Verfahren nach Rezeptmauerwerk (RM) brauchen Beanspruchungen, verursacht durch Biegemoment aus Deckeneinspannung, Exzentrizitäten, Wind auf Außenwände nicht nachgewiesen werden, da sie im Sicherheitsabstand bzw. durch konstruktive Regeln berücksichtigt sind.

Es ist nachzuweisen:

$N_{Ed} \leq N_{Rd}$ $N_{Ed} = $ Bemessungswert der einwirkenden Normalkraft   (vorhandenen Last)
           $N_{Rd} = $ Bemessungswert der aufnehmbaren Normalkraft   (max. zul. Belastung)

$N_{Ed} = 1,35 \cdot N_{Gk} + 1,2 \cdot N_{Qk}$
           $N_{Gk} = $ charakteristischer Wert der ständigen Lasteinwirkung
               ($=$ Eigenlast der Konstruktion)
           $N_{Qk} = $ charakteristischer Wert der veränderlichen Lasteinwirkung
               (nicht ständig vorhandene Lasten wie Nutzlast, Schnee, Wind)

$\Phi_1 =$ Querschnittsfaktor

$\Phi_1 =$ Abminderungsfaktor bei biegebeanspruchten Querschnitten

$$\Phi_1 = 1 - \frac{2 \cdot e}{d}$$

$e =$ Exzentrizität der Lasteinwirkung
$d =$ Wanddicke

$\Phi_2 =$ Schlankheitsfaktor

Bevor Pfeiler und nicht ausgesteifte Wände zu Bruch gehen, knicken sie aus, und zwar um so eher, je größer das Verhältnis ihrer Höhe zur kleinsten Dicke ist. Dies ist bei rechteckförmigen Querschnitten stets in Richtung der schmaleren Seite.

$$N_{RD} = \Phi_2 \cdot A \cdot f_d$$

$\Phi_2 =$ Abminderungsfaktor unter Berücksichtigung der Schlankheit und der Lastexzentrizität

$$\Phi_2 = 0{,}85 - 0{,}0011 \cdot \left(\frac{h_k}{d_{min}} \right)$$

$h_k =$ Knickhöhe
$d_{min} =$ kleinste Seitenlänge des Querschnitts

Schlankheiten $\dfrac{h_k}{d_{min}} > 25$ sind unzulässig

$A =$ Querschnittsfläche unter Berücksichtigung von Schlitzen und Aussparungen
$f_d =$ Bemessungswert der Druckfestigkeit des Mauerwerks

$$f_d = \frac{\eta \cdot f_k}{\gamma_M}$$

$\eta \quad =$ Abminderungsbeiwert zur Berücksichtigung von Langzeiteinwirkungen; $\eta = 0{,}85$
$f_k \quad =$ charakteristische Druckfestigkeit des Mauerwerks nach Tabellen S. 221
$\gamma_M =$ Teilsicherheitsbeiwert für Baustoffeigenschaften
$\gamma_M = 1{,}5 \cdot k_0$
$k_0 \quad = 1{,}0$ für Wände
$k_0 \quad = 1{,}25$ für kurze Wände (Wandvorsprünge, Pfeiler)

$\Phi_3 =$ Stützweitenfaktor

Traglastminderung durch den Deckendrehwinkel bei Endauflagern auf Wänden.

Für Deckenstützweiten $l \leq 4{,}20$ m $\Rightarrow \Phi_3 = 0{,}9$
Für $4{,}20$ m $< l \leq 6{,}0$ m $\quad\quad \Rightarrow \Phi_3 = 1{,}6 - l/6 \leq 0{,}9$ für $f_K \geq 1{,}8$ N/mm²
$\quad\quad\quad\quad\quad\quad\quad\quad\quad\quad\quad\quad \Rightarrow \Phi_3 = 1{,}6 - l/5 \leq 0{,}9$ für $f_K < 1{,}8$ N/mm²

Für das oberste Geschoss gilt: $\Phi_3 = l/3$ für alle Werte von l.

Wird die Traglastminderung infolge Deckendrehwinkel durch konstruktive Maßnahmen vermieden, so gilt unabhängig von der Deckenstützweite $\Phi_3 = 1{,}0$.
Der kleinere Wert von Φ_2 und Φ_3 ist für die Bemessung maßgebend.

Tabelle 3
Charakteristische Werte f_k der Druckfestigkeit von Rezept-Mauerwerk (RM)
mit Normalmörtel (NM) nach DIN 1053 – Teil 100

Steinfestig-keits-klasse	Mörtelgruppe				
	I	II	IIa	III	IIIa
	N/mm²	N/mm²	N/mm²	N/mm²	N/mm²
2	0,9	1,5	1,5[1]	–	–
4	1,2	2,2	2,5	2,8	–
6	1,5	2,8	3,1	3,7	–
8	1,8	3,1	3,7	4,4	–
10	2,2	3,4	4,4	5,0	–
12	2,5	3,7	5,0	5,6	6,0
16	2,8	4,4	5,5	6,6	7,7
20	3,1	5,0	6,0	7,5	9,4
28	–	5,6	7,2	9,4	11,0
36	–	–	–	11,0	12,5
48	–	–	–	12,5[2]	14,0[2]
60	–	–	–	14,0[2]	15,5[2]

[1] $f_k = 1,8$ N/mm² bei Außenwänden mit $d \geq 300$ mm. Der erhöhte Wert gilt nicht für
   den Nachweis der Auflagerpressung.
[2] Die Werte $f_k \geq 11,0$ N/mm² enthalten einen zusätzlichen Sicherheitsbeiwert zwischen
   1,0 und 1,7 wegen der Gefahr von Sprödbruch.

Tabelle 4
Charakteristische Werte f_k der Druckfestigkeit von Rezept-Mauerwerk (RM)
mit Dünnbettmörtel (DM) und Leichtmauermörtel (LM) nach DIN 1053 – Teil 100

Steinfestigkeits-klasse	Dünnbettmörtel [1]	Leichtmörtel	
		LM 21	LM 36
	N/mm²	N/mm²	N/mm²
2	1,8	1,5 (1,2)[2]	1,5 (1,2)[2]; (1,8)[3]
4	3,4	2,2 (1,5)[4]	2,5 (2,2)[5]
6	4,7	2,2	2,8
8	6,2	2,5	3,1
10	6,6	2,7	3,3
12	6,9	2,8	3,4
16	8,5	2,8	3,4
20	10,0	2,8	3,4
28	11,6	2,8	3,4

[1] Gilt nur für Porenbeton-Plansteine und Kalksand-Plansteine.
[2] Für Mauerziegel gilt $f_k = 1,20$ N/mm².
[3] $f_k = 1,8$ N/mm² bei Außenwänden mit $d \geq 300$ mm. Gilt nicht für den Nachweis der
   Auflagerpressung.
[4] Für Kalksandsteine der Rohdichteklasse $\varrho \geq 0,9$ und Mauerziegel gilt $f_k = 1,5$ N/mm².
[5] Für Mauerwerk mit den Fußnoten [4] gilt f_k 2,2 N/mm²

Tabelle 5

Rohdichte kg/dm³	0,5	0,6	0,7	0,8	0,9	1,0	1,2	1,4	1,6	1,8	2,0	2,2	2,5
Lastannahme kN/m³	7	8	9	10	11	12	14	15	17	18	20	22	25

Für Mauerwerk mit Leichtmauermörtel sind die Werte um 1 kN/m³ zu vermindern.

Beispiel 3

Ein Pfeiler mit einem Querschnitt von 49×36,5 cm hat eine Knickhöhe von $h_K = 4,70$ m. Wie groß ist seine Schlankheit?

$$\text{Schlankheit} = \frac{470\,\text{cm}}{36,5\,\text{cm}} \qquad \text{Schlankheit} = 12,9$$

Erreicht die Schlankheit von Pfeilern und nicht ausgesteiften Wänden einen größeren Wert als 10, so müssen die zulässigen Spannungen verringert, d. h. abgemindert werden. Dies bedeutet, dass solche Bauteile mit einer Schlankheit > 10 nur durch einen Teil ihrer sonst zulässigen Belastung beansprucht werden dürfen.

Beispiel 4

Ein Pfeiler aus Vollziegel Mz 20 MG III hat einen Querschnitt von 24×36,5 cm und eine Knickhöhe von 3,85 m. Er dient als Zwischenauflager.
a) Wie groß ist seine Schlankheit?
b) Wie groß ist die maximal aufnehmbare Last N_{Rd}?
c) Wie groß ist die vorhandene Belastungseinwirkung des Pfeilers in der Pfeilersohle, wenn der Pfeiler mit 60 kN belastet wird?
d) Welche Last könnte der Pfeiler zu seiner Eigenlast maximal noch aufnehmen?
e) Wie groß wäre die aufnehmbare Last, wenn die Schlankheit 10 betragen würde?

a) Schlankheit
$$\text{Schlankheit} = \frac{385\,\text{cm}}{24\,\text{cm}}$$
$$\text{Schlankheit} = 16$$

b) Maximal aufnehmbare Last
$$N_{Rd} = \Phi \cdot A \cdot f_d$$
$$f_d = \frac{\eta \cdot f_k}{\gamma_M}$$
$$f_d = \frac{0,85 \cdot 7,5\,\dfrac{MN}{M^2}}{1,5 \cdot 1,25}$$

$$f_d = 3,4\ \text{MN/m}^2$$

$$\Phi_2 = 0,85 - 0,0011 \cdot 16^2$$
$$\Phi_2 = 0,57$$

$$N_{Rd} = 0,57 \cdot 0,24\,\text{m} \cdot 0,365\,\text{m} \cdot 3,4\,\text{MN/m}^2$$
$$N_{Rd} = 0,17\ \text{MN}$$

c) Vorhandene Belastungseinwirkung
$$N_{Ed} = 1,35 \cdot N_{Gk} + 1,5 \cdot N_{Qk}$$

$$N_{Gk} = 0,24\,\text{m} \cdot 0,365\,\text{m} \cdot 3,85\,\text{m} \cdot 20\,\text{kN/m}^3$$
$$N_{Gk} = 6,75\ \text{kN}$$
$$N_{Qk} = 60\ \text{kN}$$
$$N_{Ed} = 1,35 \cdot 60\ \text{kN} + 1,5 \cdot 6,75\ \text{kN}$$
$$N_{Ed} = 91,13\ \text{kN}$$
$$N_{Ed} = 0,091\ \text{MN}$$

d) Noch aufnehmbare Last

$$\Delta N = 0,17\,\text{MN} - 0,091\ \text{MN}$$
$$\Delta N = 0,079\ \text{MN}$$
$$\Delta N = 79\ \text{kN}$$

e) Aufnehmbare Last bei Schlankheit 10

$$\Phi_2 = 0,85 - 0,0011 \cdot 10^2$$
$$\Phi_2 = 0,74$$

$$N_{Rd} = 0,74 \cdot 0,24\,\text{m} \cdot 0,365\,\text{m} \cdot 3,4\,\text{MN/m}^2$$
$$N_{Rd} = 0,22\ \text{MN}$$

Tabelle 6
Bemessungswerte $\sigma_{R,d}$ des Sohlwiderstands für Streifenfundamente auf nichtbindigem Boden auf der Grundlage einer ausreichenden Grundbruchsicherheit nach DIN 1054

Kleinste Einbindetiefe des Fundaments	Bemessungswerte $\sigma_{R,d}$ des Sohlwiderstands in MN/m² von b bzw. b'					
m	0,50 m	1,00 m	1,50 m	2,00 m	2,50 m	3,00 m
0,50	0,28	0,42	0,56	0,70	0,70	0,70
1,00	0,38	0,52	0,66	0,80	0,80	0,80
1,50	0,48	0,62	0,76	0,90	0,90	0,90
2,00	0,56	0,70	0,84	0,98	0,98	0,98
bei Bauwerken mit Einbindetiefen 0,30 m $\leq d \leq$ 0,50 m und mit Fundamentbreiten b bzw. $b' \geq$ 0,30 m	0,21					

Tabelle 7
Bemessungswerte $\sigma_{R,d}$ des Sohlwiderstands für Streifenfundamente auf nichtbindigem Boden auf der Grundlage einer ausreichenden Grundbruchsicherheit und einer Begrenzung der Setzungen nach DIN 1054

Kleinste Einbindetiefe des Fundaments	Bemessungswerte $\sigma_{R,d}$ des Sohlwiderstands in MN/m² von b bzw. b'					
m	0,50 m	1,00 m	1,50 m	2,00 m	2,50 m	3,00 m
0,50	0,28	0,42	0,46	0,39	0,35	0,31
1,00	0,38	0,52	0,50	0,43	0,38	0,34
1,50	0,48	0,62	0,55	0,48	0,41	0,36
2,00	0,56	0,70	0,59	0,50	0,43	0,39
bei Bauwerken mit Einbindetiefen 0,30 m $\leq d \leq$ 0,50 m und mit Fundamentbreiten b bzw. $b' \geq$ 0,30 m	0,21					

Tabelle 8
Fels

Lagerungs-zustand	Zulässiger Sohlwiderstand in MN/m²	
	Zustand des Gesteins	
	nicht brüchig, nicht oder nur wenig ange-wittert	brüchig oder mit deutlichen Verwitterungs-spuren
Fels in gleich-mäßig festem Verband	4,00	1,50
Fels in wech-selnder Schich-tung oder klüftig	2,00	1,00

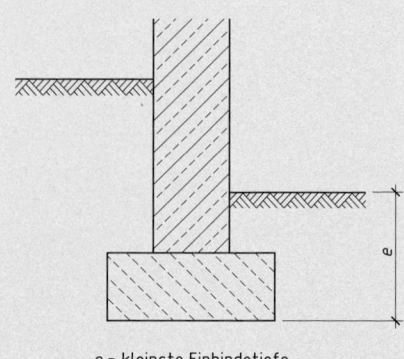

e = kleinste Einbindetiefe

Tabelle 9
Bemessungswerte σ_{Rd} des Sohlwiderstands für Streifenfundamente auf verschiedenen bindigen Böden nach DIN 1054

Kleinste Einbindetiefe des Funda-ments	Zulässiger Sohlwiderstand in MN/m² bei Streifenfunda-menten [1] mit Breiten *b* bzw. *b*' von 0,5 bis 2 m und einer Konsistenz		
m	steif	halbfest	fest
0,5	0,21	0,31	0,46
1	0,25	0,39	0,53
1,5	0,31	0,46	0,62
2	0,35	0,52	0,70
0,5	0,13	0,20	0,28
1	0,15	0,25	0,34
1,5	0,18	0,29	0,38
2	0,21	0,32	0,42
0,5	0,17	0,24	0,39
1	0,20	0,29	0,45
1,5	0,22	0,35	0,50
2	0,25	0,39	0,56
0,5	0,18		
1	0,25		
1,5	0,31		
2	0,35		

[1] Zwischenwerte dürfen eingeschaltet werden.

Eigenschaften
A = ausgeprägt
M = mittel
L = leicht

Gemischtkörniger Boden
Entspricht den Bodengruppen
S$\overline{U}$, ST, S$\overline{T}$, G$\overline{U}$, G$\overline{T}$
Der Boden enthält Korngrößen
vom Ton, bis in den Sand- und
Kiesbereich.

Fetter Ton
Entspricht der Bodengruppe TA

Tonig schluffiger Boden
Entspricht den Bodengruppen UM,
TL und TM

Reiner Schluff
Entspricht der Bodengruppe UL

Hauptbestandteile
S = Sand
T = Ton
G = Kies (Granit)
U = Schluff (Humus < 15%)
$\overline{U}$ = Schluff (Humus 15 – 40%)

■ Aufgaben

1. Berechnen Sie die Masse des 2,50 m langen Betonfertigteilelements; C 45/55

2. Wie groß ist die Masse des 5,20 m langen Holzbalkens aus Nadelholz?

3. Ermitteln Sie die Masse der 2850 mm hohen Rundstütze aus Stahl.

4. Eine Schallschutzverglasung mit 12 mm Scheibenzwischenraum hat die Abmessungen 4,50 × 2,80 m. Eine Scheibe hat eine Dicke von 4 mm, die zweite eine von 6 mm. Welche Masse hat die Verglasung?

5. Das 1,20 m lange Kunststoffbauteil hat eine Masse von 157,5 kg.
Ermitteln Sie die Rohdichte.

6. Ein Leimbinder eines Fahrradunterstellplatzes hat bei einer Rohdichte von 0,75 kg/dm³ eine Masse von 112,5 kg.
Ermitteln Sie das Volumen in
a) m³
b) dm³

7. Welche Masse hat die Fensterbank aus Kunststein?
Länge der Bank 4,20 m; Rohdichte des Materials 2,2 kg/dm³

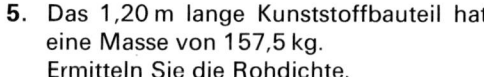

Abb. 22/**1**

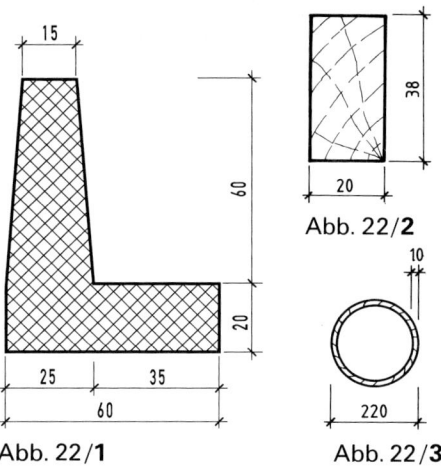

Abb. 22/**2**

Abb. 22/**3**

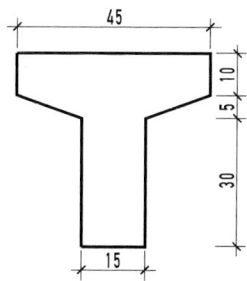

Abb. 22/**5**

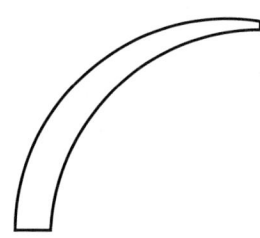

Abb. 22/**6**

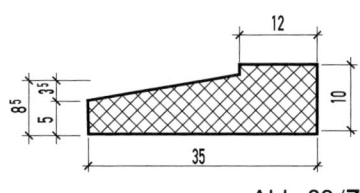

Abb. 22/**7**

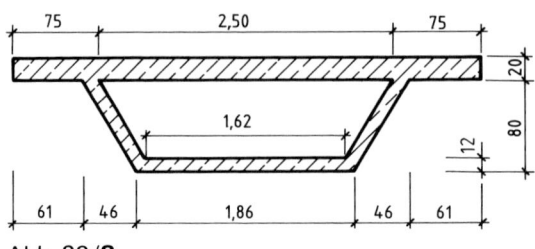

Abb. 22/**8**

8. Welche Masse hat der 14,0 m lange Kastenträger einer Brücke aus Spannbeton?

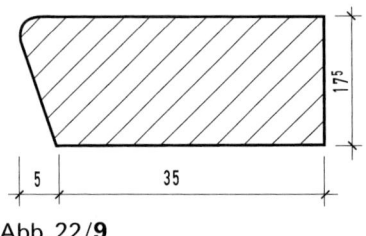

Abb. 22/**9**

9. Welche Masse hat die Blockstufe aus Sandstein? Stufenlänge 2,50 m
(Die leicht abgerundete Vorderkante ist zu vernachlässigen.)

10. Berechnen Sie die Masse des Köcherfundaments.

11. Kreisrundes Schwimmbecken. Berechnen Sie die Masse
a) des Schwimmbeckens ohne Füllung
b) des Schwimmbeckens mit Füllung
c) die Masse des aufzufüllenden Bodens, wenn bis zum oberen Rande aufgefüllt werden soll. Rohdichte des Schüttgutes 1,9 kg/dm³.
d) Wie groß ist die Gesamtmasse, die in der Bodenfuge auf das Erdreich drückt?

Annahme: Vom Boden soll nur der Teil auf die Bodenplatte drückend betrachtet werden, der sich über ihr befindet.

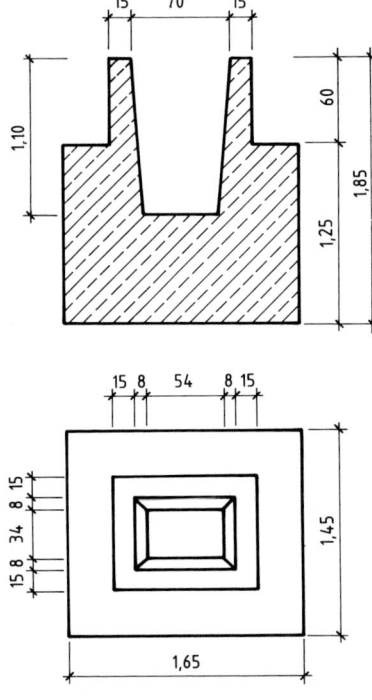

Grundriss
Abb. 22/**10**

Abb. 22/**11**

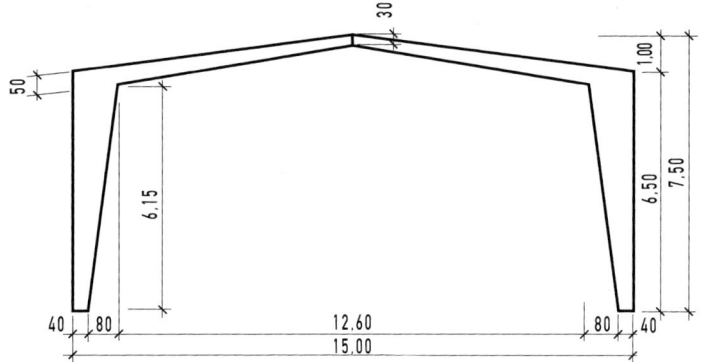

Abb. 22/**12**

12. Der Leimbinder einer Lagerhalle hat eine Dicke von 30 cm.
Berechnen Sie die Masse.

13. Wie viel t Boden sind für den 3,5 km langen Lärmschutzwall anzufahren bei einer Dichte des Materials von 2,1 kg/dm³?

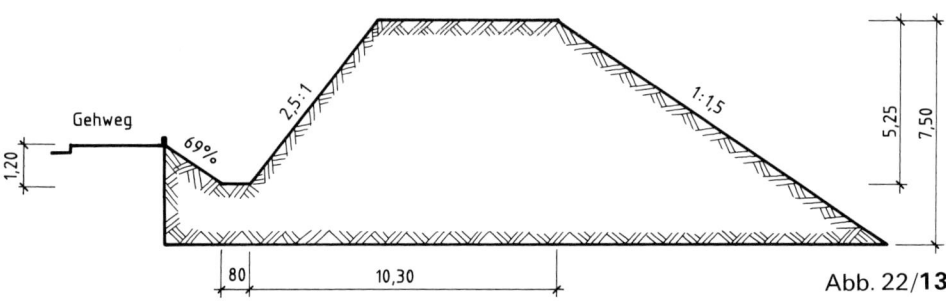

Abb. 22/**13**

14. Ermitteln Sie zeichnerisch und rechnerisch die Resultierende.

a) $F_1 = 30$ kN ↓ b) $F_1 = 0,1$ MN → c) $F_1 = 27$ kN ↓
 $F_2 = 25$ kN ↓ $F_2 = 0,25$ MN → $F_2 = 15$ kN ↓
 $F_3 = 40$ kN ↓ $F_3 = 0,07$ MN → $F_3 = 12$ kN ↓
                $F_4 = 18$ kN ↑

d) $F_1 = 0,3$ MN ⟋ 60° e) $F_1 = 22$ kN ⟋ 60° f) $F_1 = 0,07$ MN ⟋ 10°

 $F_2 = 0,20$ MN ⟍ 70° $F_2 = 12,5$ kN ↓ $F_2 = 0,01$ MN →

 $F_3 = 0,45$ MN ⟋ 40° $F_3 = 18$ kN ⟍ 35° $F_3 = 0,04$ MN ←

                     $F_4 = 0,1$ MN ⟍ 25°

15. Ermitteln Sie zeichnerisch und rechnerisch die Größe und Richtung der resultierenden Gegenkraft.

a) $F_1 = 33$ kN 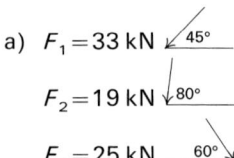 45°

$F_2 = 19$ kN ↙80°

$F_3 = 25$ kN 60°↘

b) $F_1 = 15$ kN ← 15°

$F_2 = 15$ kN → 15°

$F_3 = 17$ kN ↓

c) $F_1 = 0,6$ MN →

$F_2 = 0,35$ MN ←

$F_3 = 0,4$ MN → 10°

16. Ermitteln Sie zeichnerisch und rechnerisch die Resultierende.

17. Ermitteln Sie zeichnerisch die Resultierende und führen Sie rechnerisch die Kontrolle durch.

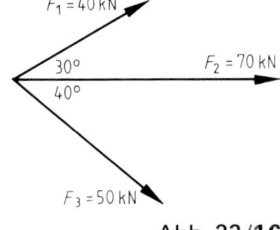

$F_1 = 40$ kN
$F_2 = 70$ kN
30°
40°
$F_3 = 50$ kN

Abb. 22/16

18. Ermitteln Sie zeichnerisch und rechnerisch die Druck- bzw. Zugkräfte in den Streben S_1 und S_2.

19. Die Druck- bzw. Zugkräfte in den Streben S_1 und S_2 sind zeichnerisch und rechnerisch zu ermitteln.

20. Am Ausleger eines Krans wirkt eine Kraft von 200 kN. Ermitteln Sie zeichnerisch und rechnerisch die Kräfte in den Streben S_1 und S_2.

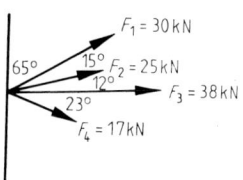

$F_1 = 30$ kN
$F_2 = 25$ kN
$F_3 = 38$ kN
65°
15°
12°
23°
$F_4 = 17$ kN

Abb. 22/17

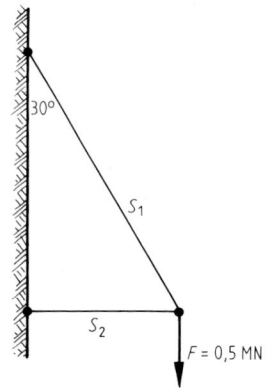

30°
S_1
S_2
$F = 0,5$ MN

Abb. 22/18

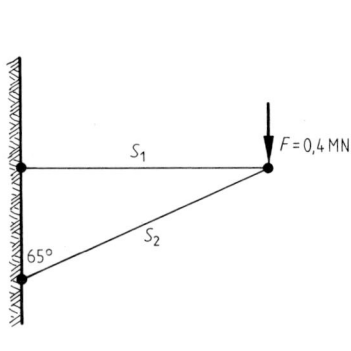

S_1
S_2
65°
$F = 0,4$ MN

Abb. 22/19

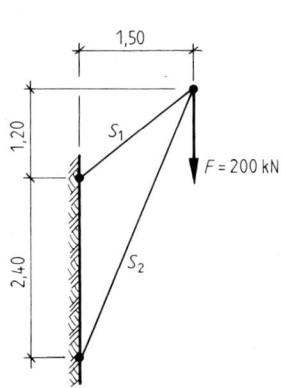

1,50
1,20
2,40
S_1
S_2
$F = 200$ kN

Abb. 22/20

228

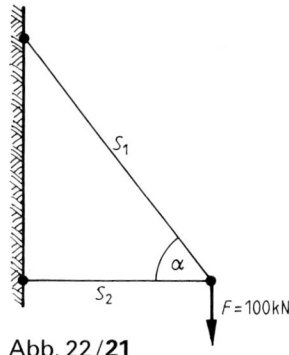

Abb. 22/**21**

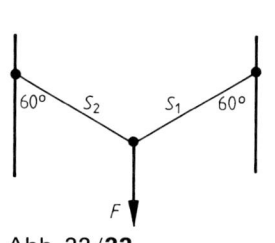

Abb. 22/**22**

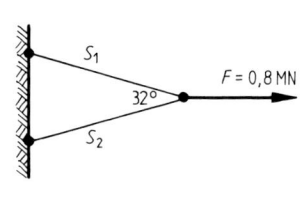

Abb. 22/**23**

21. Unter welchem Winkel α muss die Strebe S_1 geneigt sein, wenn der auf Druck belastete Stab nur halb so viel belastet werden soll wie der auf Zug?

22. a) Wie groß darf F höchstens sein, wenn die Streben S_1 und S_2 je 3,5 kN aufnehmen können?
   b) Wie groß wird F, wenn die Neigungswinkel 30° betragen?

23. Wie viel kN müssen S_1 und S_2 aufnehmen?

24. Die zwei Drahtseile S_1 und S_2 bestehen aus Drähten mit 2 mm Durchmesser. Wie viel Litzen zu je 4 Drähten muss jedes Drahtseil haben, wenn die zulässige Zugspannung 8000 N/mm² betragen darf?

25. Wie groß ist die Reibungskraft des Nagels, wenn mit dem Nageleisen eine Kraft von 150 N aufgewendet werden muss?

26. Welche Zugkraft wird auf die Verankerung übertragen, wenn die Person auf dem Sprungbrett eine Masse von 80 kg hat?

27. Um mit der Beißzange einen Draht zu trennen, ist eine Kraft von 540 N erforderlich. Wie groß ist die Scherkraft der Zange?

28. Um den Schubkarren anzuheben, ist eine Kraft von 450 N erforderlich. Mit welcher Last ist der Schubkarren beladen?

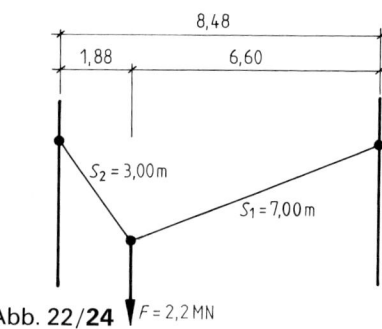

Abb. 22/**24**

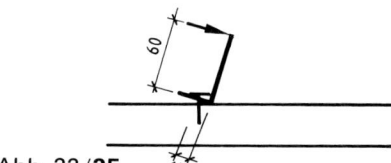

Abb. 22/**25**

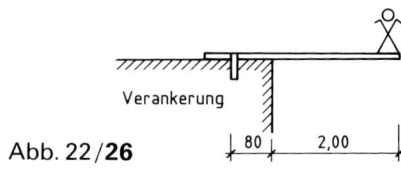

Abb. 22/**26**

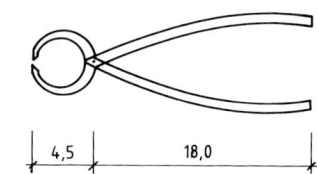

Abb. 22/**27**

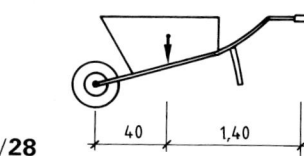

Abb. 22/**28**

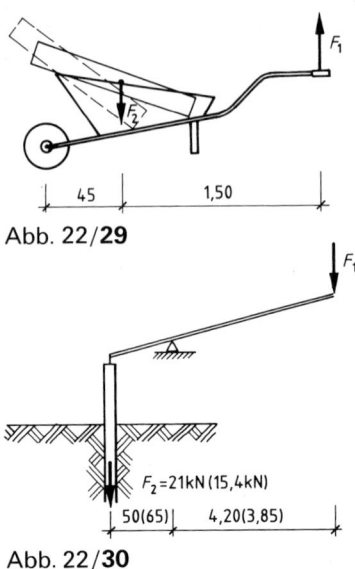

Abb. 22/**29**

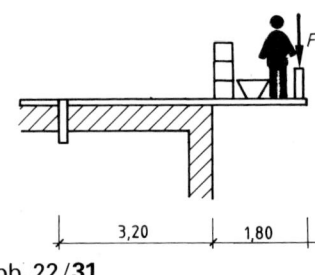

Abb. 22/**30**

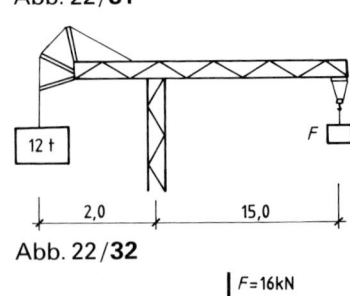

Abb. 22/**31**

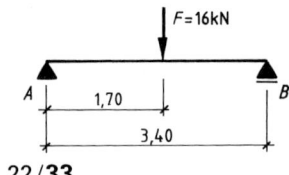

Abb. 22/**32**

29. Mit dem Schubkarren soll ein Betonfertigteil, das eine Last von $F_2 = 1,6$ kN hat, transportiert werden.
a) Welche Kraft ist zum Anheben des Schubkarrens erforderlich?
b) Um wie viel N verringert sich die aufzuwendende Kraft, wenn durch geschicktes Legen des Betonfertigteils im Schubkarren der Schwerpunkt der Last nur noch 24 cm von der Radachse entfernt ist?

30. Die Masse und der Reibungswiderstand eines Brunnenrohres ergeben zusammen die Kraft F_2, die beim Ziehen des Rohres durch einen Hebel überwunden werden muss.
a) Wie groß ist die aufzuwendende Kraft F_1?
b) Um wie viel N ändert sich die aufzuwendende Kraft, wenn nur ein Balken mit der Länge von 4,0 m zur Verfügung steht und der Lastarm nicht verändert werden kann?

31. Personen und Baumaterialien belasten das Auslegergerüst mit $F = 2200$ N. Welche Zugkraft muss die Verankerung aufnehmen, wenn eine zweifache Sicherheit vorgeschrieben wird?

32. Welche Last in kN kann vom Kran beim vollen Ausfahren max. gehoben werden, wenn mit 1,6-facher Sicherheit gefahren werden muss?

33. Ermitteln Sie zeichnerisch und rechnerisch die Größe der Auflagerkräfte in A und B.

34. Ermitteln Sie die Größe der Auflagerdrücke
a) zeichnerisch
b) rechnerisch

35. Berechnen Sie die Größe der Auflagerkräfte in A und B.

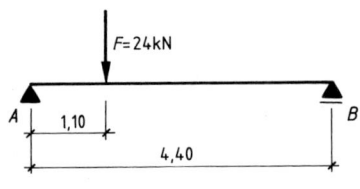

Abb. 22/**33**

Abb. 22/**34**

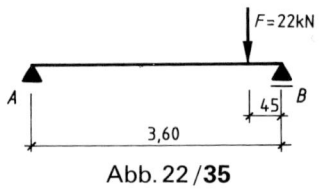

Abb. 22/**35**

230

36. Berechnen Sie die Größe der Auflagerkräfte in *A* und *B*.

37. Ermitteln Sie zeichnerisch die Größe der Auflagerkräfte und überprüfen Sie das Ergebnis rechnerisch.

38. Ermitteln Sie zeichnerisch und rechnerisch die Größe der Auflagerbelastungen.
  a) $F_1 = 17$ kN $F_2 = 23$ kN
  b) $F_1 = 12$ kN $F_2 = 18$ kN
  c) $F_1 = 8$ kN $F_2 = 16$ kN

39. Ermitteln Sie
  a) die Größe der Auflagerkräfte
  b) die Mauerwerkspressung (Spannung) bei einer Auflagerfläche von 24 × 16 cm
     $F_1 = 32$ kN; $F_2 = 19$ kN; $F_3 = 24$ kN

40. Der Träger und die Wand darunter haben eine Breite von 36,5 cm. Wie lange müssen die Auflager *A* und *B* sein, wenn die zulässige Belastung des Mauerwerks zul $\sigma = 1,2$ MN/m² beträgt?

41. Ermitteln Sie zeichnerisch und rechnerisch die Größe der Auflagerkräfte.

42. Wie groß sind die Auflagerdrücke in *A* u. *B*?

a)	b)	c)
$F_1 = 12$ kN	$F_1 = 8$ kN	$F_1 = 0,04$ MN
$F_2 = 16$ kN	$F_2 = 4$ kN	$F_2 = 0,03$ MN
$F_3 = 15$ kN	$F_3 = 12$ kN	$F_3 = 0,05$ MN

43. Ermitteln Sie die Auflagerdrücke F_A und F_B.

44. Ermitteln Sie die Auflagerdrücke F_A und F_B.

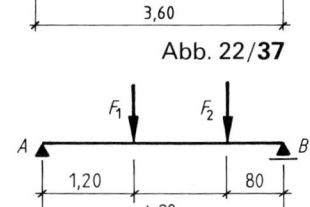

Abb. 22/**36**

Abb. 22/**37**

Abb. 22/**38**

Abb. 22/**39**

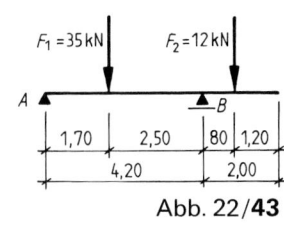

Abb. 22/**40**

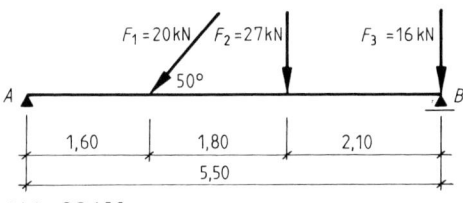

Abb. 22/**41**

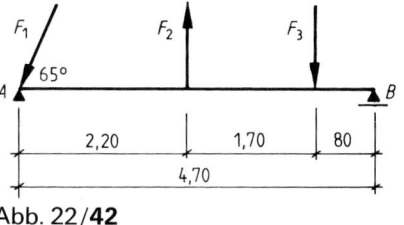

Abb. 22/**42**

Abb. 22/**43**

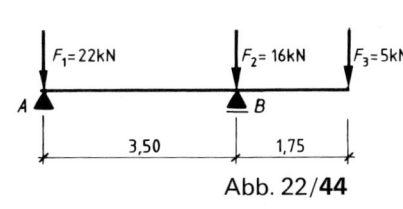

Abb. 22/**44**

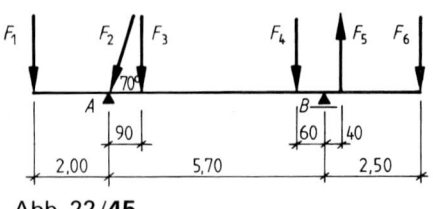

Abb. 22/**45**

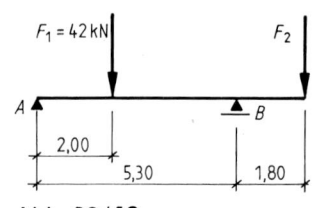

Abb. 22/**46**

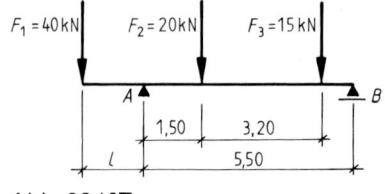

Abb. 22/**47**

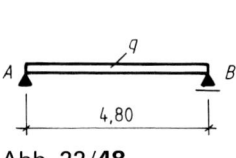

Abb. 22/**48**

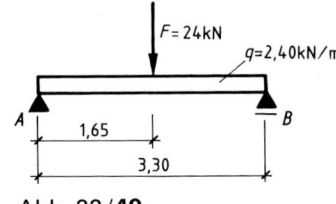

Abb. 22/**49**

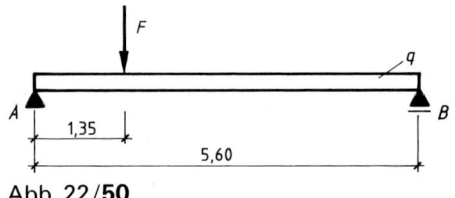

Abb. 22/**50**

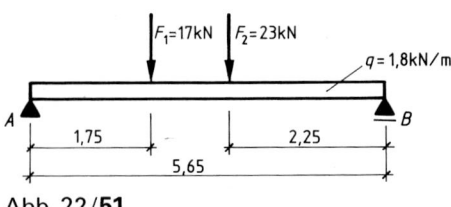

Abb. 22/**51**

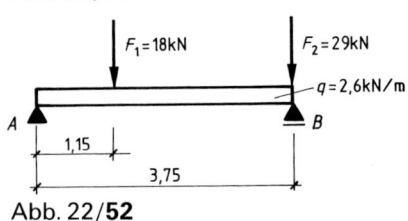

Abb. 22/**52**

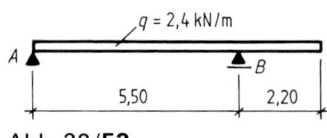

Abb. 22/**53**

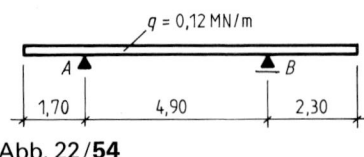

Abb. 22/**54**

45. Wie groß werden die Auflagerdrücke in A und B?

$F_1 = 8$ kN	$F_4 = 28$ kN
$F_2 = 22$ kN	$F_5 = 12$ kN
$F_3 = 35$ kN	$F_6 = 5$ kN

46. Wie groß darf die Kraft F_2 höchstens
werden, damit der Balken nicht ab-
hebt?

47. Wie groß darf die Länge des Krag-
arms höchstens werden, wenn der
Träger vom Auflager B nicht abheben darf?

48. Ermitteln Sie die Auflagerdrücke in
A und B.
a) $q = 2,25$ kN/m
b) $q = 2,45$ kN/m

49. Berechnen Sie die Größe der Auflagerkräfte.

50. Wie groß sind die Auflagerdrücke
in A und B?
a) $F = 16$ kN $q = 2,20$ kN/m
b) $F = 22$ kN $q = 2,15$ kN/m

51. Berechnen Sie die Auflagerdrücke.

52. Berechnen Sie die Größe der Auflagerkräfte.

53. Wie groß sind die Auflagerdrücke?

54. Ermitteln Sie die Auflagerkräfte F_A
und F_B.

55. Wie groß darf die Gleichstreckenlast q werden, wenn die Auflager A und B je 18,2 kN aufnehmen können?

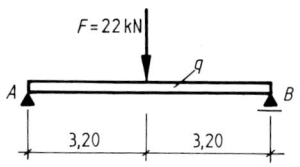

Abb. 22/55

56. Die Auflager A und B dürfen je bis zu 25 kN Last aufnehmen. Wie groß darf F höchstens sein?

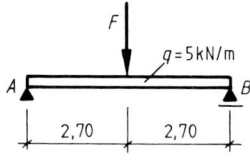

Abb. 22/56

57. Stufe einer Außentreppe. Wie groß sind die Auflagerdrücke?

58. Wie groß werden die Auflagerbelastungen in A und B?

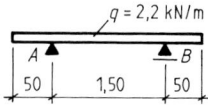

Abb. 22/57

59. $F_1 = 52$ kN; $F_2 = 45$ kN; $q = 3,2$ kN/m
Ermitteln Sie
a) die Auflagerkräfte F_A und F_B
b) die Mauerwerkspressung (Spannung) unter dem Auflager A, bei einer Auflagerfläche von 24×30 cm
c) den Bemessungswert der aufnehmbaren und einwirkenden Normalkraft unter dem Pfeiler des Auflagers B. Knickhöhe 3,20 m, MG III $\varrho = 2,0$ kg/dm³

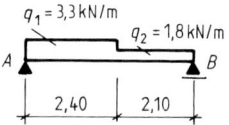

Abb. 22/58

60. a) $F_1 = 15$ kN   b) $F_1 = 18$ kN
      $F_2 = 24$ kN $F_2 = 24$ kN
      $F_3 = 18$ kN $F_3 = 15$ kN

Berechnen Sie
a) Die Auflagerdrücke in A und B
b) die horizontale Belastung des Auflagers A
c) die Auflagerlängen, wenn die darunter liegende Wand 24 cm dick ist und mit 1,2 MN/m² belastet werden kann

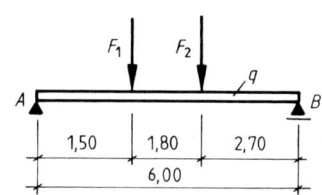

Abb. 22/59

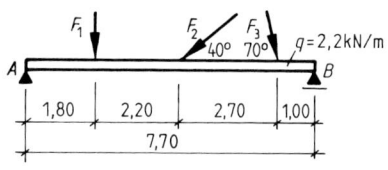

Abb. 22/60

61. a) Ermitteln Sie die Auflagerdrücke in A und B.
b) Wie lang könnte der Kragarm werden, bis der Träger sich vom Auflager A abzuheben beginnt?

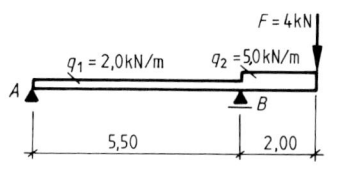

Abb. 22/61

233

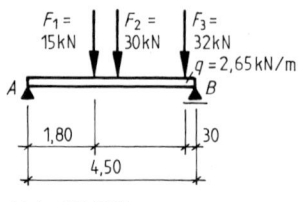

Abb. 22/**62**

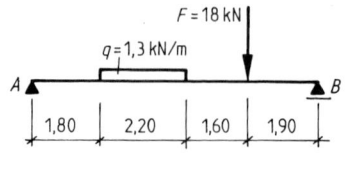

Abb. 22/**63**

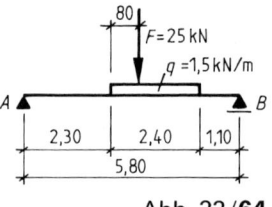

Abb. 22/**64**

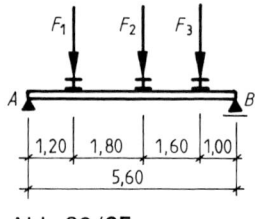

Abb. 22/**65**

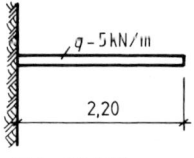

Abb. 22/**66**

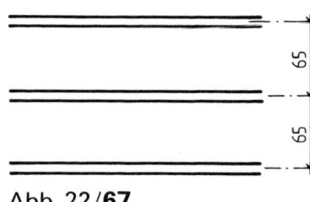

Abb. 22/**67**

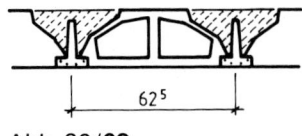

Abb. 22/**68**

Abb. 22/**69**

62. Wie viel m vom Auflager *A* entfernt muss die Kraft F_2 angreifen, damit das Auflager *A* nur $\frac{1}{3}$ der Last des Auflagers *B* erhält?

63. Wie groß werden die Auflagerdrücke in *A* und *B*?

64. a) Ermitteln Sie die Auflagerkräfte F_A und F_B.
b) Wie viel m vom Auflager *A* entfernt muss *F* angreifen, wenn beide Auflagerdrücke gleich groß werden sollen?

65. Die drei Stahlträger übertragen auf einen Träger HE-M (I PB$_v$) 300 Lasten von:
$F_1 = 120$ kN; $F_2 = 180$ kN; $F_3 = 140$ kN
a) Wie groß werden die Auflagerdrücke in *A* und *B*?
b) Wie groß ist die Auflagerpressung (Spannung) am Auflager *A*, wenn der Träger 22 cm aufliegt?
c) Wie viel muss der Träger am Auflager *B* aufliegen, wenn die Auflagerpressung (Spannung) nicht größer als bei *A* sein soll?

66. Wie groß ist die Auflagerkraft an der Einspannstelle?

67. Holzbalkendecke Balkenlänge 3,70 m
Belastung 1,8 kN/m^2
Eigenlast der Decke 1,4 kN/m^2
Wie groß sind die Auflagerbelastungen?

68. Holzbalkendecke Balkenlänge 4,0 m
Belastung 2,2 kN/m^2
Eigenlast der Decke 1,5 kN/m^2
Wie groß werden die Auflagerdrücke?

69. Fertigteildecke als Stahlbetonrippendecke
Rippenabstand 62,5 cm
Belastung 2,75 kN/m^2
Eigenlast 3,25 kN/m^2
Stützweite 7,0 m
Ermitteln Sie die Auflagerdrücke.

234

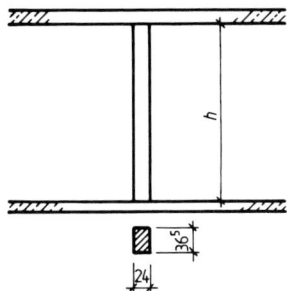

Abb. 22/**70**

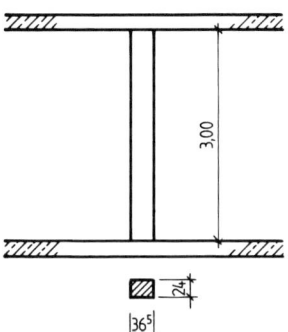

Abb. 22/**71**

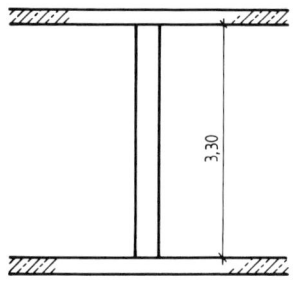

Abb. 22/**72**

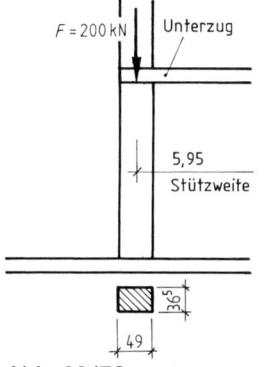

Abb. 22/**73**

Schlankheit/Spannung

70. Pfeiler in KS 12–1,6, MG II a
a) $h_K = 3,75$ m; b) $h_K = 4,0$ m; c) $h_K = 3,20$ m
Wie groß ist die zulässige Spannung?

71. Pfeiler, ausgeführt in Mz 12–1,4, MG II.
Welche Last könnte der Pfeiler aufnehmen,
bis er den Bemessungswert der aufnehmbaren Normalkraft erreicht hat?

72. Mauerwerkspfeiler in KMz 36–1,8, MG III a.
Welche Abmessungen muss der quadrati-
sche Pfeiler mindestens haben, wenn die
Schlankheit maximal 12 erreichen und der
Bemessungswert der einwirkenden Normal-
kraft 0,45 MN nicht überschreiten soll?

73. Wie hoch darf der Pfeiler in KS 28–1,8 max.
werden, wenn bei einer Schlankheit 12 die
einwirkende Normalkraft N_{Ed} nur 85 % betragen soll?

74. a) Vergleichen Sie den Bemessungswert der
    einwirkenden und aufnehmbaren Nor-
    malkraft.
b) Wie groß ist die Bodenpressung unter
    dem Fundament?

75. Die zulässige Bodenpressung beträgt
0,25 MN/m². Wie groß ist die vorhandene
Bodenpressung?

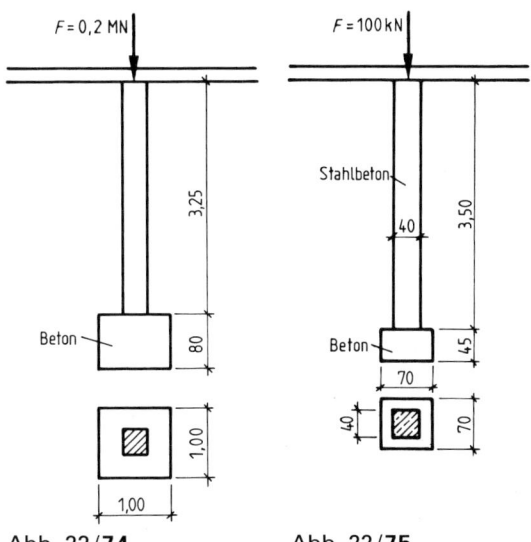

Abb. 22/**74**   Abb. 22/**75**

76. Wie groß ist die Bodenpressung (Sohldruck)

77. Wie groß ist
   a) der Bemessungswert der einwirkenden
      und aufnehmbaren Normalkraft?
   b) die Bodenpressung?

78. Geschätztes Fundamentgewicht 7,0 kN
   a) Welche Abmessungen muss das Funda-
      ment haben, wenn die zulässige Boden-
      pressung 0,25 MN/m^2 beträgt?
   b) Überprüfen Sie das angenommene Ge-
      wicht des Fundaments.

79. Ein I-Träger überträgt auf eine Stahlplatte
   zusätzlich zu seiner Eigenlast eine Last von
   1300 kN. Welche Abmessungen muss das
   Fundament erhalten, wenn die zulässige
   Bodenpressung 0,25 MN/m^2 beträgt?

80. Decke: Auflagerdruck 3,5 kN/m
   a) Ermitteln Sie die einwirkende und die
      maximal aufnehmbare Normalkraft des
      Pfeilers.
   b) Wie breit und hoch muss das Streifen-
      fundament ausgeführt werden, wenn die
      zulässige Bodenpressung $\sigma_{zul} = 0,17$ MN/
      m^2 beträgt?

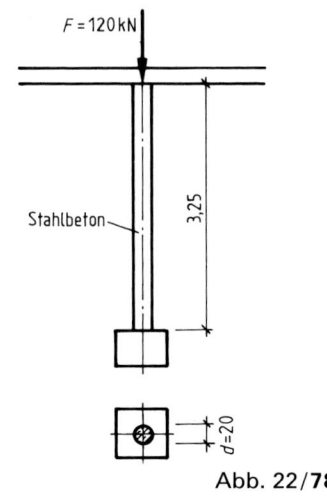

Abb. 22/**78**

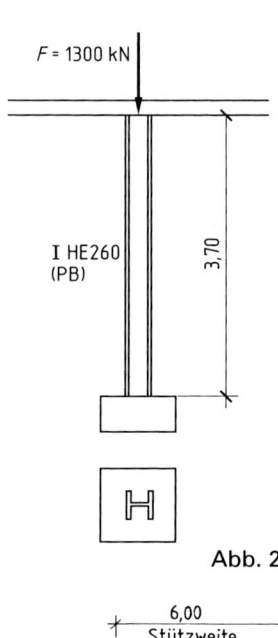

Abb. 22/**79**

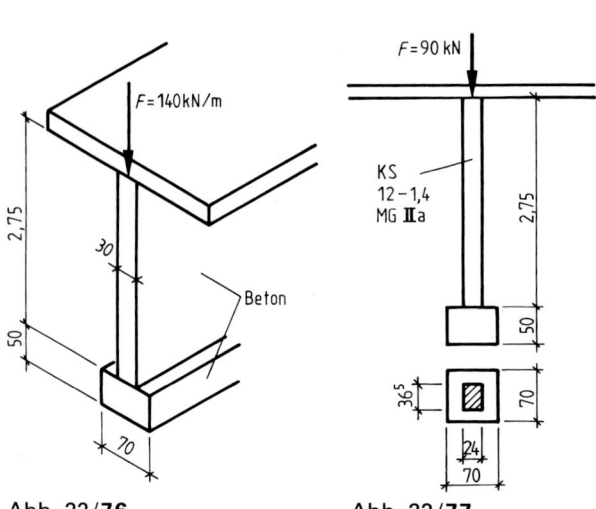

Abb. 22/**76**   Abb. 22/**77**

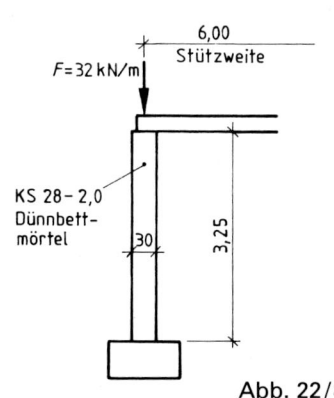

Abb. 22/**80**

© Holland+Josenhans

81. a) Welche Breite und Höhe erhält das Fundament?
b) Wie groß ist die Bodenpressung?
c) Wie groß ist σ_{zul} bei einer Einbindetiefe von 0,50 m und nicht bindigem Baugrund?

82. Ein quadratischer Mauerwerkspfeiler soll möglichst schlank gestaltet werden.
a) Ermitteln Sie die maximal einwirkende sowie die maximal aufnehmbare Normalkraft.
b) Welche Abmessungen muss der Pfeiler mindestens haben?
c) Welche Abmessungen erhält das Fundament bei einer Einbindetiefe von 80 cm in gemischtkörnigem, steifem Boden?

83. Stahlbetonstütze eines Bahnsteigs.
Ermitteln Sie die Bodenpressung.

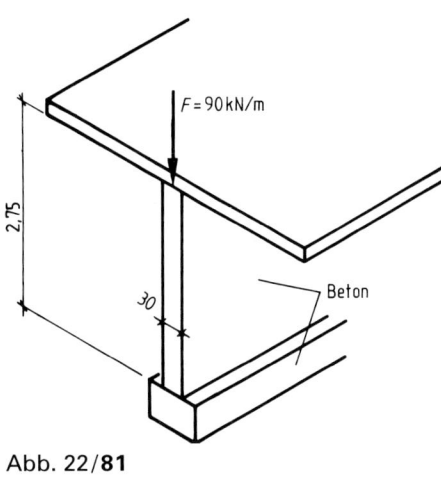

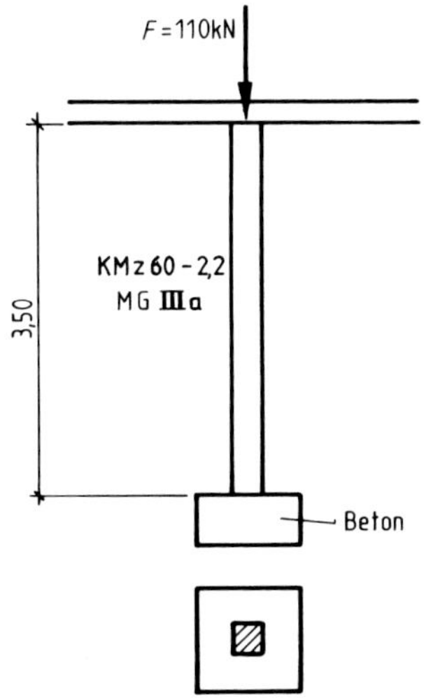

Abb. 22/**81**

Abb. 22/**82**

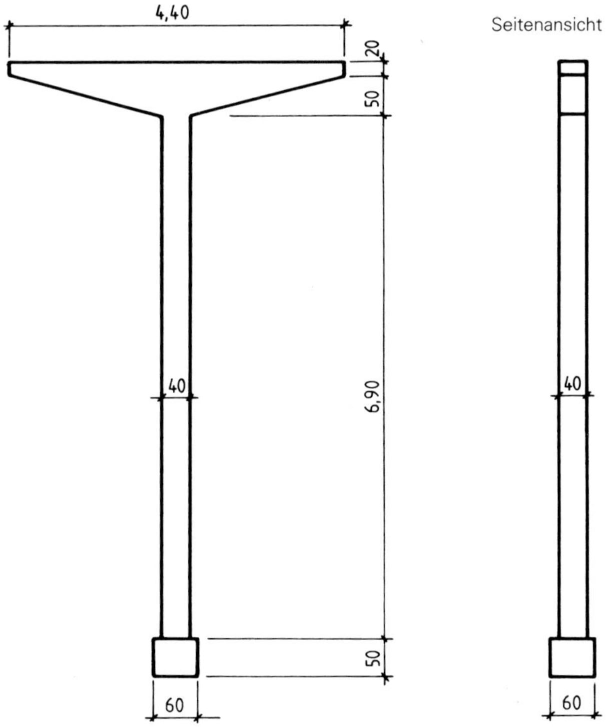

Abb. 22/**83**

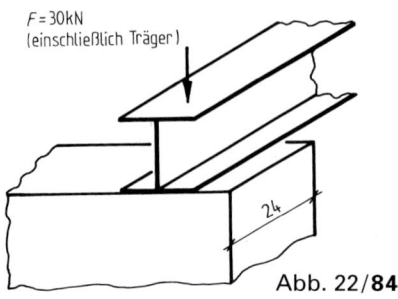

F = 30 kN
(einschließlich Träger)

24

Abb. 22/**84**

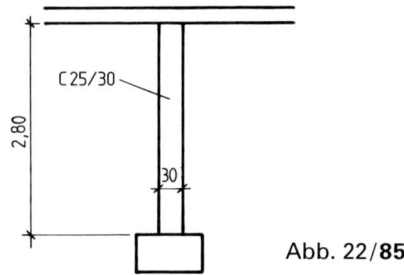

C 25/30

2,80

30

Abb. 22/**85**

84. Mauerwerk Mz 8, MG II
Ermitteln Sie die Spannung zwischen Mauerwerk und Träger und vergleichen Sie diese mit der zulässigen Spannung für einen

a) Träger I 200   c) Träger IHE (PB) 200
b) Träger IHE-M   d) Träger IPE 200
 (PB$_\mathrm{v}$) 200

85. Aus Kellerdecke, Wänden, Dachstuhl usw. ergibt sich eine Last von 45,5 kN/m, die zusätzlich zur Kellerwand auf das Streifenfundament übertragen wird. Berechnen Sie die Abmessungen des Fundaments, wenn es sich um bindigen Boden (toniger Schluff, steif) handelt. Einbindetiefe 0,50 m.

86. Ermitteln Sie
a) die einwirkende und maximal aufnehmbare Normalkraft des Mauerwerks im EG.
b) die Abmessungen des Streifenfundaments
c) die zulässige Bodenpressung bei einer Einbindetiefe des Fundaments von 60 cm und bindigem Baugrund (reiner Schluff)

87. Ermitteln Sie
a) die Bemessungswerte der einwirkenden und max. aufnehmbaren Normal-Kraft der Außenwand und der Zwischenwand im EG und OG.
b) die Maße des Fundaments unter der Außen- und Mittelwand bei nicht bindigem Boden. Einbindetiefe 0,50 m
c) die vorhandene Bodenpressung unter der Außenwand und Mittelwand

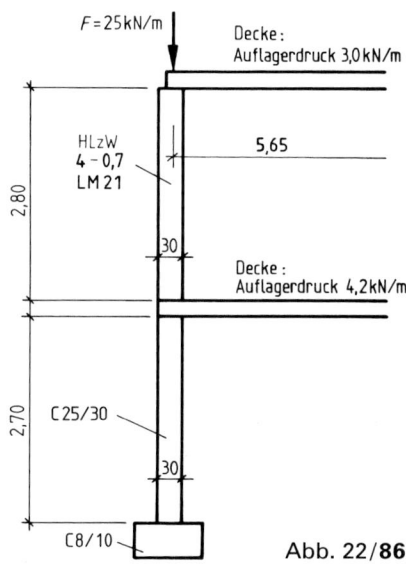

F = 25 kN/m

Decke:
Auflagerdruck 3,0 kN/m

HLzW
4 – 0,7
LM 21

5,65

2,80

30

Decke:
Auflagerdruck 4,2 kN/m

2,70

C 25/30

30

C 8/10

Abb. 22/**86**

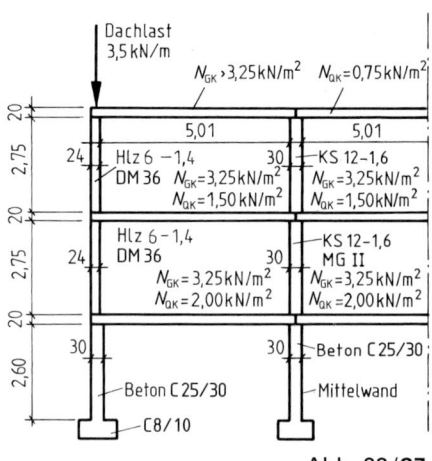

Dachlast
3,5 kN/m

N_{GK} ›3,25 kN/m² N_{QK} = 0,75 kN/m²

20
2,75

5,01

5,01

24 Hlz 6 –1,4
DM 36 N_{GK} = 3,25 kN/m²
N_{QK} = 1,50 kN/m²

30 KS 12 –1,6
N_{GK} = 3,25 kN/m²
N_{QK} = 1,50 kN/m²

20
2,75

24 Hlz 6 –1,4
DM 36 N_{GK} = 3,25 kN/m²
N_{QK} = 2,00 kN/m²

30 KS 12 –1,6
MG II
N_{GK} = 3,25 kN/m²
N_{QK} = 2,00 kN/m²

20
2,60

30

30 Beton C 25/30

Beton C 25/30

Mittelwand

C 8/10

Abb. 22/**87**

22.7 Ausgewählte Kapitel der Baustatik

Die angreifenden Kräfte (Aktionskräfte) und die ihnen widerstehenden Kräfte (Reaktionskräfte) bilden an jedem Bauteil die äußeren Kräfte. Diesen äußeren Kräften setzt ein Körper bis zu seinem Bruch innere Kräfte entgegen, die die Bruchfestigkeit bestimmen.

Beziehungen zwischen äußeren und inneren Kräften

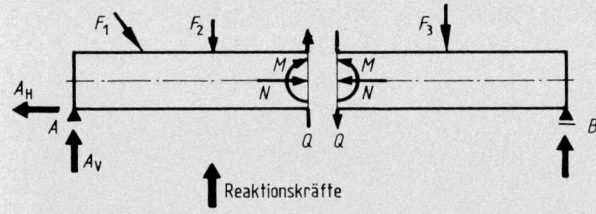

Dazu wird durch den Balken ein Schnitt geführt und die inneren Kräfte freigelegt. Soll der durch einen Schnitt abgetrennte Balkenteil im Gleichgewicht bleiben, so müssen in der Schnittebene seinen äußeren Kräften gleich große innere Kräfte entgegenwirken. An jedem Schnitt treten im Allgemeinen folgende Kräfte auf:

1. Die Querkraft Q
Die Querkraft für eine Schnittstelle ist gleich der Summe aller senkrecht zur Balkenachse wirkenden Kräfte links oder rechts von der Schnittstelle. Sie erzeugt Schubspannungen τ in der Schnittfläche.

Vorzeichen:
geht Q links von der Schnittstelle nach oben, rechts nach unten, so bezeichnet man die Querkraft positiv

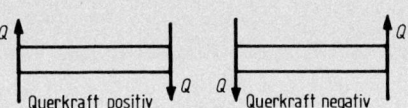

geht Q links von der Schnittstelle nach unten, rechts nach oben, so bezeichnet man die Querkraft negativ

2. Die Normalkraft N
Die Normalkraft für eine Schnittstelle ist gleich der Summe aller parallel zur Balkenachse wirkenden Kräfte links oder rechts von der Schnittstelle. Sie erzeugt Druck- bzw. Zugspannungen σ in der Schnittfläche.
Vorzeichen: Zug +
　　　　　　　Druck −

3. Das Biegemoment M
Das Biegemoment für eine Schnittstelle ist gleich der Summe der Momente links oder rechts von der Schnittstelle um den Schwerpunkt der Schnittfläche. Es erzeugt Druck- und Zugspannung σ in der Schnittfläche.

Vorzeichen:

bekommt die unterste Faser Zug } Moment positiv
bekommt die oberste Faser Druck

bekommt die unterste Faser Druck } Moment negativ
bekommt die oberste Faser Zug

Bei der Verformung ist aus einem Rechteck ein Trapez geworden. Die oberen Fasern haben sich verkürzt, d.h., sie sind gestaucht worden. In ihnen herrschen Druckspannungen. Die unteren Fasern haben sich verlängert, d.h., sie sind gedehnt worden; in ihnen herrschen Zugspannungen. In der Faserschicht, die sich weder verlängert noch verkürzt hat, herrscht weder Druck noch Zug. Man bezeichnet sie mit Spannungsnulllinie.

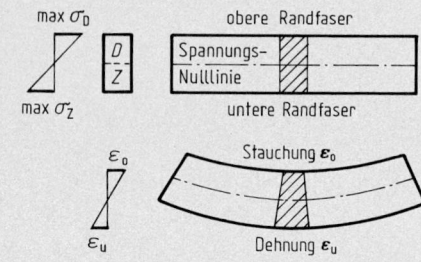

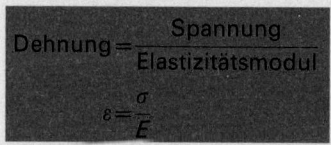

σ Spannung in N/mm²
ε Dehnung, Stauchung (epsilon)
E Elastizitätsmodul, Werkstoffkenngröße, die den Zusammenhang zwischen Spannung und Dehnung ausdrückt in N/mm²

Die Spannung, die sich in einem Bauteil infolge Biegung ergibt, hängt sowohl von der vorhandenen Dehnung als auch vom Elastizitätsmodul ab.

$$\sigma = \varepsilon \cdot E$$

Zwischen der Querkraft und dem Biegemoment besteht für die Praxis folgender Zusammenhang:

An der Stelle, an der die Querkraft null ist, ist der Querschnitt am gefährdetsten. Das Biegemoment, das Grundlage für die Bemessung des Bauteiles ist, ist dort am größten, wo die Querkraft null ist.

Berechnungsgang für Träger

Als Grundlage dienen die Gleichgewichtsbedingungen:

1. Die Summe aller horizontalen Kräfte muss null sein: $\Sigma H = 0$
2. Die Summe aller vertikalen Kräfte muss null sein: $\Sigma V = 0$
3. Die Summe aller Momente muss null sein: $\Sigma M = 0$

Der Reihe nach werden ermittelt
1. die konstruktiven und statischen Größen wie Stützweiten, Belastung, statisches System, Auflageart
2. die Auflagerkräfte
3. Querkraftfläche, insbesondere die Querkraft-Nullstelle, weil hier das max. Biegemoment liegt
4. das max. Biegemoment
5. die Dimensionierung des Trägers

Beispiel 1

1. Statisches System und Belastung

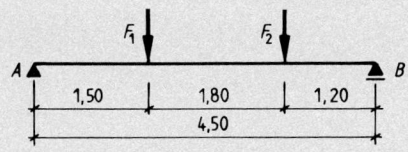

$F_1 = 43\ \text{kN}$
$F_2 = 20\ \text{kN}$

2. Auflagerkräfte

Drehpunkt B

$\Sigma M \curvearrowright = \Sigma M \curvearrowleft$

$F_A \cdot 4{,}50\ \text{m} = F_1 \cdot 3{,}0\ \text{m} + F_2 \cdot 1{,}20\ \text{m}$
$\qquad = 43\ \text{kN} \cdot 3{,}0\ \text{m} + 20\ \text{kN} \cdot 1{,}20\ \text{m}$
$\qquad = 129\ \text{kNm} + 24\ \text{kNm}$
$\qquad = 153\ \text{kNm}$

$F_A = \dfrac{153\ \text{kNm}}{4{,}50\ \text{m}}$

$F_A = 34\ \text{kN}$

Drehpunkt A

$F_B \cdot 4{,}50\ \text{m} = F_1 \cdot 1{,}50\ \text{m} + F_2 \cdot 3{,}30\ \text{m}$
$\qquad = 43\ \text{kN} \cdot 1{,}50\ \text{m} + 20\ \text{kN} \cdot 3{,}30\ \text{m}$
$\qquad = 64{,}5\ \text{kNm} + 66\ \text{kNm}$
$\qquad = 130{,}5\ \text{kNm}$

$F_B = \dfrac{130{,}5\ \text{kNm}}{4{,}50\ \text{m}}$

$F_B = 29\ \text{kN}$

3. Querkraftfläche KM 1 kN ≙ 1 cm

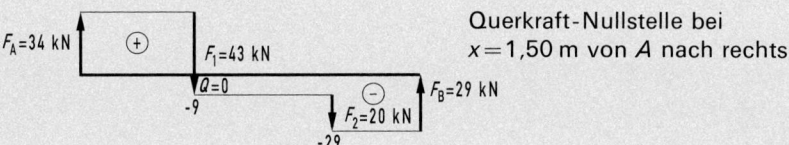

Querkraft-Nullstelle bei
$x = 1{,}50\ \text{m}$ von A nach rechts

4. Maximales Moment

max. $M = M(x_0) = F_A \cdot 1{,}50\ \text{m}$
$\qquad\qquad = 34\ \text{kN} \cdot 1{,}50\ \text{m}$
max. $M = 51\ \text{kNm}$

links der Querkraft-Nullstelle ist die Reaktionskraft F_A die einzige Kraft, die ein Moment bewirkt.

Man kann das maximale Moment auch rechts der Querkraft-Nullstelle berechnen.

max. $M = F_B \cdot 3{,}0\ \text{m} - F_2 \cdot 1{,}80\ \text{m}$
$\qquad\quad = 29\ \text{kN} \cdot 3{,}0\ \text{m} - 20\ \text{kN} \cdot 1{,}80\ \text{m}$
$\qquad\quad = 87\ \text{kNm} - 36\ \text{kNm}$
max. $M = 51\ \text{kNm}$

Kräfte, die nach oben gerichtet sind (Reaktionskraft F_B), erzeugen an der unteren Faser Zug, an der oberen Druck; das Moment ist positiv. Kräfte, die nach unten gerichtet sind (F_2), erzeugen oben Zug und unten Druck; das Moment ist negativ.

Das maximale Moment kann man auch durch Berechnung des Inhalts der positiven oder negativen Querkraftfläche ermitteln.

Beispiel 2

1. Statisches System und Belastung

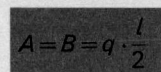

$q = 2{,}50\,\text{kN/m}$

A B

$3{,}20$

2. Auflagerkräfte

Drehpunkt B

$$\sum M \curvearrowright = \sum M \curvearrowleft$$

$$F_A \cdot 3{,}20\,\text{m} = 2{,}50\,\frac{\text{kN}}{\text{m}} \cdot 3{,}20\,\text{m} \cdot \frac{3{,}20\,\text{m}}{2}$$

$$= 12{,}8\,\text{kNm}$$

$$F_A = 4\,\text{kN}$$

oder

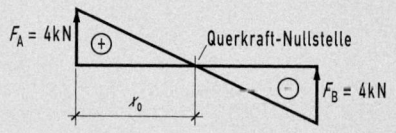

$$A = B = q \cdot \frac{l}{2}$$

Drehpunkt A

$$F_B \cdot 3{,}20\,\text{m} = 2{,}50\,\frac{\text{kN}}{\text{m}} \cdot 3{,}20\,\text{m} \cdot \frac{3{,}20\,\text{m}}{2}$$

$$= 12{,}8\,\text{kNm}$$

$$F_B = 4\,\text{kN}$$

$$F_A = F_B = 2{,}50\,\frac{\text{kN}}{\text{m}} \cdot \frac{3{,}20\,\text{m}}{2}$$

$$F_A = F_B = 4\,\text{kN}$$

3. Querkraft-Fläche

$F_A = 4\,\text{kN}$ $\oplus$ Querkraft-Nullstelle

$\ominus$ $F_B = 4\,\text{kN}$

x_0

Auf jeden m Trägerlänge verringert sich die Querkraft um 2,5 kN.

Querkraft-Nullstelle: 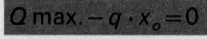 $Q\,\text{max.} - q \cdot x_o = 0$

$$Q(x_0) = F_A - q \cdot x_0$$

$$0 = 4\,\text{kN} - 2{,}5 \cdot x_o \qquad \text{bei } x_o\text{: } Q = 0$$

$$x_o = \frac{4\,\text{kN}}{2{,}5\,\dfrac{\text{kN}}{\text{m}}}$$

$$x_o = 1{,}60\,\text{m}$$

Beweis, dass bei $x_o = 1{,}60\,\text{m}$ die Querkraft null ist

4. max. M

max. M als Inhalt der Q-Fläche

$$\text{max.}\,M = \frac{F_A \cdot \dfrac{l}{2}}{2} = \frac{F_A \cdot l}{4}$$

$$= \frac{q \cdot l}{2} \cdot \frac{l}{4} \qquad \left(\text{für } F_A = \frac{q \cdot l}{2}\right)$$

$$\text{max.}\,M = \frac{q \cdot l^2}{8}$$

$$\text{max.}\,M = 2{,}50\,\frac{\text{kN}}{\text{m}} \cdot \frac{3{,}30^2\,\text{m}^2}{8}$$

$$\text{max.}\,M = 3{,}2\,\text{kNm}$$

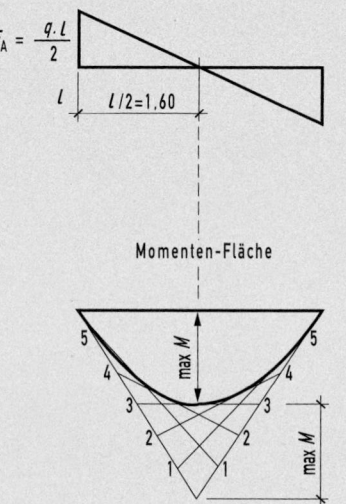

$F_A = \dfrac{q \cdot l}{2}$

l $l/2 = 1{,}60$

Momenten-Fläche

max M

242

Beispiel 3: Kragträger

1. System und Belastung

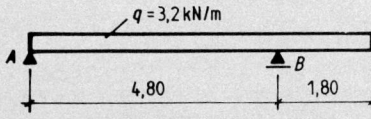

2. Auflagerkräfte

Drehpunkt B

$$\Sigma M\,\raisebox{0.2ex}{$\curvearrowright$} = \Sigma M\,\raisebox{0.2ex}{$\curvearrowleft$}$$

$$F_A \cdot 4{,}80\,\text{m} + 3{,}2\,\frac{\text{kN}}{\text{m}} \cdot 1{,}80\,\text{m} \cdot \frac{1{,}80\,\text{m}}{2} = 3{,}2\,\frac{\text{kN}}{\text{m}} \cdot 4{,}80\,\text{m} \cdot \frac{4{,}80\,\text{m}}{2}$$

$$F_A \cdot 4{,}80\,\text{m} + 5{,}184\,\text{kNm} = 36{,}864\,\text{kNm}$$

$$F_A \cdot 4{,}80\,\text{m} = 31{,}68\,\text{kNm}$$

$$F_A = 6{,}60\,\text{kN}$$

Drehpunkt A

$$F_B \cdot 4{,}80\,\text{m} = 3{,}2\,\frac{\text{kN}}{\text{m}} \cdot 6{,}60\,\text{m} \cdot \frac{6{,}60\,\text{m}}{2}$$

$$= 69{,}696\,\text{kNm}$$

$$F_B = 14{,}52\,\text{kN}$$

3. Querkraftfläche

Querkraft-Nullstelle

$$\text{max.}\,Q - q \cdot x_o = 0$$

$$6{,}60\,\text{kN} - 3{,}2\,\frac{\text{kN}}{\text{m}} \cdot x_o = 0$$

$$x_o = \frac{6{,}60\,\text{kN}}{3{,}2\,\text{kN/m}}$$

$$x_o = 2{,}06\,\text{m}$$

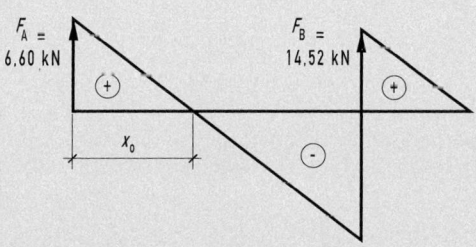

4. max. M

Hier gibt es ein maximales Feldmoment: bei $x_o = 2{,}06\,\text{m}$ von Auflager A nach rechts und bei der zweiten Querkraft-Nullstelle, bei Auflager B.

Feldmoment

$$\text{max.}\,M_F = F_A \cdot x_o - q \cdot x_o \cdot \frac{x_o}{2}$$

$$= 6{,}60\,\text{kN} \cdot 2{,}06\,\text{m} - 3{,}2\,\frac{\text{kN}}{\text{m}} \cdot 2{,}06\,\text{m} \cdot \frac{2{,}06\,\text{m}}{2}$$

$$= 13{,}60\,\text{kNm} - 6{,}79\,\text{kNm}$$

$$\text{max.}\,M_F = 6{,}81\,\text{kNm}$$

Stützenmoment

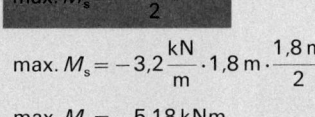

$$\text{max.}\,M_s = -\frac{q \cdot l^2}{2}$$

$$\text{max.}\,M_s = -3{,}2\,\frac{\text{kN}}{\text{m}} \cdot 1{,}8\,\text{m} \cdot \frac{1{,}8\,\text{m}}{2}$$

$$\text{max.}\,M_s = -5{,}18\,\text{kNm}$$

M-Fläche

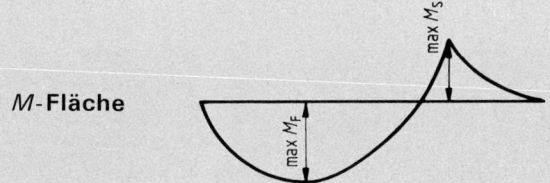

Das Trägheitsmoment *I* (lat.: inertia=Trägheit)

Man versteht darunter ein Flächenmoment, das von großer Bedeutung ist für das Beharren eines Körpers in einem vorhandenen Bewegungszustand, also z.B. für die Trägheit bei Schwungrädern.

> Das Trägheitsmoment einer Fläche für eine zur Schwerachse parallele Achse ist gleich der Summe aus dem Trägheitsmoment für die eigene Achse und dem Produkt aus der Fläche und dem Quadrat des Abstandes beider Achsen.

$$I = I_y + A \cdot e^2$$

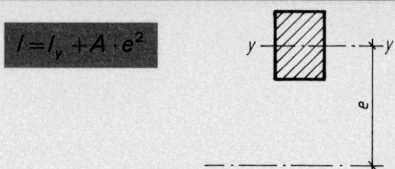

Träger mit günstigen Trägheitsmomenten sind solche, deren Massen weit von der Schwerachse entfernt liegen, z.B. bei folgenden Profilen:

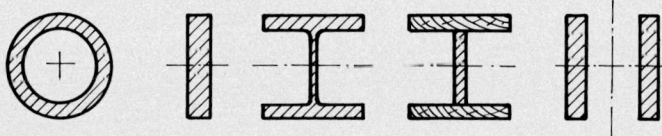

Wie bei der Biegung, so ist auch bei auf Knickung beanspruchten Bauteilen nicht allein der Querschnitt, sondern auch die Querschnittsform für die Trägheit und somit für die Tragfähigkeit maßgebend. Je größer das Trägheitsmoment ist, desto größer ist die Tragfähigkeit. Da die Trägerhöhe mit hoch 3 eingeht, spielt diese für die Tragfähigkeit die ausschlaggebende Rolle.

Für den Rechteckquerschnitt

$$I_y = \frac{b \cdot h^3}{12} \qquad I_z = \frac{h \cdot b^3}{12}$$

Für den Kreisquerschnitt:

Vollkreis

$$I_y = I_z = \frac{\pi \cdot d^4}{64}$$

Hohlquerschnitt

$$I_y = I_z = \frac{\pi}{64}(d_1^4 - d_2^4)$$

Trägheitsradius

$$i_y = \sqrt{\frac{I_y}{A}}\ \text{cm} \qquad i_z = \sqrt{\frac{I_z}{A}}$$

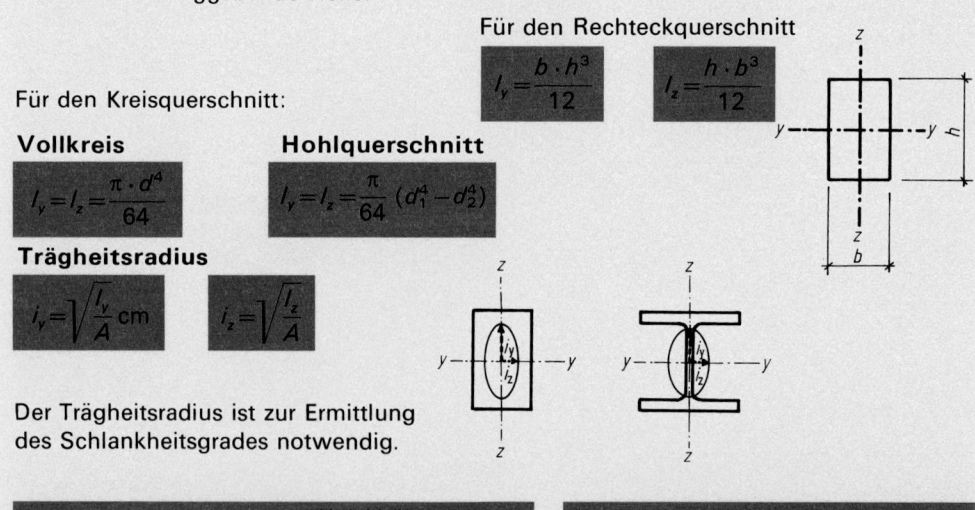

Der Trägheitsradius ist zur Ermittlung des Schlankheitsgrades notwendig.

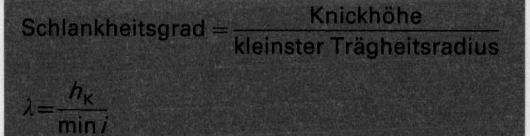

$$\text{Schlankheitsgrad} = \frac{\text{Knickhöhe}}{\text{kleinster Trägheitsradius}}$$

$$\lambda = \frac{h_K}{\min i}$$

Merke:

Balken, Sparren sollten stets hochkant gelagert werden, da die Höhe beim Trägheitsmoment mit der 3 Potenz (hoch 3) eingeht.

244

Zur Vereinfachung der Berechnung dient das ω-Verfahren. Danach muss bei Überschreiten einer Höchstschlankheit die Knickstütze für die ω-fache Last dimensioniert werden.

$$\text{vorh. } \sigma = \frac{\omega \cdot F_K}{A} \qquad \leq \text{zul } \sigma$$

ω ist abhängig vom Baustoff und vom Schlankheitsgrad

Unter Knickfestigkeit versteht man den Widerstand, den ein Körper einer parallel zur Stabachse einwirkenden Kraft entgegensetzt. Das Ausknicken erfolgt über die Achse mit dem kleinsten Trägheitsmoment und min i.

Ursachen des Knickens bei schlanken Stäben:
1. Nicht genau mittige Krafteinleitung
2. Nicht genau gerade Stabachse
3. Ungleichmäßige Zusammensetzung des Materials

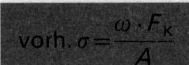 **Euler-Fälle**

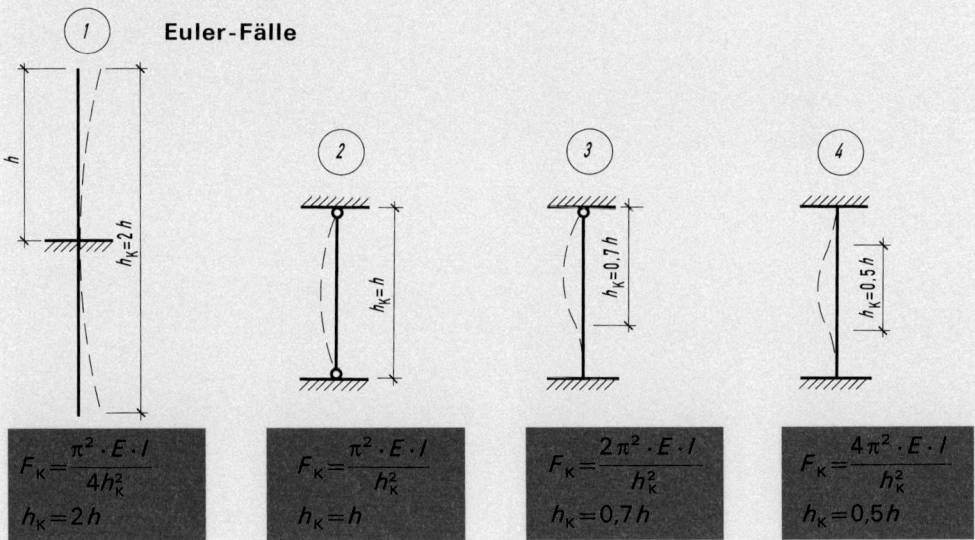

$$F_K = \frac{\pi^2 \cdot E \cdot I}{4h_K^2}$$
$$h_K = 2h$$

$$F_K = \frac{\pi^2 \cdot E \cdot I}{h_K^2}$$
$$h_K = h$$

$$F_K = \frac{2\pi^2 \cdot E \cdot I}{h_K^2}$$
$$h_K = 0,7h$$

$$F_K = \frac{4\pi^2 \cdot E \cdot I}{h_K^2}$$
$$h_K = 0,5h$$

Beispiel 4
Vergleich der Tragfähigkeit von 3 Stahlstützen mit gleicher Querschnittsfläche aus S 275 JR

Vierkantvollquerschnitt   Rundvollquerschnitt   Rundhohlquerschnitt

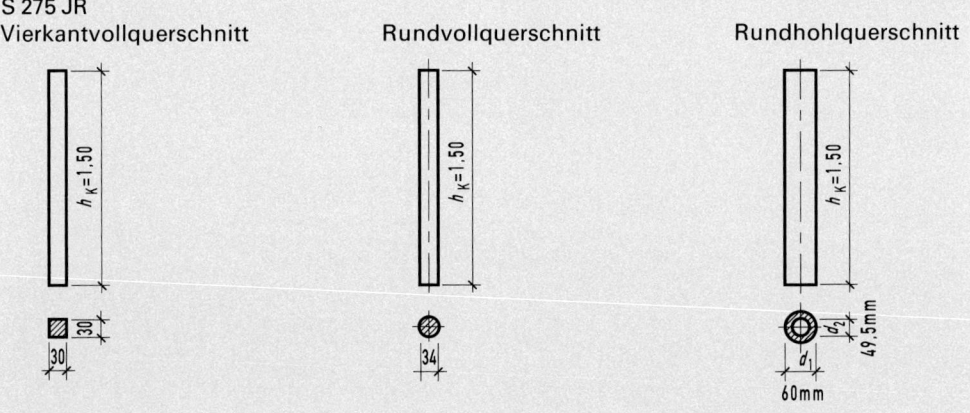

Trägheitsmomente

$$I_y = I_z = \frac{b \cdot h^3}{12} \qquad\qquad I_y = I_z = \frac{\pi \cdot d^4}{64} \qquad\qquad I_y = I_z = \frac{\pi}{64}(d_1^4 - d_2^4)$$

$$I_y = I_z = 6{,}75 \text{ cm}^4 \qquad\qquad I_y = I_z = 6{,}56 \text{ cm}^4 \qquad\qquad I_y = I_z = 34{,}13 \text{ cm}^4$$

Trägheitsradien

$$i_y = i_z = \sqrt{\frac{I}{A}} \qquad\qquad i_y = i_z = \sqrt{\frac{I}{A}} \qquad\qquad i_y = i_z = \sqrt{\frac{I}{A}}$$

$$i_y = i_z = 0{,}866 \text{ cm} \qquad\quad i_y = i_z = 0{,}85 \text{ cm} \qquad\quad i_y = i_z = 1{,}944 \text{ cm}$$

Schlankheit

$$\lambda = \frac{h_K}{\min i} \qquad\qquad \lambda = \frac{150 \text{ cm}}{0{,}85 \text{ cm}} \qquad\qquad \lambda = \frac{150 \text{ cm}}{1{,}944 \text{ cm}}$$

$$= \frac{150 \text{ cm}}{0{,}866 \text{ cm}}$$

$$\lambda = 173 \rightarrow \omega = 5{,}05 \qquad \lambda = 176 \rightarrow \omega = 5{,}23 \qquad \lambda = 77 \rightarrow \omega = 1{,}50$$

aufnehmbare Last

$$\sigma = \frac{\omega \cdot F_K}{A}$$

$$F_K = \frac{\sigma \cdot A}{\omega} \qquad\qquad F_K = \frac{\sigma \cdot A}{\omega} \qquad\qquad F_K = \frac{\sigma \cdot A}{\omega}$$

$$= \frac{140 \dfrac{N}{mm^2} \cdot 900 \text{ mm}^2}{5{,}05} \qquad = \frac{140 \dfrac{N}{mm^2} \cdot 907 \text{ mm}^2}{5{,}23} \qquad = \frac{140 \dfrac{N}{mm^2} \cdot 903 \text{ mm}^2}{1{,}50}$$

$$F_K = 24{,}95 \text{ kN} \qquad\qquad F_K = 24{,}28 \text{ kN} \qquad\qquad F_K = 84{,}28 \text{ kN}$$

Beispiel 5

Dimensionierung einer Stahlstütze

Eine Stahlstütze (I HE (PB)-Profil) von 4,0 m Knickhöhe wird mit 1000 kN belastet. Welches Profil ist erforderlich?

$$\text{erf. min } I = 0{,}12 \cdot F_K \cdot h_K^2$$

gilt nur für Stahl
F_K in kN
h_K in m

$$= 0{,}12 \cdot 1000 \cdot 4{,}0^2$$
$$\text{erf. min } I = 1920 \text{ cm}^4$$

Wegen des Schlankheitsgrades ist bei der Dimensionierung eine Stütze mit einem größeren Trägheitsmoment zu wählen.

Gewählt: I HE (PB) 240 mit

$$A = 106 \text{ cm}^2$$
$$\min I = I_z = 3920 \text{ cm}^4$$
$$i_z = 6{,}08 \text{ cm}$$
$$\lambda = \frac{h_K}{\min i}$$

$$= \frac{400 \text{ cm}}{6{,}08 \text{ cm}} = 65{,}8 \rightarrow \omega = 1{,}36$$

$$\sigma = \frac{\omega \cdot F_K}{A}$$

$$\text{vorh } \sigma = \frac{1{,}36 \cdot 1\,000\,000 \text{ N}}{10\,600 \text{ mm}^2} = 128{,}3 \text{ N/mm}^2$$

$$< \text{zul } \sigma = 140 \quad \text{N/mm}^2$$

Beispiel 6

Dimensionierung einer Holzstütze

Eine Last von $F_K = 154\,kN$ soll durch eine 3 m hohe Holzstütze aufgenommen werden. Die Schmalseite der Holzstütze soll nicht größer werden als 16 cm. Welchen Querschnitt erhält die Stütze?

$$\text{erf. min}\,I = 4 \cdot F_K \cdot h_K^2$$

gilt nur für Holz
F in kN
h_K in m

$$\text{erf. min}\,I = 4 \cdot 154 \cdot 3{,}0^2$$
$$= 5544\,cm^4$$

gewählt: ▯16 × 20 cm mit: $A = 320\,cm^2$
$I_z = 6830\,cm^4$
$i_z = 4{,}62\,cm$

$$\lambda = \frac{h_K}{\min i}$$

$$\text{vorh}\,\sigma = \frac{\omega \cdot F_K}{A}$$

$$= \frac{300\,cm}{4{,}62\,cm}$$

$$= \frac{1{,}74 \cdot 154\,000\,N}{32\,000\,mm^2}$$

$$= 64{,}93$$

$$\sigma = 8{,}37\,N/mm^2 \quad < \text{zul}\,\sigma = 8{,}5\,N/mm^2 \quad (\parallel \text{Faser})$$

$$\lambda = 65 \rightarrow \quad \omega = 1{,}74$$

Das Widerstandsmoment

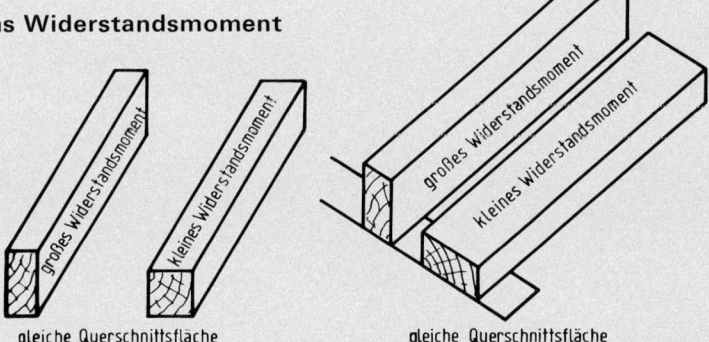

gleiche Querschnittsfläche   gleiche Querschnittsfläche

Werden zwei Balken gleich stark belastet, so wird sich der Balken mit quadratischem Querschnitt eher durchbiegen. Wird der Balken mit rechteckigem Querschnitt auf die breite Seite gelegt, verringert sich sein Widerstand. Der Widerstand, den ein Balken einer Biegebeanspruchung entgegensetzt, hängt nicht nur von der Größe des Querschnitts, sondern auch von der Querschnittsform und der Lagerung ab. Der Widerstand, den ein Balken der Biegung entgegensetzt, nennt man Widerstandsmoment.

$$\text{Widerstandsmoment} = \frac{\text{Trägheitsmoment}}{\text{äußerster Faserabstand von der Null-Linie}}$$

bei Rechteckquerschnitt $\quad W_y = \dfrac{I_y}{\dfrac{h}{2}}$

$$W_y = \frac{b \cdot h^2}{6}$$

Beispiel 7

Vergleich eines I-förmigen und eines rechteckförmigen Trägers bei gleicher Höhe und gleicher Querschnittsfläche hinsichtlich
a) Trägheitsmomenten
b) Trägheitsradien
c) Widerstandsmomenten

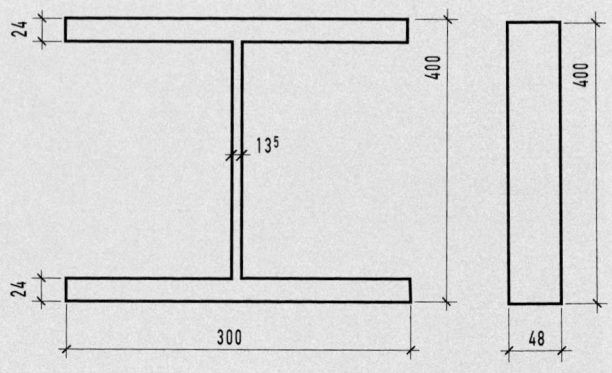

$A = 191,52 \text{ cm}^2 \qquad A = 192 \text{ cm}^2$
$A \approx 192 \text{ cm}^2$

a) Trägheitsmomente

$$I_y = \frac{30 \text{ cm} \cdot 40^3 \text{ cm}^3}{12} - \frac{28,65 \text{ cm} \cdot 35,2^3 \text{ cm}^3}{12} \qquad\qquad I_y = \frac{4,8 \text{ cm} \cdot 40^3 \text{ cm}^3}{12}$$

$$= 160\,000 \text{ cm}^4 - 104\,129 \text{ cm}^4$$

$$I_y = 55\,871 \text{ cm}^4 \qquad\qquad\qquad\qquad I_y = 25\,600 \text{ cm}^4$$

$$I_z = \frac{2t \cdot b^3}{12} + \frac{h \cdot s^3}{12} \qquad\qquad\qquad\qquad I_z = \frac{40 \text{ cm} \cdot 4,8^3 \text{ cm}^3}{12}$$

$$= \frac{2 \cdot 2,4 \text{ cm} \cdot 30^3 \text{ cm}^3}{12} + \frac{35,2 \text{ cm} \cdot 1,35^3 \text{ cm}^3}{12}$$

$$= 10\,800 \text{ cm}^4 + 7,22 \text{ cm}^4$$

$$I_z = 10\,807 \text{ cm}^4 \qquad\qquad\qquad\qquad I_z = 369 \text{ cm}^4$$

b) Trägheitsradien

$$i_y = \sqrt{\frac{I_y}{A}} \qquad\qquad\qquad\qquad\qquad i_y = \sqrt{\frac{I_y}{A}}$$

$$= \sqrt{\frac{55\,871 \text{ cm}^4}{192 \text{ cm}^2}} \qquad\qquad\qquad = \sqrt{\frac{25\,600 \text{ cm}^4}{192 \text{ cm}^2}}$$

$$i_y = 17,06 \text{ cm} \qquad\qquad\qquad\qquad i_y = 11,55 \text{ cm}$$

$$i_z = \sqrt{\frac{I_z}{A}} \qquad\qquad\qquad\qquad\qquad i_z = \sqrt{\frac{I_z}{A}}$$

$$= \sqrt{\frac{10\,807 \text{ cm}^4}{192 \text{ cm}^2}} \qquad\qquad\qquad = \sqrt{\frac{369 \text{ cm}^4}{192 \text{ cm}^2}}$$

$$i_z = 7,50 \text{ cm} \qquad\qquad\qquad\qquad i_z = 1,39 \text{ cm}$$

c) Widerstandsmomente

$$W_y = \frac{I_y}{\dfrac{h}{2}} \qquad\qquad\qquad\qquad W_y = \frac{25\,600 \text{ cm}^4}{20 \text{ cm}}$$

$$= \frac{55\,871 \text{ cm}^4}{20 \text{ cm}}$$

$$W_y = 2794 \text{ cm}^3 \qquad\qquad\qquad\qquad W_y = 1280 \text{ cm}^3$$

248

Beispiel 8

Dimensionierung eines Holzbalkens

1. System und Belastung

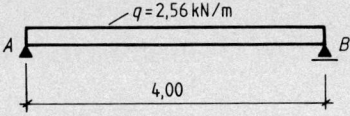

3. Bemessung

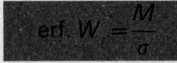

$$\text{erf. } W_y = \frac{5120 \text{ Nm}}{10 \text{ N/mm}^2}$$

$$= \frac{5\,120\,000 \text{ Nmm}}{10 \dfrac{\text{N}}{\text{mm}^2}} = 512\,000 \text{ mm}^3$$

$$W_y = 512 \text{ cm}^3$$

2. Statik

$$\text{max. } M = \frac{q \cdot l^2}{8}$$

$$= \frac{2{,}56 \dfrac{\text{kN}}{\text{m}} \cdot (4{,}0 \text{ m})^2}{8}$$

$$\text{max. } M = 5{,}12 \text{ kNm}$$
$$= 5120 \text{ Nm}$$

gewählt: ▯ 10×20 cm mit $W_y = 667$ cm^3

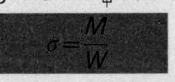

$$= \frac{5\,120\,000 \text{ Nmm}}{667\,000 \text{ mm}^3}$$

vorh $\sigma = 7{,}68$ N/mm^2 $\quad <$ zul $\sigma = 10$ N/mm^2

Beispiel 9

Dimensionierung eines Stahlträgers
zu wählen aus der PE-Reihe

1. System und Belastung

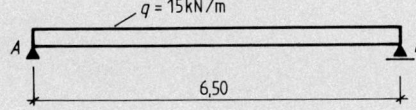

2. Statik

$$\text{max. } M = \frac{q \cdot l^2}{8}$$

$$= \frac{15 \dfrac{\text{kN}}{\text{m}} \cdot 6{,}50^2 \text{ m}^2}{8}$$

$$\text{max. } M = 79{,}22 \text{ kNm}$$
$$= 79\,220 \text{ Nm}$$

$$\text{zul } \sigma = \frac{M}{W}$$

$$\text{erf. } W_y = \frac{M}{\text{zul } \sigma}$$

$$= \frac{79\,220\,000}{140} \dfrac{\text{Nmm}}{\dfrac{\text{N}}{\text{mm}^2}}$$

$$= 565\,857 \text{ mm}^3$$

$$\text{erf. } W_y = 566 \text{ cm}^3$$

gewählt: IPE 330 mit $W_y = 713$ cm^3

$$\text{vorh } \sigma = \frac{M}{W}$$

$$= \frac{79\,220\,000 \text{ Nmm}}{713\,000 \text{ mm}^3}$$

vorh $\sigma = 111$ N/mm^2

$< $ zul $\sigma = 140$ N/mm^2

Beispiel 10

Einfacher Stirnversatz

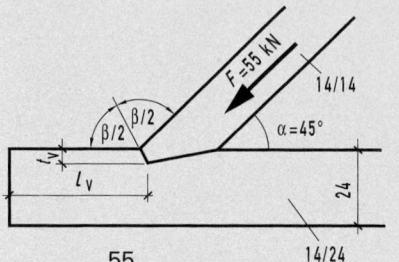

$$\text{erf.} \, t_v = \frac{55}{0,7 \cdot 14}$$

$$\text{erf.} \, t_v = 5,6 \, \text{cm}$$

$$\text{zul} \, t_v = \frac{24 \, \text{cm}}{4} = 6 \, \text{cm}$$

gewählt: $t_v = 5,8 \, \text{cm}$

$$\text{erf.} \, t_v \approx \frac{F}{0,70 \cdot b} \qquad \text{erf.} \, l_v = \frac{10 \cdot F \cdot \cos \alpha}{b \cdot \tau}$$

für $\alpha \leq 50°$: $\quad \text{zul} \, t_v = \dfrac{h}{4}$

für $\alpha \geq 60°$: $\quad \text{zul} \, t_v = \dfrac{h}{6}$

F in kN
b in cm
τ in N/mm²

$$\text{zul} \, \tau = \frac{F_H}{A}$$

$$\text{erf.} \, A = \frac{F_H}{\text{zul} \, \tau}$$

$$F_H = F \cdot \cos \alpha$$
$$= 55 \, \text{kN} \cdot 0,7071$$
$$F_H = 38,9 \, \text{kN}$$

$$\text{erf.} \, A = \frac{38\,900 \, \text{N}}{0,9 \, \text{N/mm}^2}$$

$$\text{erf.} \, A = 432,22 \, \text{cm}^2$$

$$\text{erf.} \, l_v = 30,87 \, \text{cm}$$

gewählt: $l_v = 35 \, \text{cm}$

Beispiel 11

Nagelverbindung

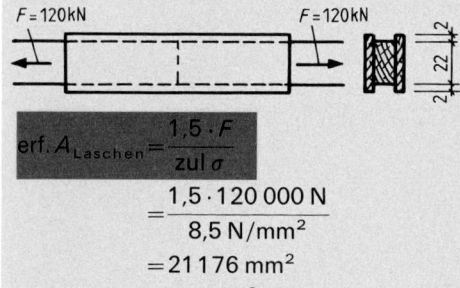

$$\text{erf.} \, A_{\text{Laschen}} = \frac{1,5 \cdot F}{\text{zul} \, \sigma}$$

$$= \frac{1,5 \cdot 120\,000 \, \text{N}}{8,5 \, \text{N/mm}^2}$$

$$= 21\,176 \, \text{mm}^2$$

$$\text{erf.} \, A_{\text{Laschen}} = 212 \, \text{cm}^2$$

gewählt: Laschenbreite $b = 26 \, \text{cm}$

$$\text{erf.} \, d = \frac{212 \, \text{cm}^2}{2 \cdot 26 \, \text{cm}} = 4,08 \, \text{cm}$$

gewählt: Laschendicke 4,5 cm
Nägel 42 × 110 mit Tragkraft T = 625 N (einschnittig je Nagel, nicht vorgebohrt)

$$\text{erf. Nagelzahl} = \frac{\text{Gesamtlast}}{\text{zul. Belastung je Nagel}}$$

Die Nägel dürfen nur so lang sein, dass sie sich nicht berühren.

$$n = \frac{120\,000 \, \text{N}}{625 \, \text{N/Nagel}}$$

$$n = 192 \, \text{Nägel}$$

erf. Nagelzahl je Lasche: 96 Nägel

250

88. Der Untergurt eines Holzbinders S 10 (GKI II) wird mit einer Zugkraft von 245 kN belastet. Welche Breite muss das Untergurtholz erhalten?

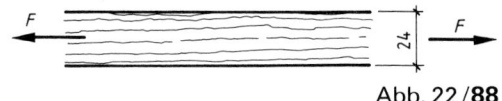

Abb. 22/**88**

89. Welche Zugkraft F können die Balken, die durch ein gerades Hakenblatt verbunden sind, aufnehmen
a) auf Druck?
b) auf Abscheren?
c) Wie groß darf die Zugkraft maximal sein, die dem Balken übertragen werden darf?

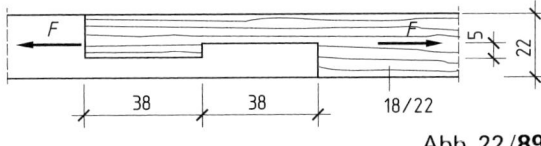

Abb. 22/**89**

90. Prüfen Sie nach, ob die zulässige Spannung eingehalten ist.

91. Berechnen Sie die Versatztiefe t_v und die Vorholzlänge l_v.

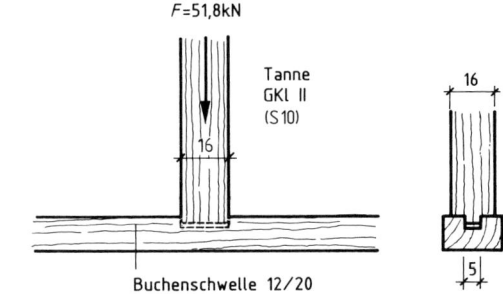

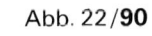

Abb. 22/**90**

92. Wie groß ist die Last F, die vom Sparren auf die Knagge übertragen werden kann? S 10 (GKI II)

93. Welche Druckkraft kann durch den Pfosten auf die Schwelle übertragen werden?

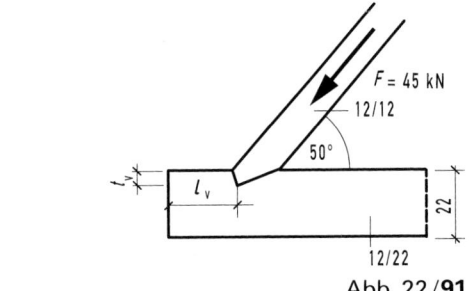

Abb. 22/**91**

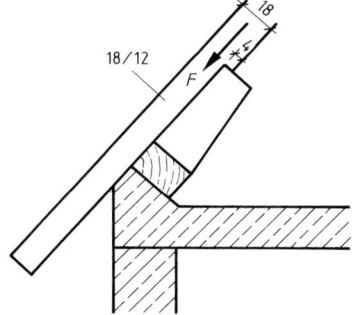

Abb. 22/**92**

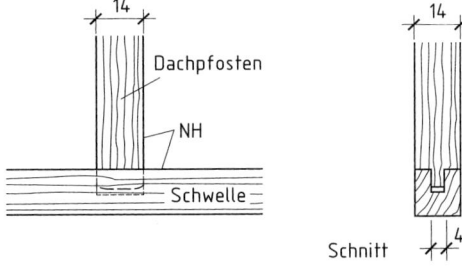

Abb. 22/**93**

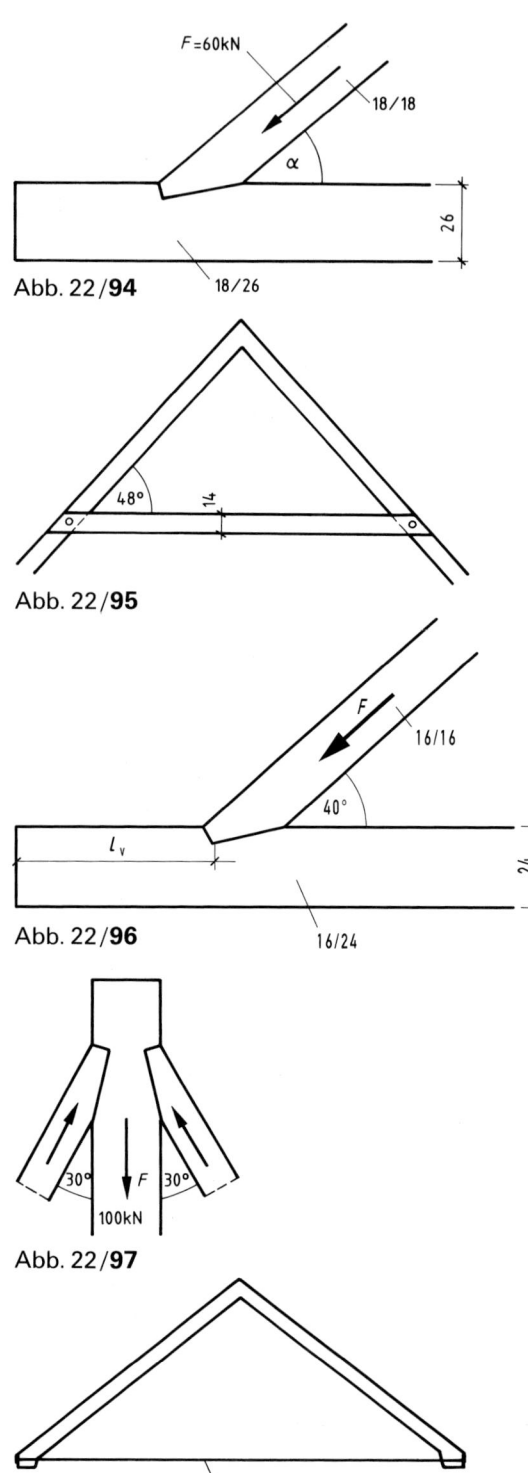

Abb. 22/**94**

Abb. 22/**95**

Abb. 22/**96**

Abb. 22/**97**

Abb. 22/**98**

94. Berechnen Sie die Versatztiefe t_v sowie die Vorholzlänge l_v für
   a) $\alpha = 30°$
   b) $\alpha = 45°$
   c) $\alpha = 60°$
   Beurteilen Sie die Ergebnisse.

95. Ein zweiteiliger Kehlbalken wird mit einer Zugkraft von $F = 70$ kN belastet. Als Anschluss dienen 4 Einpressdübel System Geka mit einem Durchmesser von 95 mm und einer zulässigen Belastung von 19 500 N je Dübel.
   a) Welche Querschnittsabmessungen hat das Zangenpaar?
   b) Führen Sie den Tragfähigkeitsnachweis für den Dübelanschluss.

96. Berechnen Sie für den Deckenbalken mit Strebe S10 (GKl II)
   a) die maximale Größe der Strebenkraft F
   b) die mindestens erforderliche Vorholzlänge l_v

97. Berechnen Sie
   a) die Querschnittsfläche der Hängesäule
   b) die Versatztiefe
   c) die Vorholzlänge
   d) Führen Sie jeweils die Spannungsnachweise.

98. Der Zuganker eines Dachstuhls wird mit 85 kN belastet.
   Welchen Durchmesser muss der Zuganker in S 235 JR haben?

99. Ein Zuganker wird mit 0,25 MN belastet. Welchen Durchmesser muss der Zuganker haben, wenn die zulässige Zugbelastung 240 N/mm² beträgt?

252

100. Der Zugstoß ist mit einer Nagelverbindung herzustellen. (Nägel nicht vorgebohrt)
Berechnen Sie die erforderliche Querschnittsfläche der Laschen sowie die Anzahl und Größe der Nägel.

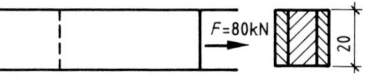

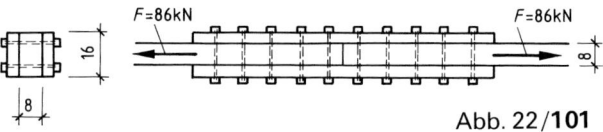

Abb. 22/**100**

Abb. 22/**101**

101. Der Untergurt eines Holzbinders soll als Zugstoß ausgebildet werden. Die Zugkraft beträgt 86 kN. Zur Kraftübertragung im Stoß dienen 5 Schraubenbolzen M 30.
Prüfen Sie die Spannung im Untergurt nach und berechnen Sie die Querschnittsfläche der Laschen.

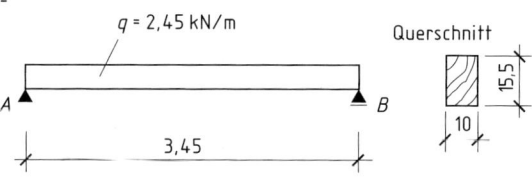

Abb. 22/**102**

102. Wie groß sind die Biegespannungen im Deckenbalken bei
a) Hochkantlagerung?
b) Breitkantlagerung des Balkens?

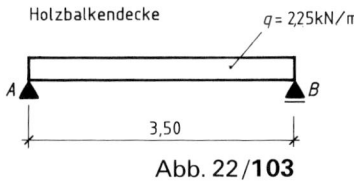

Abb. 22/**103**

103. Welche Abmessungen erhält der Balken einer Holzbalkendecke?

104. a) Skizzieren Sie die Querkraftfläche.
b) Wie viel m vom Auflager A entfernt liegt die Querkraft-Nullstelle?
c) Dimensionieren Sie ein U-Profil aus S 235 JRG2.

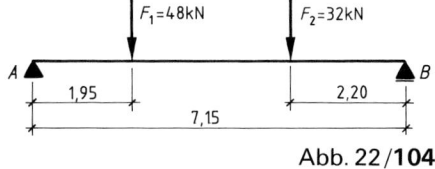

Abb. 22/**104**

105. a) Ermitteln Sie die Querkraftfläche.
b) Wie viel m vom Auflager A entfernt ist die Querkraft-Nullstelle?
c) Dimensionieren Sie ein I-Profil aus der HE (PB)-Reihe.
d) Zeichnen sie die Momentenfläche.

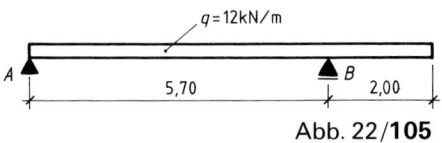

Abb. 22/**105**

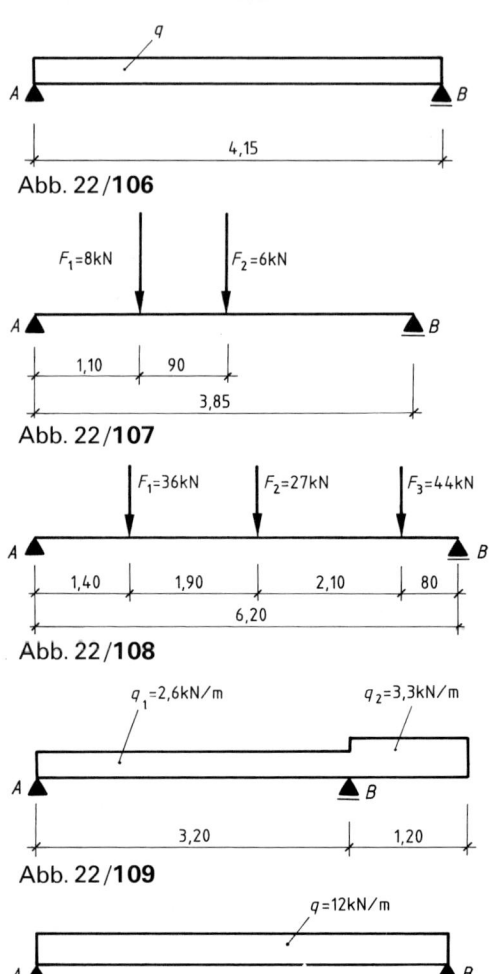

Abb. 22/**106**

Abb. 22/**107**

Abb. 22/**108**

Abb. 22/**109**

Abb. 22/**110**

106. Ein Holzbalken, der mit einer Gleich-streckenlast von $q = 3{,}45$ kN/m belas-tet wird, hat die Querschnittsabmes-sung von $12{,}5 \times 19{,}5$ cm.
Ermitteln Sie für den Balken
a) das maximale Trägheitsmoment
b) das maximale Widerstandsmo-ment
c) die maximalen Biegespannungen bei Hochkant- bzw. Breitkantla-gerung

107. Dimensionieren Sie den Holzbalken.

108. Ermitteln Sie die Größe des Quer-schnittsprofils für das Formstahlprofil in I-Form.

109. Welche Querschnittsabmessungen muss der Kragträger in Holz S10 (GkⅡ) erhalten?

110. In einem Altbau ist ein Stahlträger (I Träger) einzubauen. Aus konstrukti-ven Gründen darf der Träger maximal 200 mm hoch sein. Dimensionieren Sie den Stahlträger.

111. Eine Holzstütze mit einer Knickhöhe von 3,45 m wird mit 180 kN belastet. Welche Querschnittsabmessungen er-hält die Stütze?

112. Eine Stahlstütze mit einer Knickhöhe von 3,75 m wird mit 0,80 MN belastet. Dimensionieren Sie — a) eine Rundstütze (Hohlprofil)
b) eine Vierkantstütze (Hohlprofil), c) eine Stütze aus einem I-Formstahlprofil.

113. Der zweiteilige Diagonalstab soll mit Nägeln an den Untergurtstab 12/18 cm angeschlossen werden. Der Diagonalstab wird mit einer Last von $F = 26$ kN belastet.
a) Ermitteln Sie die Größe und An-zahl der Nägel. (nicht vorgebohrt)
b) Skizzieren und vermaßen Sie die Anordnung der Nägel.
c) Wie viele Nägel sind erforderlich, wenn diese vorgebohrt werden?

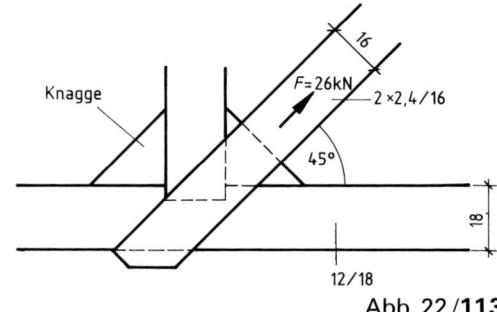

Abb. 22/**113**

23 Mechanik

23.1 Mechanische Arbeit

Unter Arbeit im mechanischen Sinne versteht man mathematisch das Produkt aus der Kraft, die notwendig ist, die Lage eines Körpers zu verändern, und ihrem Kraftweg.

$$\text{Arbeit} = \text{Kraft} \cdot \text{Kraftweg}$$
$$W = F \cdot s_1$$

Work = Arbeit (engl.)

W in Joule (J)
F in Newton (N)
s_1 in Meter (m)

Wird ein Körper mit der Kraft von 1 N um 1,0 m hochgehoben, so wird die Arbeit von 1 Joule verrichtet.

Einheiten
1 Joule = 1 Newtonmeter
1 Kilojoule (kJ) = 1000 Joule (J)
1 Kilonewtonmeter (kNm) = 1000 Newtonmeter (Nm)

Beispiel
Ein Mörtelkasten wird mit einer Kraft von $F = 200$ N auf ein 1,40 m hohes Gerüst gehoben. Welche Arbeit wurde verrichtet?
$W = 200$ N $\cdot 1{,}40$ m
$W = 280$ Nm
$W = 280$ J

23.2 Leistung

Die von einer Maschine oder von Menschen verrichtete Arbeit hängt nur von den beiden Faktoren Kraft und Kraftweg ab. Im täglichen Leben spielt aber ebenso die Zeit eine Rolle, in der die Arbeit verrichtet wird.
Arbeit, die pro Zeiteinheit verrichtet wird, nennt man Leistung.

$$\text{Leistung} = \frac{\text{Arbeit}}{\text{Zeit}}$$
$$P = \frac{W}{t} = \frac{F \cdot s_1}{t}$$

P = Power (engl.) = Leistung
P in Watt (W)
W in Joule (J)
t in Sekunden (s)

Einheiten
1 Kilowatt (kW)   = 1000 Watt (W)
1 Watt (W) · 1 Stunde (h) = 1 Wattstunde (Wh)
1 Kilowattstunde (kWh)   = 1000 Wattstunden (Wh)
1 Wattstunde (Wh)   = 3600 Wattsekunden (Ws)

$$1 \text{ W} = 1 \frac{\text{Nm}}{\text{s}} = 1 \frac{\text{J}}{\text{s}}$$

Beispiel

Ein Betonwerkstück wird mit einer Kraft von $F = 4000$ N in 2,5 s auf einen 1,35 m hohen Lastwagen gehoben. Wie groß ist die Leistung?

$$P = \frac{4000 \text{ N} \cdot 1,35 \text{ m}}{2,5 \text{ s}}$$

$$= 2160 \frac{\text{Nm}}{\text{s}}$$

$$P = 2160 \text{ Watt}$$

Um Lasten leichter heben zu können, d. h. weniger Arbeitsaufwand zu haben, werden einfache Geräte wie Rollen, Flaschenzüge u. Ä. eingesetzt.

23.3 Feste Rolle

Bei der festen Rolle ist die aufzuwendende Kraft F gleich der Last

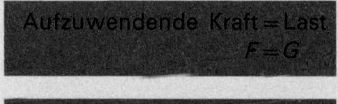

Aufzuwendende Kraft = Last
$$F = G$$

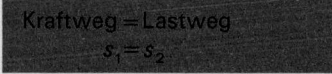

Kraftweg = Lastweg
$$s_1 = s_2$$

Beispiel

Welche Kraft muss aufgewendet werden, um eine Masse von 50 kg hochzuheben?

$$F = 50 \text{ kg} \cdot 10 \text{ m/s}^2$$

$$F = 500 \text{ kg} \frac{\text{m}}{\text{s}^2}$$

$$F = 500 \text{ N}$$

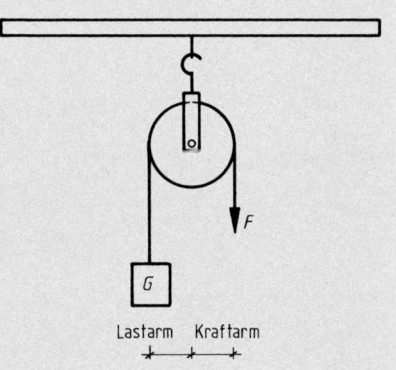

Lastarm   Kraftarm

23.4 Lose Rolle

Im Seil wirkt sowohl an der Aufhängestelle als auch an der Zugstelle die gleiche Kraft F. In der Praxis ist die lose Rolle meist mit einer festen verbunden. Die zweite Rolle bringt keine Kraftersparnis, da sie fest ist. Ihr Vorteil liegt in der Änderung der Zugrichtung.

Es gilt $F + F = G$
$$2F = G$$
$$F = \frac{G}{2}$$

Da sich die aufzuwendende Kraft halbiert, wird der Kraftweg verdoppelt. Die goldene Regel der Mechanik lautet: Was an Kraft gewonnen wird, geht an Weg verloren.

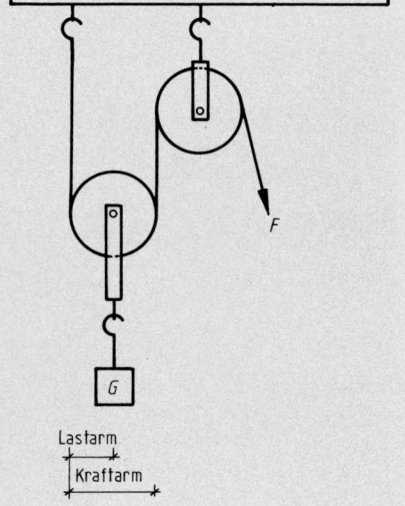

Lastarm
Kraftarm

256

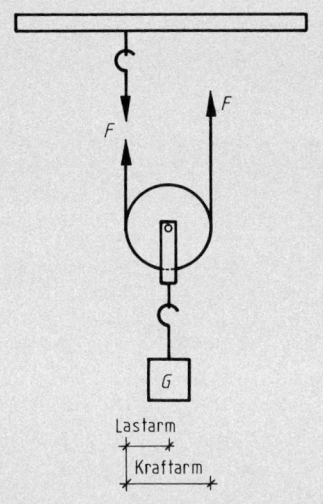

$$\text{Aufzuwendende Kraft} = \frac{\text{Last}}{2}$$

$$F = \frac{G}{2}$$

$$\text{Kraftweg} = 2 \cdot \text{Lastweg}$$
$$s_1 = 2 \cdot s_2$$

Beispiel

Eine Last von $G = 1,2$ kN ist 2,50 m hochzuheben.

$F = \dfrac{1,2 \text{ kN}}{2}$ $\qquad s_1 = 2 \cdot 2,50 \text{ m}$

$F = 0,6 \text{ kN}$ $\qquad s_1 = 5,0 \text{ m}$

23.5 Flaschenzug

Der Flaschenzug besteht in der Regel aus 2 oder 3 festen und der gleichen Anzahl loser Rollen. Da die Last bei n Rollen von n Seilen getragen wird, wird die aufzuwendende Kraft entsprechend der Rollenzahl verringert. Gemäß der goldenen Regel der Mechanik geht die Kraftersparnis zu Lasten des Kraftweges.

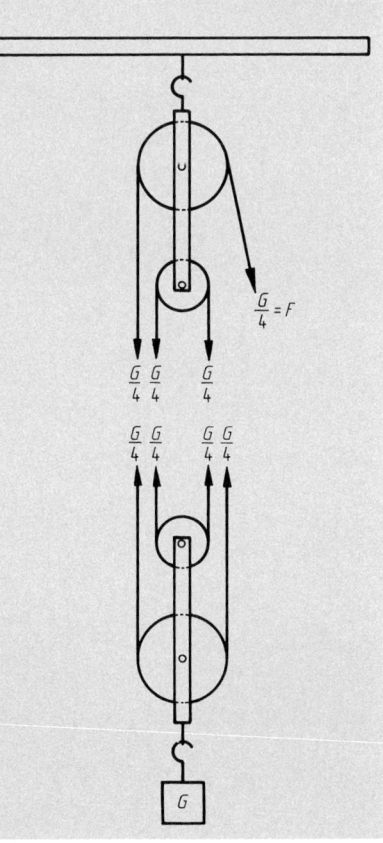

$$\text{Aufzuwendende Kraft} = \frac{\text{Last}}{\text{Anzahl der Rollen}}$$

$$F = \frac{G}{n}$$

$$\text{Kraftweg} = \text{Anzahl der Rollen} \cdot \text{Lastweg}$$
$$s_1 = n \cdot s_2$$

Beispiel

Eine Last von $G = 160$ kN ist mit einem Flaschenzug mit 4 Rollen 2,75 m hochzuheben.

$F = \dfrac{160 \text{ kN}}{4}$ $\qquad s_1 = 4 \cdot 2,75 \text{ m}$

$F = 40 \text{ kN}$ $\qquad s_1 = 11,0 \text{ m}$

23.6 Differenzialflaschenzug

Der Differenzialflaschenzug besteht aus einer festen Doppelrolle mit zwei verschiedenen Durchmessern und einer losen Rolle. Um die Rollen ist eine endlose Kette gelegt. Betrachtet man die Momente, die an der festen Rolle wirken, so ergibt sich

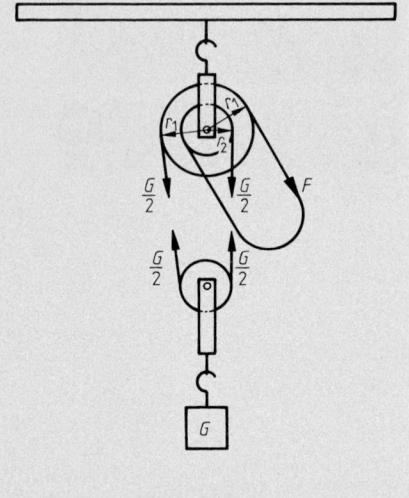

Summe aller Momente rechts	=	Summe aller Momente links

$$\Sigma M \,\curvearrowright \;=\; \Sigma M \,\curvearrowleft$$

$$F \cdot r_1 + \frac{G}{2} \cdot r_2 = \frac{G}{2} \cdot r_1$$

$$F \cdot r_1 = \frac{G}{2} r_1 - \frac{G}{2} r_2$$

$$F = \frac{G}{2} \frac{(r_1 - r_2)}{r_1}$$

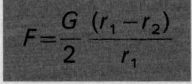

$$F = \frac{G}{2} \frac{(r_1 - r_2)}{r_1}$$

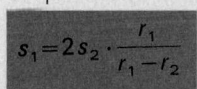

$$s_1 = 2 s_2 \cdot \frac{r_1}{r_1 - r_2}$$

Durch Umformen der Gleichung erhält man

$$F = \frac{G}{2}\left(1 - \frac{r_2}{r_1}\right)$$

Aus dieser Gleichung ist ersichtlich, dass die aufzuwendende Kraft vom Verhältnis der Rollengrößen abhängig ist.

Beispiel
Eine Last von $G = 3\,750$ N soll 4,20 m hochgehoben werden $r_1 = 15$ cm, $r_2 = 11$ cm.

$$F = \frac{3\,750\ \text{N}}{2} \cdot \frac{15\ \text{cm} - 11\ \text{cm}}{15\ \text{cm}}$$

$$s_1 = 2 \cdot 4{,}20\ \text{m} \cdot \frac{15\ \text{cm}}{15\ \text{cm} - 11\ \text{cm}}$$

$$F = 500\ \text{N} \qquad\qquad s_1 = 31{,}50\ \text{m}$$

23.7 Seilwinde

Die Wirkung einer Seilwinde entspricht der eines zweiseitigen Hebels:

Kraft · Kraftarm = Last · Lastarm

$$F \cdot r_1 = G \cdot r_2$$

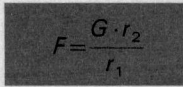

$$F = \frac{G \cdot r_2}{r_1}$$

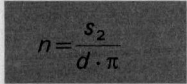

$$n = \frac{s_2}{d \cdot \pi}$$

n Anzahl der Umdrehungen
s_2 Lastweg
d Wellendurchmesser

Beispiel

Eine Last von 7 500 N ist 7,35 m hochzuheben.
Länge der Kurbelstange $= 39$ cm
Durchmesser der Welle $d = 13$ cm
a) Welche Kraft ist aufzuwenden?
b) Wie viele Umdrehungen sind auszuführen?

$$F = 7\,500 \text{ N} \cdot \frac{6,5 \text{ cm}}{39 \text{ cm}} \qquad n = \frac{735 \text{ cm}}{13 \text{ cm} \cdot \pi}$$

$$F = 1\,250 \text{ N} \qquad n = 18 \text{ Umdrehungen}$$

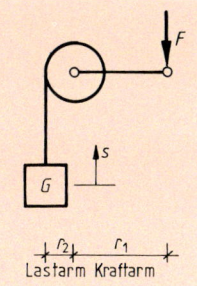

■ **Aufgaben**

1. Um eine Last von 1460 N 1,25 m hochzuheben, ist eine Leistung von 730 Watt benötigt worden.
   a) In welcher Zeit wurde diese Leistung erbracht?
   b) Welche Arbeit wurde dabei verrichtet?

2. Eine Steinpalette mit 228 Steinen 2 DF und einer Rohdichte von $\varrho = 1,3 \text{ kg/dm}^3$ wird mit einem Autokran in 5,5 Sekunden 4,30 m hochgehoben.
   a) Welche Arbeit hat der Kran verrichtet?
   b) Wie groß war seine Leistung?

3. Ein Stahlbetonsturz wurde von 8 Personen in 2 Sekunden 1,55 m hochgehoben.
   a) Welche Arbeit hat jeder Arbeiter verrichtet?
   b) Wie groß war die Leistung jedes Arbeiters?

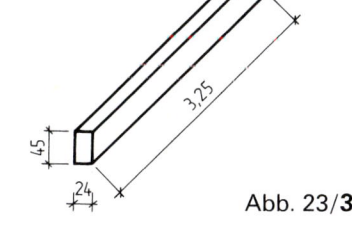

Abb. 23/3

4. Ein mit Beton gefüllter Kübel wird an einem Kran in 8 Sekunden 8,30 m hochgehoben (Eigenlast des Kübels 650 N).
   a) Welche Arbeit wurde verrichtet?
   b) Wie groß war die Leistung des Krans?

5. Eine Steinpalette mit 240 Steinen KS–3 DF und einer Rohdichte von $\varrho = 1,9$ kg/dm^3 wird 3,70 m hochgehoben. Ermitteln Sie die erforderliche Kraft sowie den Kraftweg
   a) bei einer festen Rolle
   b) bei einer losen Rolle
   c) bei einem Flaschenzug mit 4 Rollen
   d) bei einem Flaschenzug mit 6 Rollen
   e) bei einem Differenzialflaschenzug; $r_1 = 15$ cm, $r_2 = 10$ cm.

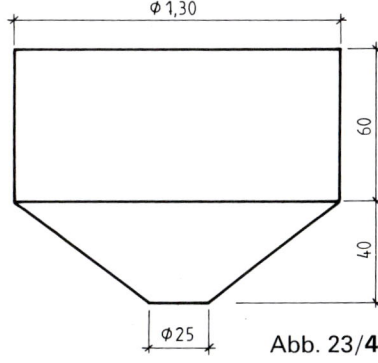

Abb. 23/4

© Holland + Josenhans

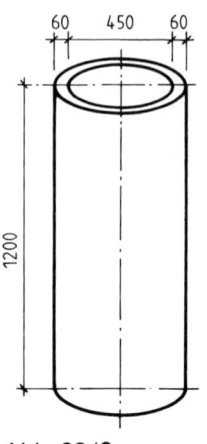

60   450   60

1200

Abb. 23/**6**

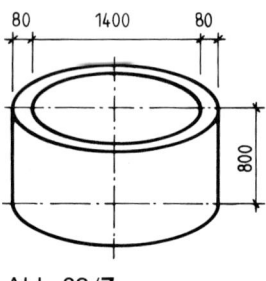

80   1400   80

800

Abb. 23/**7**

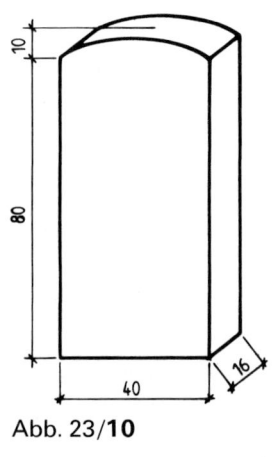

10

80

40   16

Abb. 23/**10**

6. Wie viel % beträgt die Kraftersparnis, wenn das Beton-rohr
a) mit einer festen Rolle
b) mit einem Flaschenzug mit 4 Rollen hochgezogen wird?

7. Ein Betonrohr für einen Tiefbrunnen soll mit einem Dif-ferenzialflaschenzug abgelassen werden.
Radius der kleinen Rolle $r_2 = 5{,}5$ cm
Radius der großen Rolle $r_1 = 10{,}5$ cm
a) Welche Kraft ist erforderlich?
b) Wie lang ist der Kraftweg, um das Rohr 3,10 m hinunterzulassen?

8. Die Bodenmasse aus einem Tiefbrunnen soll mit einer Seilwinde gefördert werden.
Volumen des Eimers 10,5 dm³
Rohdichte der Fördermasse 1,90 kg/dm³
Eigengewicht des Eimers 25 N
Durchmesser der Seilwindrolle $d = 14$ cm
Länge der Kurbelstange $r_1 = 52$ cm
a) Welche Kraft ist erforderlich?
b) Wie viele Umdrehungen sind auszuführen, um die Fördermasse aus einer Tiefe von 3,10 m heraufzu-holen?

9. Der Mörtel für einen Zementestrich wird in Eimern mit-tels einer festen Rolle in das Obergeschoss befördert.
Masse des Eimerinhalts 24 kg, Gewichtskraft des Eimers 15 N, Höhendifferenz vom Boden bis zum Obergeschoss 3,90 m
a) Welche Kraft ist erforderlich?
b) Welche Arbeit verrichtet der Arbeiter dabei?
c) Wie lange würde der Hubvorgang bei einer losen Rolle im Vergleich zur festen dauern, wenn der Ar-beiter pro Sekunde eine Seillänge von 1,20 m nach unten zieht?

10. Ein Grabstein ($\varrho = 2{,}8$ kg/dm³) wird 1,80 m hochgeho-ben. Ermitteln Sie die erforderliche Kraft für
a) eine feste Rolle bei einem Reibungsverlust von 2 %
b) eine lose Rolle bei einem Reibungsverlust von 3 %
c) einem Flaschenzug mit 4 Rollen, Reibungsverlust 5,5 %
d) einem Differenzialflaschenzug
$r_1 = 17$ cm, $r_2 = 12$ cm,
Reibungsverlust 3,2 %

24 Grundlagen der Bauplanung

Die planerischen Rahmenbedingungen finden ihren Niederschlag in der Baunutzungs-verordnung (Bau NVO) und den Landesbauordnungen (LBO) der jeweiligen Bundes-länder. Fragen der Baukostenermittlung behandelt DIN 276, die Ermittlung der Raum-inhalte und Grundflächen von Gebäuden DIN 277. Die Wohnflächenberechnung regelt die Wohnflächenverordnung (WF-VO).

24.1 Grundflächenzahl – Geschossflächenzahl – Baumengenzahl (nach Bau NVO) – Grundstücksfläche

Grundflächenzahl

Die Grundflächenzahl (GRZ) gibt an, wie groß die überbaute Grundfläche des Gebäudes je m² Grundstücksfläche maximal sein darf.

$$\text{Grundflächenzahl (GRZ)} = \frac{\text{zulässige Grundfläche m}^2}{\text{maßgebende Grundstücksfläche m}^2}$$

Beispiel

Gegeben: zulässige Grundflächenzahl 0,4
         Grundstücksfläche 1000 m²

gesucht: zulässige Grundfläche

zulässige Grundfläche   = GRZ · Grundstücksfläche

maximal zu überbauende Grundfläche = 0,4 · 1000 m²
                           = 400 m²

Die Grundfläche ist nach den Außenmaßen einschließlich Putz oder Verkleidung zu ermitteln.

Zur Grundfläche zählen auch:

- Garagen, Stellplätze
- Nebenanlagen, die der Versorgung dienen, wie Strom, Gas, Wasser
- bauliche Anlagen unterhalb der Geländeoberfläche
- frei auskragende Vorbauten, Balkone, Dachüberstände, Kellerlichtschächte, Außen-treppen

Geschossflächenzahl

Die Geschossflächenzahl (GFZ) gibt an, wie groß die gesamte Geschossfläche aller Voll-geschosse je m² Grundstücksfläche maximal sein darf.

$$\text{Geschossflächenzahl (GFZ)} = \frac{\text{zulässige Geschossfläche m}^2}{\text{maßgebende Grundstücksfläche m}^2}$$

Beispiel

Gegeben: Grundstücksfläche 1000 m²
        zweigeschossige Bauweise
        im allgemeinen Wohngebiet

gesucht: zulässige Geschossfläche

zulässige Geschossfläche = GFZ · Grundstücks-
                    fläche
                 = 1,2 · 1000 m²

zulässige Geschossfläche = 1200 m²
Fläche je Geschoss   = 1200 : 2
                  = 600 m²

Merke: Maßgebende Grundstücksfläche ist jene Fläche eines Grundstücks, die überbaut werden darf.

Die Geschossfläche ist nach den Außenmaßen des Gebäudes in allen Vollgeschossen zu ermitteln.

Für die Festlegung, unter welchen Bedingungen ein Geschoss als Vollgeschoss gilt, sind landesrechtliche Vorschriften maßgebend.

Für Baden-Württemberg gilt:
Als Vollgeschosse zählen Geschosse dann, wenn sie mehr als 1,40 m über die mittlere Geländeoberfläche hinausragen und mindestens 2,30 m im Lichten hoch sind. Bei Dachgeschossen muss diese Höhe über mindestens $^3/_4$ der Grundfläche des darunterliegenden Geschosses vorhanden sein. Als Höhe gilt von OK-Fußboden bis OK-Fußboden.

Bei der Geschossfläche werden **nicht angerechnet:**
1. Flächen von Nebenanlagen wie z.B. für die Kleintierhaltung und Anlagen für die zentrale Strom-, Gas- und Wasserversorgung
2. Balkone, Terrassen, Loggien sowie vollständig unterirdische Bauanlagen
3. Vorsprünge von Eingangsüberdachungen, Freitreppen, Dachvorsprünge
4. Flächen von Geschossen, die nicht als Vollgeschosse gelten

Angerechnet werden:
1. Bauteile, die auf Stützen ruhen
2. Vorbauten, Erker
Sowohl die Geschossflächenzahl **als auch** die Grundflächenzahl muss eingehalten werden. Wird die Grundflächenzahl voll ausgenützt, können die oberen Geschosse in ihren Abmessungen reduziert werden, damit die Summe aller Geschosse die Geschossflächenzahl nicht überschreitet

Baumengenzahl
Die Baumengenzahl (BMZ) gibt an, wie viel m^3 Baumenge je m^2 Grundstücksfläche zulässig sind.
Die Baumenge ist nach den Außenmaßen des Gebäudes von OK-Fußboden des untersten Vollgeschosses bis zur Decke des obersten Vollgeschosses zu ermitteln.

$$\text{Baumengenzahl BMZ} = \frac{\text{zulässige Baumenge m}^3}{\text{maßgebende Grundstücksfläche m}^2}$$

Die Baumengenzahl findet nur in Gewerbegebieten und Industriegebieten Anwendung. Bebauungspläne enthalten neben der Geschosszahl die Angabe, ob die Bauweise offen oder geschlossen ist. Offene Bauweise: Die Gebäude werden mit seitlichem Grenzabstand (Bauwich) als Einzelhäuser, Doppelhäuser mit einer Länge von höchstens 50 m errichtet. Geschlossene Bauweise: Die Gebäude werden ohne seitlichen Grenzabstand errichtet.

Zulässiges Maß der baulichen Nutzung

1 Baugebiet	2 Grundflächenzahl GRZ	3 Geschossflächenzahl GFZ	4 Baumassenzahl BMZ
in Kleinsiedlungsgebieten (WS)	0,2	0,4	
in reinen Wohngebieten (WR) allgemeinen Wohngebieten (WA) Ferienhausgebieten	0,4	1,2	
in besonderen Wohngebieten (WB)	0,6	1,6	
in Dorfgebieten (MD) Mischgebieten (MI)	0,6	1,2	
in Kerngebieten (MK)	1,0	3,0	
in Gewerbegebieten (GE) Industriegebieten (GI) sonstigen Sondergebieten	0,8	2,4	10,0
in Wochenendhausgebieten	0,2	0,2	

Grundstücksfläche

Grundstücke haben oft ganz oder teilweise Hanglage. Dabei ergibt sich die Grundstücksfläche als Projektion auf die waagrechte Ebene. Die schräge Fläche kann deshalb nicht als Maßgrundlage herangezogen werden, da die Gebäude senkrecht auf der Projektionsfläche $A'B'CD$ errichtet werden.

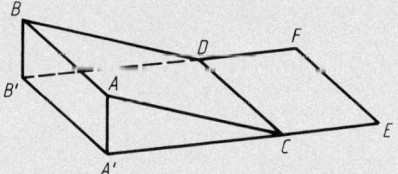

$$\text{Grundstücksfläche} = \overline{A'B'} \cdot \overline{A'C} + \overline{CD} \cdot \overline{CE}$$

Überbaute (bebaute) Fläche

Als überbaute (bebaute) Fläche gilt die Fläche, die ein Gebäude, gemessen in seinen Außenmaßen, überdeckt. Bei überkragenden Bauteilen oder solchen, die auf Stützen ruhen, gelten die senkrechten Projektionen von ihren Außenkanten auf die Waagrechte.

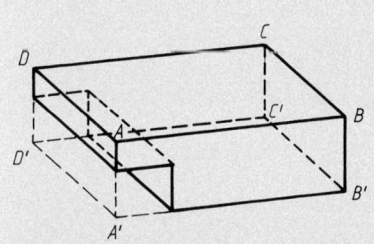

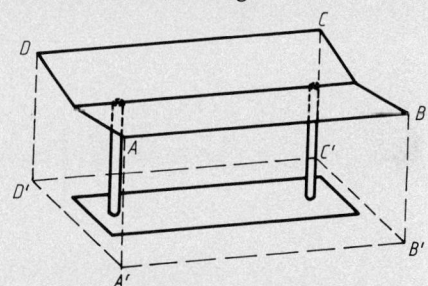

24.2 Rauminhalte – Nettogrundflächen von Gebäuden (DIN 277) – Baukostenermittlung (DIN 276)

Um schon im Vorstadium der Planung eines Bauwerkes über die Kostensituation Auskunft zu bekommen, ist eine Kostenschätzung vorzunehmen. Die Kostenschätzung ist eine Unterlage, die im Gegensatz zur Kostenberechnung und zum Kostenanschlag noch als unverbindlich gilt. Während die Kostenschätzung in erster Linie der Bauvorbereitung als Grundlage für Finanzierungsüberlegungen oder für die Abgrenzung des Raum- und Ausstattungsprogrammes dient, sind Kostenberechnung und Kostenanschlag notwendige Voraussetzungen für die Baudurchführung. Charakteristisch für die Kostenschätzung ist, dass die Kosten sowohl aus Einzelbeträgen gesondert ermittelt als auch durch Verwendung von Erfahrungswerten, Kostenrichtwerten oder überschlägig ermittelten Pauschalen gefunden werden können. Siehe Kap. 27.1.

Die Schätzung der Bauwerkskosten kann erfolgen nach

1. **Rauminhalten,** wobei für jeden der drei Arten eine Pauschale eingesetzt wird
2. **Gebäudeflächen;** Bezugsgröße ist die Netto-Grundrissfläche (NGF)
3. **Nutzeinheiten** wie z. B. je Arbeitsplatz, Bettplatz oder je Stück Vieh

Der Genauigkeitsgrad erhöht sich, wenn nach Rauminhalten und Gebäudeflächen und, soweit möglich, nach Nutzeinheiten geschätzt und das Ergebnis gemittelt wird.

Rauminhalte

Rauminhalte

Brutto-Rauminhalt (BRI) von **allseitig** in voller Höhe umschlossenen und überdeckten Bauwerken (Teilen von Bauwerken) BRI_a	Brutto-Rauminhalt (BRI) von **nicht allseitig** in voller Höhe umschlossenen, jedoch überdeckten Bauwerken (Teilen von Bauwerken) BRI_b	Brutto-Rauminhalt (BRI) von Bauwerken (Teilen von Bauwerken), die von Bauteilen umschlossen, jedoch **nicht überdeckt** sind BRI_c
z. B. normale Räume	z. B. Bahnsteigüberdachungen, Balkone	z. B. Balkone, Dachterrassen
Pauschale 680,− €/m³	Pauschale 520,− €/m³	Pauschale 450,− €/m³

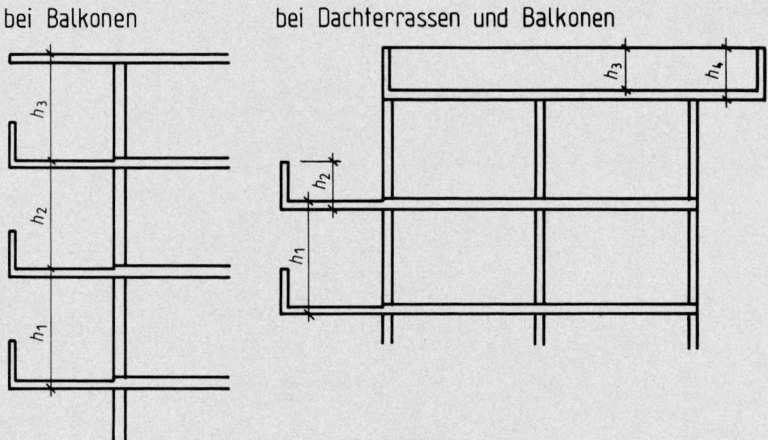

bei Balkonen · bei Dachterrassen und Balkonen

Als Höhe gilt

KG: Unterfläche Kellerboden bis Oberfläche Fußboden EG
EG/OG: Oberfläche Fußboden bis Oberfläche Fußboden
Dachgeschoss: Oberfläche Fußboden bis Oberfläche Dachhaut

Bei den Längen- und Breitenmaßen der Gebäude werden zur Ermittlung der Brutto-Rauminhalte und Bruttogrundrissflächen Putzdicken, Dämmschichtdicken, konstruktive Luftzwischenräume u. Ä. berücksichtigt.

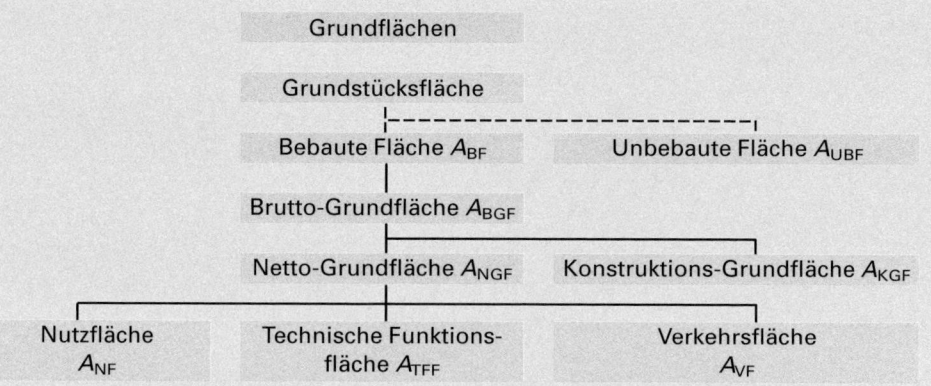

A_{BGF} Ermittlung aufgrund der äußeren Maße, einschließlich Außenputz, bzw. Außenkante Vorsatzschale bei zweischaligen Wänden

A_{KGF} Wände, Stützen, Pfeiler, Schornsteine, Installationshohlräume, Wandnischen, Wandschlitze

A_{VF} Flure, Hallen, Treppen, Fahrzeugverkehrsflächen, Aufzugsschächte, Windfänge, Vorräume, Fluchtbalkone

A_{TFF} Heizung, Brauchwassererwärmung, Wasserversorgung, Raumlufttechnische Anlagen, elektrische Stromversorgung, Förderanlagen

A_{NF} Derjenige Teil der Netto-Grundfläche, der der Zweckbestimmung und Nutzung des Bauwerkes dient.

$$A_{NF} = A_{NGF} - A_{VF} - A_{TFF}$$

Baukostenermittlung

Für den Wohnungsbau sieht die DIN 277 vor, dass die Kosten vorwiegend auf der Grundlage der Flächenberechnungen, d.h. der *Netto-Grundflächen* erfolgen und ergänzend oder alternativ auf der Grundlage der Brutto-Rauminhalte.

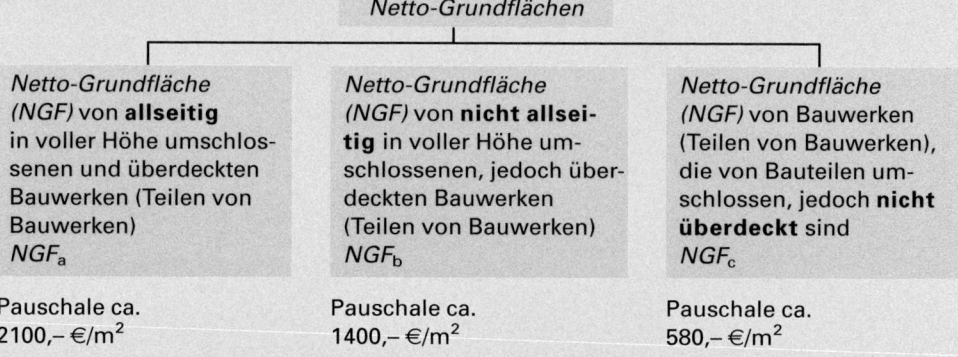

Grundflächen und Rauminhalte sind getrennt nach den Bereichen a, b oder c, sowie nach Grundrissebenen z.B. Geschossen und getrennt nach unterschiedlichen Höhen zu ermitteln.

Rauminhalte, Berechnungsgrundlagen
Wohnhaus mit den drei verschiedenen Arten der Rauminhalte

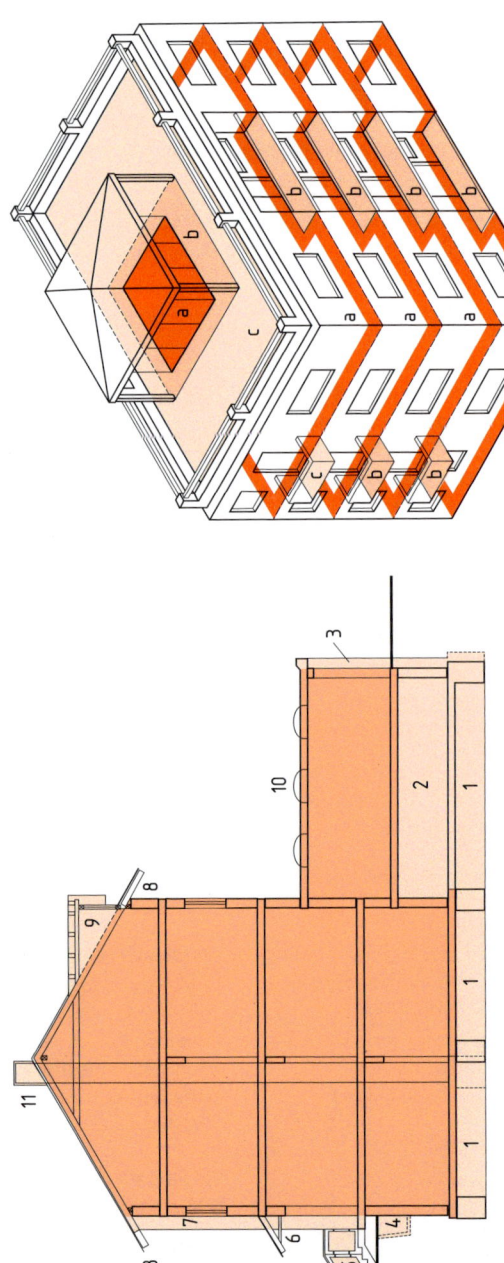

Rauminhalte, Berechnungsgrundlagen
Wohngebäude mit untergeordneten Bauteilen

Dargestellt ist der Brutto-Rauminhalt (BRI). Er ist gekennzeichnet durch die jeweils farbig angelegte Brutto-Grundrissfläche und die den BRI umschließenden, zum Teil gestrichelten Linien. Zur Vereinfachung der Darstellung sind die BGF der Geschosse nur durch farbige Randlinien verdeutlicht.

a = Brutto-Rauminhalt von allseitig umschlossenen und überdeckten Bauwerken/Teilen von Bauwerken (Erdgeschoss, 1., 2. und 3. OG, Dachgeschoss)

b = Brutto-Rauminhalt von nicht allseitig in voller Höhe umschlossenen, jedoch überdeckten Bauwerken/Teilen von Bauwerken (Loggien im Erdgeschoss und im 1., 2. und 3. OG, Balkone im 1. und 2. OG, überdeckter Teil der Dachterrasse)

c = Brutto-Rauminhalt von Bauwerken/Teilen von Bauwerken, die von Bauteilen umschlossen, jedoch nicht überdeckt sind (Balkone im 3. OG, nicht überdeckter Teil der Dachterrasse)

= Querschnittsfläche des Brutto-Rauminhaltes (BRI)

= Nicht zu berücksichtigende Rauminhalte und Bauteile: der BRI des Fundamentbereichs (1) und des Kriechkellers (2), der Stützpfeiler (3), der Kellerlichtschacht (4), die Eingangsstufen mit Geländer (5), die Eingangsüberdachung mit Regenfang (6), die gestalterischen Pfeilervorsprünge (7), die Dachüberstände (8), die Dachgaube (9), die Lichtkuppeln (10) und der Schornsteinkopf (11).

Kosten im Hochbau — Kostengliederung

Kostengruppen		Kostenarten
100	**Grundstück**	
110	Grundstückswert	Bodenwert.
120	Grundstücksneben-kosten	Kosten im Zusammenhang mit dem Grundstücks-erwerb.
130	Freimachen	Belastungen wie Abfindungen, Entschädigungen, Ablösung von Lasten wie Miet- und Pachtverträge und Beschränkungen wie Wegerechte.
200	**Herrichten und Erschließen**	Kosten für vorbereitende Maßnahmen, um das Grundstück bebauen zu können.
210	Herrichten	Schutz von vorhandenen Bauwerken, Abbrechen und Beseitigen von vorhandenen Bauwerken, Roden von Bewuchs, Planieren.
220	Öffentliche Erschließung	Anteilige Kosten für die Herstellung technischer Anlagen wie Wasser, Abwasser, Wärme, Gas, Strom, sowie öffentliche Verkehrsflächen. Grünflächen auf Grund gesetzlicher Vorschriften.
230	Nicht öffentliche Erschließung	Kosten für technische Anlagen und Verkehrsflächen ohne öffentlich-rechtliche Nutzung.
240	Ausgleichsabgaben	Einmalige Kosten durch die Ablösung von Ver-pflichtungen aus öffentlich-rechtlichen Vorschriften, z. B. Stellplätze, Garantie des Baumbestandes.
300	**Bauwerk — Baukonstruktionen**	Kosten von Bauleistungen und Lieferungen zur Herstellung des Bauwerks.
310	Baugrube	Bodenabtrag, Aushub, An- und Abfuhr, Hinterfüllen, Böschungen, Spundwände, Verbau
320	Gründung	Kosten für Flach- und Tiefengründungen, Sauberkeitsschicht, Abdichten des Bauwerks, Filter-, Dränschichten, Schächte, Leitungen.
330	Außenwände	Wände, Stützen und Pfeiler mit Seitenverhältnis <1 : 5, Türen, Tore einschließlich Umrahmungen und Fensterbänken. Putze, Dämmschichten und sonstige Bekleidungen, Rolläden, Jalousien, Markisen, Gitter, Geländer.
340	Innenwände	Wände sowie Stützen und Pfeiler mit einem Seitenverhältnis <1 : 5 einschließlich Putz und sonstigen Bekleidungen, Türen, Verglasungen.
350	Decken	Decken, Treppen, Rampen, Balkone, Loggien einschließlich Beläge. Putz und Estriche, sonstige Bekleidungen, Geländer.

Kostengruppen		Kostenarten
360	Dächer	Dachkonstruktion einschließlich Kuppeln, Dachfenster, Schalung. Dämm- und Dichtungsschichten, Dachdeckung, Schutzgitter, Schneefänge.
370	Baukonstruktive Einbauten	Mit dem Bauwerk fest verbundene Einbauten; Einbaumöbel, Theken, Garderoben, Labortische, Operationstische, Altäre.
390	Sonstige Maßnahmen für Baukonstruktionen	Kosten der Baustelleneinrichtung, Gerüste, Unterfangungen, Abbruchmaßnahmen, Instandsetzungen, Schlechtwetterbau, Lärmschutz, Landschaftsschutz.
400	Bauwerk — Technische Anlagen	Kosten fest verbundener technischer Anlagen für Wasser, Abwasser, Gas, Feuerlöschanlagen, Sanitärzellen.
410	Abwasser-, Wasser-, Gasanlagen	Leitung für Abwasser, Wasser, Gas, CO_2-Anlagen, Sprinkleranlagen.
420	Wärmeversorgungsanlagen	Wärmeerzeugungsanlagen, Heizkörper, Flächenheizungen.
430	Lufttechnische Anlagen	Lüftungsanlagen, Klimaanlagen, Kälteanlagen.
440	Starkstromanlagen	Schaltanlagen, Installationsanlagen, Leuchtmittel.
450	Fernmelde- und informationstechnische Anlagen	Telekommunikationsanlagen, Signalanlagen, Uhren, Beschallungsanlagen, Alarmanlagen.
460	Förderanlagen	Aufzüge, Transportanlagen, Krananlagen, Förderanlagen.
470	Nutzungsspezifische Anlagen	Wäscherei- und Reinigungsanlagen, badetechnische, medizintechnische Anlagen, Entsorgungsanlagen.
480	Gebäudeautomation	Beobachtungseinrichtungen, Programmiereinrichtungen, Schaltschränke.
500	Außenanlagen	Gelände- und Verkehrsflächen.
510	Geländeflächen	Bodenabtrag, Bodenauftrag, Bepflanzung, Begrünung unterbauter Flächen.
520	Befestigte Flächen	Wege, Straßen, Höfe, Plätze.
530	Baukonstruktionen in Außenanlagen	Einfriedungen wie Zäune, Tore, Schrankenanlagen; Schutzkonstruktionen wie Lärmschutz-, Sichtschutzwände.

Kostengruppen		Kostenarten
540	Technische Anlagen in Außenanlagen	Kläranlagen, Hebeanlagen, Bauwerks-entwässerungsanlagen, Wasserversorgungsnetze, Wärmeerzeugungsanlagen, Lufttechnische Anlagen, Starkstromanlagen.
550	Einbauten in Außenanlagen	Fahrradständer, Abfallbehälter, Fahnenmasten, Tiergehege.
590	Sonstige Maßnahmen für Außenanlagen	Baustelleneinrichtung, Gerüste-Sicherungs-maßnahmen, Abbruchmaßnahmen, Winterbau-schutzvorkehrungen. Schutz von Personen und Sachen.
600	Ausstattung und Kunstwerke	Möbel, Vorhänge, Teppiche, Geräte, Kunstwerke und künstlerische Ausstattung.
700	Baunebenkosten	Kosten auf Grund von Honorar- und Gebühren-ordnungen.
710	Bauherrenaufgaben	Projektleitung, Projektsteuerung, Organisations-beratung.
720	Vorbereitung der Objektplanung	Gutachten für Baugrund, Gebäude, Gebäudewerte, Ideenwettbewerbe.
730	Architekten- und Ingenieurleistungen	Honorare der Bauplaner.
740	Gutachten und Beratung	Wärmeschutz, Schallschutz, Raumakustik, Lichttechnik.
750	Kunst	Kunstwettbewerbe, Kunstwerke, künstlerische Gestaltung.
760	Finanzierung	Finanzierung vor Baubeginn, während der Bauwerkserstellung bis zum Nutzungsbeginn.
770	Allgemeine Baunebenkosten	Kosten für Baugenehmigung und Bauabnahme, Vermessungsgebühren, Prüfstatik, Baustellen-bewachung, Modellversuche, Eignungsversuche, Vervielfältigungen, Fernsprechgebühren, Richtfest.

24.3 Wohnflächen – Nutzflächen

Grundflächen

Wohnflächen

Wohnflächen müssen getrennt ermittelt werden für
1. Wohn- und Schlafräume
2. Küchen
3. Nebenräume (Dielen, Abstellräume, Windfänge, Flure, Treppen, WC, Bäder, Speisekammern, Besenkammern usw.)

Nutzflächen

Nutzflächen, die mit einer Wohnung in Zusammenhang stehen, sind getrennt auszuweisen nach
1. Wirtschaftsräumen: Arbeitsräume, Ställe, Scheunen
2. gewerblichen Räumen: Läden, Gaststätten, Büro- u. Lagerräume, Werkstätten

> **Wohn- und Nutzflächen dürfen nicht addiert werden.**

Wohnflächen nach der Wohn-Flächen-Verordnung (WoFlV)

Wohnflächen

dazu gehören

- Flächen von Wohnräumen
- Flächen von Räumen eines Wohnheimes, die zur alleinigen und gemeinschaftlichen Nutzung durch die Bewohner bestimmt sind
- Wintergärten
- Schwimmbäder
- Balkone, Loggien, Dachgärten, Terrassen, wenn sie ausschließlich zu der Wohnung gehören

dazu gehören nicht

- Garagen
- Kellerräume
- Heizungsräume
- Bodenräume
- Abstellräume
- Waschküchen
- Trockenräume
- Geschäftsräume

Ermittlung der Grundfläche

Die Ermittlung erfolgt nach den lichten Maßen (bis Putz)

Zur Grundfläche gehören

- Tür- und Fensterbekleidungen
- Fuß- und Sockelleisten
- fest eingebaute Gegenstände, wie Bade- und Duschwannen, Öfen, Heizgeräte, Klimageräte
- Einbaumöbel
- nicht versetzbare Raumteiler

Nicht zur Grundfläche gehören

- Schornsteine
- Vormauerungen
- Pfeiler
- Säulen, wenn sie eine Höhe von mehr als 1,50 m aufweisen und ihre Grundfläche mehr als 0,20 m² beträgt.
- Treppen mit mehr als drei Steigungen
- Tür- und Fensternischen mit einer Tiefe > 13 cm

Anrechnung der Grundflächen

voll	zur Hälfte	zu 1/4	nicht
Räume und Raumteile mit einer lichten Höhe von mindestens 2,0 m	Räume und Raumteile mit einer lichten Höhe von mindestens 1,0 m und weniger als 2,0 m	Flächen von: • Balkonen • Loggien • Dachgärten • Terrassen höchstens jedoch zur Hälfte, je nach Gestaltung	Räume und Raumteile mit einer lichten Höhe von weniger als 1,0 m sowie die nicht zu den Grundflächen zählenden Bauteile s.o.

■ Aufgaben

1. Ermitteln Sie für ein zweigeschossiges Wohnhaus in einem allgemeinen Wohngebiet
   a) die Grundflächenzahl
   b) die Geschossflächenzahl

2. Auf einem 300 m² großen Grundstück in einem Kleinsiedlungsgebiet soll ein eingeschossiges Ferienhaus errichtet werden. Welche Grundfläche darf das Ferienhaus maximal erhalten?

3. Ein Bauherr möchte auf seinem Grundstück ein 4-geschossiges Gebäude mit rechteckigem Grundriss mit den Abmessungen 36,0 m × 24,0 m errichten. Das Grundstück befindet sich in einem Mischgebiet. Wie viel m Grundstücksbreite müssen vom Nachbarn erworben werden, wenn das Gebäude errichtet werden soll?

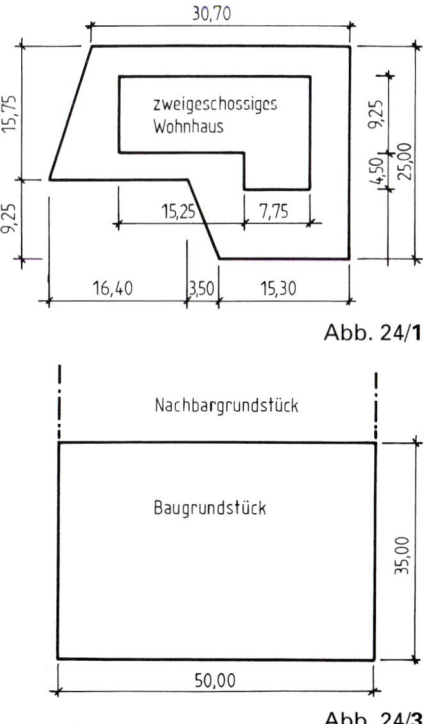

Abb. 24/1

Abb. 24/3

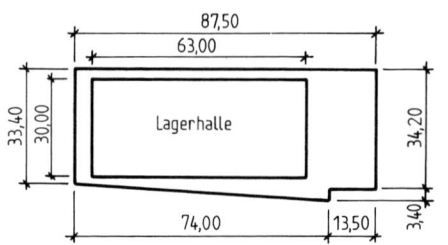

Abb. 24/**4**

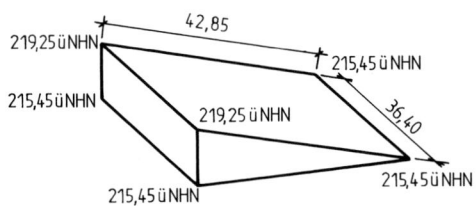

Abb. 24/**5**

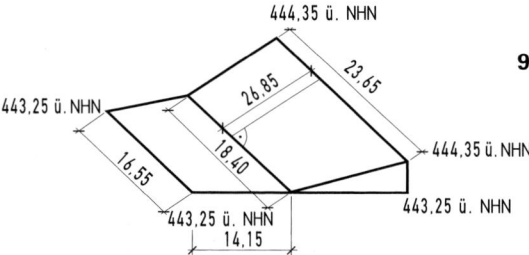

Abb. 24/**6**

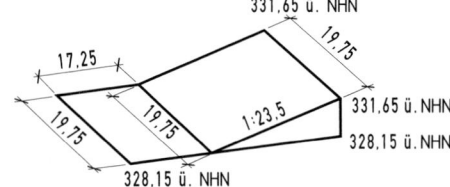

Abb. 24/**7**

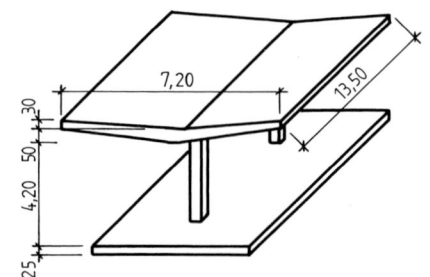

Abb. 24/**8**

4. In einem Gewerbegebiet soll eine eingeschossige Lagerhalle errichtet werden. Es soll zu einem späteren Zeitpunkt die Möglichkeit bestehen, die Halle zu erweitern.
  a) Wie groß ist die Grundflächenzahl?
  b) Wie viel m könnten an die Halle angebaut werden, wenn die maximal zulässige Überbaubarkeit ausgenützt würde?

5. Ermitteln Sie die Grundstücksfläche.

6. Wie groß ist die Grundstücksfläche?

7. Ermitteln Sie die Größe der Grundstücksfläche.

8. Ermitteln Sie die überschlägigen Baukosten für den Tankstellenbau bei einer Pauschale von 515,– €/m³.

9. a) Berechnen Sie den Brutto-Rauminhalt.
  b) Wie hoch belaufen sich nach einer Kostenschätzung die Baukosten? Kostenpauschale 625,– €/m³.

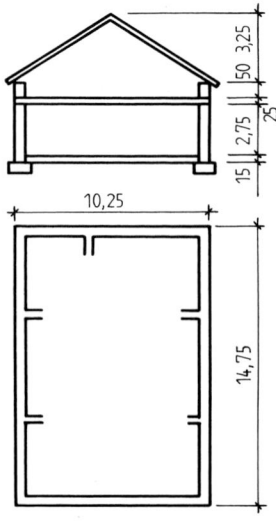

Abb. 24/**9**

10. Wie hoch belaufen sich die geschätzten Kosten für die Bushaltestelle? Pauschale 485, − €/m³.

11. Ermitteln Sie die überschlägigen Baukosten für den im Schnitt dargestellten Fahrradunterstellplatz. Länge 18,0 m. Pauschale 495, − €/m³.

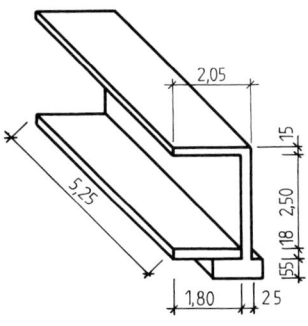

Abb. 24/**10**

12. Ermitteln Sie für das nicht unterkellerte eingeschossige Haus
a) die Brutto-Grundfläche
b) die Konstruktionsgrundfläche
c) die Netto-Grundfläche
d) die überschlägigen Baukosten auf der Grundlage der NGF Pauschale 2400 €/m² sowie auf der Grundlage der BRI Pauschale 680 €/m³. Alle Räume sind allseitig umschlossen und überdeckt. Zugehörige Höhe 2,95 m. Wandaufbau: Außenputz 2,0 cm, Innenputz 1,5 cm
e) die Wohnfläche

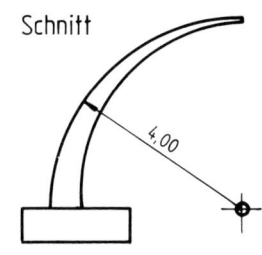

Abb. 24/**11**

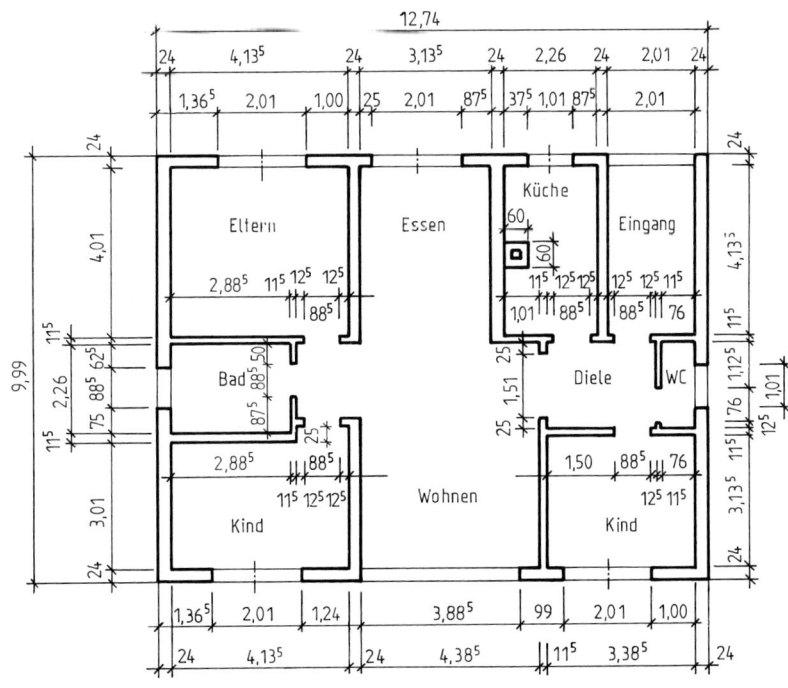

Abb. 24/**12**

13. Ermitteln Sie

a) die Netto-Grundrissfläche allseitig umschlossener und überdeckter Räume
b) die Konstruktionsfläche
c) die überschlägigen Baukosten

   Pauschale für allseitig umschlossene und überdeckte Räume 650, $- €/m^3$,

   Pauschale für nicht allseitig in voller Höhe umschlossene, jedoch überdeckte Räume 495, $- €/m^3$.

   Zugehörige Höhe 2,87 m.

   Wandaufbau: Außenputz 1,0 cm, Wärmedämmschicht außen 3,5 cm, Innenputz 1,5 cm

d) die Wohnfläche (Das Dachgeschoss ist nicht ausgebaut)

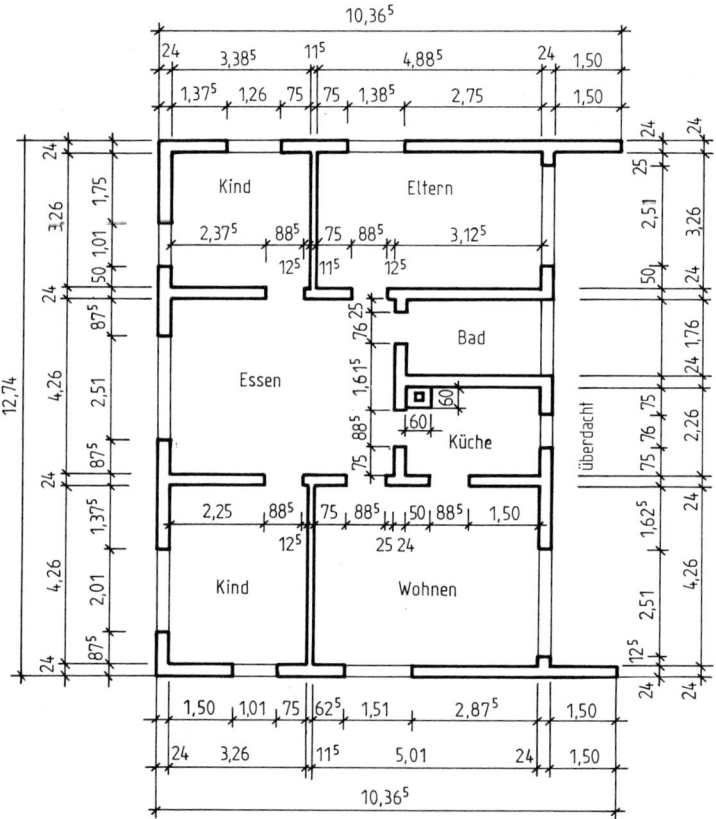

Abb. 24/**13**

14. Berechnen Sie
   a) den Brutto-Rauminhalt
   b) die Netto-Grundrissfläche allseitig umschlossener und überdeckter Räume
   c) die Wohnfläche (Das Dachgeschoss ist nicht ausgebaut)

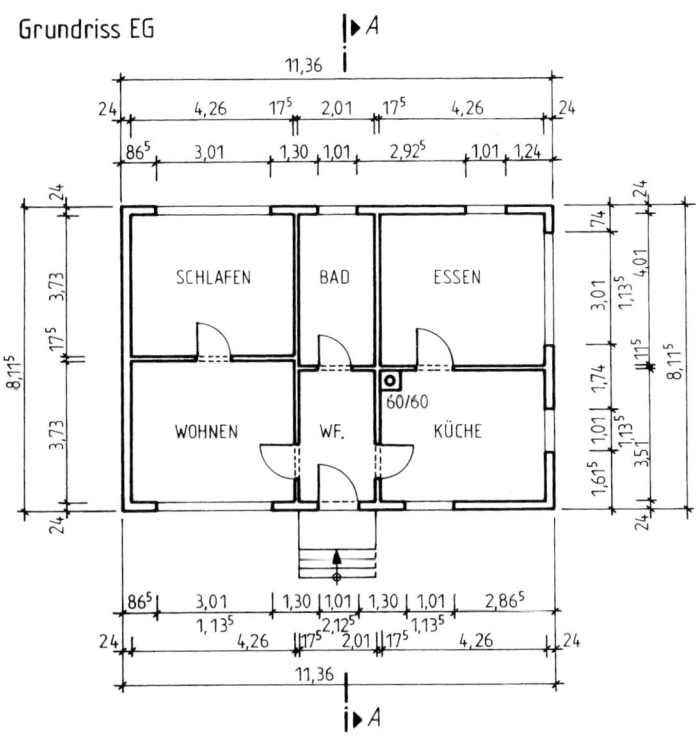

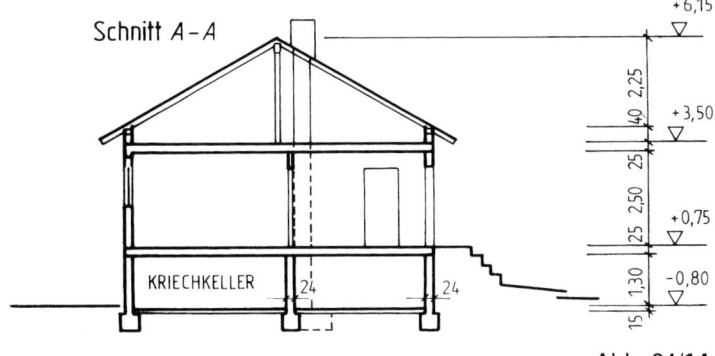

Abb. 24/**14**

15. Ermitteln Sie

a) die überschlägigen Baukosten bei den Pauschalen

680, – €/m³ für allseitig umschlossene und überdeckte Bauteile,

520, – €/m³ bei nicht allseitig in voller Höhe umschlossenen, jedoch überdeckten Bauteilen,

450, – €/m³ bei Bauteilen die umschlossen, jedoch nicht überdeckt sind

Putz: innen 1,5 cm

außen 2 cm

b) die Netto-Grundrissfläche allseitig umschlossener und überdeckter Räume

c) die Wohnfläche

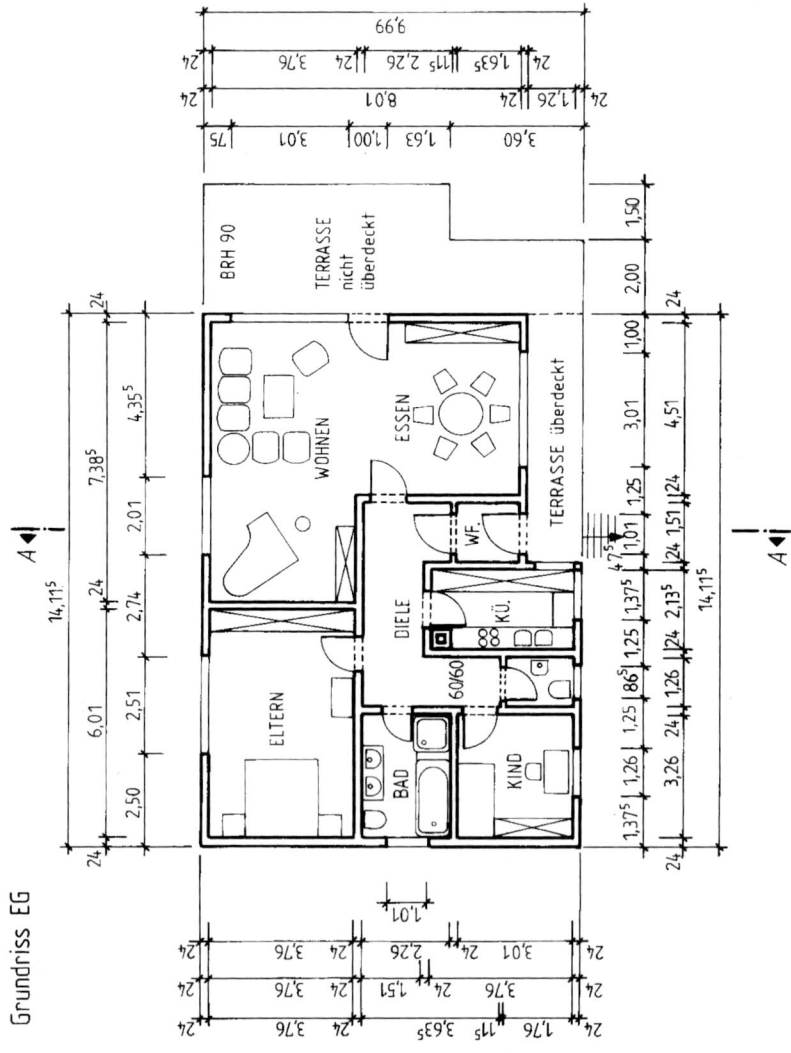

Abb. 24/**15**

276

Grundriss KG

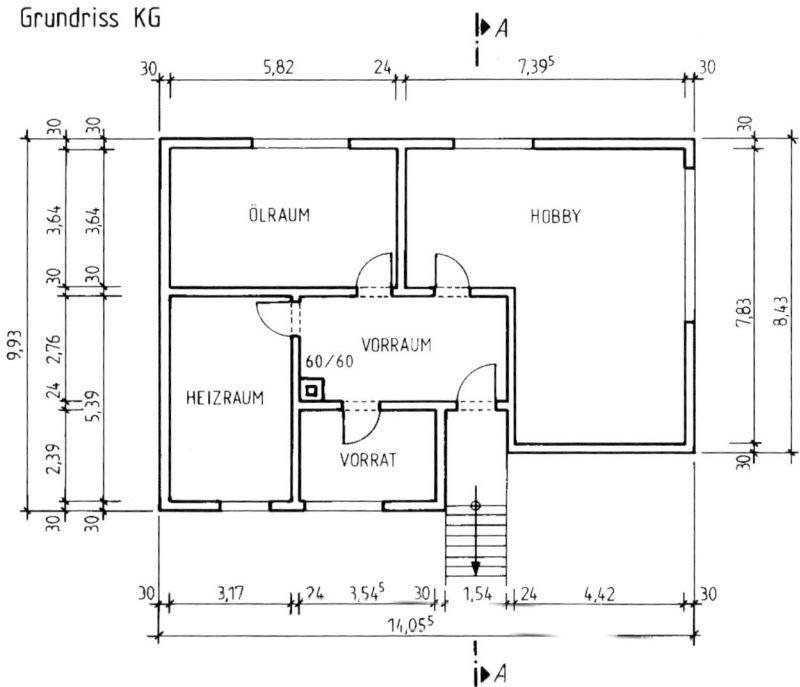

Schnitt A–A

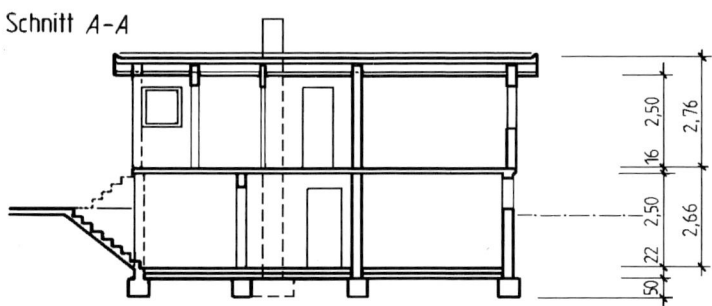

Abb. 24/15

16. Ermitteln Sie

a) die überschlägigen Baukosten bei den Pauschalen BRI_a : 670, $- €/m^3$, BRI_b 510, $- €/m^3$, BRI_c : 440, $- €/m^3$

b) die überschlägigen Baukosten auf der Grundlage der Netto-Grundrissflächen; Pauschalen: NGF_a : 2100, $- €/m^2$; NGF_b : 1400, $- €/m^2$; NGF_c : 580, $- €/m^2$

c) die gemittelte Baukostensumme auf der Grundlage der BRI und der NGF

d) die Wohnfläche
Außenputz 2 cm
Innenputz 1,5 cm

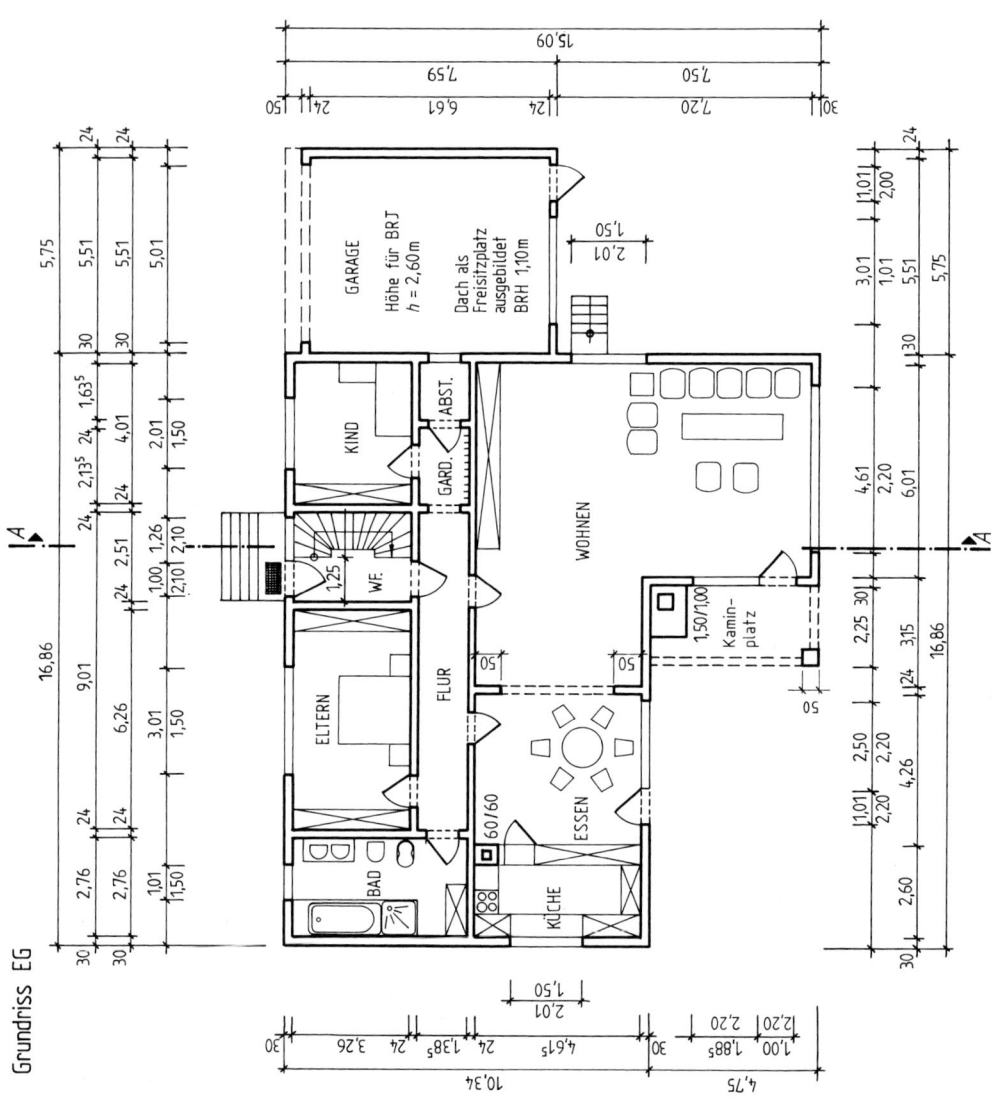

Grundriss EG

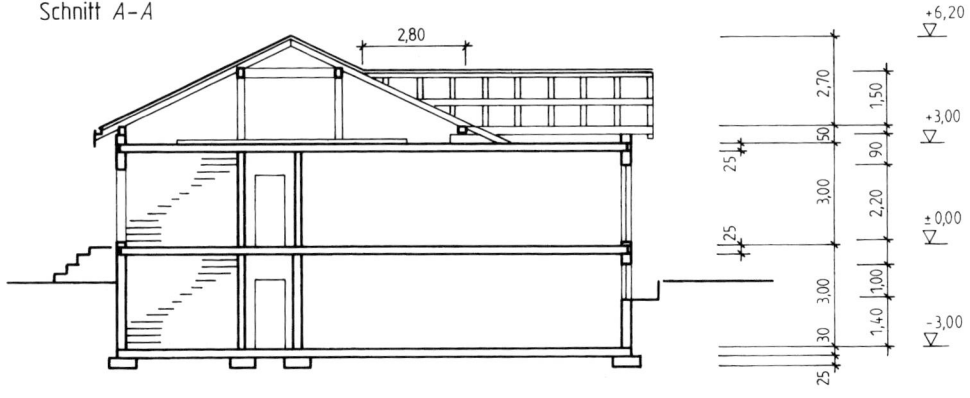

Grundriss KG

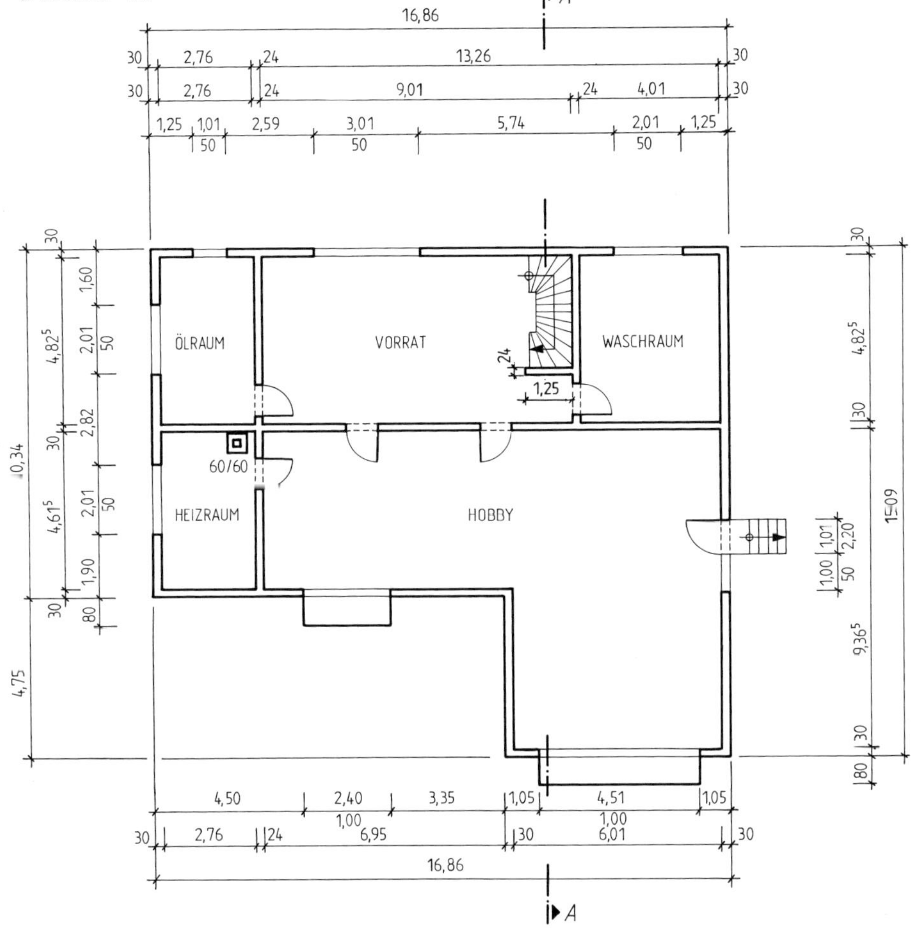

Schnitt A-A

Abb. 24/**16**

25 Aufmaß und Abrechnung nach VOB

Die Vergabe- und Vertragsordnung für Bauleistungen (VOB) ist die Grundlage für die Ausgestaltung von Bauverträgen zwischen Auftraggeber und Auftragnehmer. Sie bietet für den Bauherrn und für den Unternehmer die Grundlage, auf der die Ausschreibungen stattfinden und die Abrechnung von Bauarbeiten zu erfolgen hat.

Die Leistung ist aus Zeichnungen zu ermitteln. Sind Zeichnungen nicht vorhanden oder weicht die Ausführung von der Zeichnung ab, so ist die Leistung aufzumessen. Dabei werden die Rohbaumaße zu Grunde gelegt.

25.1 Erdarbeiten (DIN 18300, DIN EN 1610, DIN 4124, VOB-C)

Es werden abgerechnet:

1. Abtrag, Aushub, Fördern, Einbau nach Raummaß (m^3) oder Flächenmaß (m^2).
2. Der Boden ist getrennt nach Bodenklassen abzurechnen. Förderwege für die Lagerung des Aushubs bis 50 m sind im Preis des Erdaushubs enthalten, darüber hinaus ist ein gesonderter Preis anzusetzen.
3. Verdichten nach Flächenmaß (m^2) oder Raummaß (m^3).
4. Der Aushub für Baugruben bis 80 cm Tiefe, z.B. Fundamente, wird mit senkrechten Wänden abgerechnet.
5. Der Abtrag und Einbau des Oberbodens (Mutterboden) ist von anderen Bodenbewegungen gesondert durchzuführen sowie auszuschreiben und abzurechnen.

Der Boden wird hinsichtlich seiner Lösbarkeit (Gewinnung), Verwendung und Bearbeitung in 7 Bodenklassen eingeteilt.

Klasse 1: Oberboden (Mutterboden)
Klasse 2: Fließende Bodenarten
Klasse 3: Leicht lösbare Bodenarten
Klasse 4: Mittelschwer lösbare Bodenarten

Klasse 5: Schwer lösbare Bodenarten
Klasse 6: Leicht lösbarer Fels und vergleichbare Bodenarten (gefrorene Böden, Böden mit chemischen Bindungen)
Klasse 7: Schwer lösbarer Fels

Es werden aufgemessen:

1. Die **Tiefe** der Baugrube von Oberfläche Baugelände (nach Abheben des Oberbodens (Mutterbodens) bis Baugrubensohle (Unterfläche Bodenplatte).
2. Für die **Breite** der Baugrube gelten die Außenmaße des fertigen Baukörpers, (einschließlich Abdichtungs-, Vorsatz- oder Schutzschichten) zuzüglich der Mindestbreiten betretbarer Arbeitsräume nach DIN 4124 sowie den erforderlichen Abmessungen für Schalungs- und Verbaukonstruktionen. Die Breite nicht betretbarer Arbeitsräume bleibt unberücksichtigt.

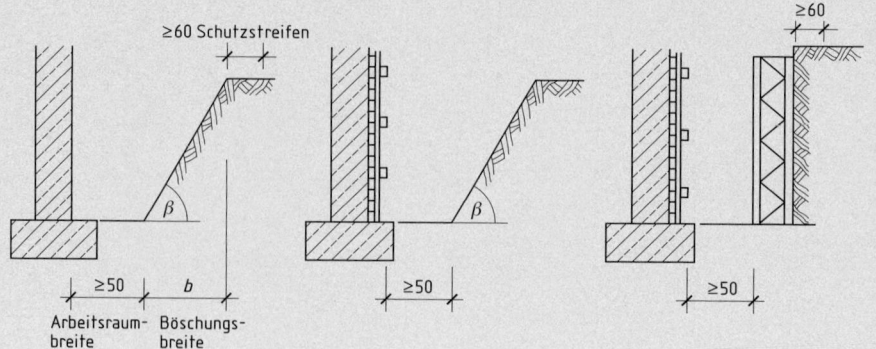

Als Mindestarbeitsraumbreite gilt für die drei Abbildungen auf S. 280.

bei abgeböschten Baugruben der Abstand zwischen Böschungsfuß und Außenseite des Baukörpers	der Abstand zwischen dem Böschungsfuß und der Luftseite der Schalung	bei verbauten Baugruben der Abstand der Luftseite der Schalung von der Luftseite des Verbaues

Für abgeböschte Baugruben sind folgende Böschungswinkel β bzw. Steigungsverhältnisse anzunehmen:

Böschungswinkel 45°: entspricht SV = 1:1,19 (0,84:1) bei Bodenklasse 3 und 4
Böschungswinkel 60°: entspricht SV = 1,73:1   bei Bodenklasse 5
Böschungswinkel 80°: entspricht SV = 5,67:1   bei Bodenklasse 6 und 7

Gräben

Die Bestimmungen der lichten Mindestbreiten für Gräben nach DIN 4124 sowie DIN EN 1610 gelten nur für Gräben, die Leitungen oder Kanäle aufnehmen sollen.
Für alle andern Gräben und Baugruben gilt DIN 4124.

Mindestgrabenbreite in Abhängigkeit von der Nennweite DN nach EN 1610

DN	Mindestgrabenbreite (OD + x) in m		
	verbauter Graben	unverbauter Graben	
		$\beta > 60°$	$\beta \leq 60°$
≤ 225	OD + 0,40	OD + 0,40	OD + 0,40
> 225 bis $\leq$ 350	OD + 0,50	OD + 0,50	OD + 0,40
> 350 bis $\leq$ 700	OD + 0,70	OD + 0,70	OD + 0,40
> 700 bis $\leq$ 1200	OD + 0,85	OD + 0,85	OD + 0,40
> 1200	OD + 1,00	OD + 1,00	OD + 0,40

- OD = Außendurchmesser des Rohres in mm.
- Bei den Angaben OD + x entspricht x/2 dem Mindestarbeitsraum zwischen Rohr und Grabenwand bzw. Grabenverbau (Pölzung).
- β = Böschungswinkel des unverbauten Grabens, gemessen gegen die Horizontale.

Mindestgrabenbreite in Abhängigkeit von der Grabentiefe

Grabentiefe in m	Mindestgrabenbreite in m	
< 1,00	keine Mindestgrabenbreite	• Die Mindestgrabenbreite ist jeweils der größere Wert aus Tab. 1 und Tab. 2. • Wenn zwei oder mehr Rohre in demselben Graben oder unter derselben Dämmschüttung verlegt werden sollen, muss der horizontale Mindestarbeitsraum zwischen den Rohren eingehalten werden. • Sind keine Angaben vorhanden, so sind für Rohre bis einschließlich DN 700 0,35 m und für Rohre größer als DN 700 0,50 m einzuhalten. • Von der Mindestgrabenbreite darf abgewichen werden, wenn Personal den Graben bei der Rohrverlegung nicht betreten muss.
$\geq 1,00 \leq 1,75$	0,80	
> 1,75 $\leq$ 4,00	0,90	
> 4,00	1,00	

Unabhängig vom Durchmesser der Leitung sind nach DIN 4124 bei Gräben mit senkrechten Wänden, die einen betretbaren Arbeitsraum haben müssen, folgende lichte Mindestbreiten b einzuhalten:

$b = 60$ cm: bei nicht oder teilweise verbauten Gräben bis 1,75 m Tiefe (ab 1,25 m abgeböscht oder mit Saumbohle)

$b = 70$ cm: bei verbauten Gräben bis 1,75 m Tiefe

$b = 80$ cm: bei Grabentiefen von mehr als 1,75 m Tiefe bis einschließlich 4,0 m

$b = 1,0$ m: bei Grabentiefen von mehr als 4,0 m

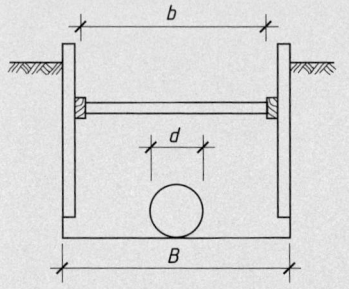

Als Abrechnungsmaß nach VOB gilt das Maß der lichten Grabenbreite b, zuzüglich der Abmessungen der Schalungs- und Verbaukonstruktion.

b: lichte Mindestbreite nach DIN 4124
B: Abrechnungsbreite nach VOB
d: Rohr- oder Kanaldurchmesser in mm

Als Grabenbreite gilt:
bei geböschten Gräben die Sohlbreite
bei unverkleideten Gräben mit senkrechten Wänden der Abstand der Erdwände
bei verbauten Gräben der lichte Abstand b der Luftseiten des Verbaues.

Grabenbreiten nach EN 1610 Tabelle 1, S. 281

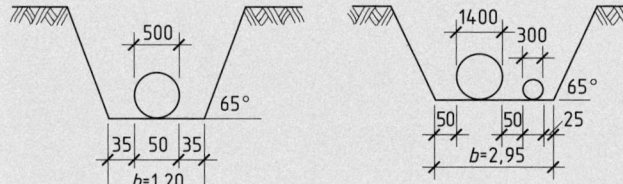

Liegen in einem Rohrleitungsgraben mehrere Rohrleitungen nebeneinander, so gilt für die Bestimmung des Arbeitsraumes jeweils der Durchmesser des Rohres, an deren Grabenseite das Rohr liegt. Außerdem muss der Abstand zwischen den Rohren eingehalten werden.

$\leq$ DN 700   0,35 m
$>$ DN 700   0,50 m

25.2. Beton- und Stahlbetonarbeiten
(DIN 18331, VOB)

Es besteht die Möglichkeit, abzurechnen
a) Beton bzw. Stahlbeton ohne Schalung
b) Beton bzw. Stahlbeton mit Schalung
c) Beton von besonderer Fertigung z. B. Vakuumbeton
d) Beton mit besonderer Zusammensetzung: wie Leichtbeton, Faserbeton, Beton mit Farbzusatz
Es wird abgerechnet nach:

a) Raummaß (m^3):
Massige Bauteile wie Stützmauern, Widerlager, Pfeiler, Brücken, Fundamente

b) Flächenmaß (m^2)
Wände, Decken, Treppenlaufplatten mit oder ohne Stufen, Treppenpodeste, Bodenplatten, Sauberkeitsschichten, Fundamente, Behälterwände, Nischen, Öffnungen, Schlitze, Kanäle, Fertigteile, Dämm-, Trenn- und Schutzschichten.

c) Längenmaß (m)

Stützen, Pfeilervorlagen, Stürze, Unterzüge, Treppenstufen, Fertigteile, Herstellung und Schalung von Schlitzen, Kanälen, Fugen, Fugenbänder, Betonpfähle, Schalung für Plattenränder

d) Anzahl (Stück)

Stützen, Pfeilervorlagen, Balken, Fenster- und Türstürze, Unterzüge, Fertigteile, Stufen, Öffnungen, Herstellen von Nischen, Schlitzen, Kanälen, Vouten, Konsolen, Dübelleisten, Ankerschienen, Isokörbe, Pfähle, Fertigteile

e) Masse (kg, t)

Bewehrung (Liefern, Schneiden, Biegen, Verlegen), Einbauteile, Verbindungselemente

Beim Aufmaß und der Abrechnung sind zu berücksichtigen:

1. Durch die Bewehrung verdrängte Betonmassen bei Stahlbeton und Spannbeton werden nicht abgezogen.
2. Einbetonierte Walzprofile und Spundwände werden nicht abgezogen.
3. Geneigt liegende oder gekrümmte Decken werden mit ihren tatsächlichen Maßen gerechnet.
4. Decken werden zwischen den äußeren Begrenzungsflächen der Decke oder Auskragung abgerechnet.
5. Bauteile, die durch Fugen oder auf andere Weise voneinander getrennt sind, werden getrennt mit ihren jeweiligen Maßen abgerechnet.

Durchdringende, einbindende Bauteile

6. Bei Wänden wird nur eine Wand gerechnet, bei unterschiedlicher Dicke die dickere.
7. Bei Unterzügen und Balken wird nur ein Unterzug bzw. Balken durchgerechnet, bei ungleicher Höhe der höhere, bei gleicher Höhe der breitere.

Einbindungen

8. Binden Wände, Stützen, Pfeilervorlagen in Decken ein, so wird die Höhe bis Oberfläche Rohdecke bzw. von Fundament bis Unterfläche Rohdecke gerechnet.
9. Stürze und Unterzüge werden in ihrer Höhe von deren Unterfläche bis Unterfläche Decke gerechnet.
10. Bei einbindenden Stützen in Unterzüge der Balken werden die Unterzüge oder Balken durchgemessen, wenn sie breiter als die Stützen sind.
   Die Stützen werden dabei bis Unterfläche Unterzug oder Balken gerechnet.

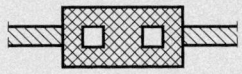
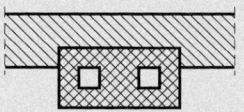
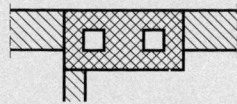

durchbindend   einbindend   einliegend

Es werden **abgezogen:**

Bei Abrechnung **nach Raummaß** (m^3)

1. Öffnungen, Nischen, Hohlkörper, Kassetten mit mehr als 0,50 m^3 Einzelgröße
2. Schlitze, Kanäle, Profilierungen mit mehr als 0,10 m^3/m Länge
3. Durchdringen, Einbindungen von Bauteilen wie Balken, Stützen, Betonfertigteile, Steinzeugrohre über je 0,50 m^3, wenn sie durch Betonierfugen oder in anderer Weise abgegrechnet sind.

Bei Abrechnung **nach Flächenmaß** (m^2)

1. Öffnungen, Durchdringungen und Einbindungen mit mehr als 2,50 m^2 Einzelgröße.
2. Nischen, Schlitze, Kanäle, Fugen werden übermessen.

Schalung

1. Die Schalung wird in der Abwicklung der geschalten Flächen gerechnet. Nischen, Schlitze, Kanäle u. Ä. werden übermessen.
2. Deckenschalung wird zwischen den sie begrenzenden Bauteilen wie Wänden, Unterzügen oder Balken gerechnet. Die Schalung freiliegender Begrenzungsseiten der Deckenplatten wird gesondert gerechnet.
3. Die Schalung für Aussparungen wie Öffnungen, Nischen, Hohlräume, Schlitze, Kanäle wird bei Abrechnung nach Flächenmaß in der Abwicklung der geschalten Betonfläche gerechnet.

Es werden **abgezogen:**
Öffnungen, Durchdringungen, Einbindungen mit mehr als 2,50 m^2 Einzelgröße.

Bewehrung

Maßgebend für die Abrechnung der Bewehrung ist die Stahlliste.

Zur Bewehrung gehören auch Abstandhalter, Verspannungen und dergleichen, nicht jedoch das Zubehör zur Spannbewehrung.

25.3 Mauerarbeiten (DIN 18 330, VOB-C)

Im Leistungsverzeichnis sind Abrechnungseinheiten jeweils getrennt nach Bauart und Maßen vorzusehen:

a) Nach Raummaß (m^3):
- Dämmstoffe für die Auffüllung von Hohlräumen,
- Schüttungen.

b) Nach Flächenmaß (m^2):
- Mauerwerk,
- Ausfachungen von Holz-, Stahl- und Betonskeletten,
- nichttragende Trennwände,
- Sicht- und Verblendmauerwerk, Bekleidungen,
- Rückflächen von Nischen,
- Gewölbe,
- Bodenbeläge aus Flach- und Rollschichten, Ausfugungen,
- Dämmstoffschichten,
- Dampfbremsen, Trenn- und Schutzschichten, Abdichtungen,
- Fertigteildecken.

c) Nach Längenmaß (m):

- Laibungen bei Sicht- und Verblendmauerwerk, Sohlbänke, Gesimse,
- gemauerte oder vorgefertigte Stürze, Überwölbungen über Öffnungen und Nischen,
- Pfeiler, Pfeilervorlagen, Deckenabmauerungen,
- gemauerte Schornsteine, getrennt nach Anzahl und Querschnitt der Züge und Dicke der Wangen,
- Schornsteine aus Formstücken, getrennt nach Anzahl und Querschnitt der Züge,
- gemauerte Stufen,
- Ausmauern, Ummanteln oder Verblenden von Stahlträgern, Unterzügen, Stützen,
- Ringanker, Herstellen und Schließen von Schlitzen sowie von Bewegungs- und Trennfugen.

d) Nach Anzahl (Stück):

- Herstellen von Aussparungen wie z.B. Öffnungen, Nischen, Schlitze, Durchbrüche,
- vorgefertigte Stürze, Überwölbungen und Entlastungsbögen,
- Pfeiler,
- Schornsteinköpfe, getrennt nach Anzahl und Querschnitt der Züge,
- Kellerlichtschächte, Sinkkästen, Fundamente für Geräte usw.,
- Liefern und Einbauen von Anschluss- und Randprofilen, Ankerschienen, Ankern, Bolzen,
- Liefern und Einbauen von Tür- und Fensterzargen, Dübeln, Dübelsteinen,
- Rollladenkästen.

e) Nach Masse (kg);

- Betonstahl, Stahlprofile, Anker, Bolzen,
- Schüttungen.

Der Ermittlung der Leistung sind zugrunde zu legen:

1. Wandmauerwerk wird von Oberseite Rohdecke bis Unterseite Rohdecke gerechnet.
2. Bei Wanddurchdringungen wird nur eine Wand durchgehend berücksichtigt, bei Wänden ungleicher Dicke die dickere Wand.
3. Stürze, Rollladenkästen, Überwölbungen und Entlastungsbögen werden übermessen und mit ihren Maßen gesondert gerechnet.
4. Bei Gewölben werden die Maße der abgewickelten Untersicht zugrunde gelegt.
5. Bei der Abrechnung nach Längenmaß (m) werden Bauteile wie:
   Laibungen bei Sicht- und Verblendmauerwerk, Sohlbänke, Gesimse, Stürze, Überwölbungen, Bänder, Entlastungsbögen, Auskragungen, gemauerte Stufen in ihrer größten Länge des Bauteils gemessen.
6. Tür- und Fensterpfeiler im Wandmauerwerk werden gesondert gerechnet, wenn sie schmäler als 50 cm sind und beiderseits dieser Pfeiler liegende Öffnungen abgezogen werden.
7. Schornsteine werden in ihrer Achse gemessen.
8. Bewehrungsstahl wird für das Liefern, Schneiden, Biegen, Einbauen gesondert gerechnet.
   Bei genormten Stählen gelten die Angaben in den DIN-Normen, bei andern Stählen die Angaben im Profilbuch des Herstellers.
9. Unmittelbar zusammenhängende, verschiedenartige Aussparungen, z. B. Öffnungen mit angrenzenden Nischen werden getrennt gerechnet.

Es werden **abgezogen:**

- Öffnungen (auch raumhoch) und Durchdringungen, z.B. von Deckenplatten, Kragplatten über 2,50 m² Einzelgröße. Dabei gelten die jeweils kleinsten Maße der Öffnung oder Durchdringung.
- Nischen sowie Aussparungen für einbindende Bauteile, soweit für das dahinterliegende Mauerwerk gesonderte Positionen in der Leistungsbeschreibung vorgesehen sind.
- Bei Bodenbelägen aus Flach- oder Rollschichten Aussparungen über 0,50 m² Einzelgröße.
- Unterbrechungen der Mauerwerksfläche durch Bauteile, z.B. durch Fachwerkteile, Stützen, Unterzüge, Vorlagen mit einer Einzelbreite über 30 cm.
- Bei Abrechnung nach Längenmaß (m): Unterbrechungen über 1,0 m Einzellänge.

25.4 Zimmer- und Holzbauarbeiten (DIN 18 334, VOB-C)

Es werden aufgemessen und abgerechnet getrennt nach Bauart und Maßen:

a) Nach Raummaß (m³) abgerechnet wird:
- Holz für Verzimmerungen. Dabei wird die größte Länge einschließlich Zapfen oder anderer Holzverbindungen gerechnet.

b) Nach Flächenmaß (m²) abgerechnet werden:
- Wände, Böden, Verschläge, Bekleidungen,
- Beplankungen, Lattungen, Unterkonstruktionen,
- Vorsatzschalen, Füllungen in Treppengeländern,
- Trenn- und Schutzschichten, Dampfbremsen,
- Dämmstoffschichten, Oberflächenbearbeitungen (Hobeln, Schleifen),
- Holzschutz.

c) Nach Längenmaß (m) abgerechnet werden:
- Abbinden und Aufstellen, Einbauen oder Verlegen von Stützen, Balken, Trägern,
- Schwellen, Schienen, Laibungen, Sohlbänke, Lagerhölzer,
- Abgraten, Auskehlen und Abschrägen von Hölzern,
- Fasen und Profilieren von Holzkanten,
- Schalungen und Bekleidungen, z.B. an Ortgängen, Attiken-Pfeilern, Unterzügen,
- Treppenbauteile, z.B. Wangen, Geländer, Handläufe,
- Windverbände, Einfriedungen,
- Holzschutz.

d) Nach Anzahl (Stück) werden abgerechnet:
- Abbinden, Aufstellen und Verlegen von Hölzern bei Verzimmerungen wie z.B. bei Türmen, Kuppeln, Dachgauben, Grat- und Kehlsparren.
- Auswechselungen an z.B. Treppen, Kaminen, Dachflächenfenstern, Dachausstiegen,
- Aufschieblinge, Keilhölzer, Gefälleteile,
- Vorgefertigte Bauteile, z.B. genagelte, gedübelte, geleimte Binder, Rahmen, Stützen, Träger, Unterzüge,
- Treppen und Treppenbauteile,
- Einsetzen von Einbauteilen, z.B. Dachflächenfenster, Dachausstiege, Einschubtreppen, Fenster, Zargen, Türen, Tore, Rollladenkästen, Sonnenschutzvorrichtungen,
- Statisch nachzuweisende und konstruktiv erforderliche Bauteile, z.B. Dübel, Bolzen, Anker, Abhänger, Abstandhalter, Konsolen,
- Holzschutz.

e) Nach Masse (kg) werden abgerechnet:
- Statisch nachzuweisende und konstruktiv erforderliche Bauteile aus Stahl, Profilstahl oder aus anderen Metallen.

25.5 Putz- und Stuckarbeiten (DIN 18 350, VOB-C)

Es werden aufgemessen und abgerechnet getrennt nach Bauart und Maßen:

1. **Nach Flächenmaß**: Putz, Stuck, Dämmstoff, Trenn- und Schutzschichten, Auffütterungen, Bekleidungen, Dampfbremsen, Vorsatzschalen, Unterkonstruktionen, flächige Bewehrung und Putzträger. Öffnungen, Nischen usw. über 2,50 m² werden abgezogen.
2. Bei der Ermittlung der Maße wird jeweils das größte, gegebenenfalls abgewickelte Bauteilmaß zugrunde gelegt.
3. Bei der Flächenermittlung von gewölbten Decken werden diese nach der Fläche der abgewickelten Untersicht gerechnet.
4. Die Wandhöhen überwölbter Räume werden bis zum Gewölbeanschnitt, die Wandhöhe der Schildwände bis zu 2/3 des Gewölbestichs gerechnet.
5. Gehrungen, Kreuzungen, Verkröpfungen und Endungen von Stuckgesimsen werden gesondert gerechnet.
6. Rückflächen von Nischen sowie Laibungen werden unabhängig von ihrer Einzelgröße mit ihren Maßen gesondert gerechnet.
7. Unmittelbar zusammenhängende, verschiedenartige Aussparungen, z. B. Öffnung mit angrenzender Nische, werden getrennt gerechnet.
8. Unterbrechungen In der zu bearbeitenden Fläche durch Bauteile, z. B. Fachwerkteile, Stützen, Unterzüge, Vorlagen, Gesimse, Balkonplatten, Podeste mit einer Einzelbreite über 30 cm werden abgezogen.
9. Bei der Abrechnung nach **Längenmaß (m)** werden Unterbrechungen über 1,0 m abgezogen. Nach Längenmaß werden abgerechnet: Schürzen, Pfeiler, Lisenen, Stützen, Unterzüge, Anschlüsse an andere Bauteile, Dichtungsbänder, Dichtungsprofile, Putzanschlüsse und Putzabschlüsse, Stuckprofile, Friese, Faschen, Schattenfugen.
10. Nach der **Anzahl (Stück)** werden abgerechnet:
    ● Vorbehandeln und Verputzen von Flächen bis 2,50 m² Einzelgröße.
    ● Herstellen von Aussparungen für Einzelleuchten, Lichtkuppeln, Revisionsöffnungen,
    ● Anarbeiten an Rohren, Installationen, Ecken, Gehrungen, Kreuzungen, Verkröpfungen.

25.6 Fliesen- und Plattenarbeiten (DIN 18 352, VOB-C)

Es werden aufgemessen und abgerechnet getrennt nach Bauart und Maßen:

a) Nach Flächenmaß (m²) abgerechnet werden:

● Wände sowie Vorbehandeln des Untergrundes,
● Ausgleichsschichten, Trenn- und Dämmstoffschichten,
● Decken-, Wand- und Bodenbeläge und deren Oberflächenbehandlung.

b) Nach Längenmaß (m) werden abgerechnet:

● Stufen, Sockel, Schwellen, Kehlen,
● Gehrungen, Schrägschnitte,
● Rinnen, Roste, Schienen,
● Ausbilden und Schließen von Bewegungsfugen.

3. Nach Anzahl (Stück) werden abgerechnet:

- Stufen, Schwellen, freie Stufenköpfe, Zwickel,
- Bekleidungen an Säulen, Pfeilern, Fundamentsockeln,
- Anarbeiten der Beläge an Waschtische, Spülbecken, Wannen, Brausewannen,
- Anarbeiten der Beläge an Aussparungen im Belag von mehr als 0,10 m² Einzelgröße,
- Einsetzen von Schaltern, Steckdosen, Sinkkastenaufsätzen,
- Herstellen von Löchern für Installationen, Türzargen.

Es werden abgezogen bei der Abrechnung nach:

- Flächenmaß: Aussparungen, Öffnungen über 0,10 m² Einzelgröße.
- Längenmaß: Unterbrechungen über 1,0 m Einzelgröße.

25.7 Estricharbeiten (DIN 18 353, VOB-C)

Es werden aufgemessen und abgerechnet getrennt nach Bauart und Maßen:

1. Nach Flächenmaß (m²)

- Vorbehandlung des Untergrundes, Haftbrücken,
- Ausgleichsschichten, Trennschichten, Gleitschichten, Dämmstoffschichten,
- Estriche, Terrazzoböden, Nutz- und Schutzschichten.

2. Nach Längenmaß (m)

- Randdämmstreifen, Leisten, Profile, Kehlen, Kanten,
- Ausbilden und Schließen von Fugen,
- Anarbeiten an Durchdringungen über 0,10 m² Einzelgröße.

3. Nach Anzahl (Stück)

- Estriche auf Stufen und Schwellen,
- Schienen, Profile, Rahmen,
- Anarbeiten an Durchdringungen bis 0,10 m² Einzelgröße.

Es werden abgezogen bei der Abrechnung nach:

- Flächenmaß: Aussparungen, Durchdringungen über 0,10 m² Einzelgröße.
- Längenmaß: Unterbrechungen über 1,0 m Einzelgröße.

Beispiel
Gartenhäuschen
Baubeschreibung
Fundamente: $b = 30$ cm, C 12/15
Außen- und Zwischenwände in
Bimsbeton

Außenputz:	2 cm Kalkzementmörtel, Laibungen geputzt Laibungstiefe 12 cm
Innenputz:	1,5 cm Kalkputz Raum ① Laibungen geputzt Laibungstiefe 6 cm Raum ② Laibungen ungeputzt
Bodenaufbau:	schwimmender Estrich $d = 7$ cm Mineralwolle MW $d = 5$ cm Raum ① und ② Klinkerplatten mit 6 cm Stehsockel, geklebt, Eingang Plattenbelag in Mörtelbett
Decke:	Holzbalkendecke mit 15 cm Mineralwolle MW in den Zwischenräumen. Balkenabstand 67 cm. Die Unterseite wird mit Holz verschalt.
Dach:	lichter Sparrenabstand 62 cm Dachvorsprung an den Giebelseiten 40 cm; Lattung 24/48 mm, lichter Lattenabstand 28 cm; 4 Kopfbänder unter 45° geneigt, Zapfen an Pfosten und Bügen 3 cm

Für Fenster und Türen werden Fertigteilstürze verwendet $b \times h = 11,5$ cm $\times$ 15 cm.
Auflagerung 12 cm je Auflager. Schornstein
aus Formstücken, Schornsteinkopf
verputzt.

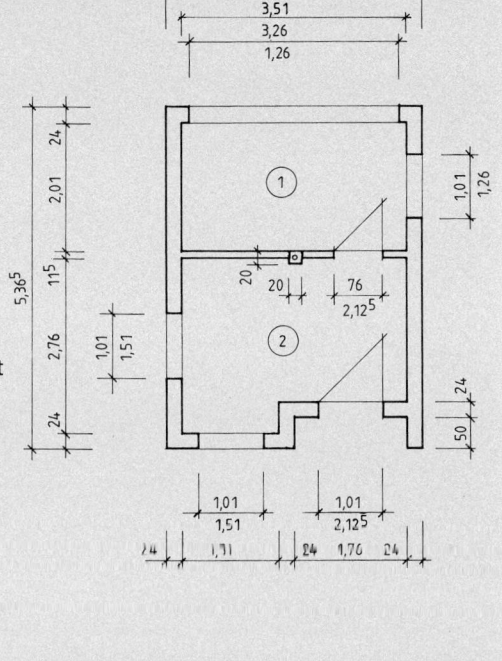

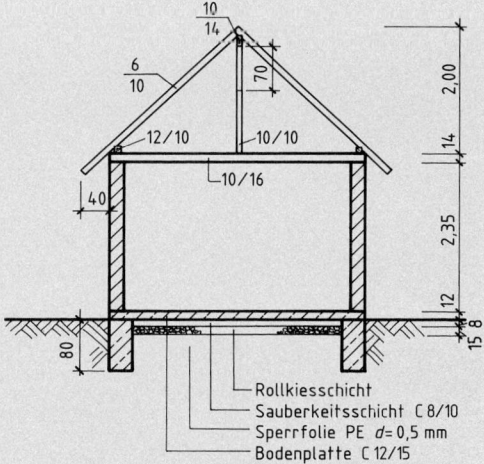

Rollkiesschicht
Sauberkeitsschicht C 8/10
Sperrfolie PE $d = 0,5$ mm
Bodenplatte C 12/15

289

Die Abrechnung nach VOB soll durchgeführt werden für:

1 Erdarbeiten

1.1 Abtragen der Oberbodenschicht, $d = 30$ cm
1.2 Ausheben der Fundamente
1.3 Aushub für die Grobkiesschicht
1.4 Einbringen der Grobkiesschicht

2 Betonarbeiten

2.1 Fundamente C 12/15
2.2 Sauberkeitsschicht C 8/10
2.3 Bodenplatte C 12/15
2.4 Tür- und Fensterstürze

3 Mauerarbeiten

3.1 Außenwände einschließlich Giebelmauerwerk DIN 18151 2K Hbl6–1,2–240 (16 DF)
3.2 Zwischenwände DIN 18151 V6–1,2–115

4 Zimmerarbeiten

4.1 Dachsparren Nadelholz S 10 (GKl II) liefern
4.2 Abbund und Verlegen der Sparren
4.3 3 Dachpfosten
4.4 4 Kopfbänder (Mittelpfosten 2, Endpfosten je 1)
4.5 Abbund und Aufstellen von Pfosten und Bügen
4.6 Dachlatten liefern und anbringen
4.7 Holzbalkendecke liefern
4.8 Abbund und Verlegen der Decke

5 Putz- und Stuckarbeiten

5.1 Außenputz PII, 2 cm dick
5.2 Innenputz PI, 1,5 cm dick
Sämtliche Laibungen innen und außen ungeputzt

6 Estricharbeiten

6.1 Schwimmend verlegter Estrich in den Räumen ① und ②

7 Fliesen- und Plattenarbeiten

7.1 Bodenplatten geklebt in den Räumen ① und ②
7.2 Stehsockel in den Räumen ① und ②
7.3 Bodenplatten in Mörtelbett verlegt in der Eingangsnische

Lösung

Pos. Gegenstand	Abmessungen			Aufmaß nach				
	Länge	Breite	Höhe	Länge	Fläche	Volumen	An-zahl	Ab-zug
	m	m	m	m	m²	m³	Stück	ME*
1 Erdarbeiten								
1.1 Abtragen d. Oberbodens	5,365	3,99			21,41			
1.2 Ausheben der Funda-mente	(5,365 + 3,39)·2	0,30	0,80			4,20		
1.3 Aushub für die Grobkiesschicht	4,77	3,39			16,17			
1.4 Grobkiesschicht	4,77	3,39	0,15			2,43		
2 Betonarbeiten								
2.1 Fundamente C 12/15	(5,37 + 3,39)·2	0,30	0,80			4,20		
2.2 Sauberkeitsschicht C 8/10	4,77	3,39	0,08			1,29		
2.3 Bodenplatte C 12/15	5,37	3,99	0,12			2,57		
2.4 Tür- und Fenster-stürze	1,25	0,115	0,15				8	
	3,50	0,115	0,15				2	
	1,0	0,115	0,15				1	
3 Mauerarbeiten								
3.1 Außenwände	(5,365 + 3,51)·2 +0,50	0,24	2,49		45,44			
3.2 Giebelwand	3,99	0,24	2,0		7,98			
Fenster	3,26	0,24	1,26					(4,11)
Fenster	1,01	0,24	1,26					(1,27)
2 Fenster	1,01	0,24	1,51					(1,53·2)
Tür	1,01	0,24	2,12^5					(2,15)
					49,31			
3.3 Zwischenwand	3,51	0,115	2,35		(8,25)			
Schornstein		0,20	2,35					(0,47)
Tür		0,76	2,125					(1,62)
					8,25			
3.4 Schornstein	0,20	0,20	5,0	5,0				
4 Zimmerarbeiten								
4.1 22 Sparren	3,39	0,06	0,10			0,45		
4.2 Sparren abbinden und verlegen	3,39				74,58			
4.3 3 Dachpfosten ein-schließlich Zapfen	0,10	0,10	1,72			0,05		
4.4 4 Kopfbänder ein-schließlich Zapfen	1,05	0,10	0,10			0,04		
4.5 Pfosten Kopfbänder ab-binden und aufstellen	1,72·3 1,05·4				9,36			
4.6 11·2 Dachlatten	6,16	0,048	0,024	135,52				
4.7 8 Balken	3,90	0,10	0,16			0,50		
4.8 Balken abbinden u. verl.	3,90				31,20			

Pos.	Gegenstand	Abmessungen			Aufmaß nach				
		Länge	Breite	Höhe	Länge	Fläche	Volumen	Anzahl	Abzug
		m	m	m	m	m²	m³	Stück	ME*
5	**Putz- und Stuckarbeiten**								
5.1	Außenputz	(5,365 + 3,99)·2 +0,50·2		2,61		(51,44)			
	Giebel	3,99		2,0		(7,98)			
	Laibung	5,78	0,12			(0,69)			
	Fenster		3,26	1,26		56,0			4,11
5.2	Innenputz	(3,51 +							
	Raum 1	2,01)·2		2,35		(25,94)			
	Laibung	5,78	0,06			(0,35)			
	Fenster		3,26	1,26					4,11
						22,18			
	Raum 2	(3,51 + 2,76)·2		2,35		(29,47)			
	Schornstein		0,17	2,35		(0,40)			
						29,87			
6	**Estricharbeiten**								
6.1	Raum 1	3,51	2,01			(7,06)			
	Raum 2	3,51	2,26			(7,93)			
		1,51	0,50			(0,76)			
	Türnische	0,76	0,115			(0,09)			
						15,84			
7	**Fliesen- und Plattenarbeiten**								
7.1	Raum 1	3,51	2,01			(7,06)			
	Raum 2	3,51	2,26			(7,93)			
		1,51	0,50			(0,76)			
	Türnische	0,76	0,115			(0,09)			
						15,84			
7.2	Stehsockel	3,51·4 + (2,76 + 2,01)·2			23,58				
7.3	Eingang	1,76	0,50			0,88			
	Türnische	1,01	0,24			0,24			

* ME = Mengeneinheiten

■ Aufgaben

Erdarbeiten

1. Ein Graben mit einer Tiefe von 2,25 m ist auf eine Länge von 1200 m auszuheben. Die Mindestgrabenbreite ist nach VOB anzusetzen. Über eine Länge von 700 m liegt Bodenklasse 4 vor, über die Reststrecke Bodenklasse 5.
Führen Sie das Aufmaß nach VOB durch.

2. Ein Graben ohne betretbaren Arbeitsraum mit einer Verlegetiefe von 95 cm ist über eine Strecke von 2,5 km auszuheben. $\frac{1}{5}$ der Strecke ist Bodenklasse 4, $\frac{1}{4}$ Bodenklasse 5, $\frac{1}{4}$ Bodenklasse 6 und der Rest Bodenklasse 7. Die Grabenbreite ist nach VOB in Rechnung zu stellen. Führen Sie das Aufmaß nach VOB durch.

3. Ein Kanalrohr mit 500 mm Durchmesser ist in einem 350 m langen Rohrgraben zu verlegen. Es handelt sich um Bodenklasse 4.
Ermitteln Sie
a) die nach DIN EN 1610 erforderliche Mindestgrabenbreite
b) den Aushub nach VOB.

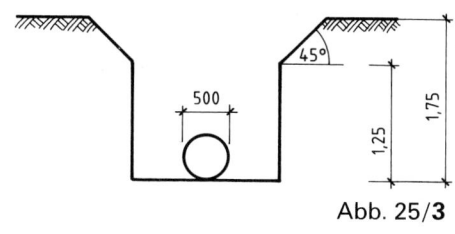

Abb. 25/**3**

4. Ein Kanalisationsgraben ist 1450 m lang; Bodenklasse 5.
Ermitteln Sie
a) die lichte Mindestbreite b nach DIN EN 1610
b) die Abrechnungsbreite B nach VOB
c) die aufzumessende Bodenmenge nach VOB für den Aushub.

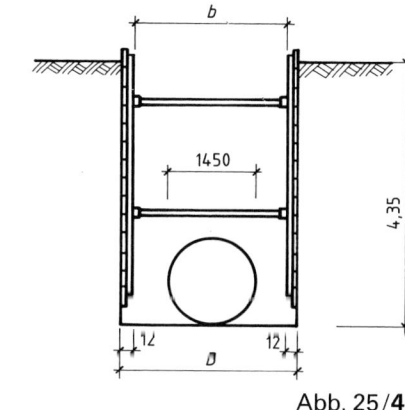

Abb. 25/**4**

5. Der Graben einer Ortsentwässerung ist 3,5 km lang; der auszuhebende Boden ist Bodenklasse 5.
Ermitteln Sie
a) die Mindestsohlenbreite s des Grabens nach DIN EN 1610
b) den maximalen Böschungswinkel β nach VOB
c) die Bodenmenge, die nach VOB für den Aushub aufzumessen ist.

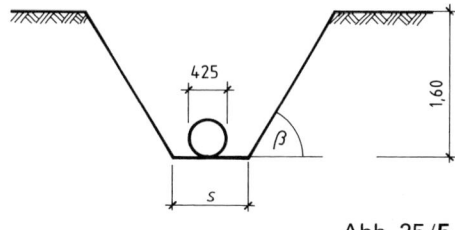

Abb. 25/**5**

6. Der Graben einer Ortsentwässerung hat die Regenwasser- und Schmutzwasserleitung aufzunehmen. Der Graben hat eine Länge von 1,4 km, der Boden ist Bodenklasse 4.
Berechnen Sie
a) die lichte Mindestbreite b nach DIN EN 1610
b) die nach VOB anzusetzende Grabenbreite B
c) die Bodenmenge, die nach VOB für den Aushub aufzumessen ist.

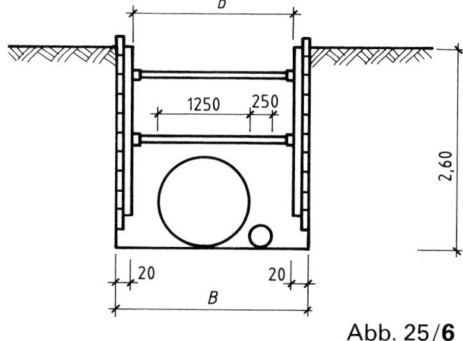

Abb. 25/**6**

7. Eine 30 cm dicke Kellerwand wird außen mit 2 cm Zementputz verputzt. Das Haus hat die Rohbauau-ßenmaße 10,49 m × 15,24 m. Als Arbeitsraum ist die Mindestbreite nach DIN 4124 vorzusehen. Boden-klasse 5. Vor Beginn des Aushubs sind 40 cm Ober-boden abzuheben und zu lagern.
   a) Wie groß darf der Böschungswinkel β nach VOB maximal sein?
   b) Wie viel m² Oberboden sind abzuheben?
   c) Wie groß ist der Aushub nach VOB?

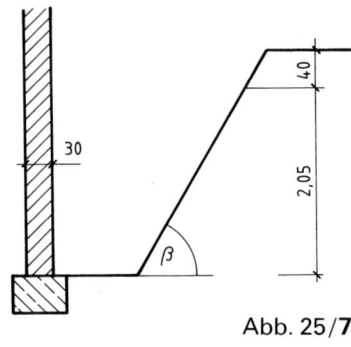

Abb. 25/7

8. Die Kelleraußenwand eines Hauses mit den Ab-messungen 12,49 m × 16,99 m wird in Beton herge-stellt. Die Schalkonstruktion hat eine Dicke von 18 cm. Der Aushub ist nach Bodenklasse 6 abzu-rechnen. Die Arbeitsraumbreite ist nach DIN 4124 festzulegen. Der Oberboden ist abzuheben und 35 m von der Baugrube entfernt zu lagern.
   a) Wie groß darf der Böschungswinkel β höchstens sein?
   b) Berechnen Sie die abzutragende Fläche des Oberbodens (Mutterboden).
   c) Berechnen Sie den Aushub nach VOB.

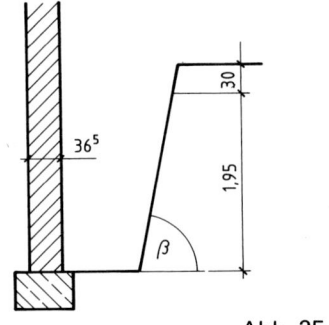

Abb. 25/8

9. Auf die Außenseite der Kellerwand aus Betonstei-nen wird eine 5 mm dicke Sperrschicht aufgebracht und davor eine 12,5 cm dicke Vorsatzschale aus Klinkern. Das Haus hat ohne Sperrschicht und Vor-satzschale die Abmessungen 10,49 m × 15,24 m. Das Aushubmaterial ist der Bodenklasse 4 zuzu-ordnen. Vom Oberboden kann $\frac{1}{3}$ in einer Entfernung von 28 m von der Baugrube gelagert werden, der Rest muss 2 km weiter entfernt gefahren werden. Ermitteln sie
   a) die Mindestarbeitsraumbreite nach DIN 4124
   b) den maximal zulässigen Böschungswinkel β
   c) den aufzumessenden Oberboden nach Flächen-maß (m²)
   d) den nach VOB aufzumessenden Aushub

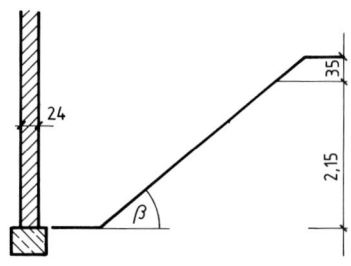

Abb. 25/9

10. Für ein Bürohaus mit den Rohbauabmessungen 66,0 m × 24,0 m ist eine 4,25 m tiefe Baugrube auszuheben. Die Außenwände werden geschalt und betoniert; die Baugru-be wird verbaut. Die Schalkonstruktion ist 25 cm, die Verbaukonstruktion 40 cm dick. Als Arbeitsraumbreite sind 75 cm vorzusehen. Bodenklasse 4.
   a) Ermitteln Sie den Aushub nach VOB.
   b) Wie viel m³ Oberboden sind abzuheben (Oberbodenschicht 30 cm)?

11. Berechnen Sie
   a) den Böschungswinkel β
   b) den Aushub nach VOB für das Haus mit den Rohbauaußenmaßen 21,50 m × 34,75 m

Für die Schalkonstruktion sind 25 cm anzusetzen; als Arbeitsraum ist eine um 15 cm größere als die Mindestarbeitsraumbreite nach DIN 4124 vorzusehen.

Anm.: Nach DIN 4124 dürfen bei Baugruben mit Bermen die beiden Tiefenabschnitte der Baugrube 3,0 m nicht übersteigen; die Berme muss mindestens 1,50 m betragen. Bei größeren Tiefen muss verbaut werden.

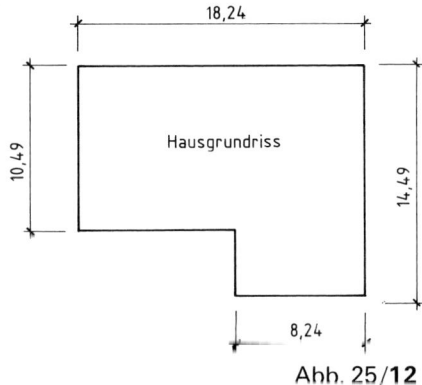

Abb. 25/**11**

12. Von Oberfläche Oberboden bis Unterfläche Bodenplatte ist eine Baugrube 3,60 m tief auszuheben. Die 40 cm dicke Schicht Oberboden wird abgeschoben und seitlich gelagert. Die Baugrube wird durch einen Verbau abgesichert. Für die Herstellung der Kellerwände ist eine 25 cm dicke Schalungskonstruktion, für die Absicherung der Baugrube eine 40 cm dicke Verbaukonstruktion erforderlich. Als Arbeitsraumbreite sind 65 cm vorzusehen; der Aushub ist nach Bodenklasse 3 abzurechnen.
   a) Wie viel m² Oberboden sind abzuheben?
   b) Wie groß ist der Aushub nach VOB?

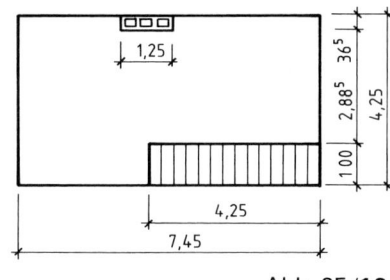

Abb. 25/**12**

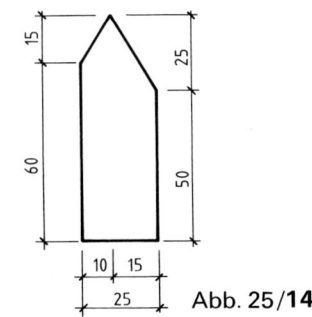

Abb. 25/**13**

Beton- und Stahlbetonarbeiten

13. Eine Stahlbetondecke wird durch eine Treppenöffnung unterbrochen und von einem dreizügigen Schornstein durchdrungen.
   Mit welchem Flächenmaß nach VOB ist die Decke aufzumessen?

14. Der Drempel aus Stahlbeton ist nach VOB abzurechnen. Länge 15,60 m.

Abb. 25/**14**

15. Die 20 cm dicke Wand aus Stahlbeton ist mit einer 60 mm dicken Wärmedämmschicht verkleidet. Führen Sie das Aufmaß für Beton und Dämmschicht nach VOB durch.

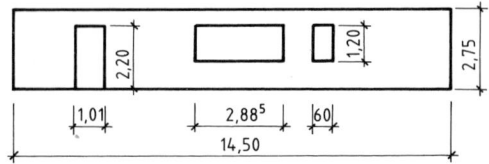

Abb. 25/15

16. Erstellen Sie für jede Balkonplatte das Aufmaß nach VOB.

17. Führen Sie den Nachweis nach VOB

a) für Laufplatte und Stufen nach Raummaß (Platte und Stufen in einem Betoniergang hergestellt)

b) Laufplatte nach dem Flächenmaß, aufbetonierte Stufen nach Anzahl

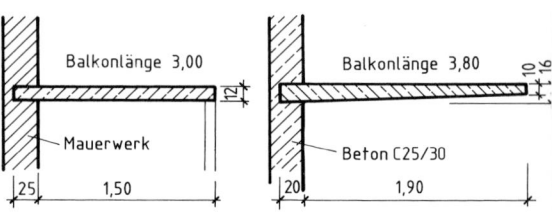

Abb. 25/16

18. Stützen, Schwelle und Unterzug einer Stahlbetonskelettwand werden in Beton C 30/37 hergestellt; die Ausfachung in Beton C 20/25. Für die Außenstützen werden je Stütze benötigt:

Längsbewehrung 6 ⌀20
35 Bügel ⌀8; Schnittlänge 1,45 m
Für die Innenstütze werden benötigt:
Längsbewehrung 8 ⌀22
40 Bügel ⌀8; Schnittlänge 1,65 m
Für die Schwelle werden benötigt:
Längsbewehrung 4 ⌀20
Bügel ⌀8, $e = 20$ cm; Schnittlänge 80 cm

Für den Unterzug werden benötigt:
Längsbewehrung 4 ⌀25; ME 2 ⌀14
4 Schubzulagen ⌀20, Schnittlänge 1,20 m
Bügel ⌀8, $e = 10$ cm; Schnittlänge 1,35 m
Bei den Stützen sind die Stähle oben und unten je 50 cm abgewinkelt und laufen in den Unterzug bzw. die Schwelle.

Führen Sie das Aufmaß nach VOB durch.

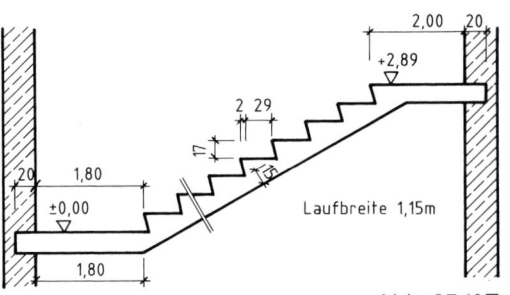

Abb. 25/17

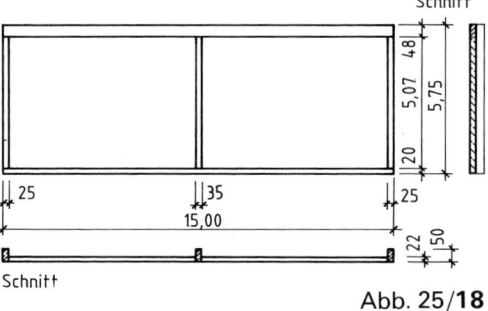

Abb. 25/18

Mauerarbeiten

19. Wie viel m² Mauerwerk sind nach VOB aufzumessen?

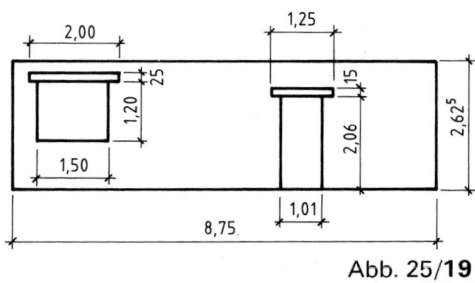

Abb. 25/19

296

20. Führen Sie für die 2,875 m hohe Wand das Aufmaß nach VOB durch. Die Leistungsbeschreibung enthält für die Nische und die Aussparung keine besondere Abrechnung.

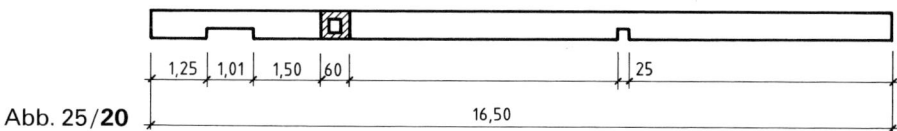

Abb. 25/20

21. Die zwei sich kreuzenden 2,625 m hohen Wände in Mz sind nach VOB aufzumessen.

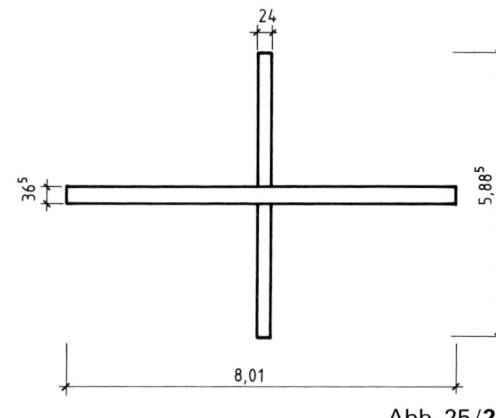

Abb. 25/21

22. Führen Sie das Aufmaß nach VOB durch
   a) für das Mauerwerk
   b) für die Tür- und Fensterstürze

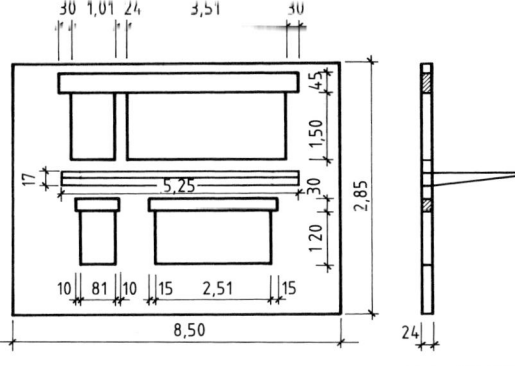

Abb. 25/22

23. Ein Gewölbe mit einer Spannweite von 3,50 m hat eine Stichhöhe von
   a) $h = 30$ cm
   b) $h = 65$ cm
Erstellen Sie das Aufmaß nach VOB für das 12,50 m lange Gewölbe.

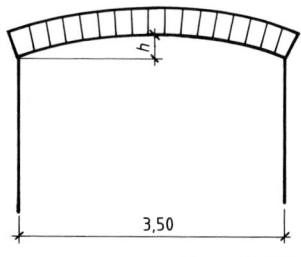

Abb. 25/23

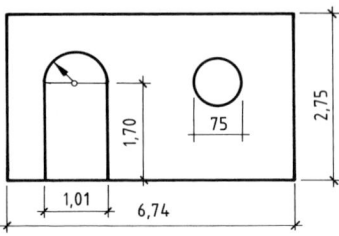

Abb. 25/**24**

24. Eine 24 cm dicke Wand ist zu mauern und mit Klinkern DF zu verblenden. Türlaibung 17 cm, Fensterlaibung 12,5 cm. Erstellen Sie das Aufmaß nach VOB
a) für die Tragwand
b) für das Verblendmauerwerk
c) für die auszufugende Fläche

25. Ermitteln Sie nach VOB
a) die Stahlbetonwände des Kriechkellers, lichte Rohbauraumhöhe 1,30 m, Dicke der Bodenplatte 16 cm, Kellerdecke 20 cm
b) das abzurechnende Mauerwerk im EG: lichte Rohbauraumhöhe 2,60 m, EG-Decke 20 cm, Stürze über den Außenwänden $b = 24$ cm, $h = 40$ cm, Auflagerlänge 20 cm, Stürze über den Zwischenwänden, $h = 12$ cm, Auflagerlänge 15 cm.

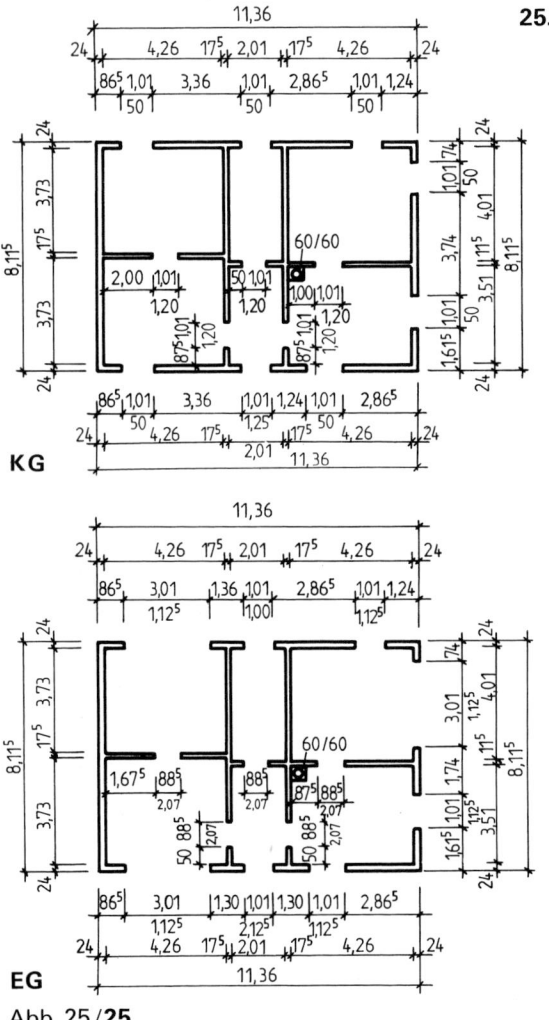

Abb. 25/**25**

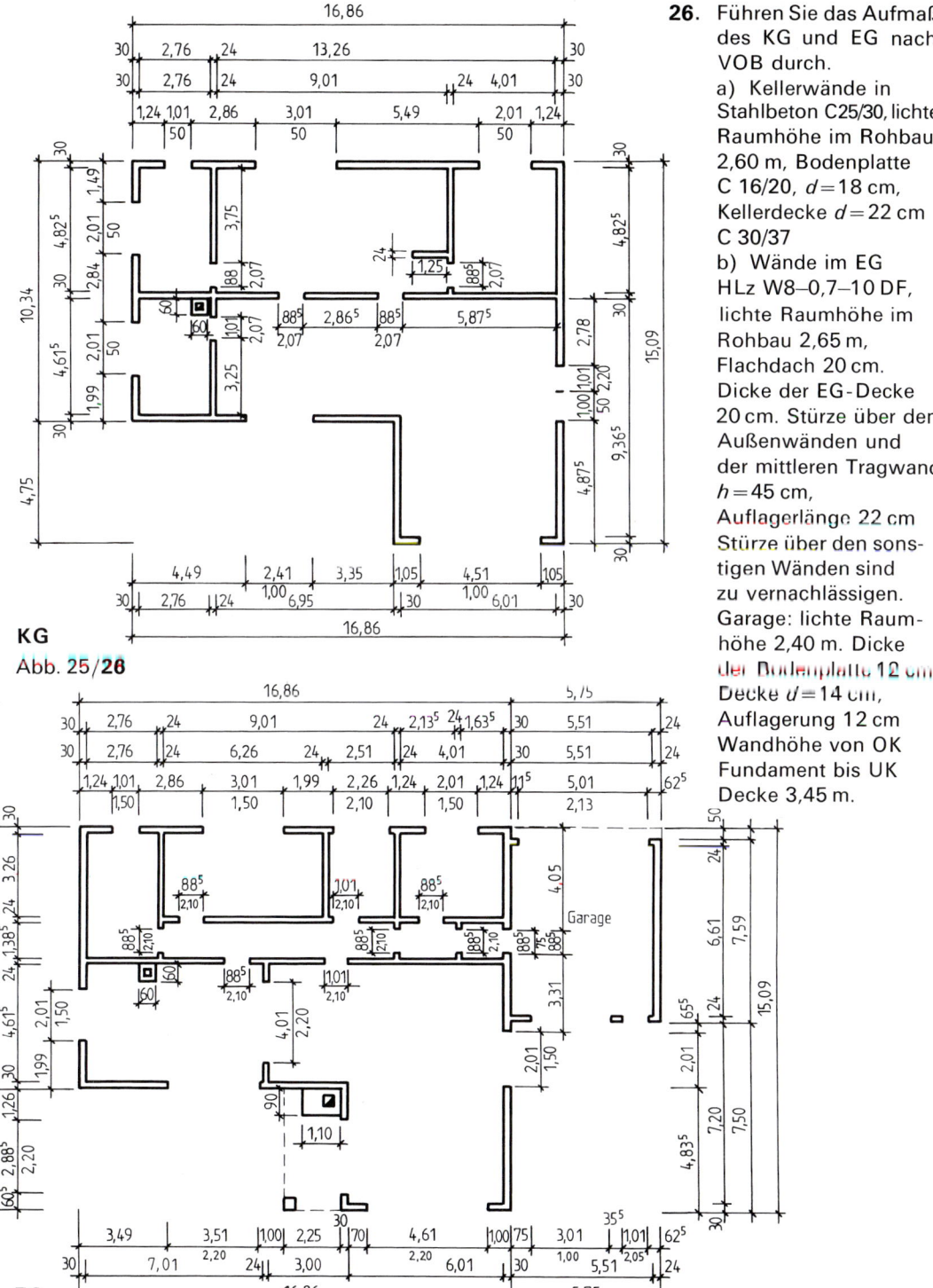

KG

Abb. 25/26

EG

26. Führen Sie das Aufmaß des KG und EG nach VOB durch.

a) Kellerwände in Stahlbeton C25/30, lichte Raumhöhe im Rohbau 2,60 m, Bodenplatte C 16/20, $d = 18$ cm, Kellerdecke $d = 22$ cm C 30/37

b) Wände im EG HLz W8–0,7–10 DF, lichte Raumhöhe im Rohbau 2,65 m, Flachdach 20 cm. Dicke der EG-Decke 20 cm. Stürze über den Außenwänden und der mittleren Tragwand $h = 45$ cm, Auflagerlänge 22 cm Stürze über den sonstigen Wänden sind zu vernachlässigen. Garage: lichte Raumhöhe 2,40 m. Dicke der Bodenplatte 12 cm Decke $d = 14$ cm, Auflagerung 12 cm Wandhöhe von OK Fundament bis UK Decke 3,45 m.

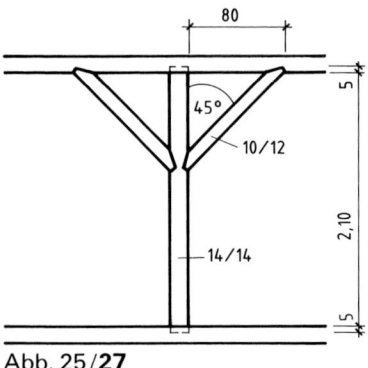

Abb. 25/**27**

Zimmer- und Holzbauarbeiten

27. a) Wie viel m³ sind nach VOB für das Liefern des Pfostens und der Büge aufzumessen?

b) Führen Sie das Aufmaß für den Abbund und das Aufstellen von Pfosten und Bügen durch.

28. Erstellen Sie das Aufmaß nach VOB für das Liefern und den Abbund des Dachstuhles.

29. Sparrenpaar eines Sparrendaches.
Achsabstand der Sparren 75 cm. Zwischen den Sparren sind 150 mm Mineralwolle (MW) anzubringen.

a) Wie viel m³ Holz S 10 sind nach VOB für 15 Sparrenpaare aufzumessen?

b) Führen Sie das Aufmaß nach VOB für das Dämmmaterial durch.

30. Erstellen Sie das Aufmaß nach VOB für
a) die Balken mit geradem Hakenblatt
b) die Balken mit schrägen Hakenblatt

31. Eine Decke sowie die Öffnungen für den Schornstein und die Treppe sind zu schalen. Deckendicke 20 cm.
Führen Sie das Aufmaß nach VOB durch.

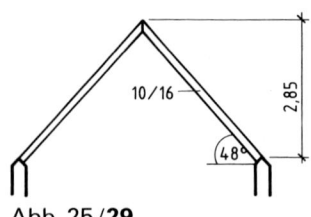

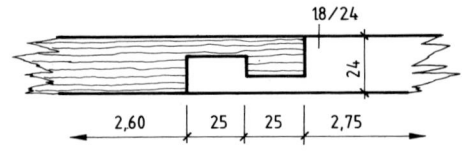

Abb. 25/**28**

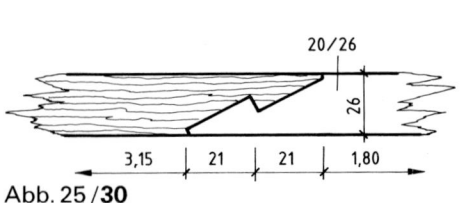

Abb. 25/**29**

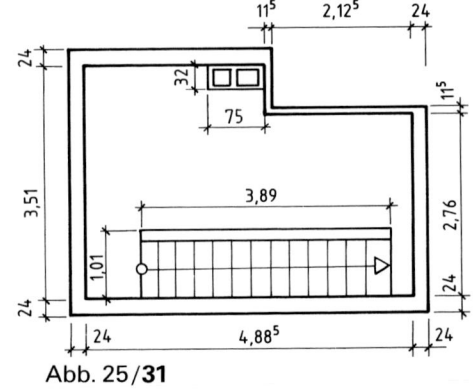

Abb. 25/**30**

Abb. 25/**31**

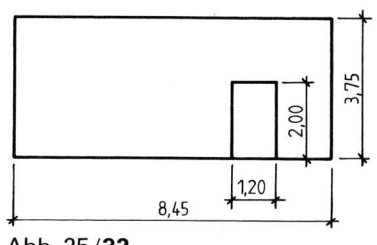

Abb. 25/**32**

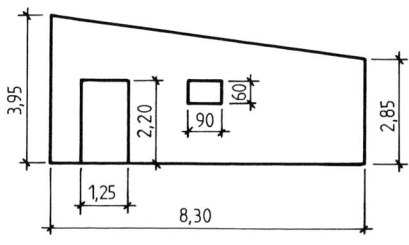

Abb. 25/**33**

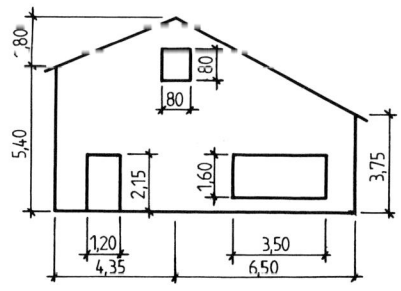

Abb. 25/**34**

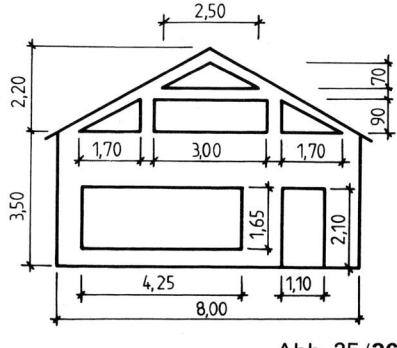

Abb. 25/**35**

Putz- und Stuckarbeiten

32. Für die 24 cm dicke Wand sind nach VOB zu ermitteln
   a) die Putzfläche, Laibungstiefe 13 cm, Laibung geputzt
   b) das Mauerwerk

33. Wanddicke 24 cm, Laibungen ungeputzt.
   Ermitteln Sie
   a) die nach VOB anzurechnende Putzfläche
   b) das anzurechnende Mauerwerk

34. Fensterlaibungen geputzt, Laibungstiefe 12 cm; Türlaibungen ungeputzt. Ermitteln Sie die Putzfläche nach VOB.

35. Fenster- und Türlaibungen sind geputzt, Laibungstiefen 13 cm, Wanddicke 24 cm. Ermitteln Sie
   a) die nach VOB anzurechnende Putzfläche
   b) das anzurechnende Mauerwerk

36. Fenster im Dachgeschoss, ungeputzte Laibungen, Erdgeschossfenster und Tür geputzte Laibungen, Laibungstiefe Fenster 15 cm, Tür 18 cm. Ermitteln Sie die nach VOB anzurechnende Putzfläche.

Abb. 25/**36**

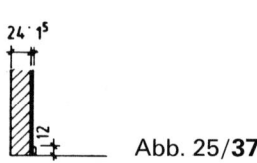

Abb. 25/**37**

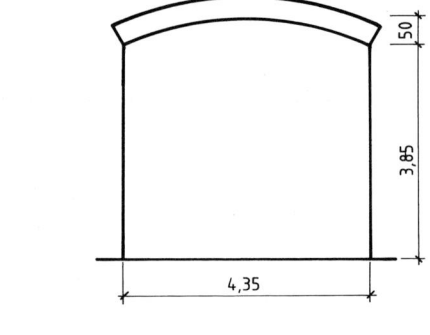

37. Wie viel m² Putzfläche sind nach VOB für die Wand mit den Abmessungen 6,25 m × 2,65 m aufzumessen?

38. Ein scheitrechter Bogen und ein Tonnengewölbe werden an ihren Seitenwänden und an der Gewölbeunterseite verputzt. Länge 8,50 m. Wie viel m² Putz sind für jedes Gewölbe nach VOB aufzumessen?

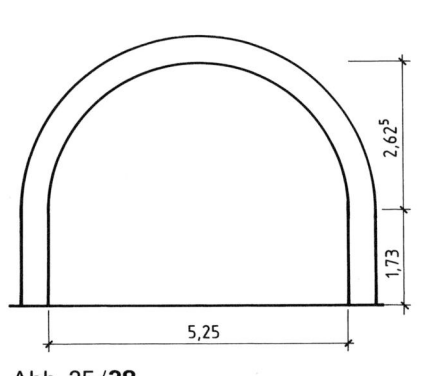

Abb. 25/**38**

Estricharbeiten

39. Ein Raum hat nach dem Verputzen die lichten Abmessungen von 8,51 × 5,76 m. Erstellen Sie das Aufmaß der Estricharbeiten nach VOB.

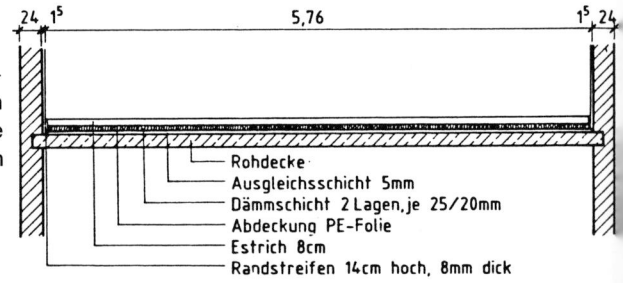

Rohdecke
Ausgleichsschicht 5mm
Dämmschicht 2 Lagen, je 25/20mm
Abdeckung PE-Folie
Estrich 8cm
Randstreifen 14cm hoch, 8mm dick

Abb. 25/**39**

40. In einem Raum ist ein schwimmender Estrich zu verlegen. Der Estrich ist durch einen Schornstein und ein davor befindliches Ofenfundament sowie durch eine Rohrdurchführung unterbrochen. Es sind zu verlegen:
Dämmschicht 2-lagig: 2 × 25/20 mm
Randstreifen 10 mm dick, 12 cm hoch
Estrichdicke 60 mm
Bewehrung: Estrichmatten
Erstellen Sie das Aufmaß nach VOB.

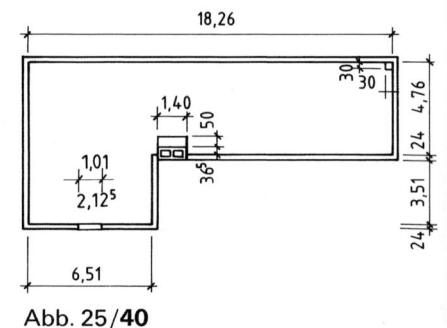

Abb. 25/**40**

41. In einem Baderaum mit integrierter Dusche ist der Estrich zu verlegen. Der Estrich im Badezimmerbereich wird, als Heizestrich schwimmend verlegt, ausgeführt. Estrichdicke 80 mm, Dämmschicht, Schaumglas 50 mm dick. Es sind Aussparungen für die Badewanne, eine Pfeilervorlage und den Schornstein vorzusehen. Für den Duschbereich ist als Vorbereitung für den Fliesenbelag ein Trennestrich zu verlegen, Dicke 90 mm. Zwischen Heizestrich und Trennestrich ist eine Trennschiene und eine Dehnfuge anzubringen. Erstellen Sie das Aufmaß nach VOB.

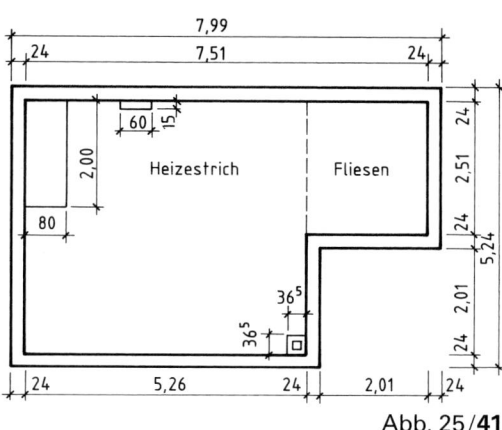

Abb. 25/41

Fliesenarbeiten

42. Die Küchenwand eines Gasthauses soll gefliest werden. Die Wand ist von einer Tür, einer Durchreiche und einem Fensterchen unterbrochen. Erstellen Sie das Aufmaß nach VOB für den Fliesenbelag.

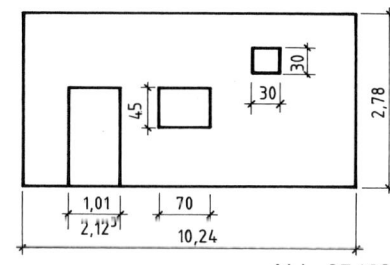

Abb. 25/42

43. Die Wand eines Schlachthauses wird gefliest. Die Leistungsbeschreibung verlangt eine Verfliesung bis unter die Decke.
Fliesenmaß 19,8 × 29,8 cm, Verfliesung Hochformat, Fugen 4 mm, Mörtelbett 18 mm. Am Boden ist ein Stehsockel mit einer Höhe von 65 mm anzubringen. Wie viel Wandfliesen und Stehsockel sind nach VOB aufzumessen?

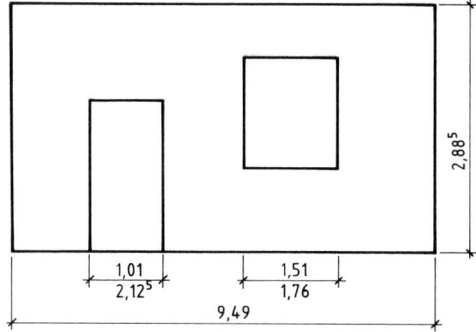

Abb. 25/43

44. Die im Schnitt dargestellte Wand hat die Abmessungen 5,51 × 2,52 m. Die Wand wird ganzflächig gefliest. Genaue Angaben enthält die Leistungsbeschreibung nicht. Abmessungen der Wandfliesen 150 × 150 mm, Fugen 3 mm, Mörtelbett 15 mm. Unten ist ein Stehsockel anzubringen. Führen Sie das Aufmaß für diese Wand nach VOB durch.

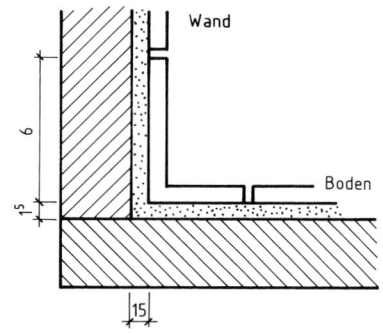

Abb. 25/44

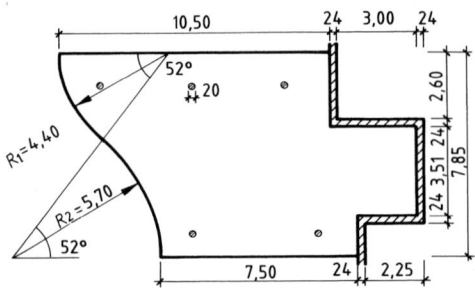

Abb. 25/**45**

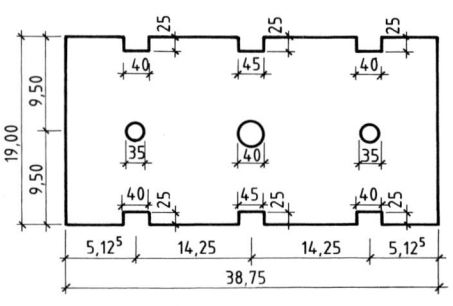

Grundriss einer Halle

Abb. 25/**46**

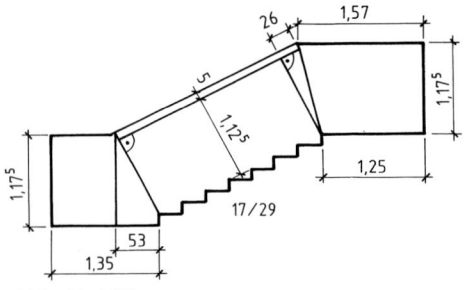

Abb. 25/**47**

45. Die Terrasse ist mit Fliesen zu belegen, Der Belag ist durch 5 Stützen unterbrochen. An der Hausfront entlang sind Sockelplatten, im übrigen Bereich 5 cm breite Randplatten anzubringen. Führen Sie das Aufmaß nach VOB für den Fliesenbelag, die Sockelplatten und die Randplatten durch.

46. Die Wände werden bis auf eine Höhe von 1,57 m gefliest und der Boden mit Klinkerplatten belegt. Die Wände und Säulen werden im Dünnbettverfahren gefliest, die Bodenplatten im Mörtelbett verlegt.
Mörteldicke 15 mm.
Die Rundsäulen werden mit Knopfmosaik gefliest. An den Außenwänden einschließlich der Pfeilervorlagen werden Stehsockel mit einer Höhe von 80 mm angebracht, an den Rundsäulen Kunststoffsockel mit 80 mm Höhe.
Erstellen Sie das Aufmaß nach VOB für die erbrachte Leistung.

47. Ein Wandstück einschließlich der Treppenschrägen ist zu fliesen. Über dem Boden und den Auftritten sind 5 cm hohe Stehsockelplatten anzubringen. Die Schräge des Treppenlaufes ist oben mit 5 cm breiten Randabschlussplatten zu begrenzen. Die Treppe hat 8 Steigungen mit einem Steigungsverhältnis von 17/29 cm.
Führen Sie das Aufmaß nach VOB für die gesamte Wandfläche durch.

48. Gesamtaufgabe

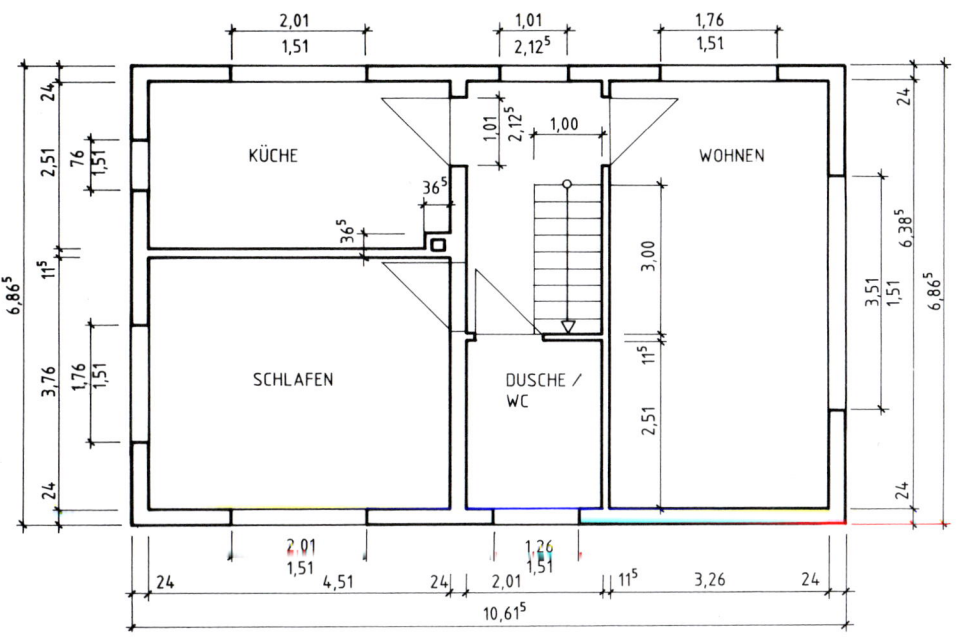

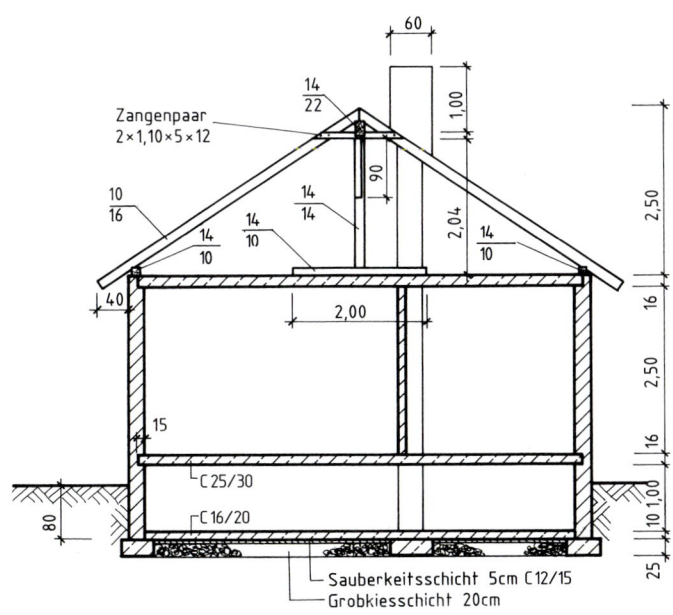

Abb. 25/48

Ferienhaus

Baubeschreibung

Fundamente: $b = 45$ cm unter den Außenwänden; C12/15

Kriechkeller: Wände $d = 24$ cm, C16/20; im Kriechkeller sind keine Zwischenwände. Schornsteinfundament $60 \times 60 \times 25$ cm. 4 Fenster $b \times h = 1,20$ m $\times$ 0,40 m mit Lichtschacht. Laibungen verputzt, Laibungstiefe 12 cm; Wände bewehrt mit Q 335 A, Wandschalung 14 cm dick. Zwischen Sauberkeitsschicht und Bodenplatte wird eine Sperrfolie PE $d = 0,5$ mm verlegt. Außenputz: 2 cm Zementputz

Decke: Stahlbeton C25/30, Bewehrung unten R335 A, Randbewehrung oben Q 335-1, 1,0 m breit
Bodenaufbau: 7 cm Estrichdicke, 5 cm Mineralwolleplatten, in der Dusche 5 cm Schaumglas
Belag in Küche und Dusche: Klinkerplatten in Dünnbettverfahren

Treppe: 7 Steigungen, Steigungsverhältnis 18,4/27 cm; Laufplatte $d = 12$ cm

EG: Außen- und Giebelwände DIN 105 HLz W 6–0,8–10 DF (240); die Giebelwände enthalten je ein Fenster $2,01 \times 1,26$ m.
Außenputz: 2 cm Kalkzementputz; Laibungen verputzt, Laibungstiefe 12 cm
Innenputz: Trockenputz mit Gipsplatten und 2,5 cm Polystyrolbeschichtung.
In der Dusche Wandfliesen raumhoch in Dünnbett, 5 cm Stehsockel;
in der Küche an den Außenwänden ein Streifen von 1,0 m Breite in Fensterhöhe;
Laibungen in Küche und Dusche gefliest, sonst verputzt, Laibungstiefe 12 cm.

Zwischenwände: DIN 106 KS 12–1,6–2 DF (115)
DIN 106 KS 12–1,6–5 DF (240)
beiderseits 1,5 cm Putz, P I

Stürze über den Fenstern und der Tür C20/25; Auflagerlänge je Seite 7,5% der lichten Weite. Höhe der Stürze 33 cm, beim kleinen Küchenfenster 24 cm.
Bewehrung: bei Fenstern bis 1,0 m lichte Weite
unten 3 $\varnothing$14
oben ME 2 $\varnothing$10
Bügel $\varnothing$8; $e = 15$ cm

bei Fenstern mit mehr als 1,0 m lichte Weite
unten 4 $\varnothing$16
oben ME 2 $\varnothing$14
Bügel $\varnothing$8; $e = 12$ cm

Decke: Stahlbeton C25/30: Bewehrung: unten R 524 A
oben Randstreifen Q 335-1, 1,0 m breit
Kalkputz 2 cm
Treppe: 14 Steigungen 18,1/27 cm

Dachgeschoss: Sparren: Achsabstand 68 cm; über den Giebelwänden und der Tragwand Bundsparrenpaare mit 2 Zangenpaaren $l/b/h = 126 \times 5 \times 12$ cm und Kopfbändern unter 45° geneigt.
Zapfenlängen bei Pfosten und Kopfbändern (Bügen) 3,5 cm

Dachvorsprung an den Giebelwänden 50 cm. Lattung 24 × 48 mm, lichter Lattenabstand 29 cm
Schornstein aus Formstücken
Schornsteinkopf aus Formstücken mit Wärmedämmung und Vormauerung aus Klinkern.

Folgende Aufmessungen nach VOB sind durchzuführen

1   Erdarbeiten
1.1   Abheben der 30 cm dicken Oberbodenschicht
1.2   Ausheben der Baugrube; Mindestarbeitsraumbreite nach DIN 4124, Bodenklasse 5

1.3   Ausheben der Fundamentgräben
1.4   Aushub für die Grobkiesschicht
1.5   Einbringen der Grobkiesschicht
1.6   Auffüllen der Baugrube

2   Beton- und Stahlbetonarbeiten
2.1   Fundamente C12/15
2.2   Sauberkeitsschicht C12/15
2.3   Bodenplatte C12/15
2.4   Außenwände im Kriechkeller C20/25
2.5   4 Lichtschächte
2.6   Decke Kriechkeller C20/25
2.7   Decke EG C30/37
2.8   Treppen C30/37

2.9   Fenster- und Türstürze C20/25
2.10 Bewehrung der Decken
2.11 Bewehrung der Wände im Kriechkeller
2.12 Bewehrung der Stürze
2.13 Schalung der Wände im Kriechkeller
2.14 Schalung der EG-Decke
2.15 Schalung der KG-Decke
2.16 Abdichtung der Bodenplatte

3   Mauerarbeiten
3.1   Außenwände im EG und Giebelwände DIN 105 HLzW6–0,8–10 DF (240)
3.2   Zwischenwände im EG DIN 106 KS12–1,6–2 DF (115)
       DIN 106 KS12–1,6–5 DF (240)
3.3   Schornsteinmauerwerk aus Formsteinen

4   Zimmerarbeiten
4.1   Dachsparren, Nadelholz S 10 (GKl II) liefern und verlegen
4.2   Pfetten liefern, Abbund und verlegen

4.3   Pfosten, Schwellen, Büge liefern, Abbund und verlegen
4.4   Dachlattung
4.5   Winddielen an den Ortgängen

5   Putz- und Stuckarbeiten
5.1   Außenputz an Kellerwänden MG III
5.2   Außenputz an den Außen- und Giebelwänden MG II
5.3   Innenputz als Trockenputz

5.4   Deckenputz EG-Decke MG I Fensterlaibungen im Wohn- und Schlafraum geputzt, in der Küche und Dusche gefliest; Laibungstiefe 12 cm

6   Estricharbeiten
6.1   Schwimmend verlegter Estrich

7   Fliesen- und Plattenarbeiten
7.1   Wandfliesen in der Dusche: Dünnbett
7.2   Bodenplatten in der Dusche: Dünnbett
7.3   Stehsockel in der Dusche: Dünnbett

7.4   Wandfliesen in der Küche 1,0 m breit an den Außenwänden in Dünnbett
7.5   Bodenplatten in der Küche
7.6   Stehsockel in der Küche

26 Wärmeschutz

26.1 Wärmeschutz (DIN 4108, Energie-Einsparverordnung EnEV)

Wärmeschutz ist erforderlich

1. aus gesundheitlichen und hygienischen Gründen
Menschen und Tiere sollen vor klimatischen Einflüssen geschützt werden und sich in ihren Behausungen behaglich fühlen.

2. aus baukonstruktiven Gründen
Spannungsempfindliche Bauteile müssen vor den Wechselwirkungen der Natur geschützt werden, damit Bauschäden infolge Temperaturspannungen vermieden werden (Zusammenziehen im Winter, Ausdehnen im Sommer).

3. aus Energieersparnisgründen
Die Ansprüche der Menschen steigen, ihr Lebensstandard wächst, Rohstoffe sind jedoch nur begrenzt vorhanden. Auch ein Teil jener Rohstoffe, aus denen wir heute Energie in Form von Wärme gewinnen, stehen uns nur noch wenige Jahrzehnte zur Verfügung. Daraus ergibt sich die zwingende Forderung, den Wärmeschutz unserer Bauten zu verbessern.
Zur Verbesserung des Wärmeschutzes gibt es eine ganze Anzahl natürlicher, aber zunehmend auch künstlich hergestellter Dämmstoffe. Alle Dämmstoffe haben die Eigenschaft, dass sie Wärme nicht gut leiten. Dies trifft in der Regel dann zu, wenn der Baustoff viele Luftporen hat; Luft ist bekanntlich ein sehr schlechter Wärmeleiter.

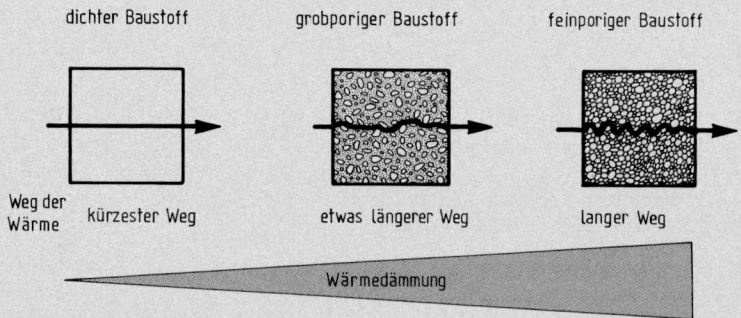

Energieersparnis lässt sich zunächst erreichen durch optimale Wärmedämmung, baukonstruktive Maßnahmen wie Wintergärten, Winddichtheit der Gebäude, geringe *U*-Werte bei Verglasungen, Wärmerückgewinnung aus Abwasser und Abluft.
Diese Maßnahmen allein dürfen nicht Zielrichtung für die Energieeinsparung sein. Auch alternative Energiequellen wie die Sonne (Photovoltaikanlagen, Sonnenkollektoren), das Grundwasser (Wasser-Wasser-Wärmepumpen), die Erdwärme (Sole-Wasser-Wärmepumpen), die Außenluft (Luft-Wasser-Wärmepumpen), Windkraftanlagen oder die Energiegewinnung aus Biomassen müssen in Zukunft einen immer größeren Beitrag zur Energieversorgung leisten.

26.2 Grundbegriffe der Wärmedämmberechnung

Grundsätzlich ist eine **Wärmeübertragung** auf drei verschiedene Arten möglich.

Wärmeleitung	**Wärmeströmung (Konvektion)**	**Wärmestrahlung**

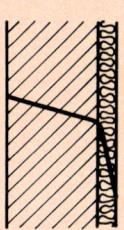 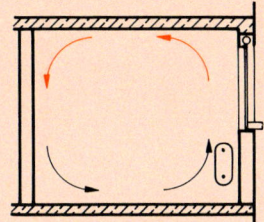 

Übertragung der Wärme von Molekül zu Molekül bei festen Stoffen.

Wärmeströmung: bei Flüssigkeiten Konvektion: bei Luft (Gasen). Die Wärme wird dadurch übertragen, dass die Masseteilchen, an welche Wärme gebunden ist, ihre Lage verändern.

Die Wärmestrahlen gehen sowohl durch luftleere (Weltall) als auch durch luftgefüllte Körper (Räume) hindurch. Wärmestrahlen haben verschiedene Wellenlängen und sind zur Übertragung nicht an Materie gebunden, d. h. können auch ohne Verlust luftleere Räume durchdringen. Auf einen Körper auftreffende Wärmestrahlen werden teils absorbiert und teils reflektiert.

1. Wärmeeinheit Q

Unter einem Joule versteht man die Arbeit, die verrichtet wird, wenn die Kraft 1 N in ihrem Angriffspunkt in Kraftrichtung um 1 m verschoben wird.

$F = 1$ N $\quad F = 1$ N $\qquad$ **Einheit**: Q in J (Joule: dschul)

1 m $\qquad$ 1 m

Da Arbeit eine Form von Energie ist, dürfen auch die Einheiten Newtonmeter und Wattsekunde verwendet werden.

$$1 \text{ J} = 1 \text{ Ws} = 1 \text{ Nm}$$

Unter einem Watt versteht man die Leistung eines gleichmäßig ablaufenden Vorganges, bei dem in einer Sekunde (1 s) die Arbeit von einem Joule (1 J) verrichtet wird.

Wärmemenge	$1 \text{ J} = 1 \text{ Ws} = 1 \text{ Nm}$
Wärmestrom	$1 \dfrac{\text{J}}{\text{s}} = 1 \text{ W} = 1 \dfrac{\text{Nm}}{\text{s}}$

In bauphysikalischen Berechnungen wird an Stelle des Joule die Einheit Wattsekunde (Ws) verwendet.

2. Wärmeleitfähigkeit λ

(kleines griechisches l; gesprochen: Lambda)
Die Wärmeleitfähigkeit λ gibt an, welche Wärmemenge (in Ws) im Beharrungszustand (= bei Dauerbeheizung) in einer Sekunde durch 1 m² einer 1 m
dicken Schicht eines Stoffes hindurchgeht, wenn
die Temperaturdifferenz beider Oberflächen 1 K beträgt.

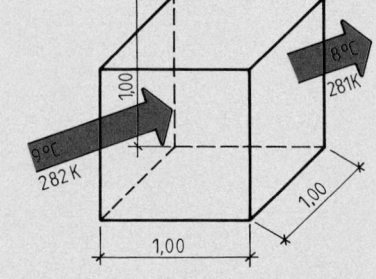

Einheit: $\dfrac{W \cdot s \cdot m}{s \cdot m^2 \cdot K} = \dfrac{W}{mK}$

Die Wärmeleitfähigkeit ist stoffcharakteristisch und hängt ab von der

a) Rohdichte des Stoffes

Da Luft in Poren eine vorzügliche Dämmleistung bewirkt, kann man sagen, dass bei
gleichartigen Stoffen derjenige am besten dämmt, der die geringste Rohdichte besitzt.

b) Art, Größe und Verteilung der Poren

Viele und kleine Poren sind günstiger als wenige große Poren, da die Luft in kleinen
Poren ruhiger bleibt. Allzu feine Poren können jedoch eine Kapillarwirkung und damit
wegen der Durchfeuchtung die Dämmwirkung herabsetzen.

c) Mineralogischen Struktur des Grundstoffes

Glasige Stoffe dämmen besser als kristalline. Beton mit glasiger Hochofenschlacke dämmt
bei gleicher Rohdichte besser als ein Beton mit kristallinem Ziegelsplitt.

d) Dauerfeuchtigkeit des Stoffes

Sie hängt ab von
1. der Struktur des Stoffes
2. der Lage in der Konstruktion
3. der klimatischen Beanspruchung
Je geringer die Durchfeuchtung eines Stoffes ist, desto besser ist sein Wärmedämmwert.

e) Temperatur des Stoffes

Da die Moleküle sich bei niedrigen Temperaturen weniger bewegen als bei hohen,
ist auch die Wärmeleitfähigkeit bei niedrigen Temperaturen geringer als bei hohen.
Dies bedeutet, je niedriger die Stofftemperatur, desto besser (geringer) ist die Wärmeleitzahl. DIN 4108 schreibt deshalb vor, dass der Ermittlung der Wärmeleitzahl eine Stofftemperatur von +10 °C zugrunde zu legen ist.

3. Wärmedurchlasskoeffizient Λ

(großes griechisches L)
Bezieht man den Wärmedurchgang anstatt auf die Schichtdicke von 1 m (wie bei der
Wärmeleitfähigkeit) auf eine beliebige Schichtdicke, so erhält man den Wärmedurchlasskoeffizienten.
Der Wärmedurchlasskoeffizient gibt an, welche Wärmemenge (in Ws) im Beharrungszustand in einer Sekunde
durch 1 m² eines Bauteils mit der Schichtdicke d (in m)
dringt, wenn die Temperaturdifferenz beider Oberflächen
1 K beträgt.

Einheit: $\dfrac{\dfrac{W}{m \cdot K}}{m} = \dfrac{W}{m^2 K}$

310

4. Wärmedurchlasswiderstand R
(R von resistance (engl.) Widerstand)

Eine Konstruktion wird in der Praxis nicht nach dem Wärmedurchlasskoeffizienten beurteilt, sondern nach dessen reziprokem Wert, dem Wärmedurchlasswiderstand (Dämmwert). Besteht eine Konstruktion aus mehreren Schichten, so können die Dämmwerte einfach addiert werden.

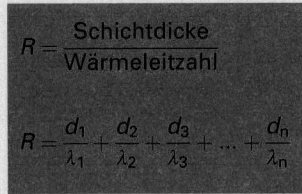

$$R = \frac{\text{Schichtdicke}}{\text{Wärmeleitzahl}}$$

$$R = \frac{d_1}{\lambda_1} + \frac{d_2}{\lambda_2} + \frac{d_3}{\lambda_3} + \dots + \frac{d_n}{\lambda_n}$$

Einheit: $\dfrac{\frac{m}{W}}{m \cdot K} = \dfrac{m^2 \cdot K}{W}$

d: Schichtdicke in m

λ: Rechenwert der Wärmeleitzahl λ in der Baupraxis im Gegensatz zum idealeren Laborwert

Beispiel:

Wie groß ist der Wärmedurchlasswiderstand einer 30 cm dicken Wand aus Hohllochziegel ($\varrho = 1{,}2$ kg/dm^3) mit 1,5 cm Innenputz und 2 cm Außenputz?
(Mörtel aus hydraulischem Kalk)

$$R = \frac{d_1}{\lambda_1} + \frac{d_2}{\lambda_2} + \frac{d_3}{\lambda_3}$$

$$= \frac{0{,}015 \text{ m}}{-1{,}0 \ \frac{W}{m\,K}} + \frac{0{,}30 \text{ m}}{0{,}50 \ \frac{W}{m\,K}} + \frac{0{,}02 \text{ m}}{-1{,}0 \ \frac{W}{m\,K}}$$

$$R = 0{,}015 + 0{,}60 + 0{,}025 \ \frac{m^2\,K}{W}$$

$$R = 0{,}04 \ \frac{m^2\,K}{W}$$

5. Wärmeübergangskoeffizient h
(h für heat (engl.) Wärme)

Zwischen der Oberfläche eines festen Stoffes und der angrenzenden Luft findet ebenfalls ein Wärmeaustausch statt. Diesen Wärmeaustausch bezeichnet man als Wärmeübergang. Unter dem Wärmeübergangskoeffizienten h versteht man die Wärmemenge (in Ws), die pro Sekunde zwischen 1 m^2 einer Oberfläche eines festen Stoffes und der ihn berührenden Luft ausgetauscht wird, wenn der Temperaturunterschied zwischen Luft und Stoffoberfläche 1 K beträgt.

Dabei wird zwischen einem inneren und äußeren Wärmeübergang unterschieden (h_i = interior (engl.) innen; h_e = exterior (engl.) außen).

Einheit: h in $\dfrac{Ws}{s \cdot m^2\,K} = \dfrac{W}{m^2\,K}$

Im Winter ist die Wand innen kühler als die Raumluft, während die Wandoberfläche außen wärmer ist als die Außenluft.

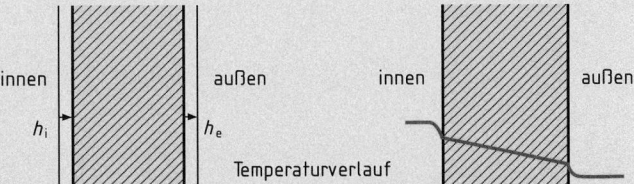

Winter

Beim Wärmeübergang wirken Wärmeleitung, Wärmestrahlung und Konvektion zusammen. Der Wärmeübergangskoeffizient ist deshalb von einer Reihe von Faktoren abhängig, z.B. von der Luftbewegung, der Oberflächenbeschaffenheit der Wand. h_i bzw. h_e ist für den Bereich maßgebend, in dem die Temperatur zur inneren Wandoberfläche abfällt, bzw. von der Außenluft zur äußeren Wandoberfläche ansteigt.

6. Wärmeübergangswiderstand R_{si}; R_{se}

Die Übergangswiderstände können durch die reziproken Werte von h_i und h_e gebildet werden oder direkt als Widerstand eingetragen werden.

Einheit: $\dfrac{m^2 \cdot K}{W}$ $\quad \dfrac{1}{h_i} = R_{si}$ $\quad \dfrac{1}{h_e} = R_{se}$

R = resistance (engl. Widerstand)
s = surface (engl. Oberfläche)
i = interior (engl. innen)
e = exterior (engl. außen)

7. Wärmedurchgangswiderstand R_T
(Index T für Transmission = Durchgang)

Einheit: $\dfrac{m^2 \cdot K}{W}$

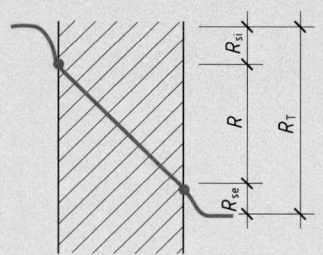

$$R_T = \dfrac{1}{h_i} + R + \dfrac{1}{h_e} \qquad R_T = R_{si} + R + R_{se}$$

Will man den Temperaturverlauf in einem Bauteil darstellen, so ist hierfür der Wärmedurchgangswiderstand erforderlich.

8. Wärmedurchgangskoeffizient U

Einheit: $\dfrac{W}{m^2 \cdot K}$ $\qquad U$ = Unit of heat-transfer

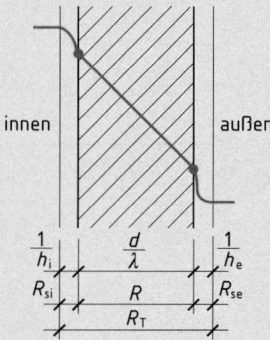

$$U = \dfrac{1}{\dfrac{1}{h_i} + R + \dfrac{1}{h_e}} \qquad U = \dfrac{1}{R_{si} + R + R_{se}} \qquad U = \dfrac{1}{R_T}$$

$R_T \xrightarrow{\;1/x - \text{Taste}\;} U\text{-Wert}$

Unter dem Wärmedurchgangskoeffizienten U versteht man die Wärmemenge, die pro Sekunde durch 1 m² einer Stoffschicht mit der Dicke d im Dauerzustand der Beheizung hindurchgeht, wenn der Temperaturunterschied von Raumluft zu Außenluft 1 K beträgt.

R berücksichtigt nur die Konstruktion
R_T berücksichtigt noch die Übergangswiderstände zur Raumluft und Außenluft.

Der Wärmetransport von einem Luftraum aus durch ein Bauteil hindurch und wieder in den angrenzenden Luftraum bezeichnet man als Wärmedurchgang. Im Wärmedurchgangskoeffizienten U (U-Wert) sind neben dem Wärmedurchlasswiderstand R die Wärmeübergangswiderstände R_{si} und R_{se} enthalten.

Bei Fenstern und Verglasungen werden nicht die Wärmeleitfähigkeitswerte, sondern die U-Werte genannt.

Beispiel:

Ermittlung des Wärmedurchgangswiderstandes einer Wand sowie Aufzeichnung des Temperaturverlaufs in der Konstruktion für den Winter, wenn mit einer maximalen Außentemperatur von $-15\,°C$ zu rechnen ist. Raumtemperatur $+20\,°C$.

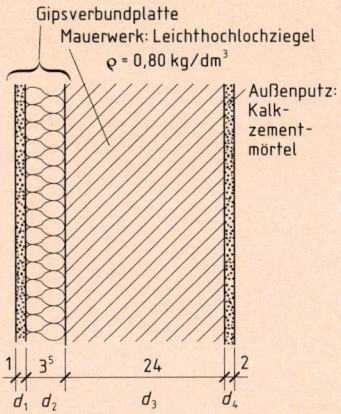

Gipsverbundplatte
Mauerwerk: Leichthochlochziegel
$\varrho = 0{,}80\ \text{kg/dm}^3$
Außenputz: Kalk-zement-mörtel

$1 \mid 3^5 \quad 24 \quad \mid 2$
$d_1\ d_2 \qquad d_3 \qquad d_4$

$$R_T = \frac{1}{h_i} + \sum \frac{d}{\lambda} + \frac{1}{h_e}$$

$$R_T = \frac{1}{h_i} \quad + \frac{d_1}{\lambda_1} \quad + \frac{d_2}{\lambda_2} \quad + \frac{d_3}{\lambda_3} \quad + \frac{d_4}{\lambda_4} \quad + \frac{1}{h_e}$$

$$R_T = \frac{1}{8\ \dfrac{m^2\,K}{W}} \quad + \frac{0{,}01\ m}{0{,}25\ \dfrac{W}{m\,K}} \quad + \frac{0{,}035}{0{,}040} \quad + \frac{0{,}24}{0{,}39} \quad + \frac{0{,}02}{1{,}0} \quad + \frac{1}{23\ \dfrac{m^2\,K}{W}}$$

Dämmwert der Konstruktion

$$R_T = 0{,}125\ \frac{W}{m^2\,K} \quad + 0{,}040\ \frac{m^2\,K}{W} + 0{,}875 \quad + 0{,}615 \quad + 0{,}020 \quad + 0{,}043\ \frac{W}{m^2\,K}$$

Wärmeübergang innen	Innen-putz	Dämm-schicht	Mauer-werk	Außen-putz	Wärmerübergang außen
2,6 °C	0,8 °C	17,8 °C	12,5 °C	0,4 °C	0,9 °C

$$R_T = 1{,}718\ \frac{m^2\,K}{W} \mathrel{\widehat{=}} \Delta\vartheta = 35\,°C$$

Temperaturverlauf in der Konstruktion

$1{,}718\ \dfrac{m^2\,K}{W} \mathrel{\widehat{=}} 35\,°C\ (\Delta\vartheta)$

z. B. $0{,}125\ \dfrac{m^2\,K}{W} \mathrel{\widehat{=}} 2{,}55\,°C = 2{,}6\,°C$

$\vartheta_{Li} = \qquad 20\,°C$
$\vartheta_1 = \qquad 20\,°C - \ 2{,}6\,°C = \ 17{,}4\,°C$
$\vartheta_2 = \ 17{,}4\,°C - \ 0{,}8\,°C = \ 16{,}6\,°C$
$\vartheta_3 = \ 16{,}6\,°C - 17{,}8\,°C = -\ 1{,}2\,°C$
$\vartheta_4 = -\ 1{,}2\,°C - 12{,}5\,°C = -13{,}7\,°C$
$\vartheta_5 = -13{,}7\,°C - \ 0{,}4\,°C = -14{,}1\,°C$
$\vartheta_{Le} = -14{,}1\,°C - \ 0{,}9\,°C = -15{,}0\,°C$

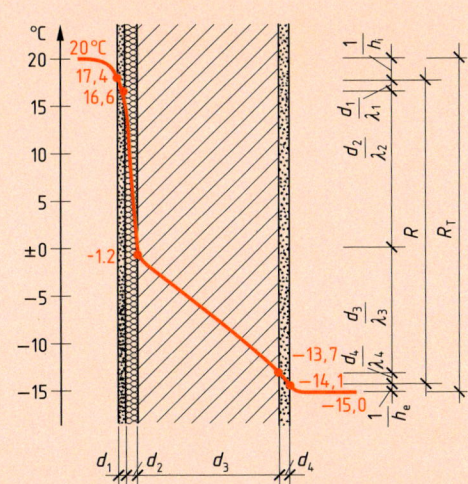

Weitere Kenngrößen

Während die bisherigen Kennwerte sich auf den Zustand der Dauerbeheizung, d.h. den stationären Zustand bezogen haben, beziehen sich die folgenden Kennwerte auf das Verhalten eines Stoffes bei Erwärmungs- und Abkühlungsvorgängen, d.h. auf instationäre Temperaturverhältnisse.

9. Spezifische Wärmekapazität c

Man versteht darunter die Wärmemenge, die erforderlich ist, um die Temperatur einer Masse von 1 kg eines Stoffes um 1 K zu erhöhen.

Einheit: $\dfrac{Ws}{kg \cdot K} = \dfrac{J}{kg\,K}$ Rechenwerte von c siehe Tabelle

10. Wärmeeindringkoeffizient b

Für Fragen wie die Fußwärme von Böden, das Aufwärmen von Wänden ist der Wärmeeindringkoeffizient b von entscheidender Bedeutung. Der Wärmeeindringkoeffizient gibt Auskunft darüber, welche Wärmemenge in Ws pro m² und Kelvin und s^{0,5} eindringen kann. Das bedeutet, dass sich ein Raum umso schneller aufheizt, je kleiner der Wärmeeindringkoeffizient ist. Es bedeuten also:

Großer Wärmeeindringkoeffizient: Viel Wärme dringt in einer Zeiteinheit in den Stoff ein und nur wenig steht zur Erwärmung der Raumluft zur Verfügung; der Raum erwärmt sich nur langsam.

Kleiner Wärmeeindringkoeffizient: Wenig Wärme dringt in einer Zeiteinheit in den Stoff ein; dafür steht mehr Energie für die Erwärmung der Raumluft zur Verfügung.

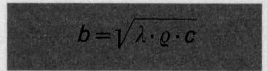

$$b = \sqrt{\lambda \cdot \varrho \cdot c}$$

Einheit: $\dfrac{J}{m^2\,K\,s^{0,5}}$ λ in W/m K
ϱ in kg/m³
c in J/kg K

Beispiele: Wärmeeindringkoeffizient von Beton und Holz

$b = \sqrt{\lambda \cdot \varrho \cdot c} = \sqrt{2,1 \cdot 2\,400 \cdot 1\,000} = 2\,245\ J/m^2\,K\,s^{0,5}$ $b = \sqrt{0,13 \cdot 400 \cdot 2\,100} = 330\ J/m^2\,K\,s^{0,5}$

Rechenwerte über spezifische Wärmekapazität c und Wärmeeindringkoeffizient b

Stoff	c in J/kg K	b in J/m² K s^{0,5}
Aluminium	800	20785
Stahl	400	13735
Beton	1000	2240
Leichtbeton	1000	930
Zementestrich	1000	1670
Kalkputz	1000	1250
Kalksandstein	1000	990
Mauerziegel	1000	900
Leichthochlochziegel	1000	510
Hohlblocksteine	1000	380
Porenbeton	1000	340
Kork	1700	160
Schaumkunststoffe	1500	35
Holz, Holzwerkstoffe	2100	400
Luft ($\varrho = 1,29$ kg/m³)	1000	14
Wasser	4200	1630

Fazit:
Betonwände entziehen der warmen Raumluft wesentlich mehr Wärme als Holzwände.
→ kühle Räume im Sommer.
Dagegen fühlt sich das Stehen auf einem Holzboden wesentlich angenehmer an als auf einem Betonboden, obwohl beide Böden der gleichen Raumtemperatur ausgesetzt sind.

11. Wärmespeicherfähigkeit Q

Die Bedeutung der Wärmespeicherung liegt darin, dass die Bauteile die im Sommer tagsüber von außen aufgenommene Wärme speichern und erst in den späten Abendstunden nach und nach an die Raumluft abgeben.

Im Winter soll erreicht werden, dass die Konstruktion aus der Raumluft Wärme aufnimmt und sie bei Absenkung oder Wegfall der Heizung langsam wieder an die Raumluft abgibt. Durch die Wärmespeicherung wird das Behaglichkeitsgefühl in einem Raum und besonders in Wandnähe größer.

Die Wärmespeicherfähigkeit eines Stoffes ist umso größer, je mehr Wärmeenergie er aufnehmen kann. Ein Bauteil kann umso mehr Wärme speichern:

1. je mehr Masse es hat
2. je größer seine spezifische Wärmekapazität ist
3. je größer die Temperaturdifferenz zwischen Bauteil und der angrenzenden Luft ist
4. je größer der Wärmeeindringkoeffizient ist

Die speicherbare Wärmemenge errechnet sich mit der Formel:

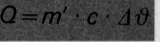 $Q = m' \cdot c \cdot \Delta\vartheta$

Einheit: Ws
m' in kg/m^2
c in J/kg K
$\Delta\vartheta$ in K

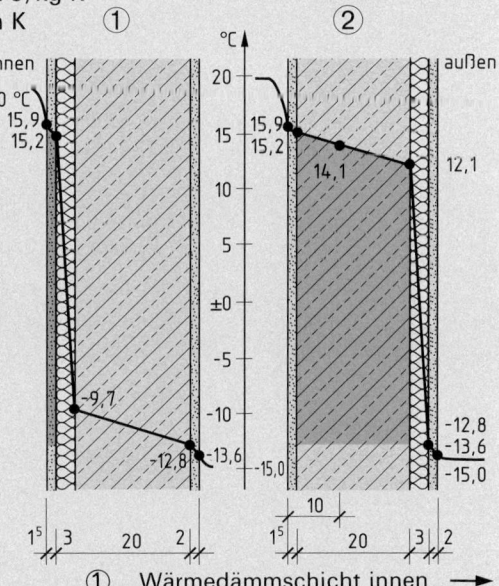

Beispiel

Wärmespeicherfähigkeit einer 20 cm dicken Betonwand mit 3 cm Wärmedämmschicht; WLS 040.

Innenputz: 15 mm Kalk-Gipsmörtel
Außenputz: 20 mm Kalk-Zementmörtel

Bei Innendämmung:

$Q = m' \cdot c \cdot \Delta\vartheta$
$Q = 0,015\ \text{m} \cdot 1400\ \text{kg/m}^3$
$\qquad \cdot 1000\ \text{J/kg} \cdot \text{K} \cdot 0,7\,(15,9 - 15,2)\ \text{K}$
$Q = 14\,700\ \text{J/m}^2$
$Q = 0,0041\ \text{kWh/m}^2$

Bei Außendämmung:

$Q = (0,015\ \text{m} \cdot 1400\ \text{kg/m}^3$
$\qquad + 0,085\ \text{m} \cdot 2400\ \text{kg/m}^3)$
$\qquad \cdot 1000\ \text{J/kg} \cdot \text{K} \cdot 1,8\,(15,9 - 14,1)\ \text{K}$
$Q = -405\,000\ \text{J/m}^2$
$Q = 0,11\ \text{kWh/m}^2$

① Wärmedämmschicht innen →
kleines Wärmespeichervermögen
② Wärmedämmschicht außen →
großes Wärmespeichervermögen

Nach DIN 4108 dürfen zur Wärmespeicherung nur 10 cm von der Innenseite der Wand herangezogen werden.

Bei der Innendämmung stellt nur der Innenputz Speichermasse dar, während bei der Außendämmung noch 8,5 cm der Betonwand zusätzlich als Speichermasse zur Verfügung steht.

Bei der Außendämmung ist die Speicherfähigkeit hier ca. 27-mal größer als bei der Innendämmung. Baustoffe mit $\lambda < 0,1$ W/mK dürfen nicht als Speichermasse eingerechnet werden.

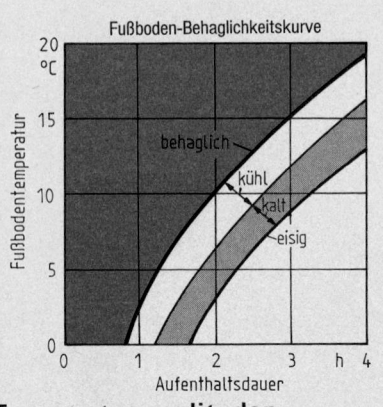

Fußboden-Behaglichkeitskurve

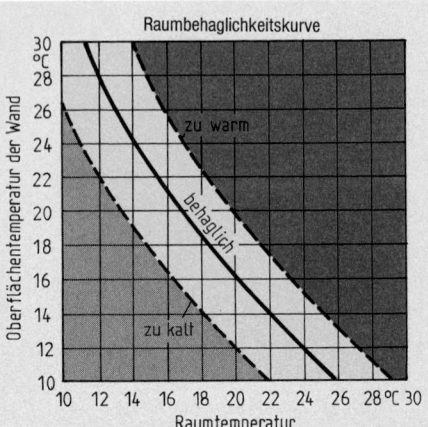

Raumbehaglichkeitskurve

12. Temperaturamplitudenverhältnis TAV

Der Temperaturverlauf der Außenluft ist während einer Tages- und Nachtphase nicht konstant. Diese Außentemperaturschwankung hat Auswirkungen auf den Temperaturverlauf im Bauteil selbst und im Innern des Gebäudes während einer Tag-Nacht-Phase. Das Temperaturamplitudenverhältnis eines Bauteils ist dann als gut zu bezeichnen, wenn die im Rauminnern festgestellte Temperaturschwankung geringer ist als bei der Außenluft und wenn die Wärmeenergiewelle phasenverschoben, d.h. um eine gewisse Anzahl von Stunden später innen ankommt. Das würde bedeuten, dass die Bauteile zunächst einmal die Wärme speichern und sie in den späten Abend- und Nachtstunden abgeschwächt wieder an die Raumluft abgeben. Besonders während der Sommermonate kommt dem Temperaturamplitudenverhältnis eine gewisse Bedeutung zu.

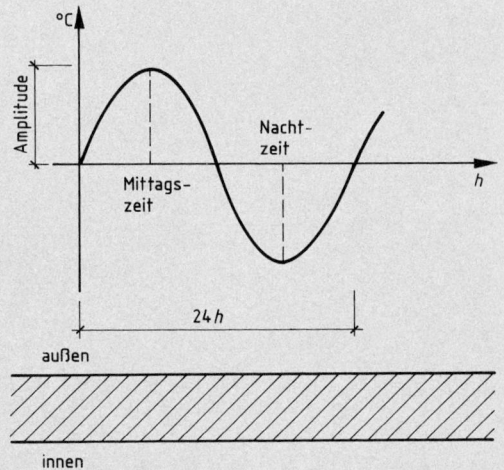

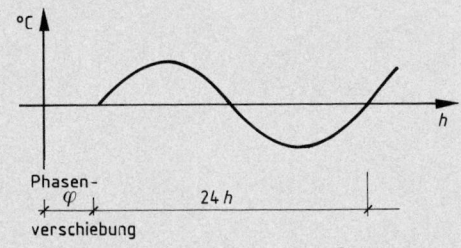

13. Wärmestromdichte q

Für die Beheizung von Gebäuden ist wichtig zu wissen, wie viel Watt pro m² Gebäudefläche tatsächlich bei dem zugrunde gelegten Temperaturunterschied zwischen der Raumluft und der Außenluft hindurchgeht. Dies wird durch die Wärmestromdichte q ausgedrückt.

$$q = U(\vartheta_i - \vartheta_e)$$ Einheit: W/m²

U: Wärmedurchgangskoeffizient
ϑ_i: Lufttemperatur innen, intern
ϑ_e: Lufttemperatur außen, extern

Beispiel

Berechnung der Wärmestromdichte einer Wand, deren U-Wert 0,62 W/m^2 K beträgt. Raumtemperatur $+20\,°C$, Außenlufttemperatur $-12\,°C$.

$$q = 0,62\,\frac{W}{m^2\,K}\,(20\,°C - (-12\,°C))$$

$$q = 19,84\ W/m^2$$

Energiebilanz eines Hauses

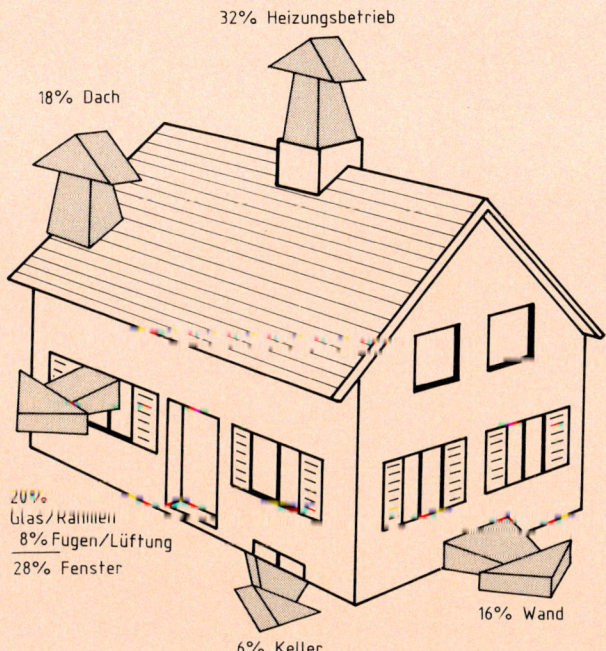

32% Heizungsbetrieb

18% Dach

20% Glas/Rahmen

8% Fugen/Lüftung

28% Fenster

6% Keller

16% Wand

Quelle:
„Energiesparbuch für das Eigenheim", herausgegeben vom Bundesministerium für Raumordnung, Bauwesen und Städtebau

Heizwerte verschiedener Brennstoffe

Brennstoff	Mengen-einheit	Heizwert	
		in MJ	in kWh
Steinkohle	kg	29,7	8,3
Braunkohlekoks	kg	30,1	8,4
Holz	kg	14,7	4,1
Leichtes Heizöl	l	37,2	10,3
Erdgas	m^3	31,7	8,8
Stadtgas	m^3	16,0	4,5

Zu obigen Werten kommt für die Energiebedarfsrechnung noch der Wirkungsgrad der Heizanlage.

Zur Erzeugung von 1 kWh Strom werden in konventionellen Wärmekraftwerken 2,7 kWh aus Brennstoffen verbraucht.

Einflussgrößen des Wärmeschutzes

sommerlicher Wärmeschutz	winterlicher Wärmeschutz

1. Sonnenschutzvorrichtungen (außen liegende variable Vorrichtungen am wirksamsten)

2. Wärmespeicherung der raumumschließenden Bauteile, besonders innenliegender Bauteile → TAV

3. Anordnung der einzelnen Schichten bei mehrschichtigen Bauteilen → Entfeuchtung der Bauteile während der Sommermonate (Verdunstungsperiode)

4. Gesamtenergiedurchlassgrad der Fenster

5. Fensterflächenanteil

6. Geografischer Standort des Gebäudes (Breitengrad, Höhe über dem Meeresspiegel, Bewölkungsverhältnisse)

7. Orientierung der Fenster bezüglich der Himmelsrichtung

8. Lüftungsmöglichkeiten durch Öffnen der Fenster (über Eck besonders wirksam) Zwangslüftung mittels Lüftungsanlagen

9. Äußere Oberflächenfarbe der Außenwände Helle Oberflächen reflektieren Wärmestrahlen Dunkle Oberflächen absorbieren Wärmestrahlen

---

1. Wärmedämmung der raumumschließenden Bauteile wie Wände, Decken, Fenster, Türen

2. Wärmespeicherfähigkeit dieser Bauteile → Tauwasserbildung

3. Anordnung der einzelnen Schichten bei mehrschichtigen Bauteilen. Richtige Reihenfolge der Schichten von außen nach innen → Tauwasserbildung

4. Gesamtenergiedurchlassgrad der Fenster (metallbedampfte Scheiben)

5. Fensterflächenanteil (Fenster u. U. Schwachpunkt)

6. Geografischer Standort des Gebäudes (Breitengrad, Höhe über dem Meeresspiegel, Bewölkungsverhältnisse, Nebelhäufigkeit)

7. Orientierung der Fenster → solarer Wärmerückgewinn, besonders bei Südfenstern

8. Luftaustausch durch Öffnen von Fenstern und Türen sowie Luftdurchlässigkeit von Fenstern und Türen über deren Fugenanteil

9. Luftaustausch mit mechanisch betriebenen Lüftungsanlagen mit oder ohne Wärmerückgewinnung

26.3 Wärmeschutznachweis nach DIN 4108

Mindestwerte für Wärmedurchlasswiderstände von Bauteilen nach DIN 4108

Zeile	Bauteile	Zeile		Wärmedurchlass-widerstand R in m^2 K/W
1	Außenwände, Wände von Aufenthaltsräumen gegen Bodenräume, Durchfahrten, offene Hausflure, Garagen, Erdreich			1,2
2	Wände zwischen fremdgenutzten Räumen; Wohnungstrennwände			0,07
3	Treppenraumwände	3.1	zu Treppenräumen mit wesentlich niedrigeren Innentemperaturen ($\theta_i \leq 10\,°C$)	0,25
		3.2	zu Treppenräumen mit Innentemperaturen $\theta_i > 10\,°C$ wie z. B. Verwaltungsgebäuden, Geschäftshäusern, Unterrichtsgebäuden, Hotels, Gaststätten und Wohngebäuden	0,07
4	Wohnungstrenndecken, Decken zwischen fremden Arbeitsräumen; Decken unter Räumen zwischen gedämmten Dachschrägen und Abseitenwänden bei ausgebauten Dachräumen	4.1	Allgemein	0,35
		4.2	in zentralbeheizten Bürogebäuden	0,17
5	unterer Abschluss nicht unterkellerter Aufenthaltsräume	5.1	unmittelbar an das Erdreich grenzend bis zu einer Raumtiefe von 5,0 m	0,90
		5.2	über einen nicht belüfteten Hohlraum an das Erdreich grenzend	0,90
6	Decken unter nicht ausgebauten Dachräumen; Decken unter bekriechbaren oder noch niedrigeren Räumen; Decken unter belüfteten Räumen zwischen Dachschrägen und Abseitenwänden bei ausgebauten Dachräumen, wärmegedämmte Dachschrägen			0,90
7	Kellerdecken; Decken gegen abgeschlossene, unbeheizte Hausflure u. Ä.			0,90
8	Decken und Dächer, die Aufenthaltsräume gegen die Außenluft abgrenzen	8.1	nach unten, gegen Garagen (auch beheizte), Durchfahrten und belüftete Kriechkeller	1,75
		8.2	nach oben: Dächer, Decken, Decken unter Terrassen, Umkehrdächer	1,2

Die Mindestwerte dieser Tabelle gelten für alle Bauteile mit einer flächenbezogenen Masse von mindestens 100 kg/m^2 und einer Raumtemperatur von mindestens 19 °C.
Die Mindestwerte gelten auch für die ungünstigste Stelle.

Anforderungen an die einzelnen Bauteile

Wände:
An Nischen, Brüstungen, Fensterstürzen, Rollladenkästen sind die Mindestwerte einzuhalten.

Bei zweischaligen Außenwänden mit Luftschicht kann die Dämmung der Luftschicht und der Außenschale (min $d = 90$ mm) mitgerechnet werden. Dies gilt auch für Holzkonstruktionen mit vorgesetzten hinterlüfteten Mauerwerksschalen.

Gebäude mit Innentemperaturen $12\,°C < \vartheta \leq 19\,°C$ müssen einen Wärmedurchlasswiderstand von mindestens $R = 0{,}55$ m^2 K/W haben.

Leichte Bauteile:
Für Außenwände, Decken unter nicht ausgebauten Dachräumen und Dächern mit einer flächenbezogenen Gesamtmasse von weniger als 100 kg/m^2 wird ein erhöhter Wärmeschutz gefordert: $R \leq 1{,}75$ m^2 K/W.

Bei Rahmen- und Skelettbauarten gelten sie nur für den Gefachbereich. Für das gesamte Bauteil ist im Mittel der Wert $R = 1{,}0$ m^2 K/W einzuhalten.

Bauteile mit Abdichtungen:
Bei der Berechnung des Wärmedurchlasswiderstandes R werden nur die Schichten innerhalb der Abdichtung zum Raum hin berechnet. Ausnahme: Umkehrdach. Hier ist der U-Wert um 0,05 W/m^2 K zu erhöhen.

Bei leichten Unterkonstruktionen mit einer flächenbezogenen Masse unter 250 kg/m^2 muss der Wärmedurchlasswiderstand unterhalb der Abdichtung mindestens 0,15 m^2 K/W betragen.

Bei Perimeterdämmung (= außenliegende Wärmedämmung erdberührender Gebäudeflächen) geht die Wärmedämmschicht außerhalb der Abdichtung in die Berechnung ein.

Decken:
Erfüllen Decken unter nicht ausgebauten Dachräumen die Forderung nach Zeile 6, so ist ein Wärmeschutz der Dächer nicht erforderlich.

Fußböden/ Bodenplatten:
Bei Bauteilen, die an das Erdreich grenzen, gehen nur jene Schichten innerhalb der Bauwerksabdichtung ein. Bei einer Perimeterdämmung geht die Dämmung in die Berechnung ein.

Fenster/ Fenstertüren:
Außen liegende Fenster und Türen von beheizten Räumen sind mindestens mit Isolier- oder Doppelverglasung auszuführen.

Der nicht transparente Teil der Ausfachungen von Fensterwänden und Fenstertüren, die weniger als 50 % der gesamten Ausfachungsfläche betragen, müssen mindestens den Anforderungen nach der Tabelle entsprechen.

Glasvorbauten:
Bei Glasvorbauten müssen die trennenden Bauteile die Bedingungen des Mindestwärmeschutzes erfüllen.

Abseitenwände:
Bei ausgebauten Dachräumen mit Abseitenwänden soll die Wärmedämmung in der Dachschräge bis zum Dachfuß hinabgeführt werden.

Rechenwerte der Wärmeübergangszahlen, bzw. Wärmeübergangswiderstände nach DIN 4108

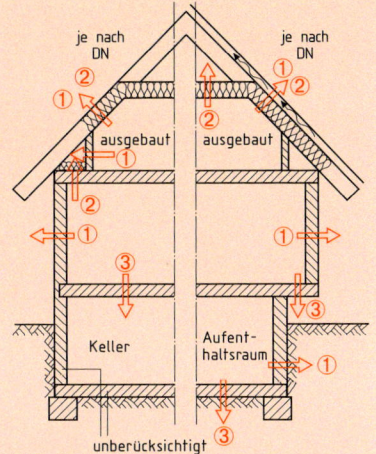

je nach DN · je nach DN

ausgebaut ausgebaut

Keller · Aufent-haltsraum

unberücksichtigt

DN = Dachneigung

Richtung des Wärmestromes	Wärmeüber-gangszahlen in W/m²K		Wärmeübergangs-widerstände in m²K/W	
	h_i	h_e	R_{si}	R_{se}
horizontal [1])	8	23	0,125	0,043
aufwärts	10	23	0,10	0,043
abwärts	6	23	0,167	0,043
hinterlüftete Fassaden	8	12	0,125	0,083

[1]) Die Werte unter horizontal gelten bis zu einer Winkelabweichung von ±30° zur Horizontalen d.h. ab einer Dachneigung von mehr als 60°.

[2]) Bei innen liegenden Bauteilen gelten zu beiden Seiten die h_i- bzw. R_{si}-Werte.

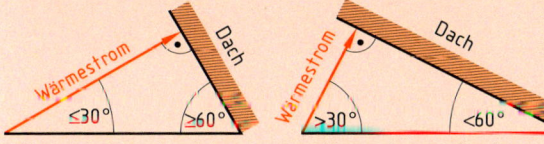

Wärmestrom horizontal · Wärmestrom aufwärts

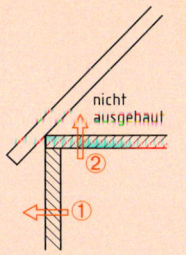

nicht ausgebaut

Luftschichten hinter Vorsatzschalen bei zweischaligem Mauerwerk gelten nach DIN EN 6946 als ruhende Luftschichten, wenn die Vorsatzschale mindestens 90 mm dick ist.

Offene Stoßfugen gelten nicht als Lüftungsöffnungen.

Für ruhende Luftschichten gelten Wärmedurchlasswiderstände R nach folgender Tabelle.

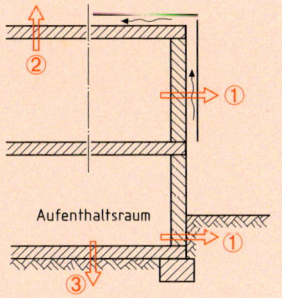

Aufenthaltsraum

Dicke der Luftschicht in mm	Richtung des Wärmestromes		
	horizontal * R in m² K/W	aufwärts R in m² K/W	abwärts R in m² K/W
0	0,00	0,00	0,00
5	0,11	0,11	0,11
7	0,13	0,13	0,13
10	0,15	0,15	0,15
15	0,17	0,16	0,17
25	0,18	0,16	0,19
50	0,18	0,16	0,21
100	0,18	0,16	0,22
300	0,18	0,16	0,23

① = Wärmestrom horizontal
② = Wärmestrom aufwärts
③ = Wärmestrom abwärts

* Die Werte unter horizontal gelten bis zu einer Winkelabweichung von ±30° zur Horizontalen d.h. ab einer Dachneigung von mehr als 60°.

Sommerlicher Wärmeschutz

Gesamtenergiedurchlassgrade g von Verglasungen

Zeile		Verglasung	g
1	1.1	Doppelverglasung aus Klarglas	0,8
	1.2	Dreifachverglasung aus Klarglas	0,7
2		Glasbausteine	0,6
3		Mehrfachverglasung mit Sondergläsern (Wärmeschutz- glas, Sonnenschutzglas)[1]	0,2 bis 0,8

[1] Unterschiedliche Werte je nach Einfärbung

Abminderungsfaktoren F_c von fest installierten Sonnenschutzvorrichtungen[1]

Zeile		Beschaffenheit der Sonnenschutzvorrichtung	Abmin- derungs- faktor F_c
1		ohne Sonnenschutz- vorrichtung	1,0
2		innen liegend bzw. zwischen den Scheiben liegend[2]	
	2.1	weiß oder reflektierende Oberfläche mit geringer Transparenz[3]	0,75
	2.2	helle Farben mit geringer Transparenz[3]	0,80
	2.3	dunkle Farben und höhere Transparenz[3]	0,90
3		außen liegend	
	3.1	Jalousien sowie Stoffe mit geringer Transparenz[3]	0,25
	3.2	Jalousien sowie Stoffe mit höherer Transparenz[3]	0,40
4		Vordächer, Loggien	0,50
5		Markisen, allgemein[4]	0,50

[1] Die Sonnenschutzvorrichtung muss fest installiert sein. Dekorative Vorhänge gelten nicht als Sonnen- schutzvorrichtung.
[2] Bedingt durch die Struktur der Vorrichtung ist eine genaue Ermittlung der Wirkung zu empfehlen, da sich günstigere Werte ergeben können. Ohne Nach- weis ist der ungünstigere Wert zu verwenden.
[3] Eine Transparenz der Sonnenschutzvorrichtung unter 10% gilt als gering, unter 30% als erhöht.
[4] Es muss näherungsweise sichergestellt sein, dass keine direkte Besonnung des Fensters erfolgt.

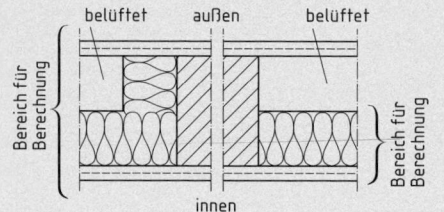

Mittlerer U-Wert/R-Wert

Setzt sich ein Bauteil aus mehreren Einzel- flächen zusammen z.B. eine Wand mit Brüstungsnische, Fenster und Sturz, so er- rechnet sich der mittlere U-Wert bzw. R- Wert zu:

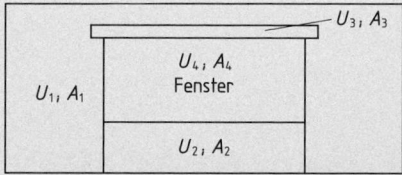

$$U_m = \frac{U_1 \cdot A_1 + U_2 \cdot A_2 + U_3 \cdot A_3 + \dots U_n \cdot A_n}{\text{ges } A}$$

$$R_m = \frac{A_{ges}}{A_1 \cdot \dfrac{1}{R_1} + A_2 \cdot \dfrac{1}{R_2} + A_3 \cdot \dfrac{1}{R_3} + \dots A_n \cdot \dfrac{1}{R_n}}$$

Haben zusammengesetzte Bauteile gleiche Längen, wie z.B. eine Balken- oder Sparren- lage mit gedämmtem Gefachbereich, so re- duzieren sich unten stehende Formeln auf:

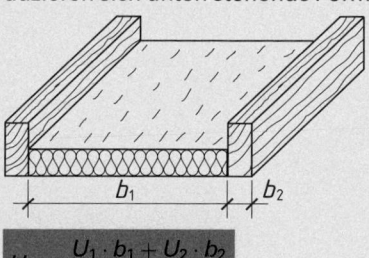

$$U_m = \frac{U_1 \cdot b_1 + U_2 \cdot b_2}{b_1 + b_2}$$

$$R_m = \frac{b_1 + b_2}{b_1 \cdot \dfrac{1}{R_1} + b_2 \cdot \dfrac{1}{R_2}}$$

Stehen die Flächen in einem prozentualen Verhältnis zueinander z.B. Fachwerkwand, so ergibt sich der mittlere U-Wert bzw. R- Wert zu:

$$U_m = \frac{U_1 \cdot p_1 + U_2 \cdot p_2 + U_3 \cdot p_3 + \dots U_n \cdot p_n}{100 \%}$$

$$R_m = \frac{100\%}{p_1 \cdot \dfrac{1}{R_1} + p_2 \cdot \dfrac{1}{R_2}}$$

Rechenwerte der Wärmedurchgangskoeffizienten für Verglasungen (U_g) und für Fenster und Fenstertüren einschließlich Rahmen und Glasverbund (U_w)

Zeile	Beschreibung der Verglasung	Verglasung[1] U_g W/(m²·K)	Fenster und Fenstertüren einschließlich Rahmen U_w für Rahmenmaterialgruppe[2] W/(m²·K)				
			1	2.1	2.2	2.3	3
1 Unter Verwendung von Normalglas							
1	Einfachverglasung	5,8	5,2				
2	Isolierglas mit ≥ 6 bis ≤ 8 mm Luftzwischenraum	3,4	2,9	3,2	3,3	3,6	4,1
3	Isolierglas mit > 8 bis ≤ 10 mm Luftzwischenraum	3,2	2,8	3,0	3,2	3,4	4,0
4	Isolierglas mit > 10 bis ≤ 16 mm Luftzwischenraum	3,0	2,6	2,9	3,1	3,3	3,8
5	Isolierglas mit zweimal ≥ 6 bis ≤ 8 mm Luftzwischenraum	2,4	2,2	2,5	2,6	2,9	3,4
6	Isolierglas mit zweimal > 8 bis ≤ 10 mm Luftzwischenraum	2,2	2,1	2,3	2,5	2,7	3,3
7	Isolierglas mit zweimal > 10 bis ≤ 16 mm Luftzwischenraum	2,1	2,0	2,3	2,4	2,7	3,2
8	Doppelverglasung mit 20 bis 100 mm Scheibenabstand	2,8	2,5	2,7	2,9	3,2	3,7
9	Doppelverglasung aus Einfachglas und Isolierglas (Luftzwischenraum 10 bis 16 mm) mit 20 bis 100 mm Scheibenabstand	2,0	1,9	2,2	2,4	2,6	3,1
10	Doppelverglasung aus zwei Isolierglaseinheiten (Luftzwischenraum 10 bis 16 mm) mit 20 bis 100 mm Scheibenabstand	1,4	1,5	1,8	1,9	2,2	2,7

[1] Bei Fenstern mit einem Rahmenanteil von nicht mehr als 5% (z.B. Schaufensteranlagen) kann für den Wärmedurchgangskoeffizienten U_w der Wärmedurchgangskoeffizient U_g der Verglasung gesetzt werden.

[2] Die Einstufung von Fensterrahmen in die Rahmenmaterialgruppen 1 bis 3 ist wie folgt vorzunehmen:

Gruppe 1: Fenster mit Rahmen aus Holz, Kunststoff und Holzkombinationen (z.B. Holzrahmen mit Aluminiumbekleidung), Rahmen mit $U_f \leq 2,0$ W/(m²·K)

Gruppe 2.1: Fenster mit Rahmen aus wärmegedämmten Metall- oder Betonprofilen, Rahmen mit $2,0 < U_f \leq 2,8$ W/(m²·K)

Gruppe 2.2: Fenster mit Rahmen aus wärmegedämmten Metall- oder Betonprofilen, Rahmen mit $2,8 < U_f \leq 3,5$ W/(m²·K)

Gruppe 2.3: Fenster mit Rahmen aus wärmegedämmten Metall- oder Betonprofilen, Rahmen mit $3,5 < U_f \leq 4,5$ W/(m²·K)

Gruppe 3: Fenster mit Rahmen aus Beton, Stahl und Aluminium, Rahmen mit $U_f > 4,5$ W/(m²·K)

g = glass engl. Glas
f = frame engl. Rahmen

$$U_w = \frac{U_g \cdot A_g + U_f \cdot A_f + \psi \cdot l}{A_g + A_f}$$

ψ = Wärmebrückenverlustkoeffizient [W/mK]
l = Länge des Glasabstandsprofils
U_g, U_f = U-Werte der Verglasung bzw. des Rahmens
A_g, A_f = Fläche der Verglasung bzw. des Rahmens

26.4 Wärmeschutznachweis nach EnEV

Nachweis des Wärmeschutzes

DIN 4108

- Berücksichtigt bauphysikalische Größen,
- verlangt die Einhaltung von Mindestwerten des Wärmedurchlasswiderstandes R von Bauteilen,
- schützt die Baustoffe und Bauteile vor Durchfeuchtung, zu großen thermischen Spannungen und vermeidet Korrosion, Fäulnis sowie Schimmelpilzbildung.

Energie-Einspar-Verordnung EnEV

- Fordert einen energiesparenden Wärmeschutz,
- verlangt die Nichtüberschreitung eines Jahres-Primärenergiebedarfs,
- schützt vor zu großen Umweltbelastungen durch die Reduzierung des Ausstoßes von
  - Kohlenstoffdioxid (CO_2),
  - Schwefeldioxid (SO_2) und
  - Stickoxid (NO_x).

Sowohl die Vorschriften der DIN 4108 als auch die Vorschriften der EnEV müssen eingehalten werden.

Der Nachweis nach der EnEV kann erfolgen nach dem:

Monatsbilanzverfahren (MB-Verfahren)

Bei diesem Verfahren werden nicht nur die Wärmeverluste sondern auch die Wärmegewinne monatlich erfasst und einander gegenübergestellt. Sind die Wärmeverluste größer als die Wärmegewinne, beginnt die Heizperiode. Die Größe der Verluste richtet sich nach dem Wärmedämmstandard und der technischen Ausgestaltung wie Anlagentechnik, geografischer Standort.

Für Neubauten muss das MB-Verfahren angewandt werden.

Beim MB-Verfahren können berücksichtigt werden:
- Wintergärten,
- transparente Wärmedämmung,
- Energieeinträge durch
  - Solarthermie,
  - Wärmepumpen,
- Wärmebrücken,
- maschinelle Lüftungssysteme mit und ohne Wärmerückgewinnung.

Bauteilverfahren (BT-Verfahren)

Bei diesem Verfahren reicht es für den energetischen Nachweis, den Wärmedurchgangskoeffizienten (U-Wert) aller Bauteile, die an die Außenluft oder an unbeheizte Räume grenzen, zu bestimmen und sie mit den in Tabelle S. 326ff aufgeführten maximal zulässigen Werten zu vergleichen.

Bei Bauteil-Verfahren finden keine Berücksichtigung:
- die Anlagentechnik,
- die Lüftungswärmeverluste,
- interne Wärmegewinne,
- solare Wärmegewinne,
- Standort des Gebäudes mit seiner geografischen Lage,
- die Länge der Heizperiode,
- alle sonstigen Tatbestände, die beim MB-Verfahren Berücksichtigung finden.

Das BT-Verfahren darf nur für die Fälle einer energetischen Sanierung angewandt werden und nicht für Neubauten.

Nur die Bausubstanz geht in die Berechnung ein.

Referenzgebäude

Der Nachweis nach dem Monats-Bilanzverfahren sowohl für Nichtwohngebäude als auch für Wohngebäude erfolgt über ein Referenzgebäude.
Dieses Referenzgebäude muss in seiner Geometrie, der Gebäude-Nutzfläche, Ausrichtung und der technischen Ausstattung dem zu errichtenden Gebäude entsprechen.
Letzteres ist besonders im Nichtwohnungsbau wichtig.
An eine Hotelanlage werden ganz andere Anforderungen bezüglich der Ausstattung gestellt als an ein Verwaltungsgebäude, an ein Kongresszentrum wiederum andere als an ein Klinikum oder eine Schule.
Da der Nichtwohnungsbau so vielgestaltig ist, soll hier nicht näher darauf eingegangen werden.

Die EnEV gibt für das Referenzgebäude Höchst-U-Werte von verschiedenen Bauteilen vor, auf deren Grundlage der Primärenergiebedarf q_P und die Transmissionswärmeverluste H'_T ermittelt werden.
Bei der Errichtung des neuen Gebäudes ist der Planer allerdings in seiner Materialwahl, seiner Baukonstruktion planungsfrei, ebenso kann er eine andere Anlagentechnik wählen.
Mit den konkreten Planungswerten wird nun q_P und H'_T ermittelt. Dabei dürfen die Werte des Referenzgebäudes nicht überschritten werden.
Beim MB-Verfahren ist es also durchaus möglich, dass der U-Wert der Wände höher liegt als der Vorgabe der EnEV entspricht. Dafür müssen andere Bauteile, wie z. B. das Dach oder die Anlagentechnik effizienter sein, um q_P und H'_T des Referenzgebäudes nicht zu überschreiten.

Unterschied der in der EnEV geforderten U-Werte bei Gebäuden im Bestand und bei neu zu errichtenden Gebäuden

Gebäude im Bestand	Neu zu errichtende Gebäude
BT-Verfahren: Vorgegebene U-Werte dürfen nicht überschritten werden (S. 326 ff)	**MB-Verfahren:** U-Werte stellen nur Vorgabewerte dar, um q_P und H'_T zu ermitteln. Die U-Werte des zu errichtenden Gebäudes können höher als Vorgabewerte sein, jedoch q_P und H'_T dürfen die Werte des **Referenzgebäudes** nicht überschreiten.

Wird ein Wohngebäude ausgebaut oder an ein Gebäude angebaut mit $A_{NF} > 50$ m², so darf außerdem der Wert für $H'_t = 0,65$ W/K nach Tab. S. 330 nicht überschritten werden.

Referenzgebäude

Vorgegebene U-Werte für:
- Bodenplatte,
- Außenwände,
- oberste Geschossdecke,
- Dach,
- Fenster,
- Außentüre,
- vorgegebene Heizanlage.

⇓

Ermittlung des auf die Nutzfläche bezogenen

Primärenergiebedarfs q_P

sowie des auf die Wärme übertragende Gebäudehüllfläche bezogenen

Transmissionswärmeverlustes H'_T

Ergebnis: max. zul. q_P
max. zul. H'_T

Zu errichtendes Gebäude

Gestaltungsfreiheit des Planers

- Freie Wahl der Baustoffe,
- freie Wahl des Aufbaus der einzelnen Bauteile,
- freie Wahl der Baukonstruktion,
- freie Wahl der Anlagentechnik.

Ergebnis: vorh. q_P
vorh. H'_T

Fazit:
- Vorh. q_P darf max. zul. q_P **nicht überschreiten.**
- Vorh. H'_T darf max. zul. H'_T **nicht überschreiten.**

26.5 Nachweisverfahren bei Gebäuden im Bestand

Höchstwerte des Wärmedurchgangskoeffizienten U bei
- Änderungen von Außenbauteilen bei mehr als 10 % der gesamten jeweiligen Bauteilfläche,
- Erweiterung,
- Ausbau, wenn > 15 m² Nutzfläche $(A_{NF}) \leq 50$ m²

Zeile	Bauteil	Maßnahme	Wohngebäude und Zonen von Nichtwohngebäuden mit Innentemperaturen ≥ 19 °C	Zonen von Nichtwohngebäuden mit Innentemperaturen von 12 bis < 19 °C
			max. U in W/m²K	max. U in W/m²K
1[1])	Außenwände	• ersetzt, bzw. erstmalig eingebaut, • Bekleidungen in Form von Platten oder • Verschalungen sowie Mauerwerks-Vorsatzschalen angebracht werden, • Dämmschichten eingebaut werden oder • bei einer bestehenden Wand mit $U_{AW} > 0,90$ W/m²K der Außenputz erneuert wird.	0,24	0,35
2	Außenliegende Fenster, Fenstertüren	• das gesamte Bauteil ersetzt oder erstmalig eingebaut wird, • zusätzliche Vor- oder Innenfenster eingebaut werden.	1,30	1,90
3	Dachflächenfenster	• das gesamte Bauteil ersetzt oder erstmalig eingebaut wird, • zusätzliche Vor- oder Innenfenster eingebaut werden.	1,40	1,90
4	Verglasungen	• die Verglasung ersetzt wird.	1,10	keine Anforderung
5	Vorhangfassaden	• das gesamte Bauteil ersetzt oder erstmalig eingebaut wird.	1,40	1,90

Fortsetzung Tabelle

Zeile	Bauteil	Maßnahme	Wohngebäude und Zonen von Nichtwohngebäuden mit Innentemperaturen $\geq 19\,^{\circ}$C	Zonen von Nichtwohngebäuden mit Innentemperaturen von 12 bis $< 19\,^{\circ}$C
			max. U in W/m²K	max. U in W/m²K
6		● die Füllung (Verglasung oder Panelle) ersetzt wird.	1,90	keine Anforderung
7	Außenliegende Fenster, Fenstertüren, Dachflächenfenster mit Sonderverglasungen	● das gesamte Bauteil ersetzt oder erstmalig eingebaut wird, ● zusätzliche Vor- oder Innenfenster eingebaut werden.	2,0	2,80
8	Sonderverglasungen	● die Verglasung ersetzt wird.	1,60	keine Anforderung
9	vorhangfassaden mit Sonderverglasungen	● Sonnenschutzgläser, ● Sicherheitsgläser, ● Brandschutzgläser, ● Schallschutzgläser eingebaut werden.	2,3	3,0
10[2)]	Decken, Dächer, Dachschrägen	● ersetzt, erstmalig eingebaut, ● die Dachhaut, bzw. außenseitige Bekleidungen oder Verschalungen ersetzt oder neu aufgebaut werden, ● innenseitige Bekleidungen oder Verschalungen aufgebracht oder erneuert werden, ● Dämmschichten eingebaut werden, ● zusätzliche Bekleidungen oder Dämmschichten an Wänden zum unbeheizten Dachraum eingebaut werden.	0,24	0,35
11	Fußbodenaufbauten	● auf der beheizten Seite solche aufgebaut oder erneuert werden.	0,50	keine Anforderung

Zeile	Bauteil	Maßnahme	Wohngebäude und Zonen von Nichtwohngebäuden mit Innentemperaturen ≥ 19 °C	Zonen von Nichtwohngebäuden mit Innentemperaturen von 12 bis < 19 °C
			max. U in W/m²K	max. U in W/m²K
12	Flachdächer	• ersetzt, erstmalig eingebaut, • die Dachhaut bzw. außenseitige Bekleidungen oder Verschalungen ersetzt oder neu aufgebaut werden, • innenseitige Bekleidungen oder Verschalungen aufgebracht oder erneuert werden, • Dämmschichten eingebaut werden.	0,20	0,35
13	Decken und Wände gegen unbeheizte Räume oder Erdreich	• ersetzt, erstmalig eingebaut, • außenseitige Bekleidungen oder Verschalungen, Feuchtigkeitssperren oder • Dränungen angebracht oder erneuert werden, • Deckenbekleidungen auf der Kaltseite angebracht oder • Dämmschichten eingebaut werden.	0,30	keine Anforderung
14	Decken nach unten an Außenluft	• ersetzt, erstmalig eingebaut, • außenseitige Bekleidungen oder • Verschalungen, Feuchtigkeitssperren oder • Drainagen angebracht oder erneuert, • Fußbodenaufbauten auf der beheizten Seite aufgebaut oder erneuert, • Deckenbekleidungen auf der Kaltseite angebracht, • Dämmschichten eingebaut werden.	0,24	0,35
15	Außentüren	• bei Erneuerung.	2,9	

[1]) Bei Innendämmung darf der U-Wert 0,35 W/m²K nicht überschreiten.
[2]) War die oberste Geschossdecke bisher nicht gedämmt, so darf der U-Wert 0,24 W/m²K nicht überschreiten.

26.6 Wärme-Energieverluste

Neben den Energieverlusten der Heizungsanlage mit ihren Bereichen Erzeugung – Speicherung – Verteilung machen Transmissionswärmeverluste durch die Bauteile Wände, Fenster, Dach, Decken, Böden sowie Lüftungswärmeverluste den Hauptteil der Wärmeverluste aus. Lüftungswärmeverluste können durch dichtere Fenster, durch den Einbau einer Luftdichtheitsebene sowie durch Vermeidung von undichten Durchdringungen und Anschlüssen vermieden werden.

Transmissionswärmeverluste H_T

Durch den Temperaturunterschied zu beiden Seiten eines Bauteils erfolgt ein Wärmestrom durch die Bauteile hindurch vom wärmeren Raum zum nicht beheizten bzw. zur Außenluft. In den Kennwert des Transmissionswärmeverlustes gehen der Wärmedurchgangskoeffizient U (U-Wert) sowie die zum U-Wert zugehörige Fläche in die Berechnung ein.

Der Transmissionswärmeverlust eines Bauteils ermittelt sich zu:

$$H_T = F_{x,j} \cdot U_j \cdot A_j \qquad j = \text{jeweiliges Bauteil}$$

Der Temperatur-Korrekturfaktor F_x gibt Auskunft über die Temperatur im angrenzenden Raum eines Bauteils. Grenzt ein Bauteil an die Außenluft, so ist der $F_x = 1,0$; d.h. der U-Wert wird mit 100 % gerechnet. Grenzt ein Raum an einen unbeheizten, niedrig beheizten Raum oder an das Erdreich, so nimmt der F_x-Faktor einen Wert unter 1,0, d.h. unter 100 % an, weil dieser Raum nicht so kalt ist wie die Außenluft.

Beispiel:
$U = 0,75$ W/m²K, $F_x = 0,6$ (60 %)

$$U = 0,75 \frac{W}{m^2 K} \cdot 0,6$$

$$U = 0,45 \text{ W/m}^2\text{K}$$

Der Wärmetransport verringert sich um 40 %.

Dass das Bauteil rechnerisch nur mit einem U-Wert von 0,45 W/m²K in die Berechnung eingeht, liegt daran, dass der Wärmestrom zu diesem Raum im Winter geringer ist als zur Außenluft.
Je größer der Temperaturunterschied zu beiden Seiten eines Bauteils ist, desto größer ist der Wärmestrom und damit der Wärmeenergieverlust. In Heizkörpernischen (HKN) ist die Wärmestromdichte höher als im übrigen Wandbereich, da zwischen HKN und Nischenwand eine höhere Temperatur herrscht als im übrigen Wandbereich.
Der Transmissionswärmeverlust der einzelnen Bauteile wird meist tabellarisch erfasst. Das hat den Vorteil, dass durch die Erfassung des Ist-Zustandes von H_T der Sanierungsbedarf erkennbar wird. Bei Bauteilen mit hohem U-Wert und großer Fläche kann am wirkungsvollsten saniert werden.

Spezifischer, auf die gesamte Wärme übertragende Fläche bezogener Transmissionswärmeverlust H'_T

Bezieht man die Summe des spezifischen Transmissionswärmeverlustes aller Bauteile auf die gesamte wärmeübertragende Fläche aller dieser Bauteile, so erhält man den spezifischen Transmissionswärmeverlust H'_T. Dieser Kennwert ist der wichtigste auf die Bausubstanz bezogene Kennwert. Man bezeichnet ihn deshalb auch als mittleren U-Wert des gesamten beheizten Gebäudes.

Temperatur-Korrekturfaktoren F_x

Wärmestrom über das jeweilige Bauteil	F_x
Außenwand, Fenster	1,0
Dach bei ausgebautem Dachgeschoss	1,0
Oberste Geschossdecke bei nicht ausgebautem DG	0,8
Abseitenwand (Drempelwand)	0,8
Wände und Decken zu unbeheizten Räumen	0,5
Wände und Decken zu niedrig beheizten Räumen (12 °C bis 19 °C)	0,35
Unterer Gebäudeabschluss:	
• Kellerdecken und Kellerwände zu unbeheizten Kellern	0,6
• Fußboden auf Erdreich	0,6
• Flächen des beheizten Kellers gegen Erdreich	0,6
Aufgeständerter Fußboden	0,9

Spezifischer Transmissionswärmeverlust, bezogen auf die Umfassungsfläche

$$H'_T = \frac{H_T}{A} \quad \text{in W/m}^2\,\text{K}$$

$A=$ gesamte wärmeübertragende Umfassungsfläche des Gebäudes.

H'_r entspricht einem mittleren U-Wert der gesamten wärmeübertragenden Umfassungsfläche.

Höchstwerte des spezifischen, auf die wärmeübertragende Umfassungsfläche bezogenen Transmissionswärmeverlustes H'_T bei zu errichtenden Gebäuden sowie bei Erweiterung und Ausbau von Gebäuden im Bestand bei mehr als 50 m² Nutzfläche (A_{NF}).

Zeile	Gebäudetyp	Höchstwerte von H'_T in W/m²K
1	frei stehendes Wohngebäude mit $A_N \leq 350$ m² mit $A_N > 350$ m²	0,40 0,50
2	einseitig angebautes Wohngebäude	0,45
3	alle anderen Wohngebäude	0,65
4	Erweiterungen und Ausbauten von Wohngebäuden	0,65

$A_N =$ Gebäude-Nutzfläche
Sie wird wie folgt ermittelt:
$A_N = 0{,}32 \cdot 1\frac{1}{m} \cdot V_e$
$V_e =$ beheiztes Gebäudevolumen auf der Grundlage der Außenmaße

26.7 Vorschriften nach dem Erneuerbare-Energie-Wärmegesetz bei neu zu errichtenden Gebäuden

Wärmequelle	Mindestanteil	Sonstige Anforderung
Solare Strahlungsenergie (aktive, nicht passive)	15 %	Siegel: Solar Keymark (europ. Prüfzeichen) bis 2 WE 0,04 m² Koll.-Fläche/m² A_{NF} bei MFH 0,03 m²/m² A_{NF}
Geothermie (Tiefen-/Oberflächennahe)	50 %	Effizienzanforderungen: bestimmte Jahresarbeitszahlen Tiefen-GT: mind. 400 m $\Rightarrow$ liefert bereits direkt nutzbare Wärme oberflächennahe GT: Wasser muss mithilfe einer WP auf die gewünschte Temperatur gebracht werden.
Umweltwärme (Luft , Wasser)	50 %	Effizienzanforderungen: bestimmte Jahresarbeitszahlen
feste Biomasse (Holzpellets, Holzhackschnitzel, Scheitholz)	50 %	Effizienzanforderungen: Kessel müssen den bundesrechtlichen Immissionsschutzbestimmungen entsprechen und einen besonders effizienten Wirkungsgrad aufweisen.
gasförmige Biomasse	30 %	Einsatz nur in KWK
flüssige Biomasse (Bio-Öle aus: Raps, Palm, Soja)	50 %	Moderne Heizkessel: beste verfügbare Technik

Kombinationen der einzelnen Energieträger sind möglich.

Wer keine erneuerbaren Energien einsetzen kann, kann Ersatzmaßnahmen vornehmen:
- Nutzung von Abwärme,
- Nutzung von Wärme aus KWK-Anlagen (Kraft-Wärme-Kopplung),
- Anschluss an das Nah- oder Fernwärme-Netz,
- verbesserte Dämmung von mind. 15 % über dem Stand der EnEV.

Befreiung kann auf Antrag erteilt werden:
- wenn der Einsatz von erneuerbaren Energien nicht möglich ist,
- Ersatzmaßnahmen nicht möglich sind,
- es zu unbilligen Härten führen würde.

26.8 Wärmeschutznachweise

Beispiel eines Wärmeschutznachweises

Daten:

- Die Fenster haben einen Wärmedurchgangskoeffizient $U_w = 2{,}7\ \text{W/m}^2\text{K}$.
- Der Gesamtenergiedurchlassgrad der Fenster beträgt $g = 0{,}8$.
- Die Außentür hat einen U-Wert von $3{,}8\ \text{W/m}^2\text{K}$.
- Lichte Geschosshöhe im Ist-Zustand 2,50 m.
- Es kann keine Dichtheitsprüfung vorgenommen werden.
- Die Grundrissmaße sind Rohbaumaße.

Es sind zu führen:

1. Nachweis der U-Werte vor und nach der Sanierung entsprechend der Energie-Einspar-Verordnung (EnEV) im Bauteilverfahren.
2. Nachweis des auf die Wärme übertragende Umfassungsfläche bezogenen Transmissionswärmeverlustes H_T' im Ist-Zustand und im sanierten Zustand.
   (Darstellung tabellarisch sowie in einem Balkendiagramm)

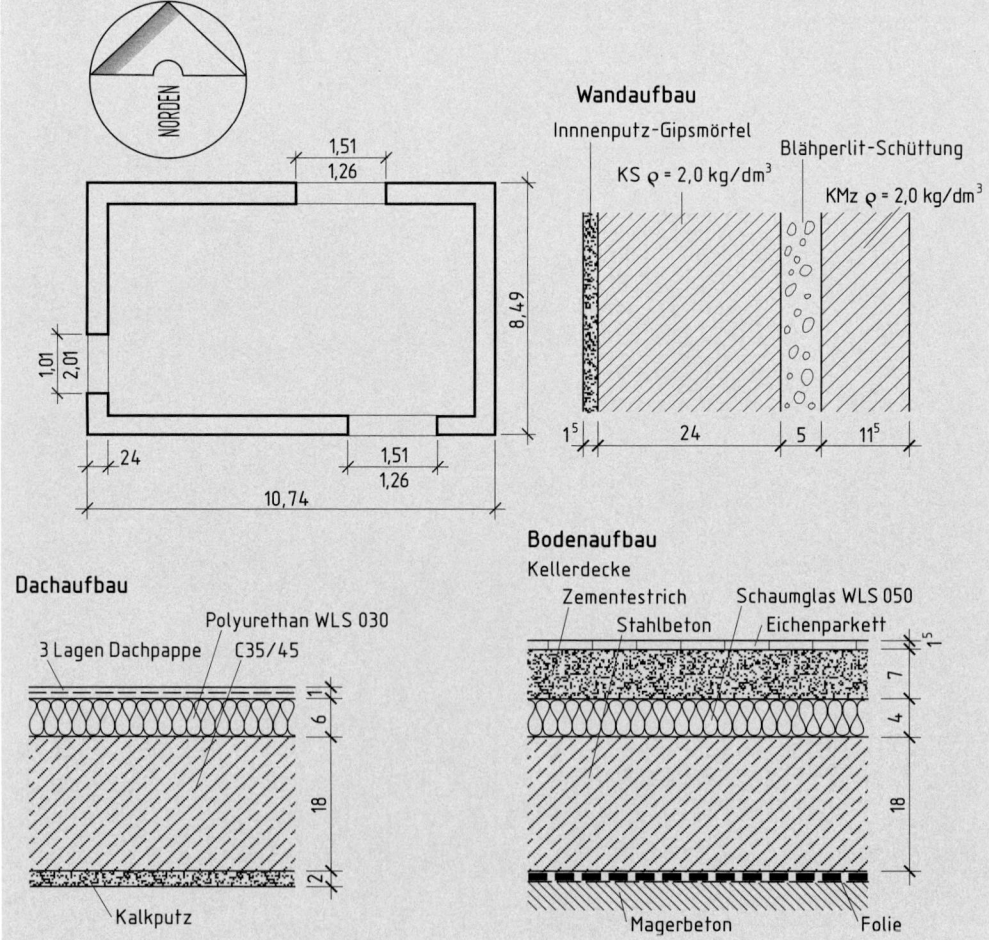

Lösung

Außenwände:

Ist-Zustand

$$R_{T,AW} = \frac{1}{8} + \frac{0,015}{0,7} + \frac{0,24}{1,1} + \frac{0,05}{0,06} + \frac{0,115}{0,96} + \frac{1}{23}$$

$R_{T,AW} = 1,36\ \text{m}^2\text{K/W}$
$U_{AW} = 0,735\ \text{W/m}^2\text{K} > \text{max. zul. } U = 0,24\ \text{W/m}^2\text{K}$

Sanierung
Da das zweischalige Mauerwerk von außen nur schlecht zu dämmen ist, bzw. sich eine völlig andere Fassadengestaltung ergeben würde, ist eine Innendämmung mit Calcium-Silicatplatten auf den bestehenden Innenputz vorgesehen.

$$\frac{1}{0,24} = 1,36 + \frac{d}{0,06} + \frac{0,015}{0,70}$$

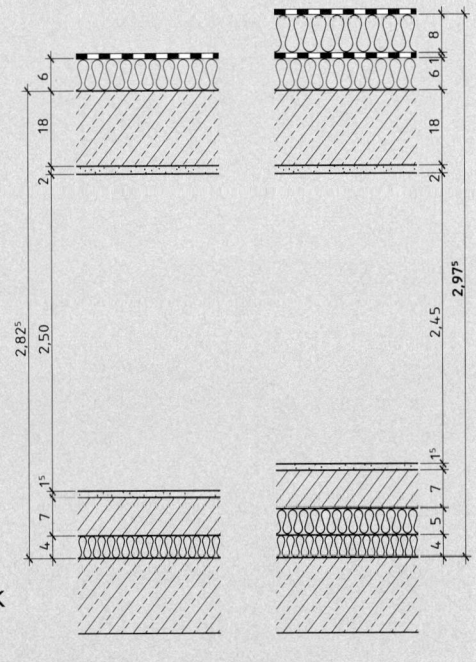

ist   saniert

$d = 0,167\ \text{m}$
$d = 180\ \text{mm} \Rightarrow \boldsymbol{U_{AW} = 0,23\ \text{W/m}^2\text{K}}$

$l = 10,74 + 2 \cdot 0,05 + 2 \cdot 0,115$
$l = 11,07\ \text{m}$

$b = 8,49 + 2 \cdot 0,05 + 2 \cdot 0,115$
$b = 8,82\ \text{n}$

$\qquad\qquad\qquad$ Fenster Tür
$A_{AW} = (11,07 + 8,82) \cdot 2 \cdot 2,975 - 3,81 - 2,03$
$\boldsymbol{A_{AW} = 112,50\ \text{m}^2}$

Bodenplatte

Ist-Zustand

$$R_T = \frac{1}{6} + \frac{0,015}{0,20} + \frac{0,07}{1,4} + \frac{0,04}{0,05} + \frac{0,18}{2,5} + \frac{1}{\infty}$$

$R_{T,G} = 1,16\ \text{m}^2\text{K/W}$
$U_G = 0,86\ \text{W/m}^2\text{K} > \text{max. zul. } U_G = 0,50\ \text{W/m}^2\text{K}$

Sanierung

Da die Dämmung nur auf der Warmseite aufgebracht werden kann $\Rightarrow$ max. zul.
$U = 0,50\ \text{W/m}^2\text{K}$

$$\frac{1}{0,50} = 1,16 + \frac{d}{0,05}$$

$d = 0,042\ \text{m}$
$d = 50\ \text{mm} \Rightarrow \boldsymbol{U_G = 0,46\ \text{W/m}^2\text{K}}$

$A_G = 11,07 \cdot 8,82$
$\boldsymbol{A_G = 97,64\ \text{m}^2}$

Flachdach
Ist-Zustand

$$R_T = \frac{1}{10} + \frac{0,02}{1,0} + \frac{0,18}{2,5} + \frac{0,06}{0,03} + \frac{1}{23}$$

$R_{T,D} = 2,235 \ \text{m}^2\,\text{K/W}$
$U_D = 0,447 \ \text{m}^2\,\text{K/W} > \text{max. zul. } U = 0,20 \ \text{W/m}^2\,\text{K}$

Sanierung
Zur bestehenden Dämmung PUR auf bisherige
Dachhaut gleiches Material

$$\frac{1}{0,20} = 2,235 + \frac{d}{0,03} + \frac{0,01}{0,17}$$

$d = 0,08 \ \text{m}$
$d = 80 \ \text{mm PUR, WLS 030} \Rightarrow \mathbf{U_D = 0,20 \ W/m^2\,K}$

$\mathbf{A_D = A_G = 97,64 \ m^2}$

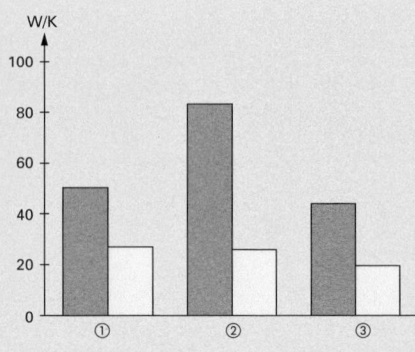

Mit der Tabelle über die spezifischen Transmissionswärmeverluste und dem zugehörigen Diagramm kann dem Kunden gezeigt werden bei welchen Bauteilen sich eine Sanierung lohnt.
Zwei Kriterien: hohe U-Werte bei großen Flächen

Spezifische Transmissionswärmeverluste

Bauteil	U-Werte max. zul. nach EnEV	U-Werte Ist-Zustand	U-Werte sanierter Zustand	F_x	$H_T = F_{x,j} \cdot U_j \cdot A_j$	H_T Ist-Zustand in W/K	H_T sanierter Zustand in W/K
Boden-platte 1	0,50	*0,86*	0,46	0,6	$H_T = 0,6 \cdot 0,46 \cdot 97,64$	*50,38*	**26,95**
Außen-wände 2	0,24	*0,74*	0,23	1,0	$H_T = 1,0 \cdot 0,23 \cdot 112,50$	*83,25*	**25,88**
Flach-dach 3	0,20	*0,45*	0,20	1,0	$H_T = 1,0 \cdot 0,20 \cdot 97,64$	*43,94*	**19,53**
Fenster	1,4	*2,7*	1,4	1,0	$H_T = 1,0 \cdot 1,4 \cdot 3,81$	*10,29*	**5,33**
Tür	2,9	*3,8*	2,9	1,0	$H_T = 1,0 \cdot 2,9 \cdot 2,03$	*7,71*	**5,89**
					$A = 313,62 \ \text{m}^2$		
						195,55	**83,58**
					$+$Wärmebrücken-zuschlag		
					$\Delta U_{WB} \cdot A = 0,10 \cdot 313,62$	*31,36*	**31,36**
						226,91	**114,94**

Ist-Zustand

$$H_T' = \frac{H_T}{A} \quad \Rightarrow \quad H_T' = \frac{226,91 \ \frac{W}{K}}{313,62 \ \text{m}^2}$$

$$H_T' = 0,72 \ \text{W/m}^2\,\text{K}$$

Saniert

$$H_T' = \frac{H_T}{A} \quad \Rightarrow \quad H_T' = \frac{114,94 \ \frac{W}{K}}{313,62 \ \text{m}^2}$$

$$H_T' = 0,37 \ \text{W/m}^2\,\text{K}$$

Der spezifische Transmissionswärmeverlust aller Bauteile hat sich um 94 % verbessert.

1. Wie groß ist der Wärmedurchlasswiderstand (Dämmwert) einer 24 cm dicken Wand aus KS ($\varrho = 2{,}0$ kg/dm³) mit einem Außenputz von 2,0 cm in Kalk-Zementmörtel und einem Innenputz von 1,5 cm in Kalk-Gipsmörtel?

2. Berechnen Sie den Wärmedurchlasswiderstand für eine 36,5 cm dicke Wand aus HLz mit einer Rohdichte von $\varrho = 1{,}4$ kg/dm³, Außenputz (hydraulischer Kalk) 2,0 cm, Innenputz (Kalkgipsmörtel) 1,5 cm.

3. Vergleichen Sie den Wärmedurchlasswiderstand der drei folgenden 24 cm dicken Wände ohne Putz:
   a) Porenbeton-Blocksteine $\varrho = 0{,}6$ kg/dm³
   b) Mauerziegel Mz $\varrho = 1{,}8$ kg/dm³
   c) Beton C 30/37 $\varrho = 2{,}2$ kg/dm³

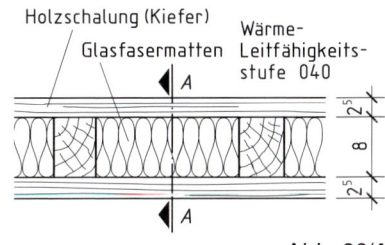

4. Wie dick (ohne Putz) müsste
   a) eine Wand aus Mz $\varrho = 1{,}8$ kg/dm³
   b) eine Wand aus Beton C 30/37
   ausgeführt werden, wenn der Wärmedurchlasswiderstand der beiden Wände dem der zweischaligen Wand im Schnitt A–A entsprechen soll?

Abb. 20/4

5. a) Ermitteln Sie den Wärmedurchlasswiderstand (Dämmwert) einer 24 cm dicken Wand aus PWDz $\varrho = 0{,}7$ kg/dm³
   b) Wie dick müsste eine Wand aus Mauerziegeln Mz mit einer Rohdichte von 2,0 kg/dm³ sein, wenn sie den gleichen Dämmwert wie die Wand aus Planwärmedämmziegeln haben soll?
   c) Wie dick müsste eine Betonwand C 35/45 ($\varrho = 2{,}4$ kg/dm³) ausgeführt werden, wenn der Wärmedurchlasswiderstand der gleiche wie bei der Leichthochlochziegelwand sein soll?

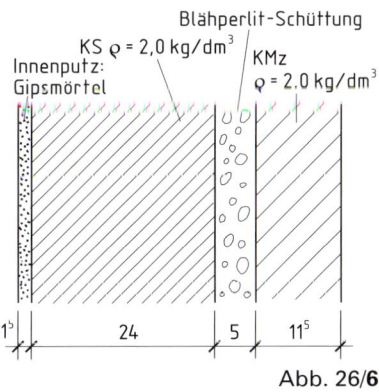

Abb. 26/6

6. Berechnen Sie
   a) den Wärmedurchlasswiderstand
   b) den Wärmedurchgangskoeffizienten (U-Wert) der zweischaligen Wand mit Kerndämmung

7. a) Wie groß ist der Wärmedurchlasswiderstand der einschaligen Wand mit WDVS?
   b) Vergleichen Sie den Wärmedurchlasswiderstand mit dem Mindestwert nach DIN 4108.
   c) Berechnen Sie den Wärmedurchgangskoeffizienten (U-Wert).
   (WDVS: Wärmedämm-Verbundsystem)

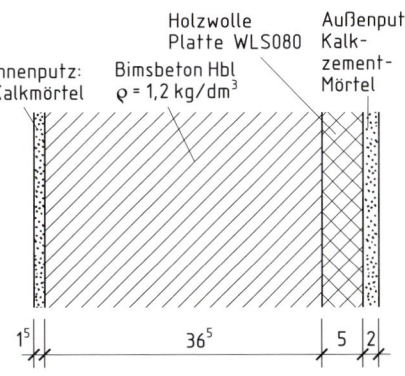

Abb. 26/7

8. Wie dick muss die Schüttung aus Bläh-perlit ausgeführt werden, wenn der Mindestwärmedurchlasswiderstand nach DIN 4108 verdoppelt werden soll?

Abb. 26/**8**

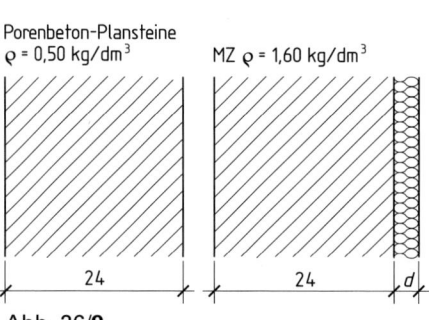

Abb. 26/**9**

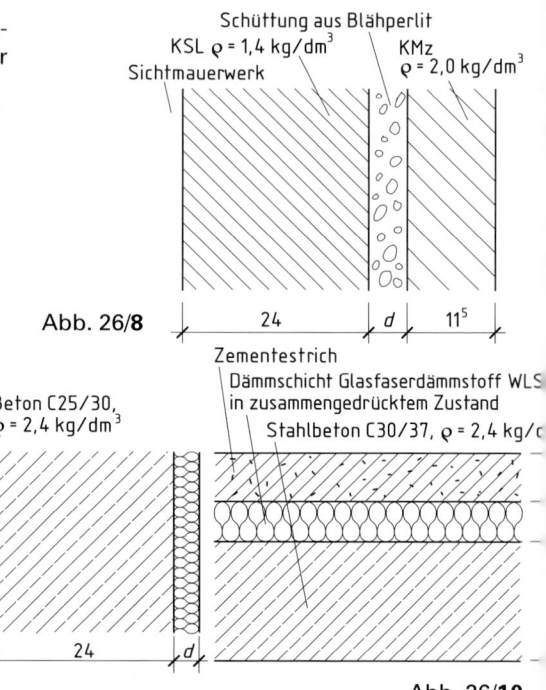

Abb. 26/**10**

9. Wie dick müssen die Wärme-dämmschichten $\left(\text{Mineralwolle}\; \lambda = 0,04 \cdot \dfrac{W}{m \cdot K}\right)$ der Mauerziegelwand und der Betonwand ausgeführt sein, wenn der Wärmedurchlasswiderstand der drei Wandkonstruktionen gleich sein soll?

11. Treppenraumwand
Überprüfen Sie, ob der Wärmedurch-lasswiderstand den geforderten dop-pelten Wert der Mindestvorschrift hat.

10. a) Wie groß ist der Wärmedurchlass-widerstand der Wohnungstrenn-decke?
b) Vergleichen Sie den Wärmedurch-lasswiderstand mit dem in DIN 4108 geforderten.

12. Wie dick muss die Wärmedämmschicht in der Heizkörpernische gewählt wer-den, wenn der Dämmwert der Nischen-wand wegen Verringerung der Wärme-stromdichte 30 % über dem der Wand liegen soll?

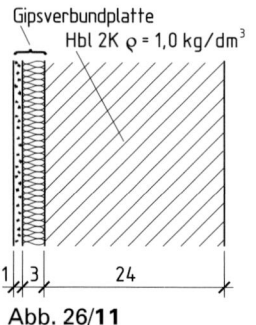

Abb. 26/**11**

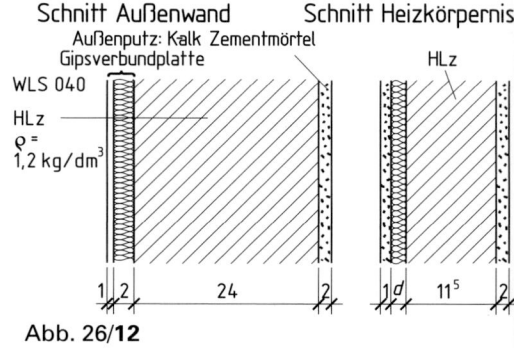

Abb. 26/**12**

13. Kellerdecke
Um wie viel % ist der Mindestwert
des Wärmedurchlasswiderstandes
nach DIN 4108 überschritten?

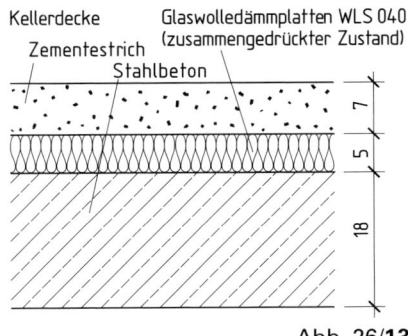

Abb. 26/13

14. a) Berechnen Sie den Wärmedurchlasswiderstand der Wohnungstrenndecke und vergleichen Sie diesen mit dem DIN-Wert.
b) Ermitteln Sie den *U*-Wert.

Kalkputz
Stahlbeton
Schaumglas WLS 045
Heizestrich

Abb. 26/14

15. Auf eine 18 cm dicke Stahlbetondecke unter einem nicht ausgebauten Dachgeschoss werden zwei Schichten Mineralwolleplatten (WLS 045) mit der Schichtdicke 25/5 mm aufgebracht. Der Zementestrich hat eine Dicke von 6 cm, das Eichenparkett von 1 cm. Berechnen Sie den Wärmedurchlasswiderstand und vergleichen Sie ihn mit dem Mindestwert nach DIN 4108.

16. Wohnungstrenndecke in einem zentralbeheizten Bürogebäude.
a) Berechnen Sie den *R*-Wert der Decke und vergleichen Sie diesen mit dem in der DIN 4108 vorgegebenen Mindestwert.
b) Wie dick müsste die zusätzliche Dämmschicht aus Mineralwolle (WLS 035) sein, die unterhalb der Rohdecke aus schalltechnischen Gründen angebracht werden soll, wenn dadurch ein Wärmedurchgangskoeffizient von 0,38 W/m² K erreicht werden soll?

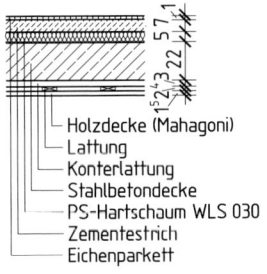

Holzdecke (Mahagoni)
Lattung
Konterlattung
Stahlbetondecke
PS-Hartschaum WLS 030
Zementestrich
Eichenparkett

Abb. 26/16

17. Die Wand eines Treppenraumes wird in Mantelbetonbauweise hergestellt.
Ermitteln Sie den Wärmedurchlasswiderstand sowie den Wärmedurchgangskoeffizienten.
Anm.: Bei Mehrschichtplatten dürfen Holzwolleschichten mit $d < 10$ mm bei der Berechnung des Wärmedurchlasswiderstandes nicht berücksichtigt werden.

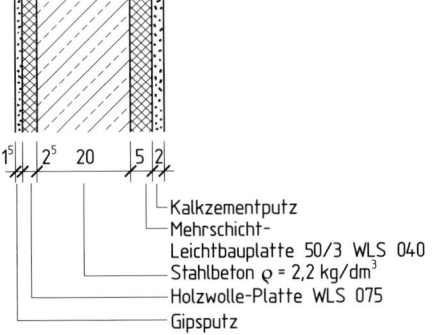

Kalkzementputz
Mehrschicht-
Leichtbauplatte 50/3 WLS 040
Stahlbeton ϱ = 2,2 kg/dm³
Holzwolle-Platte WLS 075
Gipsputz

Abb. 26/17

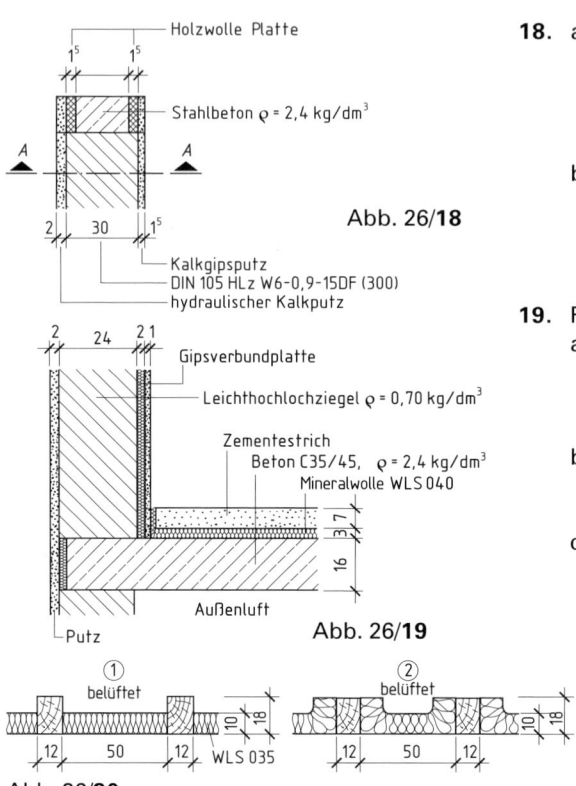

Abb. 26/18

Abb. 26/19

Abb. 26/20

Abb. 26/21

Abb. 26/22

18. a) Ermitteln Sie den Wärmedurchlasswiderstand der Außenwand im Schnitt A–A und vergleichen Sie diesen mit dem Mindestwert nach DIN 4108.

b) Prüfen Sie nach, zu wie viel % der Mindestwert des R-Wertes nach DIN 4108 im Bereich des Sturzes erreicht wird.

19. Raumtemperatur $+20\,°C$

a) Um wie viel % über- bzw. unterschreiten Außenwand und Decke die Mindestwerte der Wärmedurchlasswiderstände nach DIN 4108?

b) Wie hoch liegen die Temperaturen an der Oberfläche der Wand innen sowie an der Fußbodenoberfläche?

c) Welche Dämmschichtdicke WLS 040 müsste gegebenenfalls zusätzlich auf Wand und Decke aufgebracht werden, wenn die Mindestwerte des Wärmedurchlasswiderstandes nach DIN 4108 verdoppelt werden sollen?

d) Ermitteln Sie den U-Wert beider Bauteile.

20. Berechnen Sie für beide Konstruktionen

a) den U-Wert im Balkenbereich

b) den U-Wert im Gefachbereich

c) den mittleren U-Wert

21. a) Wie dick muss die Wärmedämmschicht (WLS 035) im Bereich der Heizkörpernische sein, wenn die Vorschrift nach DIN 4108 erfüllt sein soll?

b) Wie dick müsste die Dämmschicht sein, wenn der Wärmedurchlasswiderstand der Nische genauso groß wie der der Wand sein soll?

22. Im Zuge eines Umbaues wurde eine Wand erneuert.
Berechnen Sie

a) den mittleren Wärmedurchgangskoeffizienten (U-Wert) der Außenwand,

b) die in der Heizkörpernische erforderliche Dämmschichtdicke (WLS 040), wenn die Empfehlung der DIN 4108 erfüllt werden soll, die verlangt, dass Wände im Bereich der Heizkörper keinen kleineren R-Wert haben dürfen als im übrigen Wandbereich.

338

23. Um wie viel % ist der Mindestdämmwert nach DIN 4108 überschritten?

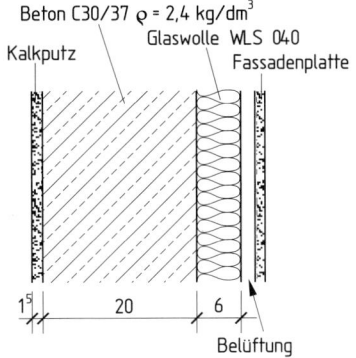

Beton C30/37 ϱ = 2,4 kg/dm³
Glaswolle WLS 040
Kalkputz
Fassadenplatte
1⁵ 20 6
Belüftung

Abb. 26/23

24. Raumtemperatur 20 °C
 a) Wie dick muss die Wärmedämmschicht aus Schaumkunststoff (WLS 040) sein, wenn die Wandinnenseite eine Oberflächentemperatur haben soll, die als „behaglich" zu bezeichnen ist? Außentemperatur nach DIN 4108.
 b) Welche Oberflächentemperatur würde sich ergeben, wenn der Wandaufbau bei entsprechender Dämmschichtdicke der DIN 4108 entsprechen müsste?

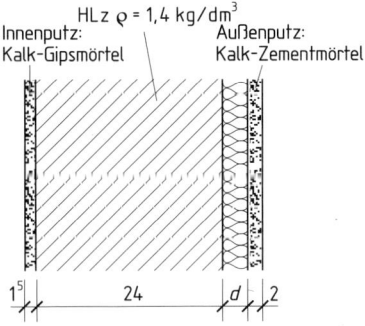

HLz ϱ = 1,4 kg/dm³
Innenputz: Kalk-Gipsmörtel
Außenputz: Kalk-Zementmörtel
1⁵ 24 d 2

Abb. 26/24

25. a) Berechnen Sie den Wärmedurchlasswiderstand der Außenwand und vergleichen Sie ihn mit dem Mindestwert nach DIN 4108.
 b) Zeichnen Sie den Temperaturverlauf in der Konstruktion.
 Bedingungen:
 Raumtemperatur $\vartheta_i = +20\,°C$
 Außenlufttemperatur $\vartheta_e = -12\,°C$

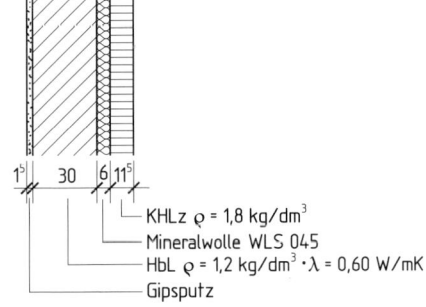

1⁵ 30 6 11⁵
KHLz ϱ = 1,8 kg/dm³
Mineralwolle WLS 045
HbL ϱ = 1,2 kg/dm³ · λ = 0,60 W/mK
Gipsputz

Abb. 26/25

26. Nach DIN 1053 darf bei zweischaligem Mauerwerk mit Dämmung der Zwischenraum zwischen den beiden Schalen maximal 12 cm betragen, wobei der verbleibende Lüftungshohlraum mindestens 4 cm betragen soll.
 a) Überprüfen Sie, ob die Vorschriften nach DIN 1053 eingehalten sind.
 b) Ermitteln Sie den Wärmedurchlasswiderstand R und vergleichen Sie ihn mit dem Mindestwert nach DIN 4108.
 c) Zeichnen Sie den Temperaturverlauf in der Konstruktion bei einer Außenlufttemperatur von –10 °C und einer Raumtemperatur von + 20 °C.
 Anm.: Die Vorsatzschale ist mit 4 Stahlankern pro m² mit dem Mauerwerk verbunden. In solchen Fällen wird empfohlen, die Wirkung der Dämmschicht um 15 % zu verringern.

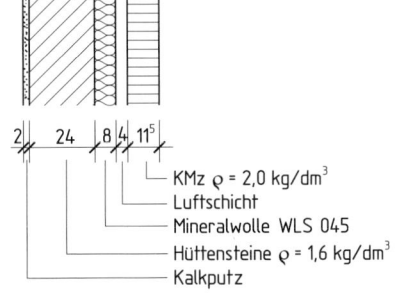

2 24 8 4 11⁵
KMz ϱ = 2,0 kg/dm³
Luftschicht
Mineralwolle WLS 045
Hüttensteine ϱ = 1,6 kg/dm³
Kalkputz

Abb. 26/26

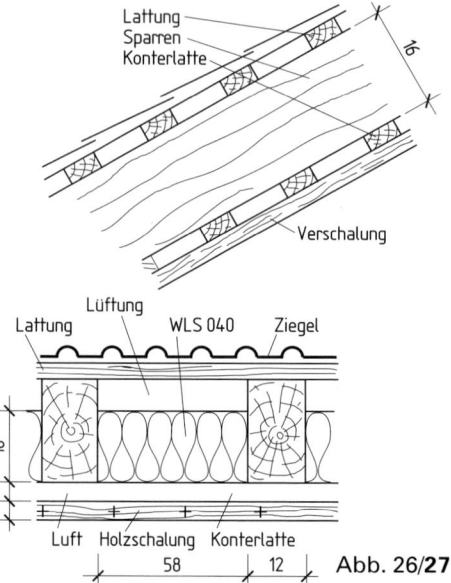

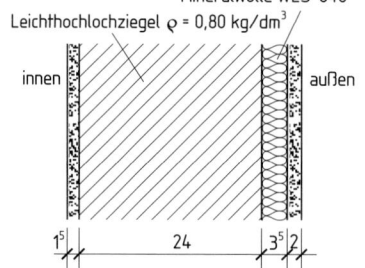

Abb. 26/**27**

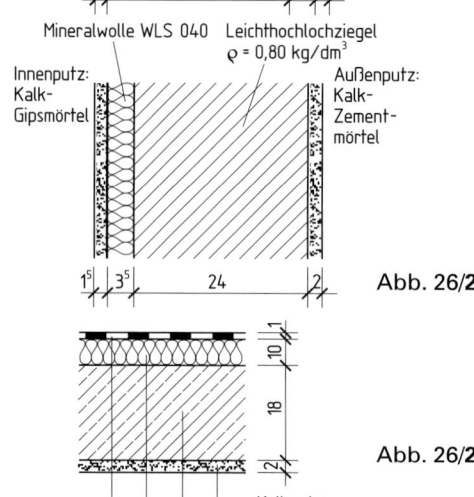

Abb. 26/**28**

Abb. 26/**29**

27. Ausgebautes Dachgeschoss
Raumtemperatur + 20 °C
Mit welchen Oberflächentemperaturen an der Innenseite des Daches ist im Winter und im Sommer zu rechnen, wenn im Sommer unter den Ziegeln eine Temperatur von max. + 70 °C und im Winter die Außentemperatur nach DIN 4108 angenommen werden kann?

28. a) Vergleichen Sie den Wärmedurchlasswiderstand (Dämmwert) beider Wände.
b) Vergleichen Sie die Oberflächentemperaturen beider Wände an der Innenseite.
Raumtemperatur + 20 °C.
Außentemperatur nach DIN 4108.
c) Liegen die Wandoberflächentemperaturen noch im Behaglichkeitsbereich?
d) Vergleichen Sie die Lage des Gefrierpunktes (0 °C) beider Wandkonstruktionen.
e) Beurteilen Sie beide Wandkonstruktionen hinsichtlich ihrer Wärmespeichermöglichkeit und der Wärmeabgabe nach Wegfall der Heizung.
f) Vergleichen Sie die Lage der Taupunkttemperatur beider Konstruktionen bei einer relativen Luftfeuchtigkeit von 60 %.

29. Erneuerung der Dachhaut eines Flachdaches über einem Wohnraum.
a) Berechnen Sie den Wärmedurchlasswiderstand R und vergleichen Sie diesen mit dem Mindestwert nach DIN 4108.
b) Wie dick müsste die Dämmschicht sein, um die DIN-Vorschrift zu erfüllen?
c) Welche Dicke müsste die Dämmschicht haben, wenn neben der DIN-Vorschrift auch die Vorschrift nach der Energie-Einspar-Verordnung für ein Gebäude im Bestand eingehalten werden soll?

340

30. Das Erdgeschoss eines Hauses hat im Süden eine Außenwandfläche einschließlich Fenster von 152,50 m². Fensterflächenanteil: 32 m², Wärmedurchgangszahl der Fenster: 1,8 W/m² K, Gesamtenergiedurchlassgrad: 0,8.

a) Entspricht der Wärmedurchlasswiderstand der Wand den Anforderungen der DIN 4108?

b) Zeichnen Sie den Temperaturverlauf in der Außenwandkonstruktion.
Bedingungen: $\vartheta_i = +20\,°C$
$\vartheta_e = -10\,°C$

c) Wie dick müsste bei einer Umbaumaßnahme eine Schüttung aus Perlite (WLS 060) zwischen der hinterlüfteten Vorsatzschale und Tragwand nach der EnEV Wand sein?

Anm.: Bei zweischaligem Mauerwerk nach DIN 1053 dürfen Luftschicht und Vorsatzschale mit eingerechnet werden, wenn die Vorsatzschale > 90 mm dick ist.

31. Ermitteln Sie den mittleren Wert der Wärmedurchgangszahl U_m.

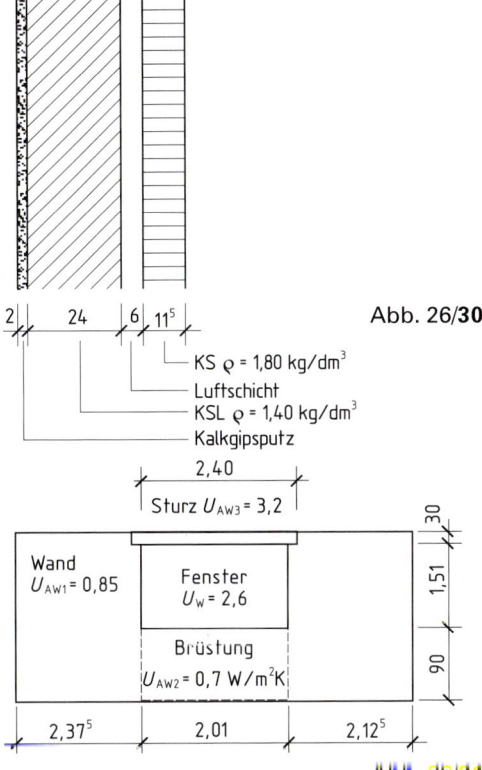

Abb. 26/30

KS ϱ = 1,80 kg/dm³
Luftschicht
KSL ϱ = 1,40 kg/dm³
Kalkgipsputz

Sturz U_{AW3} = 3,2

Wand U_{AW1} = 0,85 | Fenster U_W = 2,6

Brüstung U_{AW2} = 0,7 W/m²K

Abb. 26/31

32. Bei einer 17,5 cm dicken Fachwerkwand sind die Gefache mit Strohlehm ($\varrho = 1,4$ kg/dm³) ausgefüllt. Fachwerk Nadelholz, Sortierklasse 10; Fachwerkanteil: 35,5 %.

a) Berechnen Sie den mittleren U-Wert.

b) Zu wie viel % sind die Forderungen der DIN 4108 und der EnEV erfüllt, wenn diese Fachwerkwand erneuert werden müsste?

33. Zu erneuernde 13,5 cm dicke Fachwerkwand: Holzanteil 3,95 m², Gefachanteil (ausgefüllt mit Lehmwickel auf Holzstaken) 12,55 m².

a) Berechnen Sie den mittleren U-Wert der Wand (Wärmedurchgangskoeffizienten).

b) Wie viel mm Dämmstoff (WLS 035) muss auf der Innenseite aufgebracht werden, wenn sowohl die DIN 4108-Vorschrift als auch die EnEV für Bestandsgebäude erfüllt werden müssen?

34. Bei einer Fachwerkwand besteht das Fachwerk aus Eichenholz und die Ausfachung aus Lehmwickel mit Stroh auf Holzstaken.
Berechnen Sie den mittleren U-Wert.

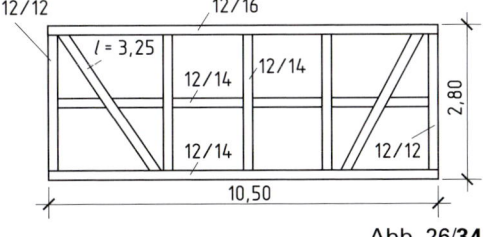

12/12   12/16
l = 3,25
12/14   12/14
12/14
12/14   12/12
10,50
2,80

Abb. 26/34

35. An der Außenwand soll der Putz erneuert werden. Durch diese Maßnahme wird man auch verpflichtet, die DIN-Forderung (DIN 4108) und die der Energie-Einsparverordnung (EnEV) zu erfüllen.
Wie viel mm Dämmstoff (WLS 035) müssen auf den bestehenden Außenputz aufgebracht werden, um obige Forderungen mit diesem Wärmedämm-Verbundsystem (WDVS) zu erfüllen?
Der alte Putz kann belassen werden. Der neue Außenputz wird als zweilagiger Putz aus hydraulischem Kalk mit 10 mm ausgeführt.

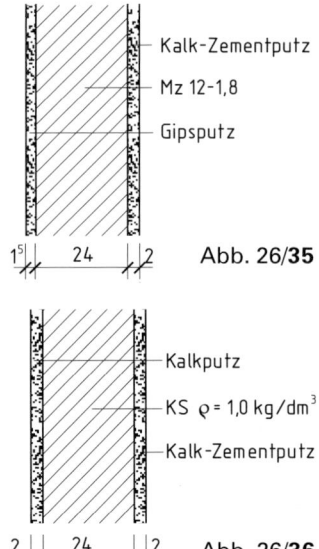

Kalk-Zementputz

Mz 12-1,8

Gipsputz

Abb. 26/35

36. Bei einer einschaligen Wand soll der Außenputz erneuert werden. Um die Forderung der DIN 4108 aber besonders der EnEV zu erfüllen, ist eine 11,5 cm dicke Vorsatzschale aus KSVbl ($\varrho = 1,8$ kg/dm³) sowie eine Wärmedämmschicht, WLS 040 mit 3 cm Luftschicht vorzusehen.
Welche Dicke muss die Wärmedämmschicht mindestens haben?

Kalkputz

KS $\varrho = 1,0$ kg/dm³

Kalk-Zementputz

Abb. 26/36

37. Ein Haus hat eine gesamte Außenwandfläche, incl. Fenster, von 120 m². Der Fensterflächenanteil beträgt 20,0 m².
Wand: $U_{AW} = 0,48$ W/m²K
Fenster: $U_W = 1,8$ W/m²K
$g = 0,7$ (70%)

Fensterflächen je nach Himmelsrichtung in m²	N = 3,0	S = 6,0	O = 5,0	W = 6,0
Anzunehmende Strahlungsintensität I_S in kWh/m²a	N = 100	S = 270	O = 155	W = 155

Wie dick müsste die Dämmschicht WLS 040 beim Anbringen eines Wärmedämm-Verbundsystems (WDVS) sein, wenn

1. die DIN 4108,
2. die EnEV
erfüllt sein müsste?
3. Stellen Sie die Wärmegewinne den Wärmeverlusten der Fenster je nach Himmelsrichtung gegenüber.

Beispiel:
Wärmegewinne
$Q_S = 0,567 \cdot I_{S,j} \cdot g_j \cdot A_j$

Wärmeverluste
$Q_T = 66 \cdot F_{xj} \cdot U_j \cdot A_j$
j = jeweilige Fensterfläche

Der Faktor 0,567 ergibt sich aus der Berücksichtigung von:
● Rahmenanteil,
● Verschattung,
● Einstrahlrichtung.

Der Faktor 66 hängt ab
● vom Standort des Gebäudes,
● von der Dauer der Heizperiode.

38. Sanierung eines Gebäudes

Daten: Fenster $U_W = 3,2$ W/m²K
Haustür $U_T = 4,2$ W/m²K

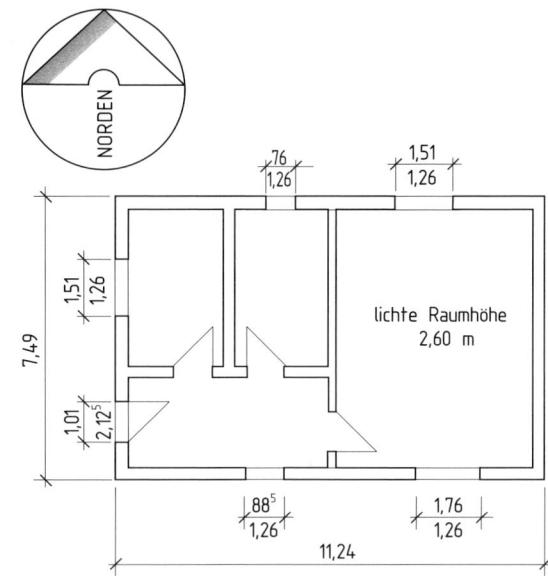

Der alte Putz ist noch gut erhalten. Es wird eine Dichtigkeitsprüfung vorgenommen.

Im Rahmen der Sanierung soll ein Heizestrich (Fußbodenheizung) mit gleicher Dicke eingebaut werden, der ebenfalls mit einem Fliesenbelag belegt ist.

1. Führen Sie den Nachweis gemäß der EnEV nach dem Bauteilverfahren durch.
2. Ermitteln Sie die Transmissionswärmeverluste H_T der einzelnen Bauteile im Ist-Zustand und im sanierten Zustand und tragen Sie diese in ein Balkendiagramm ein.
3. Ermitteln Sie sowohl für den Ist-Zustand als auch für den sanierten Zustand die spezifischen Transmissionswärmeverluste H'_T auf die gesamte Wärme übertragende Fläche.

Anm.: Für die Ermittlung der Transmissionswärmeverluste können für den Ist-Zustand die Maße des sanierten Zustandes verwendet werden.
Für die Berechnung der Wandflächen sind in beiden Richtungen jeweils die Außenmaße zu verwenden.

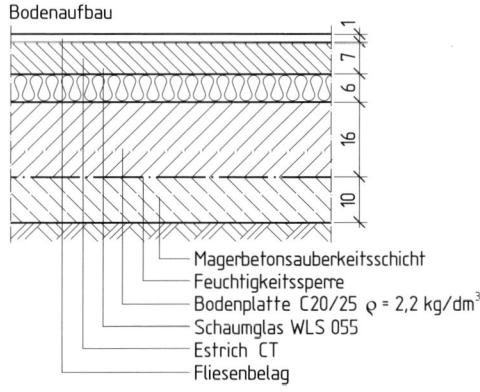

Bodenaufbau

Magerbetonsauberkeitsschicht
Feuchtigkeitssperre
Bodenplatte C20/25 $\varrho = 2,2$ kg/dm³
Schaumglas WLS 055
Estrich CT
Fliesenbelag

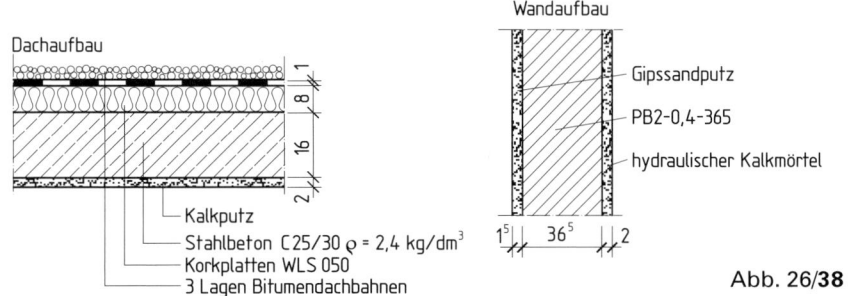

Dachaufbau

Kalkputz
Stahlbeton C25/30 $\varrho = 2,4$ kg/dm³
Korkplatten WLS 050
3 Lagen Bitumendachbahnen

Wandaufbau

Gipssandputz
PB2-0,4-365
hydraulischer Kalkmörtel

Abb. 26/38

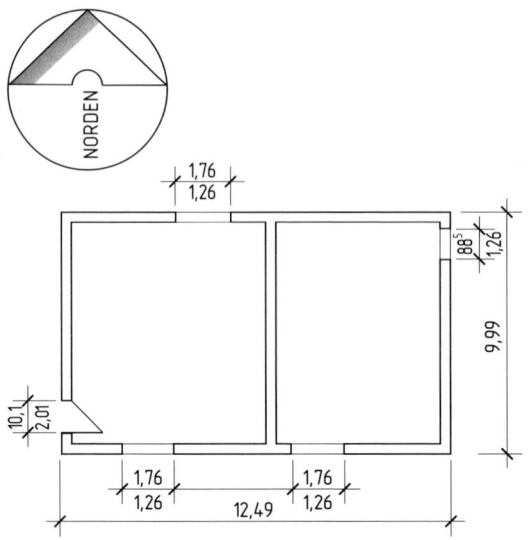

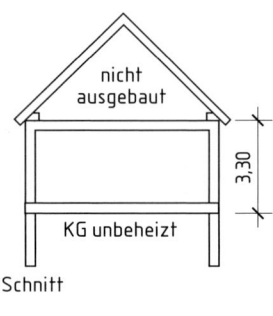

nicht ausgebaut

3,30

KG unbeheizt

Schnitt

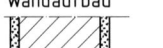

Wandaufbau

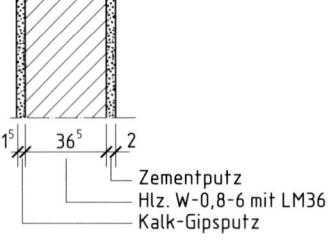

1^5 | 36^5 | 2

Zementputz
Hlz. W-0,8-6 mit LM36
Kalk-Gipsputz

KG-Decke

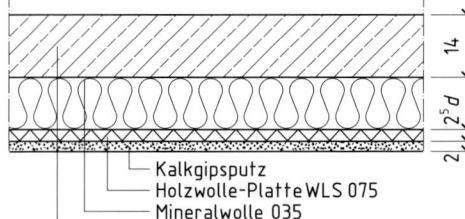

Kalkgipsputz
Holzwolle-Platte WLS 075
Mineralwolle 035
Stahlbeton ϱ = 2,4 kg/dm³

39. Sanierung eines Wohnhauses

Auf die Außenwand ist ein Wärme-dämm-Verbund-System (WDVS) anzu-bringen. Der alte Putz kann erhalten wer-den.

Ermitteln Sie die Dämmstoffdicke, die er-forderlich ist, um

a) die EnEV für die in Frage kommenden Bauteile zu erfüllen.

b) Nennen Sie geeignete Dämm-Materia-lien für die zu sanierenden Bauteile. Die jeweilige WLS der Dämmstoffe ist selbst festzulegen.

c) Zeichnen Sie den Temperaturverlauf in der Außenwand vor und nach der Sanierung.

EG-Decke

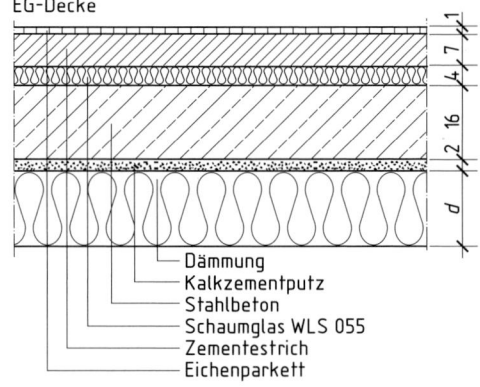

Dämmung
Kalkzementputz
Stahlbeton
Schaumglas WLS 055
Zementestrich
Eichenparkett

Abb. 26/39

40. Daten:

Gebäudemaße $\triangleq$ Rohbaumaße.
Der Grundriss des KG hat die gleichen
Außenmaße wie das EG.
Fenster und Außentür $U_W = 2,8$ W/m^2 K
$g = 0,8$
8 Kellerfenster, je Himmelsrichtung 2
Größe 0,80 m × 0,50 m
6 Dachflächenfenster: S 4; N 2;
1,20 m × 1,50 m
2 Giebelfenster je 1,26 m × 1,51 m
Der alte Putz ist schadhaft.
Es wird vor und nach Fertigstellung der
Arbeiten eine Dichtheitsprüfung vorge-
nommen.

Das Wohngebäude soll von Grund auf saniert werden. Machen Sie bei der Ma-
terialauswahl verschiedene Alternativ-
vorschläge bezüglich der bauphysikalischen Eignung.

a) Führen Sie den Nachweis nach dem
   Bauteilverfahren (BT-Verfahren).
b) Ermitteln Sie die Transmissionswärmeverluste vor und nach der Sanierung und stellen Sie diese in einem
   Diagramm dar.
   (Der Einfachheit halber können für
   den Ist-Zustand die Flächenmaße des
   sanierten Zustandes verwendet werden.)
c) Ermitteln Sie den spezifischen, auf die
   Wärme übertragene Gebäudehüllfläche bezogenen Transmissionswärmeverlust H'_T (mittlerer U-Wert) vor und
   nach der Sanierung.

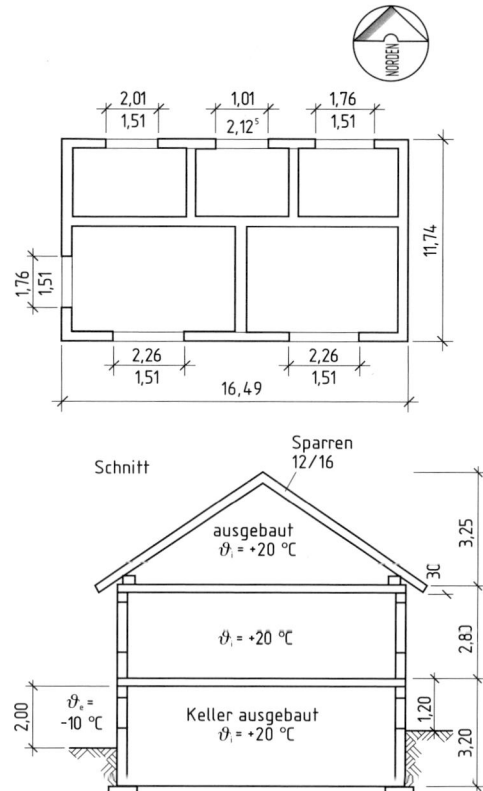

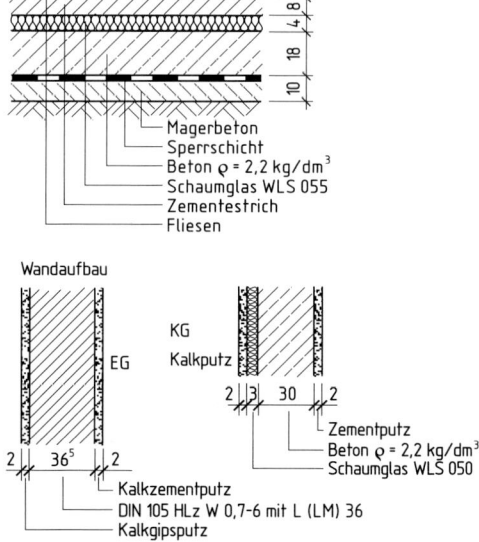

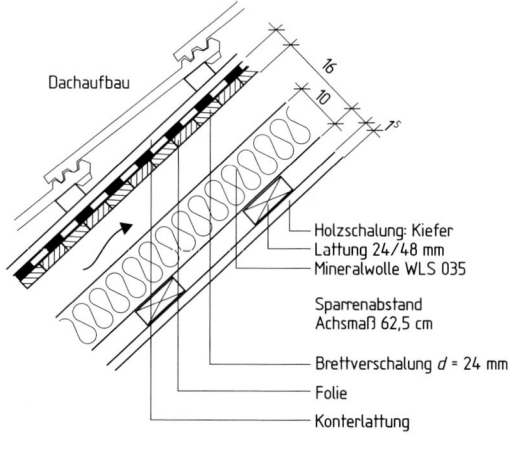

Abb. 26/**40**

26.9 Spannungen und Längenänderungen durch Temperatureinflüsse

Unterschiedliche Temperatureinflüsse auf die beiden Oberflächen eines Bauteils rufen auf der wärmeren Seite Volumenerweiterungen, auf der kälteren Seite dagegen Schrumpfungen oder geringere Dehnbewegungen hervor. Dadurch wölbt sich das Bauteil.

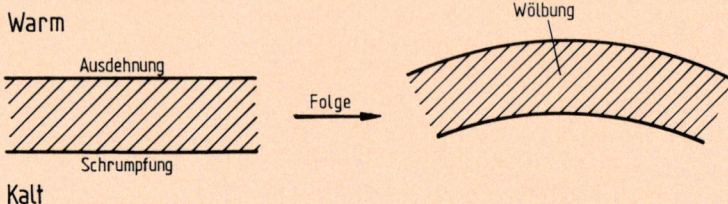

Volumenänderungen gegenüber dem Einbauzustand durch Temperaturänderungen bewirken Rissbildung mit der Gefahr der Übertragung auf Dachhaut, darunter liegendes Mauerwerk, Verkleidungsplatten, Putz usw.

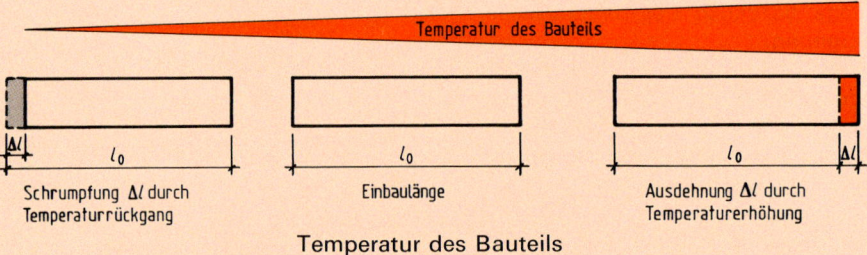

Temperatur des Bauteils

In der Praxis werden die Berechnungen der Volumenänderungen auf die Längenänderungen beschränkt. Die Längenänderung eines Bauteils errechnet sich nach der Formel

$$\Delta l = l_o \cdot \alpha_T \cdot \Delta\vartheta$$

Δl = Längenänderung in m

l_o = Länge des Bauteils (oder Dehnfugenabstand) in m

α_T = Wärmeausdehnungszahl $\dfrac{m}{m\,°C}$ (Temperaturdehnzahl, Wärmeausdehnungskoeffizient), gelegentlich auch $°C^{-1}$

$\Delta\vartheta$ = Temperaturdifferenz in der statisch neutralen Zone $°C$ oder K

Beispiel 3

Wie groß ist die Längenänderung einer 16 cm dicken Betonplatte C 35/45, bei der nach jeweils 10 m eine Dehnfuge angebracht ist und bei der in der statisch neutralen Zone eine Temperaturdifferenz von 77,5 °C auftritt?

$$\Delta l = l_o \cdot \alpha_T \cdot \Delta\vartheta$$

$$= 10\,m \cdot 0,000012 \cdot \frac{m}{m\,°C} \cdot 77,5\,°C$$

$$= 0,0093\,m$$

$$\Delta l = 9,3\,mm$$

Will man die gesamte Längenänderung in Dehnungen und Schrumpfungen aufschlüsseln, so ist die Betoniertemperatur zu berücksichtigen. Legt man eine Betoniertemperatur von +10 °C und eine maximale Außentemperatur im Winter mit −10 °C zu Grunde, so ergibt sich folgendes Bild:

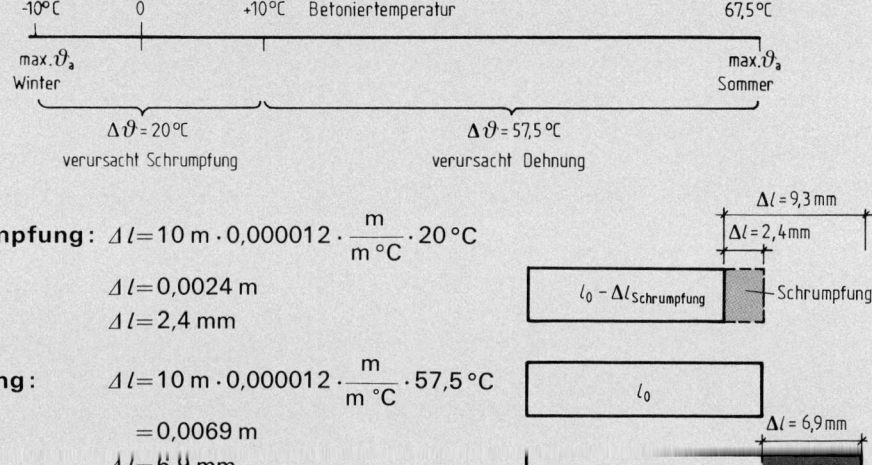

Schrumpfung: $\Delta l = 10\,\text{m} \cdot 0,000012 \cdot \dfrac{\text{m}}{\text{m}\,°\text{C}} \cdot 20\,°\text{C}$

$\Delta l = 0,0024\,\text{m}$

$\Delta l = 2,4\,\text{mm}$

Dehnung: $\Delta l = 10\,\text{m} \cdot 0,000012 \cdot \dfrac{\text{m}}{\text{m}\,°\text{C}} \cdot 57,5\,°\text{C}$

$= 0,0069\,\text{m}$

$\Delta l = 6,9\,\text{mm}$

Jede Längenänderung verursacht in einem Bauteil Spannungen, die bei Nichtbeachtung zu beträchtlichen Bauwerkschäden führen können. Für die Spannungsermittlung gilt folgende Verhältnisgleichung:

$\dfrac{\Delta l}{l_o} = \dfrac{\sigma}{E}$

$\Delta l =$ Längenänderung in m

$l_o =$ Länge in m

$\sigma =$ Spannung (Druck oder Zug) N/mm²

$E =$ Elastizitätsmodul N/mm²

Nach Beispiel 3 gilt:

$\dfrac{\Delta l}{l_o} = \dfrac{\sigma}{E}$

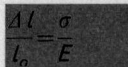

$\sigma = \dfrac{\Delta l}{l_o} \cdot E$

Druckspannung: $\sigma_D = \dfrac{0,0069\,\text{m} \cdot 34\,000\,\text{N/mm}^2}{10\,\text{m}}$

$\sigma_D = 23,46\,\text{N/mm}^2$

Zugspannung: $\sigma_Z = \dfrac{0,0024\,\text{m} \cdot 34\,000\,\text{N/mm}^2}{10\,\text{m}}$

$\sigma_Z = 8,16\,\text{N/mm}^2$

Die Druck- bzw. Zugkräfte, die sich pro m Breite in der 16 cm dicken Betonplatte ergeben, betragen nach der Formel $\sigma = \dfrac{F}{A}$.

Druckkraft

$F_D = \sigma \cdot A$
  $= 23{,}46 \text{ N/mm}^2 \cdot 1000 \text{ mm} \cdot 160 \text{ mm}$
  $= 3\,753\,600 \text{ N}$
$F_D = 3{,}7536 \text{ MN}$

Zugkraft

$F_Z = \sigma \cdot A$
  $= 8{,}16 \text{ N/mm}^2 \cdot 1000 \text{ mm} \cdot 160 \text{ mm}$
  $= 1\,305\,600 \text{ N}$
$F_Z = 1{,}3056 \text{ MN}$

Taupunkttemperatur (Taupunkt)

Luft kann je nach ihrer Temperatur nur eine ganz bestimmte Menge Feuchtigkeit speichern. Kühlt sich Luft ab und bildet sich dabei Kondenswasser, so hat sie ihre Taupunkttemperatur erreicht, d.h. die Temperatur, bei der die Luft ihre maximal aufnehmbare Feuchtigkeit erreicht hat.

Raumtemperatur $+20\,°C$
relative Luftfeuchtigkeit 65% } Taupunkttemperatur $\vartheta_s = 13{,}2\,°C$ (s. S. 352 Tabelle)

Fällt die zu 65% mit Wasserdampf gesättigte Raumluft-Temperatur auf 13,2°C ab, so bildet sich Kondenswasser an der kältesten Stelle von Wänden und Decke.

Beispiel 4

Flachdach mit außen liegender Wärmedämmschicht
max. Außentemperatur $-20\,°C$
maximale Temperatur auf dem Dach im Sommer $+80\,°C$
Raumtemperatur $+20\,°C$
relative Luftfeuchtigkeit 55%
Betoniertemperatur $+18\,°C$
Zu ermitteln sind
a) der Wärmedurchlasswiderstand
b) der Wärmedurchgangswiderstand
c) der Temperaturverlauf in der Konstruktion im Sommer und im Winter
d) die Ausdehnung und Schrumpfung der Platte pro 10 m Länge
e) die Druck- bzw. Zugspannung
f) die Druck- bzw. Zugkräfte pro m Plattenbreite
g) die Lage der Taupunkttemperatur

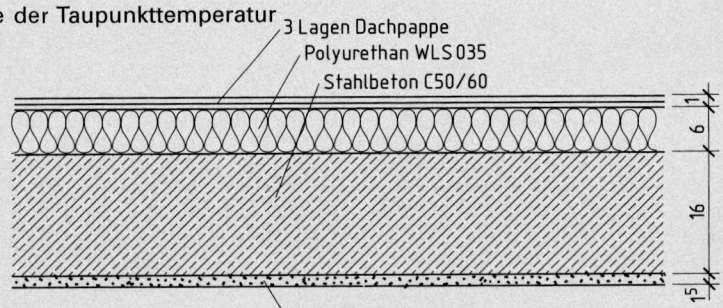

a) Wärmedurchlasswiderstand

$$R = \sum \frac{d}{\lambda}$$

$$= \frac{0{,}015 \text{ m}}{1{,}0 \text{ W/m K}} + \frac{0{,}16 \text{ m}}{2{,}5 \text{ W/m K}} + \frac{0{,}06 \text{ m}}{0{,}035 \text{ W/m K}}$$

$$= 0{,}015 \; \frac{\text{m}^2 \, \text{K}}{\text{W}} + 0{,}064 \; \frac{\text{m}^2 \, \text{K}}{\text{W}} + 1{,}714 \; \frac{\text{m}^2 \, \text{K}}{\text{W}}$$

$$R = 1{,}793 \; \frac{\text{m}^2 \, \text{K}}{\text{W}}$$

b) Wärmedurchgangswiderstand

$$R_T = \frac{1}{h_i} \qquad + \frac{d_1}{\lambda_1} \qquad + \frac{d_2}{\lambda_2} + \frac{d_3}{\lambda_3} \qquad + \frac{1}{h_e}$$

$$= \frac{1}{10 \text{ W/m}^2 \text{ K}} \qquad + \frac{0,015 \text{ m}}{1,0 \text{ W/m K}} + \frac{0,16}{2,5} + \frac{0,06}{0,035} \qquad + \frac{1}{23 \text{ W/m}^2 \text{ K}}$$

| = Wärmeübergang innen | Putz | Beton | Wärmedämmung | Wärmeübergang außen |

$$= 0,1 \text{ m}^2 \text{ K/W} \qquad +0,015 \text{ m}^2 \text{ K/W} + 0,064 + 1,714 \qquad +0,043 \text{ W/m}^2 \text{ K}$$

| 3,1 °C | 0,5 °C | 2,0 °C | 53,1 °C | 1,3 °C | Sommer |
| 2,1 °C | 0,3 °C | 1,3 °C | 35,4 °C | 0,9 °C | Winter |

$$R_T = 1,936 \, \frac{\text{m}^2 \text{ K}}{\text{W}} \, \triangleq \, \Delta\vartheta = 60 \text{ °C} \qquad \text{Sommer}$$

$$\triangleq \, \Delta\vartheta = 40 \text{ °C} \qquad \text{Winter}$$

c)

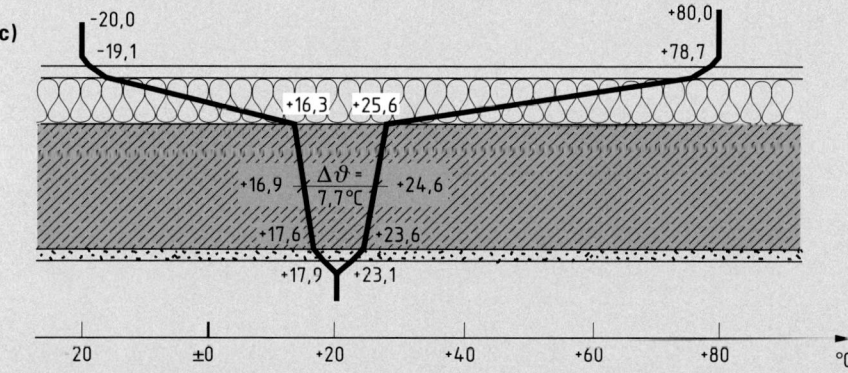

Temperaturdifferenz in der statisch neutralen Zone $\Delta\vartheta = 7,7$ °C

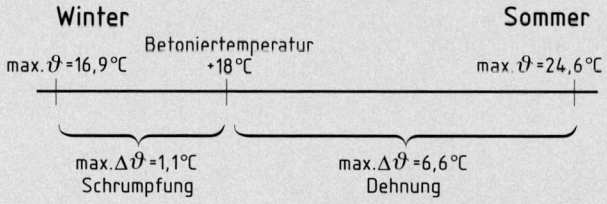

d) Schrumpfung

$$\Delta l = l_o \cdot \alpha_T \cdot \Delta\vartheta$$

$$= 10 \text{ m} \cdot 0,000012 \, \frac{\text{m}}{\text{m °C}} \cdot 1,1 \text{ °C}$$

$$= 0,000132 \text{ m}$$

$$\Delta l = 0,13 \text{ mm}$$

Ausdehnung

$$\Delta l = l_o \cdot \alpha_T \cdot \Delta\vartheta$$

$$= 10 \text{ m} \cdot 0,000012 \, \frac{\text{m}}{\text{m °C}} \cdot 6,6 \text{ °C}$$

$$= 0,000792 \text{ m}$$

$$\Delta l = 0,79 \text{ mm}$$

e) Zugspannung

$$\frac{\Delta l}{l_0} = \frac{\sigma}{E}$$

$$\sigma_Z = \frac{\Delta l}{l_0} \cdot E$$

$$= \frac{0,000132 \text{ m}}{10 \text{ m}} \cdot 34\,000 \text{ N/mm}^2$$

$$\sigma_Z = 0,45 \text{ N/mm}^2$$

Druckspannung

$$\frac{\Delta l}{l_0} = \frac{\sigma}{E}$$

$$\sigma_D = \frac{\Delta l}{l_0} \cdot E$$

$$= \frac{0,000792 \text{ m}}{10 \text{ m}} \cdot 34\,000 \text{ N/mm}^2$$

$$\sigma_D = 2,69 \text{ N/mm}^2$$

f) Zugkraft pro m Plattenbreite

$$F_Z = \sigma_Z \cdot A$$
$$= 0,45 \text{ N/mm}^2 \cdot 1000 \text{ mm} \cdot 160 \text{ mm}$$
$$= 72\,000 \text{ N/m}$$
$$F_Z = 72,00 \text{ kN/m}$$

Druckkraft pro m Plattenbreite

$$F_D = \sigma_Z \cdot A$$
$$= 2,69 \text{ N/mm}^2 \cdot 1000 \text{ mm} \cdot 160 \text{ mm}$$
$$= 430\,400 \text{ N/m}$$
$$F_D = 430,40 \text{ kN/m}$$

g) Lage des Taupunktes

Raumlufttemperatur $+20\,°C$ } Taupunkttemperatur
relative Luftfeuchtigkeit 55 % } $\vartheta_\tau = 10,7\,°C$
$35,4\,°C : 5,6\,°C = 60 \text{ mm} : x$
$$x = 9,50 \text{ mm}$$

Die Taupunkttemperatur liegt 9,5 mm oberhalb der Stahlbetonplatte in der Dämmschicht.

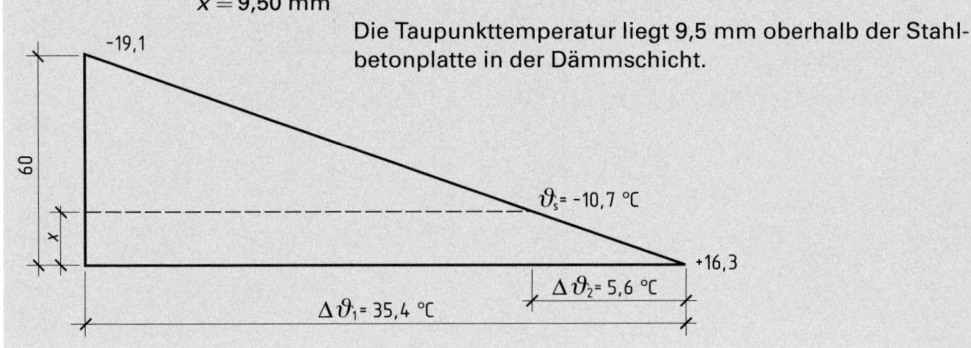

■ Aufgaben

41. Für das Flachdach nach Beispiel 4 sind die
Punkte *a* bis *g* zu berechnen und zu vergleichen:
a) Ohne Wärmedämmschicht.
b) Die nach Beispiel 4 außen liegende Dämmschicht wird innen angebracht.
c) Zu der außen liegenden Dämmschicht wird
innen nochmals eine von 4 cm Dicke angebracht.

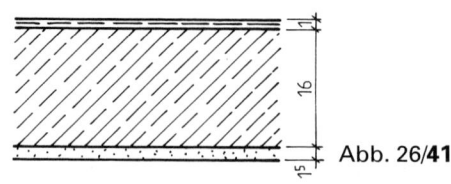

Abb. 26/**41**

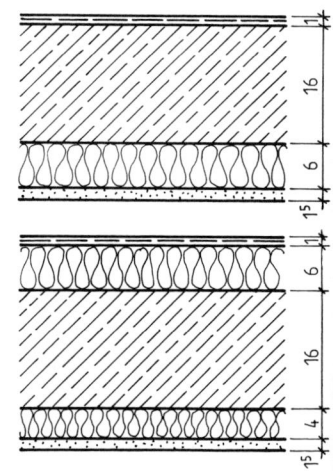

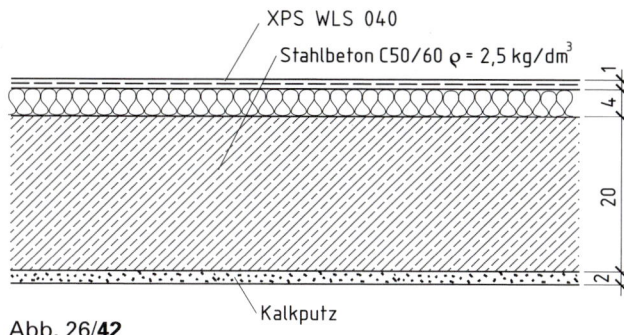

XPS WLS 040

Stahlbeton C50/60 ϱ = 2,5 kg/dm³

Kalkputz

Abb. 26/**42**

42. Flachdach

Im Sommer ist mit einer maximalen Temperatur auf dem Dach von 75 °C zu rechnen.
Raumtemperatur +18 °C
Außenlufttemperatur −15 °C
relative Raum-Luftfeuchtigkeit 65 %
Betoniertemperatur +12 °C.
Es sind zu berechnen
a) der Wärmedurchlasswiderstand
b) der Wärmedurchgangswiderstand
c) der Temperaturverlauf in der Dachkonstruktion für Sommer und Winter
d) die Ausdehnung und Schrumpfung der 8,50 m langen Platte
e) die Druck- bzw. Zugspannungen
f) die Lage der Taupunkttemperatur

43. Flachdach

Raumtemperatur +20 °C
Außenlufttemperatur −15 °C
relative Raum-Luftfeuchtigkeit 60 %
maximale Temperatur auf dem Dach im Sommer +75 °C
Wie dick muss die Wärmedämmschicht aus Korkplatten (WLS 050) mit einer Rohdichte von 120 kg/m³ ausgeführt werden, wenn die maximale Gesamtlängenänderung 1,5 mm nicht überschreiten und die Taupunkttemperatur mindestens in der Dämmschicht liegen soll? Länge der Stahlbetonplatte 8,70 m.

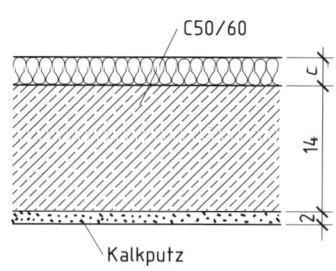

C50/60

Kalkputz

Abb. 26/**43**

44. Flachdach

maximale Temperatur auf dem Dach im Sommer +85 °C
Raumtemperatur +20 °C
Außenlufttemperatur −20 °C
relative Raum-Luftfeuchtigkeit 80 %
Betoniertemperatur +8 °C
a) Berechnen Sie die Längenänderungen der 11,80 m langen Dachkonstruktion.
b) Wie dick müsste die Wärmedämmschicht werden, wenn die nach a ermittelten Längenänderungen nur halb so groß sein dürfen?
c) Wo liegt die Taupunkttemperatur nach a und b?

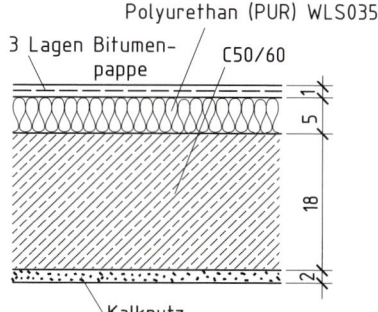

Polyurethan (PUR) WLS035

3 Lagen Bitumen-pappe

C50/60

Kalkputz

Abb. 26/**44**

351

Taupunkttemperatur ϑ_s der Luft in Abhängigkeit von Temperatur und relativer Feuchte der Luft

Lufttemperatur ϑ °C	Taupunkttemperatur ϑ_s in °C bei einer relativen Luftfeuchte von														
	30%	35%	40%	45%	50%	55%	60%	65%	70%	75%	80%	85%	90%	95%	100%
30	10,5	12,9	14,9	16,8	18,4	20,0	21,4	22,7	23,9	25,1	26,2	27,2	28,2	29,1	30,0
29	9,7	12,0	14,0	15,9	17,5	19,0	20,4	21,7	23,0	24,1	25,2	26,2	27,2	28,1	29,0
28	8,8	11,1	13,1	15,0	16,6	18,1	19,5	20,8	22,0	23,2	24,2	25,2	26,2	27,1	28,0
27	8,0	10,2	12,2	14,1	15,7	17,2	18,6	19,9	21,1	22,2	23,3	24,3	25,2	26,1	27,0
26	7,1	9,4	11,4	13,2	14,8	16,3	17,6	18,9	20,1	21,2	22,3	23,3	24,2	25,1	26,0
25	6,2	8,5	10,5	12,2	13,9	15,3	16,7	18,0	19,1	20,3	21,3	22,3	23,2	24,1	25,0
24	5,4	7,6	9,6	11,3	12,9	14,4	15,8	17,0	18,2	19,3	20,3	21,3	22,3	23,1	24,0
23	4,5	6,7	8,7	10,4	12,0	13,5	14,8	16,1	17,2	18,3	19,4	20,3	21,3	22,2	23,0
22	3,6	5,9	7,8	9,5	11,1	12,5	13,9	15,1	16,3	17,4	18,4	19,4	20,3	21,2	22,0
21	2,8	5,0	6,9	8,6	10,2	11,6	12,9	14,2	15,3	16,4	17,4	18,4	19,3	20,2	21,0
20	1,9	4,1	6,0	7,7	9,3	10,7	12,0	13,2	14,4	15,4	16,4	17,4	18,3	19,2	20,0
19	1,0	3,2	5,1	6,8	8,3	9,8	11,1	12,3	13,4	14,5	15,5	16,4	17,3	18,2	19,0
18	0,2	2,3	4,2	5,9	7,4	8,8	10,1	11,3	12,5	13,5	14,5	15,4	16,3	17,2	18,0
17	−0,6	1,4	3,3	5,0	6,5	7,9	9,2	10,4	11,5	12,5	13,5	14,5	15,3	16,2	17,0
16	−1,4	0,5	2,4	4,1	5,6	7,0	8,2	9,4	10,5	11,6	12,6	13,5	14,4	15,2	16,0
15	−2,2	−0,3	1,5	3,2	4,7	6,1	7,3	8,5	9,6	10,6	11,6	12,5	13,4	14,2	15,0
14	−2,9	−1,0	0,6	2,3	3,7	5,1	6,4	7,5	8,6	9,6	10,6	11,5	12,4	13,2	14,0
13	−3,7	−1,9	−0,1	1,3	2,8	4,2	5,5	6,6	7,7	8,7	9,6	10,5	11,4	12,2	13,0
12	−4,5	−2,6	−1,0	0,4	1,9	3,2	4,5	5,7	6,7	7,7	8,7	9,6	10,4	11,2	12,0
11	−5,2	−3,4	−1,8	−0,4	1,0	2,3	3,5	4,7	5,8	6,7	7,7	8,6	9,4	10,2	11,0
10	−6,0	−4,2	−2,6	−1,2	0,1	1,4	2,6	3,7	4,8	5,8	6,7	7,6	8,4	9,2	10,0
Raumzustand	zu trocken	trocken			normal feucht			feucht			zu feucht		zu nass		
Behaglichkeit	unbehaglich	noch behaglich			besonders behaglich			noch behaglich			unbehaglich				

Formel zur Ermittlung der Taupunkttemperatur

$$\vartheta_s = \left(\frac{\Phi}{100}\right)^{0,1247} \cdot (109,8 + \vartheta) - 109,8$$

Beispiel: relative Luftfeuchte im Raum $\Phi = 55\%$
Raumtemperatur $+20\,°C$

$\vartheta_s = 0{,}55^{0,1247} \cdot (109{,}8 + 20) - 109{,}8$

$\vartheta_s = 10{,}67\,°C \;\rightarrow\; \vartheta_s = 10{,}7\,°C$

Wärme- und feuchteschutztechnische Kennwerte

Zeile	Baustoff	Roh- dichte ϱ kg/m³	Wärme- leitzahl λ W/mK	Wasserdampf- diffusions- widerstandsfaktor μ –
1	**Putze, Estriche** Kalkmörtel, Kalkzementmörtel, Mörtel aus hydraulischem Kalk	1800	1,0	15/35
2	Kalkgipsmörtel, Gipsmörtel mit Sandzusatz, Kalk-Anhydritmörtel, Anhydritmörtel	1400	0,70	10
3	Gipsmörtel ohne Sandzusatz	1200	0,51	10
4	Leichtmauermörtel LM21 Leichtmauermörtel LM36	≤ 700 ≤ 1000	0,21 0,36	15/35
5	Zementmörtel	2000	1,6	15/35
6	Zementestrich	2000	1,4	15,35
7	Calciumsulfatestrich	2100	1,2	
8	Gussasphaltestrich	2300	0,90	$s_d \geq 1500$ m
9	Leichtputz	≤ 700 1000 < 1300	0,25 0,38 0,56	15/20
10	Kunstharzputz	1100	0,70	50/200
11	**Beton** Normalbeton: unbewehrt Stahlbeton	2000 2200 2400 2400	1,35 1,65 2,0 2,5	00/100 70/120 80/130 80/130
12	Leichtbeton und Stahlleichtbeton mit geschlossenem Gefüge	800 1000 1200 1400 1600 1800 2000	0,39 0,49 0,62 0,79 1,0 1,3 1,6	70/150
13	Leichtbeton aus Naturbims	600 800 1000 1200	0,18 0,24 0,32 0,41	5/15
14	Leichtbeton aus Blähbeton	600 800 1000 1200	0,19 0,29 0,35 0,46	5/15
15	**Platten** Porenbeton-Bauplatten Ppl	400 600 800	0,20 0,24 0,29	5/10

Zeile	Baustoff	Roh-dichte ϱ kg/m³	Wärme-leitzahl λ W/mK	Wasserdampf-diffusions-widerstandsfaktor μ –
16	Porenbeton-Planbauplatten Pppl	400 500 600 800	0,13 0,16 0,19 0,23	5/10
17	Wandbauplatten aus Gips	600 750 900 1000	0,29 0,35 0,41 0,47	5/10
18	Gipsplatten	800	0,25	8/25
19	**Mauersteine** Vollklinker, Hochlochklinker, Keramikklinker KMz KHLz KKMz	1800 2000 2200 2400	0,81 0,96 1,2 1,4	50/100
20	Vollziegel, Hochlochziegel Mz HLz	1200 1400 1600 1800 2000	0,50 0,58 0,68 0,81 0,96	5/10
21	Leichthochlochziegel, mit NM Lochung A u. B	700 800 900 1000	0,36 0,39 0,42 0,45	5/10
22	Leichthochlochziegel HLz W Wärmedämmziegel WDz Planwärmedämmziegel PWDz mit LM	550 600 650 700 750 800 900	0,19 0,20 0,20 0,21 0,22 0,23 0,24	5/10
23	Kalksandsteine	1000 1200 1400 1600 1800 2000 2200	0,50 0,56 0,70 0,79 0,99 1,10 1,30	5/10 5/25
24	Hüttensteine	1200 1400 1600 1800 2000	0,52 0,58 0,64 0,70 0,76	70/100

(Fortsetzung)

Zeile	Baustoff	Roh-dichte ϱ kg/m³	Wärme-leitzahl λ W/mK	Wasserdampf-diffusions-widerstandsfaktor μ –
25	Porenbeton-Blocksteine (PB) mit Normalmauermörtel (NM)	350 400 500 600 700 800	0,11 0,20 0,22 0,24 0,27 0,29	5/10
26	Porenbeton-Plansteine (PP) mit Dünnbettmörtel (DM)	350 400 450 500 550 600 700 800	0,11 0,13 0,15 0,16 0,18 0,19 0,22 0,25	5/10
27	Hohlblocksteine aus Leichtbeton mit porigen Gesteinskörnungen nach DIN 18151 2-Kammer-Steine und Mehrkammersteine	500 600 700 800 900 1000 1200 1400	0,26 0,29 0,32 0,35 0,39 0,45 0,53 0,65	5/10
28	Vollsteine aus Leichtbeton nach DIN 18152	500 600 700 800 900 1000 1200 1400 1600 1800 2000	0,32 0,34 0,37 0,40 0,43 0,46 0,54 0,63 0,74 0,87 0,99	5/10 10/15
29	Vollsteine aus Naturbims oder Blähton	500 600 700 800 900 1000 1200 1400 1600 1800 2000	0,29 0,32 0,35 0,39 0,43 0,46 0,54 0,63 0,74 0,87 0,99	5/10 10/15
30	**Dämmstoffe** Holzwolleplatten *) $d \geq 25$ mm	360 bis 570	0,065 0,075 0,080 0,090	2/5

*) Holzwolleschichten mit $d < 10$ mm bleiben bei der Berechnung der Wärmedämmung unberücksichtigt

(Fortsetzung)

Zeile	Baustoff		Roh-dichte ϱ kg/m³	Wärme-leitzahl λ W/mK	Wasserdampf-diffusions-widerstandsfaktor μ –
31	Mehrschicht-Leichtbauplatten mit EPS-Kern		≥ 15	0,030	20/50
	mit MW-Kern			0,05	1
32	Korkplatten (JCB):				
	Wärmeleitfähigkeitsgruppe (WLS)	045	80 bis	0,045	
	Insulation of expanded cork buildings	050	500	0,050	5/10
	DIN 13170	055		0,055	
33	Polystyrol-Partikelschaum	WLS 035	≥ 15	0,035	20/50
	(Expandiertes Polystyrol) EPS	040	≥ 20	0,040	30/70
	DIN 13163				
34	Polyurethan-Hartschaum	WLS 025	≥ 30	0,025	
	(PUR-Hartschaum)	030		0,030	40/200
	DIN 13165	035		0,035	
35	Polystyrol-Extruderschaum XPS	WLS 030	≥ 25	0,030	
	Extrudiertes Polystyrol	035		0,035	
	DIN 13164	040		0,040	80/250
36	Mineralwolle	WLS 035	8 bis	0,035	
	(mineral wool)	040	500	0,040	
		045		0,045	1
	DIN 13162	050		0,050	
37	Schaumglas (CG; cellular glass)	WLS 045	110 bis	0,045	
		050	500	0,050	$s_d \geq 1500$ m
	DIN EN 13167	055		0,055	
		060		0,060	
38	Blähperlit		≤ 100	0,060	5
39	Blähglimmer		≤ 100	0,070	3
40	Blähton, Blähschiefer		≤ 400	0,16	3
41	Kalziumsilicatplatten		300	0,06	5/20
42	**Holz und Holzwerkstoffe** Tanne, Fichte, Kiefer		600	0,13	40
43	Eiche, Buche		800	0,20	40
44	Sperrholz		500	0,13	70/200
			700	0,17	90/220
			1000	0,24	110/250
45	Spanplatten: Flachpressplatten		700	0,13	50/100
	Strangpressplatten		700	0,17	20
46	OSB-Platten		650	0,13	30/50
47	Holz-Hartfaserplatten		1000	0,17	70
48	Holz-Weichfaserplatten WF = wood fibre DIN EN 13171		≤ 300 400	0,06 0,07	5

356

(Fortsetzung)

Zeile	Baustoff	Roh-dichte ϱ kg/m³	Wärme-leitzahl λ W/mK	Wasserdampf-diffusions-widerstands-faktor μ –
	Beläge			
49	Linoleum	1200	0,17	–
50	Kunststoffbeläge, z. B. PVC	1500	0,23	–
51	Asphaltmastix, $d \geq 7$ mm	2000	0,70	∞
52	Bitumendachbahnen	1200	0,17	10 000/80 000
53	Glasvlies-Bitumendachbahnen		0,17	20 000/60 000
54	Kunststoff-Dachbahnen PVC PIB ECB 2,0			10 000/30 000 400 000/1 750 000 70 000/90 000
55	Folien: PVC $d \geq 0,1$ mm PE $d \geq 0,1$ mm Aluminium $d \geq 0,05$ mm			20 000/50 000 100 000 $s_d \geq 1500$ m*)
	Sonstige Baustoffe			
56	Fliesen	2300	1,3	∞
57	Glas	2500	1,0	∞
58	Granit, Basalt, Marmor	2600	2,8	10 000
59	Sandstein, Kalkstein, Schiefer	2600	2,3	30/40
60	Bindige Böden	1500	2,1	
61	Strohlehm	800 1000 1400 1600	0,25 0,35 0,60 0,80	5/10
62	Lehmwickel mit Stroh auf Holzstaken		0,50	5/10
63	Stahl	7860	50	$s_d \geq 1500$ m*)
64	Kupfer	8900	380	$s_d \geq 1500$ m*)
65	Aluminium	2700	200	$s_d \geq 1500$ m*)
66	Luft (ruhend)	1,293	0,02	1
67	Wasser	1,000	0,64	–

*) $s_d \geq 1500$ m bedeutet praktisch dampfdicht

27 Kosten – Kalkulation

27.1 Kostenermittlung

Mit Beginn der Planung bis zur Nutzung eines Gebäudes werden verschiedene Bauabschnittsphasen durchlaufen. Daraus ergeben sich auch verschiedene Stadien der Kostenermittlung.

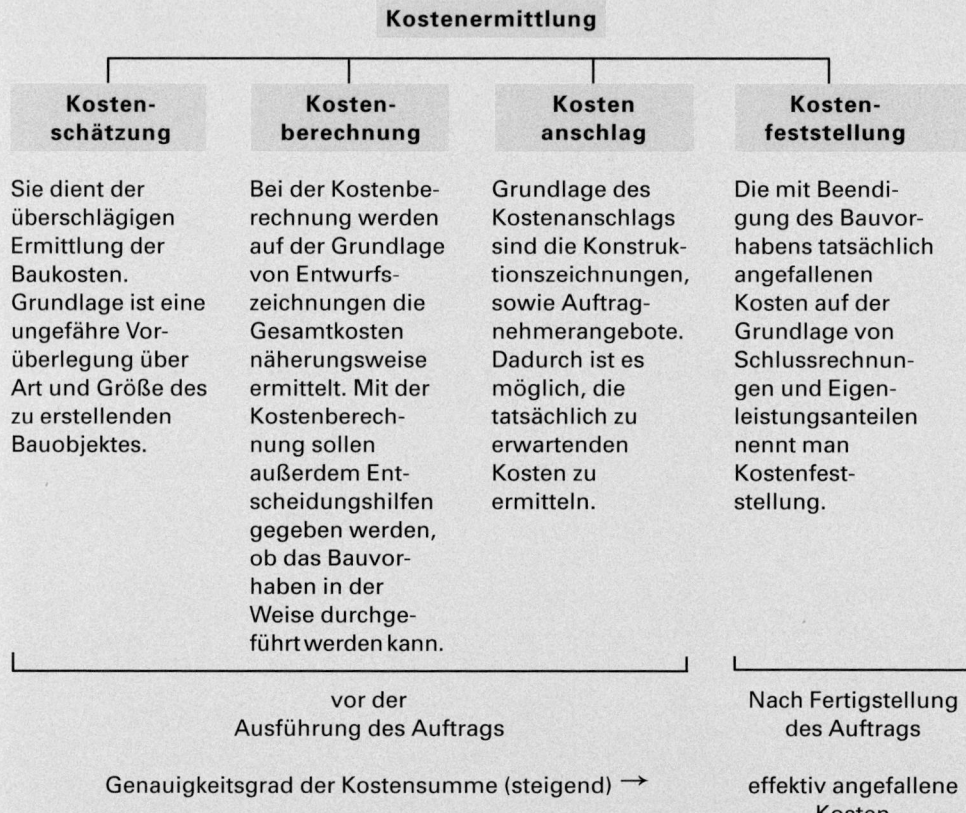

Kostenermittlung

Kosten-schätzung	Kosten-berechnung	Kosten anschlag	Kosten-feststellung
Sie dient der überschlägigen Ermittlung der Baukosten. Grundlage ist eine ungefähre Vorüberlegung über Art und Größe des zu erstellenden Bauobjektes.	Bei der Kostenberechnung werden auf der Grundlage von Entwurfszeichnungen die Gesamtkosten näherungsweise ermittelt. Mit der Kostenberechnung sollen außerdem Entscheidungshilfen gegeben werden, ob das Bauvorhaben in der Weise durchgeführt werden kann.	Grundlage des Kostenanschlags sind die Konstruktionszeichnungen, sowie Auftragnehmerangebote. Dadurch ist es möglich, die tatsächlich zu erwartenden Kosten zu ermitteln.	Die mit Beendigung des Bauvorhabens tatsächlich angefallenen Kosten auf der Grundlage von Schlussrechnungen und Eigenleistungsanteilen nennt man Kostenfeststellung.

vor der
Ausführung des Auftrags

Nach Fertigstellung
des Auftrags

Genauigkeitsgrad der Kostensumme (steigend) →

effektiv angefallene
Kosten

Kalkulation

Der Kostenfeststellung liegen Schlussrechnungen der Auftragnehmer, d.h. der bauausführenden Firmen zugrunde. Grundlage der Erstellung einer Rechnung ist die Kalkulation. Angebote werden auf der Grundlage einer Vorkalkulation erstellt, die Rechnungspreise basieren auf der Nachkalkulation. In der Kalkulation finden alle Kosten ihren Niederschlag.

Kosten kann man nach ihrer Art sowie nach ihrer Zurechenbarkeit unterscheiden.

Nach der Zurechenbarkeit unterscheidet man Einzelkosten und Gemeinkosten.

Einzelkosten können einer Leistung direkt zugerechnet werden. Sie werden deshalb auch als direkte Kosten bezeichnet. Baumaterialien, Lohnkosten, Gerätekosten können für jedes Bauobjekt direkt zugerechnet werden.

Gemeinkosten dagegen können einer Bauleistung nur indirekt zugerechnet werden. Man nennt sie deshalb auch indirekte Kosten. Die Kosten eines Bauführers, Mieten, Abschreibungen, Versicherungskosten, Energiekosten, Gehälter, die Kosten der Geschäftsleitung sind nur allgemein zurechenbar und müssen mittels eines Verteilungsschlüssels der Teilleistung zugerechnet werden.

27.2 Kostenarten

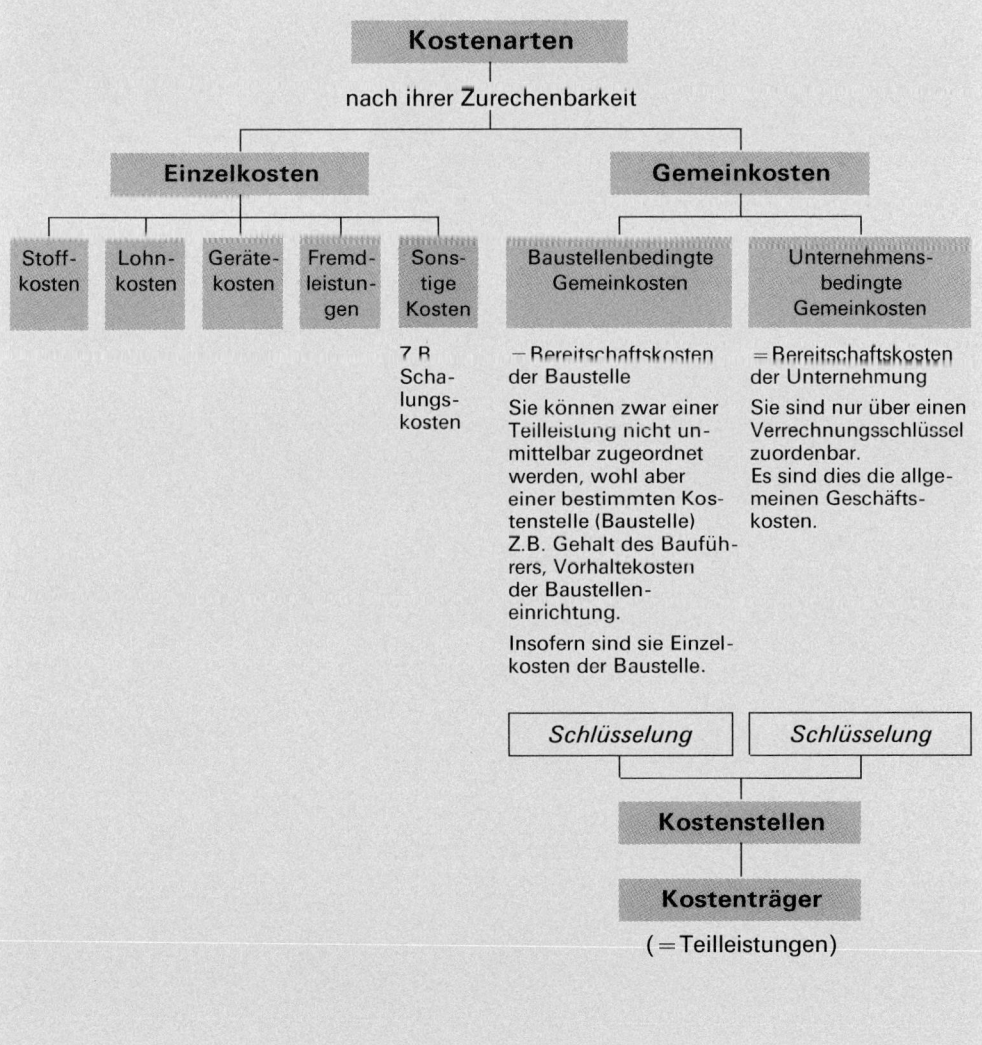

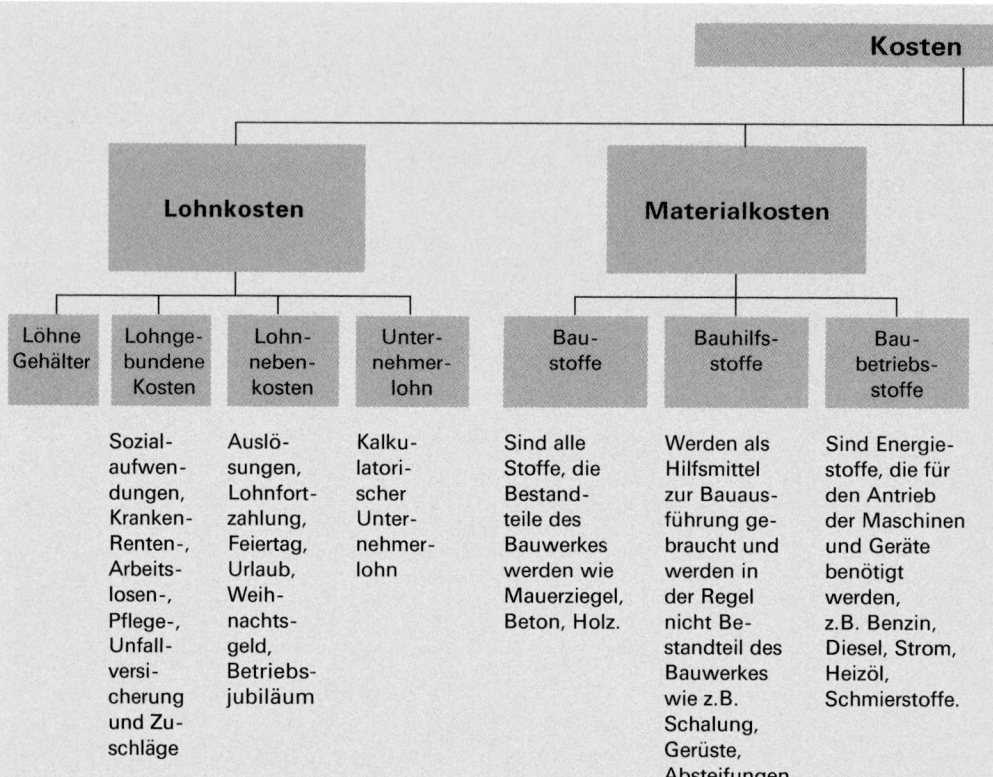

Kosten

Lohnkosten

Löhne Gehälter	Lohngebundene Kosten	Lohnnebenkosten	Unternehmerlohn
	Sozialaufwendungen, Kranken- Renten-, Arbeitslosen-, Pflege-, Unfallversicherung und Zuschläge	Auslösungen, Lohnfortzahlung, Feiertag, Urlaub, Weihnachtsgeld, Betriebsjubiläum	Kalkulatorischer Unternehmerlohn

Materialkosten

Baustoffe	Bauhilfsstoffe	Baubetriebsstoffe
Sind alle Stoffe, die Bestandteile des Bauwerkes werden wie Mauerziegel, Beton, Holz.	Werden als Hilfsmittel zur Bauausführung gebraucht und werden in der Regel nicht Bestandteil des Bauwerkes wie z.B. Schalung, Gerüste, Absteifungen.	Sind Energiestoffe, die für den Antrieb der Maschinen und Geräte benötigt werden, z.B. Benzin, Diesel, Strom, Heizöl, Schmierstoffe.

Kapitalkosten			**Kosten der Fremdleistungen**		**Kosten der menschlichen Gesellschaft**
Abschreibungen	Kapitalrisiken	Zinsen	Fremdarbeitskosten	Kosten der Nachunternehmerleistungen	
Wertverzehr der Produktionsmittel (z. B. Maschinen) durch Leistungserbringung. Wertminderung durch Produktion.	Kapitaleinsatz kann in einer Unternehmung auch Verlust bringen. Deshalb wird ein Wagniszuschlag kalkuliert.	Kalkulatorische Zinsen für das betriebsnotwendige Kapital. Das Kapital könnte auch bei einer Bank angelegt werden.	Der Fremdunternehmer führt nur die Arbeiten aus, ohne wesentliche Stoffe zu stellen und übernimmt in der Regel keine Gewährleistung gegenüber dem Bauherrn, z. B. Erdarbeiten, Bewehrungsarbeiten, Transportleistungen.	Der Fremdunternehmer übernimmt Gewährleistungspflichten, z.B. Estricharbeiten, Ausbauarbeiten für schlüsselfertige Bauten.	Kostensteuern wie Gewerbesteuer, Kfz-Steuer; Verbrauchssteuern, Einkommensteuer, Körperschaftsteuer stellen keine Kosten dar, da sie nicht betriebsbedingt sind und vom Gewinn abhängen.

27.3 Kalkulatorische Kosten

Außer den Einzelkosten und Gemeinkosten, die auch zu Ausgaben des Unternehmers führen, kennt man solche Kosten, die zwar keine Ausgaben verursachen, aber dennoch kalkuliert werden können — wenn die Auftragslage am Baumarkt dies zulässt.
Man nennt diese Kosten kalkulatorische Kosten.

Kalkulatorische Kosten

Kalkulatorischer Unternehmerlohn	Kalkulatorische Miete	Kalkulatorische Zinsen	Kalkulatorische Wagnisse
Der Unternehmer, der in seiner Unternehmung tätig ist, kann in der Kalkulation einen ähnlichen Betrag ansetzen, der ihm auch in einer fremden Unternehmung bezahlt werden würde.	Würde der Unternehmer in gemieteten, d. h. gepachteten Räumen arbeiten, so müsste er dafür eine Miete zahlen. Durch die kalkulatorische Miete werden Quasikosten für Miete in Rechnung gestellt.	Eine Unternehmung erfordert sehr viel Kapital. Würde ein Unternehmer dieses Geld bei einer Bank anlegen, bekäme er dafür Zinsen. Folglich muss auch die eigene Unternehmung einen solchen Zinsertrag erbringen.	*Entwicklungswagnis:* Fehlgeschlagene Entwicklungsarbeiten *Anlagewagnis:* Vorzeitige technische Veralterung *Beständewagnis:* Bruch, Verderb, Schwund, technische, modische Veralterung *Fertigungswagnis:* Fehlerhafte Ausführung, Materialfehler, fehlerhafte Konstruktionsunterlagen *Gewährleistungswagnis:* Preisnachlass, Ersatzlieferung, Nachbesserung *Forderungswagnis:* Zahlungsausfälle von Kunden

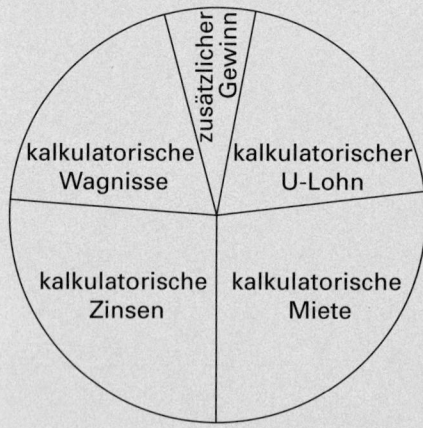

Der Gesamtgewinn ergibt sich aus der Kalkulation der vier kalkulatorischen Kosten und, wenn der Markt es hergibt, noch einem zusätzlichen Gewinnanteil.
Je nach Konjunkturlage kann es auch der Fall sein, dass nicht alle kalkulatorischen Kosten gedeckt sind.

27.4 Lohnberechnungen

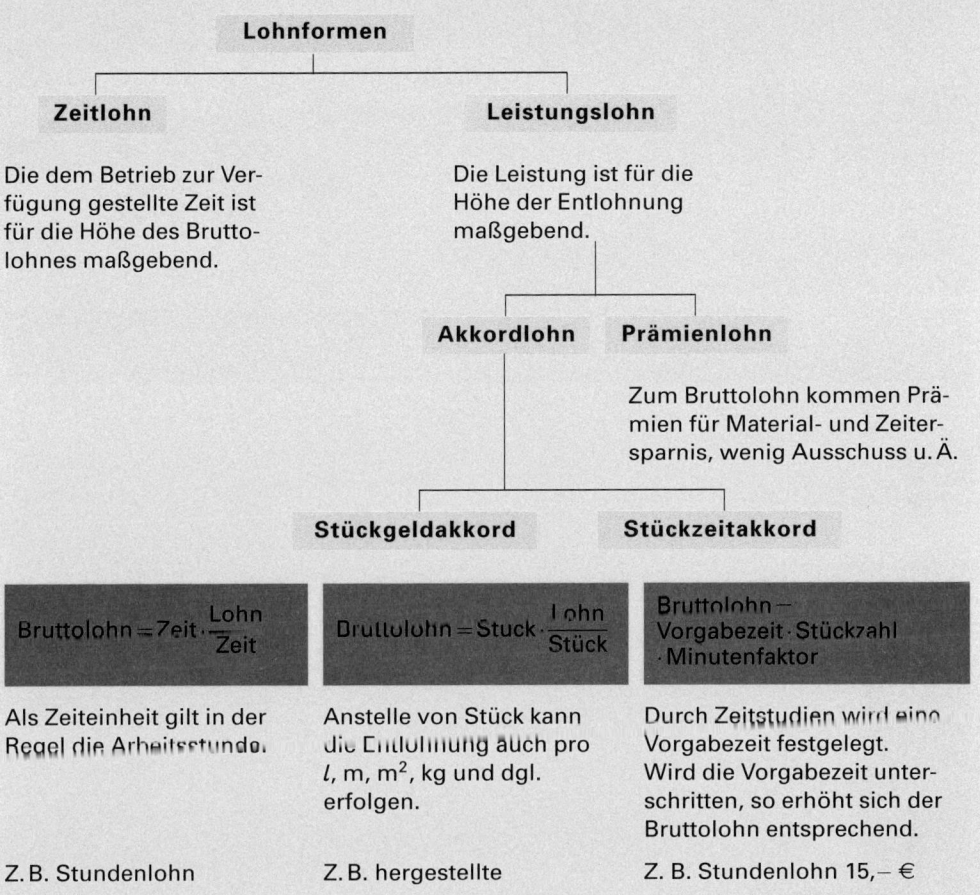

Lohnformen

Zeitlohn

Die dem Betrieb zur Verfügung gestellte Zeit ist für die Höhe des Bruttolohnes maßgebend.

Leistungslohn

Die Leistung ist für die Höhe der Entlohnung maßgebend.

Akkordlohn **Prämienlohn**

Zum Bruttolohn kommen Prämien für Material- und Zeitersparnis, wenig Ausschuss u. Ä.

Stückgeldakkord **Stückzeitakkord**

$\text{Bruttolohn} = \text{Zeit} \cdot \dfrac{\text{Lohn}}{\text{Zeit}}$	$\text{Bruttolohn} = \text{Stück} \cdot \dfrac{\text{Lohn}}{\text{Stück}}$	$\text{Bruttolohn} = \text{Vorgabezeit} \cdot \text{Stückzahl} \cdot \text{Minutenfaktor}$

Als Zeiteinheit gilt in der Regel die Arbeitsstunde.

Anstelle von Stück kann die Entlohnung auch pro l, m, m², kg und dgl. erfolgen.

Durch Zeitstudien wird eine Vorgabezeit festgelegt. Wird die Vorgabezeit unterschritten, so erhöht sich der Bruttolohn entsprechend.

Z. B. Stundenlohn

$14{,}50 \dfrac{€}{h}$

Arbeitszeit 8 h

Z. B. hergestellte

Stück 150, Entlohnung

$0{,}80 \dfrac{€}{\text{Stück}}$

Z. B. Stundenlohn 15,– €

hergestellte Stück 1000,

Vorgabezeit $8 \dfrac{\min}{\text{Stück}}$

Minutenfaktor =

$15 : 60 = 0{,}25 \dfrac{€}{\min}$

Bruttolohn =

$14{,}50 \dfrac{€}{h} \cdot 8\,h = 116{,}- €$

Bruttolohn =

$150 \text{ Stück} \cdot 0{,}80 \dfrac{€}{\text{Stück}}$

$= 120{,}- €$

Bruttolohn =

$8 \dfrac{\min}{\text{Stück}} \cdot 1000 \text{ Stück}$

$0{,}25 \dfrac{€}{\min}$

$= 2000{,}- €$

Eine Variante des Akkordlohnes ist der Gruppenakkord. Er wird im Baugewerbe oft angewandt. Beim Gruppenakkord arbeiten Facharbeiter, angelernte Arbeiter und Bauhelfer zusammen an einem Projekt.

Beispiel:

Eine Gruppe erhält für das Verlegen von Pflastersteinen $37{,}50 \ \frac{€}{m^2}$. Es sind 185 m² zu verlegen.

Es arbeiten		Stundenlohn	Lohn bei Normalleistung	Bruttolohn im Akkord
Facharbeiter	40 h	16,20 €/h	648,– €	648,– · 3,902 = 2528,40 €
angel. Arbeiter	40 h	14,75 €/h	590,– €	590,– · 3,902 = 2302,10 €
Bauhelfer	40 h	13,50 €/h	540,– €	540,– · 3,902 = 2107,00 €
			1778,– €	6937,50 €

$$\text{Umrechnungsfaktor} = \frac{\text{effektiver Lohn für Gesamtleistung}}{\text{Lohn bei Normalleistung}}$$

$$= \frac{185 \ m^2 \cdot 37{,}50 \ \frac{€}{m^2}}{1778{,}- \ €}$$

Umrechnungsfaktor $= 3{,}902$

Lohnabrechnung

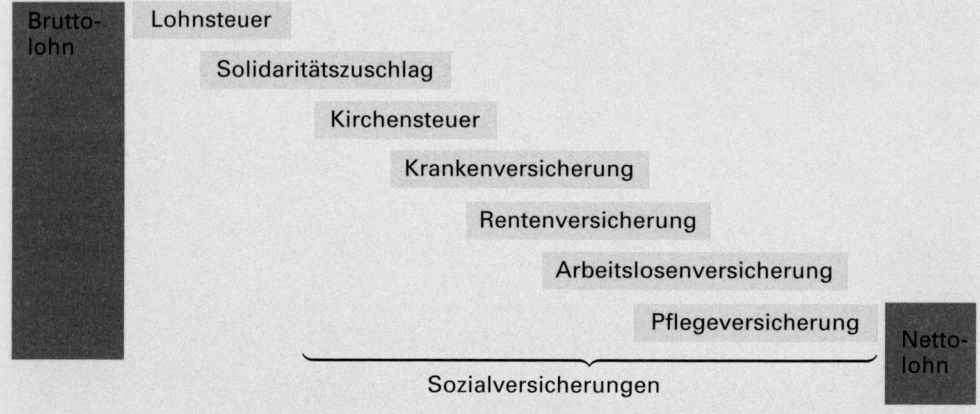

Lohnsteuer:	Satz je nach Höhe der Lohnsumme, der Steuerklasse und sonstigen Steuerermäßigungen.
Kirchensteuer:	Je nach Bundesland 8 % bis 9 % aus dem Lohnsteuerbetrag.
Solidaritätszuschlag:	5,5 % aus dem Lohnsteuerbetrag.
Krankenversicherung:	14,9 %; davon AG 7,0 %; AN 7,9 %
Rentenversicherung:	19,9 %; davon AG und AN jeweils die Hälfte
Arbeitslosen- versicherung:	2,8 %; davon AG und AN jeweils die Hälfte
Pflegeversicherung:	1,95 %; davon AG und AN jeweils die Hälfte

Arbeitet ein Arbeitnehmer (AN) über die tarifliche Arbeitszeit (Mehrarbeit) oder nachts, an Sonntagen oder Feiertagen, so erhält er zu seinem Grundlohn einen Zuschlag.

Als gesetzliche Höchstzuschlagsätze, die steuerfrei und auch sozialversicherungsfrei sind, gelten Zuschläge für:

Nachtarbeit	25%
Sonntagsarbeit	50%
Feiertagsarbeit	125%
Arbeit an den Weihnachtsfeiertagen	150%

Zuschläge für Mehrarbeit (Überstunden) 25% sind dagegen steuer- und sozialversicherungspflichtig.

Beispiel:

Stundenlohn 16,80 €

Sonntagsarbeit			**Mehrarbeit**		
Grundlohn	16,80 €	zu versteuern	Grundlohn	16,80 €	zu versteuern
Zuschlag 50%	8,40 €	steuerfrei	Zuschlag 25%	4,20 €	zu versteuern
Stundenlohn	25,20 €		Stundenlohn	21,00 €	

27.5 Mittellohn

Um die Kalkulation zu vereinfachen, werden die Löhne aller Mitarbeiter einer Unternehmung auf einen durchschnittlichen, d. h. Mittellohn umgerechnet. Der Mittellohn kann auf der Grundlage der Arbeitsstunden (MA), der Arbeitsstunden + Sozialkosten (MAS), oder der Arbeitsstunden + Sozialkosten + Lohnnebenkosten (MASL) ermittelt werden.

Beispiel:

1 Bauvorarbeiter	19,69 €/h	19,69 €/h
5 Baufacharbeiter	16,15 €/h	80,75 €/h
2 Bauhelfer	10,85 €/h	21,70 €/h
8		122,14 €/h

Mittellohn 1 **MA** (122,14 : 8)		15,27 €/h
+ Sozialkosten (angenommen 97%)		14,81 €/h
Mittellohn 2 **MAS**		30,08 €/h
+ Lohnnebenkosten (angenommen)		3,62 €/h
Mittellohn 3 **MASL**		33,70 €/h

Die Verwendung des Mittellohnes MASL in der Kalkulation ist in der Praxis am häufigsten, da mit ihm alle mit dem Lohn zusammenhängenden Kosten erfasst sind.

27.6 Aufbau der Kalkulation

Einzelkosten der Teilleistungen (EK)	Material, einschließlich Bezugskosten, Lohnkosten (MASL) Gerätekosten, Fremdleistungen
+Gemeinkosten der Baustelle (GK)	Bauführerkosten, Vorhaltekosten der Baustelleneinrichtung
= Herstellkosten (HK)	Das sind die Kosten, die durch die Erstellung der Teilleistung entstanden sind.
+Allgemeine Geschäftskosten (AGK)	Kosten der Unternehmensleitung, des Bauhofes, Abschreibungen, Energiekosten, Steuern, Versicherungen, soziale Aufwendungen
= Selbstkosten (SK)	Diesen Betrag hat die Erstellung der Teilleistung den Unternehmer selbst gekostet, ohne etwas verdient zu haben.

+Wagnis und Gewinn

= Preis der Teilleistung

+Umsatzsteuer

Endpreis

Beispiel:

Ein Mauerwerk von 12,50 m Länge, 3,25 m Höhe und 24 cm Dicke ist in Keramik-Hochlochklinkern, Lochung B, DIN 105 KHK B60-1,6-NF, herzustellen.

An Kosten sind angefallen:

Steinkosten: 1,53 €/Stück einschließlich Fracht

Mörtelkosten: 0,45 €/l

Mörtelmischer: Einsatzzeit 1,2 h/m^3
Einheitskosten 48,70 €/h

Lohnkosten: Mittellohn MASL 53,40 €/h
Arbeitszeit 7 h/m^3

An Gemeinkosten der Baustelle (GK) sind 5,2 % der Einzelkosten (EK), an allgemeinen Geschäftskosten (AGK) 2,5 % anzusetzen. Für Wagnis und Gewinn werden 6,2 % berechnet.

Zu berechnen sind

a) die Gesamtkosten
b) der Einheitspreis

Lösung:

Volumen des Sichtmauerwerks:	12,50 m · 3,25 m · 0,24 m	$= 9{,}75\ m^3$
Steinbedarf (Tab. S. 128):	400 Stück/m^3 · 9,75 m^3	$= 3900$ Steine
Mörtelbedarf:	260 l/m^3 · 9,75 m^3	$= 2535\ l$

Kalkulation

Materialkosten	3900 Steine · 1,53 €/Stein	$=\ \ 5\,967{,}00$ €
Mörtelkosten	2535 l · 0,45 €/l	$=\ \ 1\,140{,}75$ €
Mischerkosten	1,2 h/m^3 · 2,535 m^3 · 48,70 €/h	$=\ \ \ \ 148{,}15$ €
Lohnkosten	7 h/m^3 · 9,75 m^3 · 53,40 €/h	$=\ \ 3\,644{,}55$ €
Summe der Einzelkosten		$= 10\,900{,}45$ €
+ Gemeinkosten der Baustelle (GK) 5,2 %		$=\ \ \ \ 566{,}82$ €
Herstellkosten		$= 11\,467{,}27$ €
+ Allgemeine Geschäftskosten (AGK) 2,5 %		$=\ \ \ \ 286{,}68$ €
Selbstkosten		$= 11\,753{,}95$ €
+ Wagnis und Gewinn 6,2 %		$=\ \ \ \ 728{,}74$ €

Gesamtkosten ohne Mehrwertsteuer $\qquad\qquad\qquad = 12\,482{,}69$ €

$$Einheitspreis = \frac{12482{,}69\ €}{9{,}75\ m^3}$$

$$EP = 1280{,}28\ €/m^3$$

■ Aufgaben

1. Ein lediger Maurer hat einen Stundenlohn von 14,35 €. Er arbeitet im Monat 168 Stunden. Abzüge: Lohnsteuer 14,70 %, Kirchensteuer 8 %, Solidaritätszuschlag 5,5 % Sozialversicherungen nach Vorgabe S. 364.
   Wie groß ist der Nettolohn?

2. Ein Maschinist arbeitete an 22 Arbeitstagen je 8 1/4 Stunden. Sein Stundenlohn beträgt 14,50 €. Außerdem musste er an einem Wochenende die Baumaschinen warten, damit sie am Montag wieder einsatzfähig waren. Am Samstag arbeitete er 8 Stunden (Mehrarbeit, Zuschlag 25 %) am Sonntag 9 Stunden (Zuschlag 50 %).
   Abzüge: Lohnsteuer 16,20 %, Kirchensteuer 8 %, Solidaritätszuschlag 5,5 %. Sozialversicherungen nach Vorgabe S. 364.
   Wie viel € erhält der Maschinist ausbezahlt?

3. Zwei Plattenleger erhalten für das Verlegen von 147 m^2 Wandplatten 7114,40 €.
   a) Wie viel € erhält jeder?
   b) Wie groß ist der Stundenlohn jedes Einzelnen, wenn sie dazu 220 Stunden benötigt haben?
   c) Wie viel % beträgt der Mehrverdienst, wenn sie im Zeitlohn pro Stunde 14,35 € erhalten?

4. Eine Baukolonne, bestehend aus 4 Facharbeitern, erhält für eine Arbeit 4270,– €. Nach 8 Arbeitstagen zu je $8^{1}/_{4}$ Stunden ist die Arbeit beendet.

   a) Wie groß ist der Anteil jedes Arbeiters?

   b) Wie hoch ist der Stundenlohn jedes Arbeiters?

5. Eine Estrichlegerkolonne erhält pro m^2 verlegter Estrich 10,90 €.

   Zu dieser Kolonne gehören:

   2 Estrichleger mit einem Stundenlohn von 14,85 €

   1 Maschinist mit einem Stundenlohn von 13,60 €

   1 Bauhelfer mit einem Stundenlohn von 10,40 €

   Die Kolonne verlegte 355 m^2 in 21,5 Stunden.

   a) Wie viel erhält jeder, wenn der Mehrverdienst aus der Akkordarbeit entsprechend dem Stundenlohn aufzuteilen ist?

   b) Wie groß ist der Mittellohn auf der Grundlage der Arbeitsstunden (MA)?

6. Eine Baukolonne, bestehend aus 5 Mann, übernimmt eine Arbeit gegen eine Vergütung von 11650,– €. Sie benötigt dazu 9 Tage mit je $8^{1}/_{2}$ Stunden.

   Es erhalten: 1 Kolonnenführer 14,30 € pro Stunde

                  3 Facharbeiter   13,60 € pro Stunde

                  1 Bauhelfer   11,15 € pro Stunde

   Jeder Arbeiter erhält zunächst eine Entlohnung entsprechend seinem Stundenlohn. Der Rest soll gleichmäßig auf die Kolonnenmitglieder verteilt werden.

   a) Wie viel erhält jeder?

   b) Wie groß ist der Mittellohn einschließlich Sozialkosten und Lohnnebenkosten, wenn für Sozialkosten 95 % und für Lohnnebenkosten 3,50 €/h anzusetzen sind?

7. Eine Gruppe von 6 Mann erhält für das Mauern eines Sichtmauerwerks aus Klinker 19,45 € pro m^2. Es ist ein Mauerwerk mit einer Fläche von 1625 m^2 zu mauern.

   a) In wie viel Stunden muss die Arbeit ausgeführt sein, wenn jeder Arbeiter seinen Stundenlohn von 16,85 € erreichen will?

   b) Wie viel € und % beträgt der Mehrverdienst jedes Arbeiters, wenn die Kolonne pro Stunde 9 m^2 Sichtmauerwerk herstellt?

8. Für die Verschalung einer Decke von 25 m^2 sind für 1270 € Verkleidungsmaterial und für 365 € Material für die Unterkonstruktion benötigt worden.

   Für die Ausführung der Arbeit sind 12,5 h erforderlich gewesen. Der Mittellohn (MASL) beträgt 38,65 €/h. An Gemeinkosten (GK) der Baustelle sind 8,5 % der Einzelkosten anzusetzen, für allgemeine Geschäftskosten(AGK) 2,8 %. Wagnis und Gewinn werden mit 8 % vorgesehen. Ermitteln Sie die Gesamtkosten sowie den Einheitspreis ohne Mehrwertsteuer.

9. Zu einer Betonarbeit sind 48,5 m³ Beton und 26 Betonstahl-Lagermatten Q 257A benötigt worden. An Schalarbeiten sind 92 m² angefallen.

Preis pro m³ Beton   80,– € frei Baustelle
Preis pro t Stahl   800,– € frei Baustelle
Schalung   19,50 €/m²

Der Rüttler wird für die Verdichtung des Betons 4 min/m³ eingesetzt;
Preis pro Geräteeinsatzstunde 28,– €.
Der Mittellohn (MASL) beträgt 38,50 €/h.
Für die Arbeit sind insgesamt 165 Stunden verrechnet worden.
Die Gemeinkosten der Baustelle (GK) sind mit 4,5 % der Einzelkosten anzusetzen, für Allgemeine Geschäftskosten (AGK) werden 2,2 % berechnet.
Für Wagnis und Gewinn werden 5,8 % in Rechnung gestellt.

Ermitteln Sie
a) die Gesamtkosten
b) den Einheitspreis.

10. 8 Pfeiler mit den Abmessungen 36,5 cm/36,5 cm/275 cm sollen in Klinkermauerziegel NF hergestellt werden.

Stoffkosten:	Steine	1,45 €/Stück
	Mörtel	0,38 €/l
Gerätekosten:	Mischer	1,0 h/m³
	Kosten	45,20 €/h
Lohnkosten:	Mittellohn (MASL)	56,45 €/h
	Arbeitszeit	7,2 h/m³

Für Baustellengemeinkosten (GK) sind 4,8 % der Einzelkosten, für allgemeine Geschäftskosten (AGK) 2,7 % zu berechnen. Wagnis und Gewinn sind mit 6,7 % vorzusehen.

Ermitteln Sie ohne MwSt.
a) die Gesamtkosten
b) den Einheitspreis

28 Taschenrechner

Wie in den meisten Wissenschaften, so ist der Taschenrechner in der Technik ein nicht mehr wegzudenkendes Hilfsmittel. Da für jeden Taschenrechner eine spezielle Bedienungsanleitung maßgebend ist, sollen hier allgemeine Grundlagen behandelt werden.

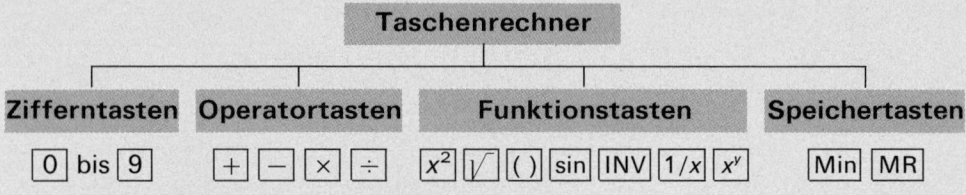

Beispiele mit Angabe der Tastenbedienung:

1. $156,34 - 16,18 + 22,85 =$

   Lösung:
   156,34 $\boxed{-}$ 16,18 $\boxed{+}$ 22,85 $\boxed{=}$ 163,01

2. $\dfrac{16,42 \cdot 14,56}{3,97 \cdot 2,90} =$

   Lösung:
   16,42 $\boxed{\times}$ 14,56 $\boxed{\div}$ 3,97 $\boxed{\div}$ 2,90 $\boxed{=}$ 20,77

3. $3(14,50 + 2,80) =$

   Lösung:
   3 $\boxed{(}$ 14,50 $\boxed{+}$ 2,8 $\boxed{)}$ $\boxed{=}$ 51,90

4. $\sqrt{296} =$

   Lösung:
   296 $\boxed{\sqrt{}}$ → 17,20

5. $23,50^2 =$

   Lösung:
   23,5 $\boxed{x^2}$ → 552,25

6. $\tan 60° =$

   Lösung:
   60 $\boxed{\tan}$ → 1,73

7. $\tan \alpha = 1,60033$
   $\alpha =$

   Lösung:
   1,60033 $\boxed{\text{INV}}$ $\boxed{\tan}$ → 58

8. $\dfrac{1}{x} = 0,25$

   $x =$

   Lösung:
   $\boxed{\cdot}$ 25 $\boxed{1/x}$ → 4

9. $3^5 =$

   Lösung:
   3 $\boxed{x^y}$ 5 $\boxed{=}$ 243

10. $\dfrac{3{,}5 \cdot 4{,}2}{2{,}25} + \dfrac{3{,}5 \cdot 3{,}4}{2{,}25} + \dfrac{3{,}5 \cdot 2{,}8}{2{,}25} =$

Lösung:

$3{,}5 \boxed{\div} 2{,}25 \boxed{=} \boxed{\text{Min}} \boxed{\times} 4{,}2 \boxed{=} 6{,}533\bar{3}$

$\boxed{\text{MR}} \boxed{\times} 3{,}4 \boxed{=} 5{,}288\bar{8}$

$\boxed{\text{MR}} \boxed{\times} 2{,}8 \boxed{=} 4{,}355\bar{5}$

■ **Aufgaben**

1. $28{,}63 + 26{,}54 - 0{,}48 =$

2. $\dfrac{22{,}45 \cdot 0{,}86}{12{,}80 \cdot 1{,}92} =$

3. $1{,}85(0{,}42 + 16{,}72 - 8{,}84) =$

4. a) $\sqrt{0{,}56} =$

    b) $\sqrt{16{,}84} =$

5. $4{,}86^2 =$

6. $\sin 45° =$

7. $\cos \alpha = 0{,}487$

    $\alpha =$

8. $\dfrac{1}{x} = 0{,}004$

    $x =$

9. $3{,}4^6 =$

10. $\dfrac{1{,}8 \cdot 2{,}6}{0{,}34} + \dfrac{1{,}8 \cdot 6{,}5}{0{,}34} + \dfrac{1{,}8 \cdot 3{,}9}{0{,}34} =$

Sachwortverzeichnis